高等职业教育土建专业系列教材

建筑装饰材料

主　编　李国华

副主编　肖顺初　李文利

中国建材工业出版社

图书在版编目（CIP）数据

建筑装饰材料 / 李国华主编 .—北京：中国建材工业出版社，2004.8
（高等职业教育土建专业系列教材）
ISBN 7-80159-359-6

Ⅰ.建...　Ⅱ.李...　Ⅲ.建筑材料：装饰材料—高等学校：技术学校—教材　Ⅳ.TU56

中国版本图书馆 CIP 数据核字（2004）第 069492 号

内 容 提 要

本书系“高等职业教育土建专业系列教材”之一。

全书共计 16 章，第 1 章：建筑装饰材料概述；第 2 章：建筑材料的基本性质；第 3 章：石材；第 4 章：烧土及熔融制品；第 5 章：气硬性胶凝材料；第 6 章：水泥；第 7 章：混凝土；第 8 章：建筑砂浆；第 9 章：金属材料；第 10 章：木材；第 11 章：防水材料；第 12 章：建筑塑料；第 13 章：建筑涂料；第 14 章：建筑装饰织物；第 15 章：吸声材料及保温材料；第 16 章：建筑防火材料。每章后面均附有复习思考题，便于学生自学与复习。

本书具有体系完备、内容新颖、语言精练、图文并茂、深入浅出、系统性强、可操作性强、适用面广等特点。

本书可作为大中专院校 60 学时或 80 学时的建筑装饰专业教材，或建筑院校非工民建专业教材，同时亦适用于室内装饰、室内设计、装饰装潢、物业管理、建筑学等专业，以及技校、职业中学建筑装饰等专业。此外，还可做为建筑企业岗位培训教材及相关人员的自学参考书。

建筑装饰材料
主编　李国华
出版发行：中国建材工业出版社
地　　址：北京市西城区车公庄大街 6 号
邮　　编：100044
经　　销：全国各地新华书店
印　　刷：北京鑫正大印刷有限公司
开　　本：787mm×960mm　1/16
印　　张：21.75
字　　数：392 千字
版　　次：2004 年 8 月第 1 版
印　　次：2006 年 1 月第 2 次
定　　价：33.00 元

网上书店：www.ecool100.com

本书如出现印装质量问题，由我社发行部负责调换。联系电话：（010）88386906

《高等职业教育土建专业系列教材》编委会

序

大力发展高等职业教育，培养一大批具有必备的专业理论知识和较强的实践能力，适应生产、建设、管理、服务岗位等第一线急需的高等职业应用型专门人才，是实施科教兴国战略的重大决策。高等职业教育院校的专业设置、教学内容体系、课程设置和教学计划安排均应突出社会职业岗位的需要、实践能力的培养和应用型的教学特色。其中，教材建设是基础和关键。

高等职业教育土木建筑专业系列教材是根据最新颁布的国家和行业标准、规范，按照高等职业教育人才培养目标及教材建设的总体要求、课程的教学要求和大纲，由北京城市学院（原海淀走读大学）和中国建材工业出版社组织全国部分有多年高等职业教育教学体会与工程实践经验的教师编写而成。

本套教材是按照3年制（总学时1600～1800）、兼顾2年制（总学时1100～1200）的高职高专教学计划和经反复修订的各门课程大纲编写的。基础理论课程以应用为目的，以必需、够用为度，以讲清概念、强化应用为重点；专业课以最新颁布的国家和行业标准、规范为依据，反映国内外先进的工程技术和教学经验，加强实用性、针对性和可操作性，注意形象教学、实验教学和现代教学手段的应用，并加强典型工程实例分析。

本套教材适用范围广泛，努力做到一书多用，在内容的取舍上既可作为高职高专教材，又可作为电大、职大、业大和函大的教学用书，同时，也便于自学。本套教材在内容安排和体系上，各教材相互之间既是有机联系和相互关联的，又具有其独立性和完整性。因此，各地区、各院校可根据自身的教学特点选用。

北京城市学院是办学较早、发展很快、高职高专办学经验丰富并受到社会好评的一所民办公助高等院校。其中，土建专业是最早设置且有较大社会影响的专业之一，有10多名教学和工程实践经验丰富的双师型教师，出版了一批受欢迎的专业教材。可以相信，由北京城市学院组编、中国建材工业出版社出版发行的这套高等职业教育土建专业系列教材一定能成为受欢迎的、有特色的、高质量的系列教材。

本教材编委会

2003年2月

前　言

本书作为“高等职业教育土建专业系列教材”之一，是为了满足建筑装饰材料的教学需要而编写的。由于建筑装饰材料的飞速发展和国家规范的更新，本书力求做到“与时俱进”。全书共计16章，每章均附有复习思考题，便于学生自学与复习。

本书着重介绍了建筑装饰材料的基本概念、组成、性质和在工程中的应用，使学生掌握建筑装饰材料的基本知识，具备相应的实际操作技能。

本书第1章～第3章，第11章、第12章、第15章由长安大学李国华编写，第4章、第13章由北京城市学院李文利编写，第5章～第9章、第16章由长安大学肖顺初编写，第10章、第14章由内蒙古工业大学莫日根编写。本书由李国华担任主编，肖顺初、李文利担任副主编。长安大学王丽、刘尧、江帆三位同志绘制了书中的插图，在此表示感谢。

本书在编写过程中，参考了有关专家、学者的著述，吸收了国内外建筑材料、建筑装饰材料及生产厂家的新材料、新技术、新成果，并且按照最新的国家规范进行编写。

由于编者水平所限，书中难免会有错漏之处，恳请广大读者给予批评、指正，以便我们修订时完善。

编　者

2004年6月1日

目　　录

第1章　建筑装饰材料概述

如果说建筑是凝固的音乐，那么建筑材料就是谱曲的音符，建筑师就是作曲家。建筑装饰工程的设计人员和施工人员，只有熟悉材料的种类、性能和特点，掌握各类材料的变化规律，善于在不同的工程条件下，正确地运用不同的材料，才能正确地表达设计意图，谱写出美妙的乐章。

建筑装饰的目的，在于提高建筑及其环境的艺术魅力。它是以美学原理为依据，以材料为基础，运用不断更新的施工技术来实现装饰的目的。装饰工程的总体效果、功能的实现，无不通过已用材料及其配套产品的质感、形体、图案、色彩、功能等体现出来。

1.1　建筑材料的装饰特性

建筑装饰材料，是指主要起装饰作用的材料。它是建筑材料中最精美的一个分支。因此，对装饰材料含义的正确理解，应该是用做装饰的建筑材料更为确切。

材料的装饰特性，就是当材料用于装饰时，能对装饰表现的效果产生影响的材料本身的一些特性。主要包括光泽、质地、底色纹样及花样、质感四个方面的因素。

1. 光泽是由于反射光的空间分布而决定的对物体表面知觉的属性。光泽的有无除了反射光的空间分布外，还受到色彩、质地、底色纹样等因素的影响。通常，把有光泽的表面称为光面，把无光泽的表面称为无光面。表示一个物体光泽的量有镜面光泽度和对比光泽度两种光泽度指标。

2. 质地是材料表面的粗糙程度，质感是指材料所表现的物体特质的真实感。如布类、丝绸、有光泽的印刷纸没有质地而有质感，而粗花呢、马粪纸却有明显的质地。

3. 底色纹样是材料表面的底色变化程度。例如，抹灰没有底色的纹样，而木材、地面瓷砖的花纹却有底色的纹样。花样是材料所构成的图案。例如，没有图案的单色布就没有花样，而壁纸、窗棂、砖砌体却有明显的花饰图案，即花样。

对上述的分类叙述必须补充说明的是，像质地、底色纹样、花样这些词，在日常生活中有着更广泛的含义。在对材料装饰性能的讨论中，质感与质地两者是不加区别、混淆在一起的。因此，出现了诸如“粗糙的质感”、“细腻的质感”等说法。就材料的质感而言，确有粗糙与细腻之别，而上述的说法又显然是针对材料表面的粗糙程度而说的。因此，我们在学习中，应注意区别两者的不同之处。

1.2 建筑装饰材料的分类

建筑材料是建筑物所用的各种材料的总称,建筑装饰材料只是其中的一部分。装饰材料与其他建筑材料有着密切关系。只有当结构材料不出问题时,依附于其上的装饰材料才能发挥其装饰效果。为此,我们在学习掌握装饰材料知识的同时,也必须了解其他建筑材料,特别是结构材料(主要是混凝土和钢材)的性能。

当代材料科学高度发展的重要特点之一，就是给古老的材料赋予新的生命力，使材料用途的分类越来越交错，很难分清哪些是结构材料，哪些是装饰材料，哪些是功能材料。

建筑装饰材料品种繁多,用途不一,功能千差万别,通常采用下述分类方法。

1.2.1 根据化学成分的不同分类

- 建筑装饰材料
  - 金属材料
    - 黑色金属材料：钢、铁、铁花、不锈钢等
    - 有色金属材料：铝、铜、金、银、钛金等
  - 非金属材料
    - 无机非金属材料：大理石、玻璃、建筑陶瓷等。
    - 有机非金属材料：木材、建筑塑料等
  - 复合材料
    - 金属与非金属复合：涂塑钢板、铝塑板、塑钢管等
    - 无机与有机复合：人造花岗石、人造大理石等

所谓复合材料，是指由两种或两种以上的材料，组合成为一种具有新的性能的材料。复合材料往往具有多种功能。因此，它是现代材料的发展方向。

1.2.2 根据建筑物装饰部位分类

- 建筑装饰材料
  - 外墙装饰材料
    - 天然石材（大理石、花岗石等）
    - 人造石材（人造大理石、人造花岗石）
    - 饰面砖（包括陶瓷锦砖）
    - 玻璃制品（玻璃马赛克、吸热玻璃、镜面玻璃、玻璃幕墙等）
    - 白水泥、彩色水泥与装饰混凝土
    - 铝合金、金属面材（金属幕墙）
    - 外墙涂料（各种丙烯酸类）
    - 石屑饰面（水刷石、干粘石等）
  - 内墙装饰材料
    - 内墙涂料
    - 壁纸与墙布
    - 织物类
    - 微薄木贴面装饰板（0.2~1.0mm）
    - 铜浮雕艺术装饰板
    - 玻璃制品
    - 人造石材
    - 天然石材

- 建筑装饰材料
  - 地面装饰材料
    - 地毯类
    - 塑料地板
    - 地面涂料
    - 陶瓷地砖（包括陶瓷锦砖）
    - 人造石材
    - 天然石材
    - 木地板
  - 顶棚装饰材料
    - 塑料吊顶材料
    - 铝合金顶棚
    - 石膏板
    - 玻璃钢吊顶装饰板
    - 矿棉顶棚吸声板
    - 膨胀珍珠岩装饰吸声板
    - 涂料

1.3 建筑装饰材料在建筑装饰工程中的作用

建筑装饰材料是建筑装饰工程的物质基础，装饰工程的总体效果及功能的实现，无一不是通过运用装饰材料及其配套设备的形体、质感、图案、色彩、功能等体现出来。建筑装饰材料在整个建筑材料中占有重要地位。据资料分析，一般在普通建筑物中，装饰材料的费用占总建筑材料成本的50%左右，而在豪华型建筑物中，装饰材料的费用要占到70%以上。据称，广州白天鹅宾馆所用装饰材料的品种，多达4500余种。

对建筑物外部进行装饰，既可以美化立面，也对建筑物起到了保护作用，使其提高抵抗大自然风吹、日晒、雨淋、冰冻等侵袭的能力，还可以防止腐蚀性气体及微生物的侵蚀作用，从而有效地提高建筑物的耐久性，降低维修费用。

一些新型、高档的墙体装饰材料，除具有装饰和保护作用外，往往还具有某些优异的适用功能，如现代建筑大量采用吸热玻璃或热反射玻璃幕墙，可对室内产生“冷房效应”，中空玻璃具备绝热、隔声及防结露等功能。

室内装饰装修主要包括墙、地面及吊顶三部分，室内装饰的目的是美化并保护墙体和地面基材，保证室内使用功能，创造一个舒适、整洁、美观的生活和工作环境。

1.4 建筑装饰材料的选择和应用

建筑设计的出发点就是造就环境，这个环境应当是自然环境与人造环境的融合。而各种材料的色彩、质感、触感、光泽等的正确运用，将在很大程度上影响到环境。

当前，室内环境设计的一个新倾向，就是技术与艺术的结合。它强调材料的质感和光影效果的应用，充分体现高度发达的工业技术的先进性，同时也不忽视带有粗犷风格的地方材料的应用。现在，很多国外旅馆的室内设计，就是追求在现代化的使用功能基础上，运用先进的材料和技术，表现民族传统和地方特色，称之为融自然于一体或“人类回归于自然”。

赢得技术美的最好手段是以美感的鉴别力和敏感性去着力表现材料的色泽、纹理和质感；同时还要善于发挥材料的装饰属性，以美感的联想力和严谨性表达材料的结构特征及其工艺性。

优美的装饰艺术效果，决不是多种材料的堆积，而要在体现材料内在的构造美的基础上，精于选材，善于用材，使材料合理配置，体现和谐的质感。即使光泽相近的不同材料搭配在一起，也会因其质感各异而呈现新颖的效果。特别是那些贵重而富有魅力感的材料，只有运用“画龙点睛”的手法，才能充分发挥材料的装饰属性。反之，再好的材料也会显得华而不实，杂乱无章。

我国民间竹木家具是在顺应材质坚韧易弯的特点上，突出表现粗细随形的加工技术，这是一种手工随意手法的结构特征；明式家具将木材纹理寓于独特的框架结构之中，既发挥了木材构造性能的长处，又克服了木材胀缩翘曲的缺点，表现出手工技术严谨精致的结构特征。现代壳体模塑家具和组合式系统家具，则以强度均匀而质轻的工业化材料为基材，显示出高精度、高效能加工技术所特有的严格精密的结构特征。

不同材料的质感往往会形成不同的尺度感和冷暖感，同样大小的圈椅，藤编的就比木制的显得宽敞一些；而同样使用功能的炊具，木制的给人以温暖感，不锈钢的给人以冷感。

选择材料还应考虑到功能的要求。如旅馆中的客房和厨房，后者应首先考虑到材料是否容易擦洗、耐脏、防火等。为此，厨房的顶棚和墙面就不宜采用纸质或布质的装饰材料；材料表面也不宜有各种凹凸不平的花纹图案等。否则容易积灰，加上厨房油污严重难于清洗。

材料色彩的选择也十分重要，它是构成人造环境的重要内容。

建筑物外部色彩的选择，要考虑它的规模、环境和功能等因素。由于浓淡不同的色块在一起对比，淡色块使人感到庞大和肥胖，深色块感到瘦小和苗条。因此，庞大的高层建筑宜采用稍深的色调，使之与蓝天衬托显得庄重和深远；小型民用建筑宜采用淡色调，使人不感觉矮小和零散。近年来，我国一些城市的综合楼、商住楼等公共建筑物的外墙，采用深绿色或蓝色的幕墙，其明亮的色调，易给人留下深刻印象。

各种色彩能使人产生不同的感觉。虽然色彩本身没有温度差别，但是红、橙、黄色，使人联想到太阳和火而感觉温暖，因而称为暖色；绿、蓝、紫罗兰色，使人联想到大海、森林而感到凉爽，因而称为冷色。暖色调使人感到热烈兴奋，冷色调使人感到宁静、幽静、清凉。因此，夏天的冷饮店一般采用冷色调；需要集中思考和从事精密细致的工作场所，也应选用冷色；北方寒冷地区地下室和冷藏库就要用暖色调，给人们以温暖的感觉。

幼儿园和托儿所的活动室，宜用中黄、淡黄、橙黄、粉红的暖色调，再配以新颖活泼的图案，以适合儿童天真活泼的心理；寝室则应用浅蓝、青蓝、浅绿的冷色调，以便创造一个舒适、宁静的环境，使儿童安然入睡。医院的病房宜用浅绿、淡蓝、淡黄的浅色调，使病人感到宁静、舒适，而不应一律采用白色，以免使病人产生冷淡的感觉。

室内宽敞的房间，宜采用深色调和较大的图案，不致使人有空旷感而显得亲切；房间小的墙面，要有意识地利用色彩的远近感来扩伸空间感。颜色暗使人觉得分量重，明亮的颜色感到轻盈。因此，通常室内的色彩是“头”轻“脚”重的，即由顶棚、墙面到墙裙和地板的色彩为上明下暗，给人以稳定舒适感。

据研究，颜色还对人体生理有影响，红色有刺激兴奋作用；绿色是一种柔和舒适的色彩，能消除精神紧张和视觉疲劳；黄色和橙色可刺激胃口，增加食欲；赭石色对低血压患者适宜；紫罗兰色墙壁可降低噪声。这些已被人们所认识，并已被建筑师们采纳和用于工程实践中去。

合理地运用色彩，艺术地选择建筑材料，可将建筑物点缀得丰富多彩，情趣盎然。

从经济角度考虑，选择材料应有一个总体观念，既要考虑一次性投资，也应考虑到维修费用，而且在关键性问题上宁可加大投资，延长使用年限，保证总体上的经济性。如在浴室中，给水、排水设备和防水措施比什么都重要，应适当加大投资。

综上所述，选择材料应考虑到设计的环境、气氛、功能、空间、不同材料的恰当配合以及经济合理等问题。

1.5 建筑装饰材料的发展

1.5.1 建筑装饰材料的发展简史

建筑材料的发展经历了一个很长的历史时期。天然的土、石、竹、木、草秸、树皮是古人类的主要建筑材料。约在公元前3000年，西亚的美索不达米亚人开始用砖砌筑圆顶和拱。我国早在6000~7000年前的半坡村就有了制陶技术。秦汉时代是在建筑中使用砖瓦的初盛时期，所以有“秦砖汉瓦”之称。在漫长的封建农奴制度下，建筑材料发展缓慢，近代建筑材料大部分是在19世纪以后，随着生产力的解放和发展而出现的，特别是水泥和钢材的工业化生产，使建筑技术发生革命性的变化，“现代建筑”的概念和形象是在出现大量现代建筑材料的基础上形成的。

我们的祖先在建筑史上留下了许多宝贵的经验和丰富的遗产，至今仍是我们学习的典范。新中国建立以后，在党和国家的关怀和正确方针指导下，建筑事业获得了新生。特别是党的十一届三中全会以来，全国城乡建设蓬勃发展，欣欣向荣。近20年来，由于建筑业的快速发展，以及人们对物质和精神需求的不断增长，我国现代装饰材料已迅猛发展起来。20世纪80年代以来，随着大量高级宾馆、饭店、酒楼、大型商场、体育馆及艺术娱乐建筑的兴建，更加有力地促进了我国建筑装饰材料的发展。我国从国外引进的各种新型建筑装饰材料的生产技术和设备达几千项。其中包括从地面到顶棚，从外墙到内墙，从卫生洁具到门窗，从灯具到家具等方面的生产线。从1988年起，我国已经实现了三星级宾馆高档装饰材料的全部国产化，有些产品已步入国际市场。

1990年后，我国的建筑装饰业发展更快，据统计，1991年全国建筑装饰工程量为150亿元，1992年达250亿元，1995年已超过400亿元，其中，城市居民住宅的室内装饰工程量增长最快。据调查，某些城市的居民有了新房后，几乎100%地需要装修，老房子的装修改造率也达50%，家庭装饰的面积已占整个装饰面积的三分之一。

从建筑装饰材料的发展趋势上看有以下四个方面：

1. 从天然材料到人造材料再到天然材料的发展趋势；
2. 从单功能材料向多功能材料的发展趋势；
3. 从现场制作向制品安装的发展趋势；
4. 从低级到高级高科技与艺术紧密结合的发展趋势。

1.5.2 绿色环保建筑材料

绿色材料的概念是1988年在第一届国际材料科学研究会上首次提出的。1992年国际学术界给绿色材料定义为：在原料、产品制造、应用过程和使用以后的再生循环利用等环节中对地球环境负荷最小和对人类身体健康无害的材料。绿色建筑应包括五个方面：利于人的健康、能源效率、资源效率、环境责任、可承受性。其中对污染物的释放、材料的内耗、建筑物的设计热损失、材料的再生利用、对水质和空气的影响等都是绿色建筑材料应解决的课题。

继18世纪的工业革命带来煤烟污染，19世纪石油和汽车工业的发展带来光化学、烟雾污染之后，现在人类又进入了以室内空气污染为标志的第三代污染时期。新型建材的研究开发应着眼于有利于环境、有利于人身健康。由此出现了环保材料、保健材料、空气净化功能建材等。这类环保保健材料在建材工业史上掀开了新的一页。据专家预测，人们对绿色建材的要求还包括在正常的生活中材料具有抗静电、隔热、防火、消磁、消声、调光、调温等功能。

为了更好地保障人民的健康，国家质量监督检验检疫总局和国家标准化管理委员会颁布了10种建筑材料有害物质限量的10项标准，自2002年1月1日起正式实施,2002 年 7 月 1 日执行。这 10 项标准是:《室内装饰装修材料　人造板及其制品中甲醛释放限量》(GB 18580—2001)、《室内装饰装修材料　溶剂型木器涂料中有害物质限量》(GB 18581—2001)、《室内装饰装修材料　内墙涂料中有害物质限量》(GB 18582—2001)、《室内装饰装修材料　胶粘剂中有害物质限量》(GB 18583—2001)、《室内装饰装修材料　木家具中有害物质限量》(GB 18584—2001)、《室内装饰装修材料　壁纸中有害物质限量》(GB 18585—2001)、《室内装饰装修材料　聚氯乙烯卷材地板中有害物质限量》(GB 18586—2001)、《室内装饰装修材料　地毯、地毯衬垫及地毯用胶粘剂中有害物质释放限量》(GB 18587—2001)、《混凝土外加剂中释放氨限量》(GB 18588—2001)、《建筑材料放射性标准限量》(GB 6566—2001)。10 项标准对室内装饰装修材料中氨、甲醛,挥发性有机化合物(VOC),苯、甲苯和二甲苯,游离甲苯二异氰酸脂(TDI),氯乙稀单体,苯乙稀单体,可溶性的铅、镉、铬、汞、砷等有害元素以及建筑材料放射性元素的限量值都作了明确的规定。同时强调,为保证人体健康和人身安全,加强室内装饰装修材料污染的控制,该 10 项标准为强制性国家标准。10 项标准的制定和实施不但为加入 WTO 后我国装饰装修材料与国外产品公平竞争搭建了平台,也为保护我国人民身体和身心健康构筑了屏障。

1.5.3　纳米材料

纳米（nm）是一个长度单位。在国际单位制中，$1nm = 10^{-9}m$，当物质达到纳米尺度后，大约在 1~100nm 的范围空间，它的性能往往会发生突变，出现特殊性能。比如“纳米衣”不仅好看，还可防紫外线和保温；“纳米屋”墙壁颜色可以变化，反映室内氧气的含量和温度的升降；“纳米汽车”40%的钢铁和金属材料将被轻质、高强的材料代替。纳米材料对于解决陶瓷材料的脆性问题将行之有效，对提高可靠性、扩大陶瓷材料的应用开辟了一条新的途径。

过去人们只注意分子、原子或宇宙空间，忽略了纳米这个领域，其实它大量存在于我们的身边，只是以前没有认识而已。像人的牙齿、贝壳的表面，就都是排列整齐的纳米结构，甚至出土文物的表面也有一层具有防腐功能的纳米氧化氰。这就是千年铜镜出土后一样光可鉴人的原因。

别看纳米“毫不起眼”，纳米技术有可能成为新工业革命的主导技术，成为 21 世纪推动社会经济快速发展的制高点。在未来五年我国将投入 25 亿元进行纳米研究。

纳米技术对现代两大支柱产业——信息技术和生物技术都可提供发展契机。应用纳米科技后，整个美国的所有信息，都可储存在 $1cm^2$ 的东西里边。有的顽固性病毒非常小，现在没有药物能治疗，将来用纳米结构“组装”一种寻找病毒的药物后，像艾滋病、癌症、病毒性感冒等都有可能治疗。近年来，科学家还发明了纳米钻子、纳米勺子，“血管机器人”可以在人的血管里用这些工具进行操作。现今世界各国都争相发展纳米技术，但专家认为，距离纳米时代尚有五六十年。

我国有企业从 1996 年就开始将纳米材料用于冰箱制造，冰箱门封用纳米抗菌涂料，不会发霉，里面的果盘也采用纳米材料。纳米为我国的发展提供了千载难逢的机会，跨过去就可能实现经济的腾飞。

复习思考题

1. 填空题

(1) 建筑装饰材料是指主要起____________的材料。

(2) 光泽是由于反射光的空间分布而决定的对物体表面____________的属性。

(3) 质地是材料表面的____________程度，质感是指材料所表现的物体特质的____________。

(4) 底色纹样是材料表面的__________程度，花样是材料所构成的________。

(5) 根据化学成分的不同，建筑装饰材料可分为________、________和________三大类。

(6) 根据装修部位的不同，建筑装饰材料可分为________、________、________和________四大类。

2. 选择题

(1) 铝合金装饰材料属于（　　）。

A. 黑色金属材料　　B. 有色金属材料

C. 复合材料　　D. 有机材料

(2) 绿色材料的概念是（　　）年在第一届国际材料科学研究会上首次提出的。

A. 1988　　B. 1992　　C. 1998　　D. 1978

(3) 在国际单位制中，1nm =（　　）m。

A. 10^{-6}　　B. 10^{-8}　　C. 10^{-9}　　D. 10^{-10}

3. 判断题

(1) 绿色材料就是绿色植物组成的材料。（　　）

(2) 建筑装饰材料的质感，主要是指其内在质量的好坏。（　　）

4. 问答题

(1) 装饰材料的色彩会使人产生哪些感觉和联想？

(2) 纳米材料将会给我们的生活带来怎样的变化？

第 2 章　建筑材料的基本性质

建筑材料是用于建筑物和构筑物的所有材料的总称。构成建筑物的材料，除要承受各种外力的作用外，还要受到水、冻融、温度及湿度的变化，甚至酸、碱、盐的侵蚀作用。因此，在建筑工程的设计和施工中，只有掌握材料的有关性能指标，才能正确地选择和合理使用材料。本章着重讲述建筑材料主要的、共同的技术性质。

2.1　材料的基本物理性质

2.1.1　密度、表观密度和堆积密度

1. 密度

密度是指材料在绝对密实状态下单位体积的质量。其计算式如下：

$$\rho = \frac{m}{V} \tag{2-1}$$

式中　ρ——密度，g/cm^3；

m——干燥材料的质量，g；

V——材料在绝对密实状态下的体积，cm^3。

材料的绝对密实体积是指不包括材料内部孔隙在内的体积。对钢材、玻璃等绝对密实材料，可根据其外形尺寸求得体积，称出其干燥的质量，按公式（2-1）计算密度。

对于一般的材料，为了测得准确的密度值，应先将材料磨成细粉干燥后，再称其一定质量的粉末，利用密度瓶测量其绝对体积。绝对体积等于被粉末排出的液体体积。

2. 表观密度

表观密度是指材料在自然状态下单位体积的质量。其计算式如下：

$$\rho_0 = \frac{m}{V_0} \tag{2-2}$$

式中　ρ_0——表观密度，g/cm^3 或 kg/m^3；

m——材料的质量，g 或 kg；

V_0——材料在自然状态下的体积，cm^3 或 m^3。

由于材料表观密度体积内含有孔隙，所以含水与否，同一材料的表观密度

并不一样。表观密度一般可分为：干表观密度、湿表观密度、饱和表观密度等。

3. 堆积密度

堆积密度是指砂、石等颗粒状材料在自然堆积状态下单位体积的质量。其计算式如下：

$$\rho_0' = \frac{m}{V_0'} \tag{2-3}$$

式中 ρ_0'——堆积密度，kg/m^3；

m——颗粒材料的质量，kg；

V_0'——颗粒材料自然堆积体积，m^3。

所谓自然堆积体积是包括颗粒与颗粒之间空隙体积在内的体积。

在建筑工程中，计算材料或构件自重、配料计算以及材料贮存空间或运输量的确定，均要用材料的密度、表观密度和堆积密度。

几种常用建筑材料的密度、表观密度、堆积密度等物理参数见表 2-1。

表 2-1 几种常用材料的密度等物理参数

材　　料	密度/$g \cdot cm^{-3}$	表观密度/$kg \cdot m^{-3}$	堆积密度/$kg \cdot m^{-3}$	孔隙率（%）
花岗岩	2.60～2.90	2500～2800	—	0.5～3.0
普通黏土砖	2.50～2.80	1500～1800	—	30～40
普通混凝土	2.60	2300～2500	—	5～10
松　木	1.55	380～700	—	55～75
钢　材	7.85	7850	—	0
水　泥	2.90～3.10	—	1200～1300	—
砂	2.60	—	1450～1650	—

2.1.2 密实度、孔隙率、空隙率

图 2-1 为某规则块状材料的自然状态体积和绝对密实体积的示意图。

由图 2-1 可知：

密实度 $D = \frac{V}{V_0} \times 100\%$ (2-4)

孔隙率 $P = \frac{V_0 - V}{V_0} \times 100\%$

$= \left(1 - \frac{\rho_0}{\rho}\right) \times 100\%$

(2-5)

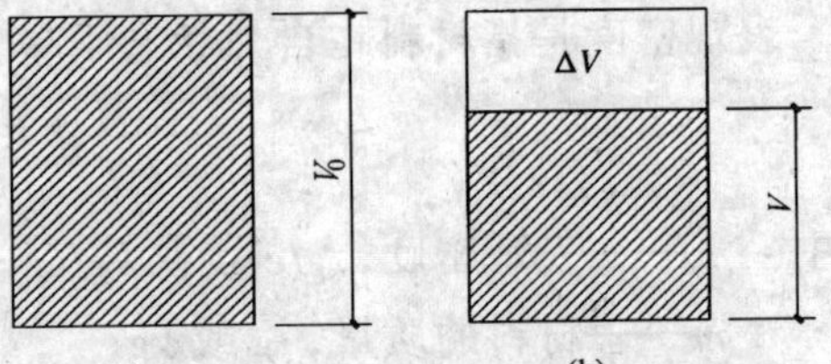

图 2-1 材料的体积

(a) 自然状态体积；(b) 绝对密实体积

对石子等颗粒材料而言，颗粒内并非绝对密实而是含有很少的孔隙，该颗粒单位体积的质量为石子的表观密度。设某石子的堆积体积为 V'_0，该堆积体积内，石子颗粒体积之和为 V_0，则

$$\text{空隙率}\ P' = \frac{V'_0 - V_0}{V'_0} \times 100\% = \left(1 - \frac{\rho'_0}{\rho_0}\right) \times 100\% \tag{2-6}$$

材料的密实度、孔隙率与材料的力学性质、热学性质、声学性质等密切相关。

2.2 材料与水有关的性质

2.2.1 材料的亲水性与憎水性

材料与水接触时，其表面可被水润湿或不被水所润湿，被水润湿的材料称为亲水性材料，不被水润湿的称为憎水性材料，如图 2-2 所示。

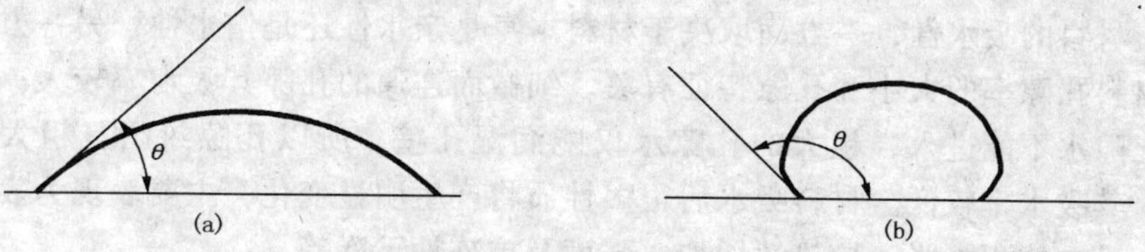

图 2-2 材料的润湿角

（a）亲水材料；（b）憎水材料

图 2-2a 表示材料表面可被润湿的情况，水可较好地在材料表面上铺展。在材料、水、空气三相交点，沿水滴表面作切线，该切线与材料表面之间的夹角 θ 称为润湿角，此时 $\theta < 90°$，说明水分子和材料分子之间的作用力大于水分子之间的作用力。图 2-2b 的情况相反，水不能在材料表面上铺展，$\theta > 90°$，说明水分子与材料分子间的作用力小于水分子之间的作用力。为此，在亲水性材料毛细管中，水往往形成凹形液面并上升到一定高度，即所谓毛细管现象。在憎水性材料的毛细管中，水则形成凸形液面并下降一定高度，不能形成毛细现象。

建筑工程中，常常利用憎水性材料作防水材料（如沥青），或用来对亲水性材料作表面憎水化处理，以降低材料的吸水性，提高材料的防水、防潮能力。

2.2.2 材料的吸水性和吸湿性

大多数建筑材料都是亲水性材料，如砖瓦、石材、木材、混凝土等，都能在水中或潮湿的空气中吸收水分和水汽，前者叫材料的吸水性，后者叫材料的吸湿性。

材料吸水性的大小用吸水率表示：

$$W = \frac{m_1 - m}{m} \times 100\% \tag{2-7}$$

式中 W——材料的吸水率，%；

m_1——材料吸水饱和时的质量，g；

m——材料干燥时的质量，g。

材料含水率是材料中所含水的质量与材料干燥时质量之比，计算式如下：

$$W' = \frac{m' - m}{m} \times 100\% \tag{2-8}$$

式中 W'——材料的含水率，%；

m'——材料含水时的质量，g；

m——材料干燥时的质量，g。

材料的吸水性，一方面取决于材料本身是亲水性还是憎水性，另一方面也与材料孔隙率的大小和孔隙特征有关，细微而连通的孔隙其吸水率较大；封闭的孔隙水不能进入，粗大的孔隙水仅能润湿孔壁，所以孔隙封闭且粗大的材料，其吸水率较低。材料吸水后很多性质将产生明显变化，主要表现为表观密度上升、体积膨胀、导热性增加、强度及抗冻性下降等。

材料的吸湿性，除与材料本身性质、孔隙率及构造等因素有关外，尚与空气的湿度有关。当材料中的水分子与周围空气湿度相平衡时，其含水率叫平衡含水率。

2.2.3 材料的耐水性

多数材料吸水后，水分减弱了材料内部质点间的联结作用，表现为强度降低。所谓材料的耐水性是指材料在吸水饱和状态下，不发生破坏，强度也不显著降低的性能，耐水性的优劣用软化系数表示：

$$K_R = \frac{R_1}{R_0} \tag{2-9}$$

式中 K_R——材料的软化系数；

R_1——材料在吸水饱和状态下的抗压强度，N/mm^2；

R_0——材料在干燥状态下的抗压强度，N/mm^2。

不同建筑材料的软化系数相差甚远，波动于 0～1 之间。对于经常受潮或位于水中的工程，其所用材料的软化系数应不小于 0.75，一般将软化系数大于 0.85 的材料称为耐水材料。

2.2.4 材料的抗冻性

在负温下，材料毛细管内的水分可冻结成冰，此时体积膨胀 9%～10%。冰的膨胀压力达到一定程度时，将使材料遭到局部破坏；当冰冻融解时其膨胀压力将消失。材料在冻结和融解的循环作用下而遭受破坏的现象称为冻融破坏。

抗冻性是指材料在吸水饱和状态下，能经受反复冻融作用而不破坏，强度无显著降低的性能，抗冻性可用抗冻等级表示，它是以抗冻试件经受冻融后的强度降低率、质量损失率均不超过一定限度时所经受的冻融循环次数来表示的。抗冻等级可分为 F_{15}、F_{25}、F_{50}、F_{100}、F_{200} 等。抗冻性常常作为无机非金属材料抵抗大气物理作用的一种耐久性指标，抗冻性良好的材料也可较好地抵抗温度变化、干湿交替等风化作用。

2.2.5 材料的抗渗性

抗渗性是材料在压力水作用下抵抗水渗透的性能。对混凝土和砂浆，抗渗性的好坏用抗渗等级表示，它是以试件可承受逐步增高的最大水压而不渗透时的水压力表示的，如 P_4、P_6、P_8、P_{10} 等，分别表示试件可承受逐步增高到 0.4MPa、0.6MPa、0.8MPa、1.0MPa 等水压而不渗水。地下建筑、水塔、压力管道等受水压作用的材料均要求具有一定的抗渗等级。

2.3 材料的力学性质

材料的力学性质，是指材料在外力（荷载）作用下抵抗破坏的能力和产生变形的有关性质。

2.3.1 强度和比强度

1. 强度

材料在外力(荷载)作用下抵抗破坏的能力称为强度。当外力增大到某一数值时材料被破坏,这时材料单位面积上所受的力为极限强度,通常用 f 表示。

根据外力作用的方式，材料强度可分为抗拉、抗压、抗剪、抗弯（抗折）强度等，如图 2-3 所示。抗拉、抗压、抗剪强度的计算公式如下：

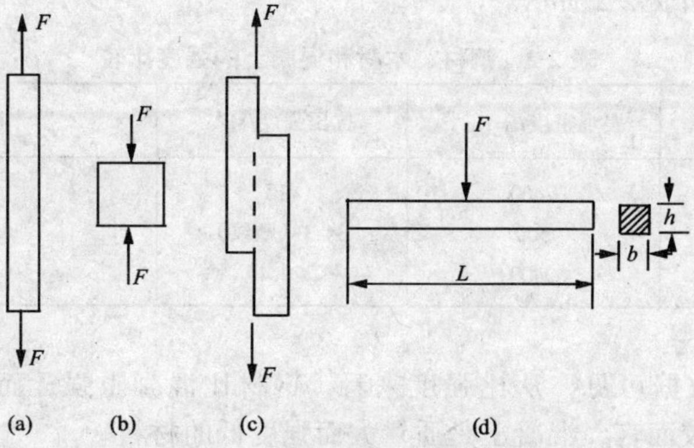

图 2-3 外力作用方式示意图

(a) 抗拉；(b) 抗压；(c) 抗剪；(d) 抗弯

$$f=\frac{F}{A} \tag{2-10}$$

式中　f——材料的强度，MPa；

F——破坏荷载，N；

A——受荷面积，mm^2。

材料的抗弯强度与试件受力情况、截面形状及支承条件有关，如图 2-3d 所示。其强度计算式如下：

$$f_m=\frac{3FL}{2bh^2} \tag{2-11}$$

式中　f_m——材料的抗弯强度，MPa；

F——材料受弯时破坏荷载，N；

L——两支点的间距（跨度），mm；

b、h——分别为受弯试件截面的宽和高，mm。

为便于材料的生产和应用，主要结构材料均按其强度值划分为若干技术等级，即强度等级。如普通水泥按抗折强度和抗压强度划分为 32.5、32.5R、42.5、42.5R、52.5、52.5R 六个强度等级；普通混凝土按抗压强度划分为 C7.5、C10、C20、……C80 共 16 个强度等级。

材料的强度不仅取决于材料本身的成分和结构，而且与外部条件、测试的方法等因素有着直接关系。所以必须遵照有关技术标准规定的方法测试材料的强度，才能取得具有可比性的数据。

2. 比强度

为了对不同的材料强度进行比较，可以采用比强度。比强度是按单位质量计算的材料强度，其值等于材料的强度与其表观密度之比。它是衡量材料轻质高强的一个主要指标。以钢材、木材和混凝土的抗压强度来作比较，可求得三者的比强度，如表 2-2 所示。

表 2-2　钢材、木材和混凝土的强度比较

材　料	表观密度/$kg \cdot m^{-3}$	抗压强度/MPa	比强度
低碳钢	7860	415	0.053
松木	500	34.3（顺纹）	0.069
普通混凝土	2400	29.4	0.012

由表 2-2 数据可见，从比强度来看，钢材比混凝土强，而松木又比钢材强。就三者比较而言，混凝土是质量大而强度低的材料。

2.3.2　弹性和塑性

材料在外力作用下产生变形，当外力取消后能够完全恢复原来形状的性质称为弹性；若当外力取消后变形不能完全恢复，并且不产生裂缝的性质称为塑性。能够完全恢复的变形称为弹性变形；而不能恢复的永久变形称为塑性变形。

纯粹的弹性材料是没有的，材料在受力不大时，表现为弹性性质。当受力超过某一限度时，则表现为塑性性质。

2.3.3 脆性与韧性

材料受力达到一定程度时发生突然破坏，并无明显塑性变形，材料的这种性质称为脆性。大部分无机非金属材料均属脆性材料，如天然石料、砖瓦、陶瓷等。脆性材料的显著特点是抗压强度高而抗拉、抗折强度低，如混凝土的抗压强度比抗拉强度高 10~20 倍。

材料在冲击或动力荷载作用下，能吸取较大能量而不破坏的性能，称为材料的韧性或冲击韧性，其大小以材料破坏时单位面积所消耗的功表示，计算式如下：

$$a_k = \frac{A_k}{A} \tag{2-12}$$

式中 a_k——材料的冲击韧性，J/mm^2；

A_k——试件破坏时所消耗的功，J；

A——试件截面积，mm^2。

钢材、木材等韧性材料的冲击韧性远高于脆性材料，且不存在抗压强度远高于抗拉强度的特点。所以在建筑工程中常将它们用做受拉或受弯构件。

对于承受动力荷载作用的构件，如吊车梁、钢轨、路面等，有时需要考虑材料的韧性指标。

2.3.4 硬度和耐磨性

1. 硬度

硬度是材料表面能抵抗其他较硬物体压入或刻划的能力。

不同材料的硬度测定方法不同。钢材、木材和混凝土的硬度用钢球压入法测定，石材等矿物用刻划法测定。矿物硬度分为十级，即：(1)滑石；(2)石膏；(3)方解石；(4)萤石；(5)磷灰石；(6)正长石；(7)石英；(8)黄玉；(9)刚玉；(10)金刚石。此外，材料的硬度还可用钻孔、射击等方法测定。

2. 耐磨性

耐磨性是材料抵抗磨损的能力。材料的耐磨性用磨损率表示。材料的耐磨性与硬度、强度、内部构造有关。

在建筑中，用于地面、楼梯踏步、人行道路等处的材料，必须考虑其硬度和耐磨性。

2.4 材料的热工性质

2.4.1 导热性

当材料两侧面存在温差时，热量从材料一侧传导到另一侧的性质，称为材料的导热性。导热性用导热系数表示。导热系数的计算式如下：

$$\lambda = \frac{Q\delta}{AZ(t_2 - t_1)} \tag{2-13}$$

式中 λ——导热系数，W/(m·K)；

δ——材料厚度，m；

Q——传导的热量，J；

A——热传导面积，m^2；

Z——热传导时间，s；

$(t_2 - t_1)$——材料两侧面温度差，K。

导热系数的物理意义是：当材料两侧面温度差为1K时，单位厚度的材料，在单位时间内通过单位面积的热量。几种常用材料的热工性质指标如表2-3所示。

表2-3 几种常用材料的热工性质指标

材　　料	导热系数/$W \cdot m^{-1} \cdot K^{-1}$	比热/$J \cdot g^{-1} \cdot K^{-1}$
铜	370	0.38
钢	55	0.46
花岗岩	2.9	0.80
普通混凝土	1.8	0.88
烧结普通砖	0.55	0.84
松木（横纹）	0.15	1.63
泡沫塑料	0.03	1.30
冰	2.20	2.05
水	0.60	4.19
密闭空气	0.025	1.00

材料的导热系数与材料的成分、孔隙构造和含水率等因素有关，由于密闭空气的导热系数很小［$\lambda = 0.025$W/（m·K）］，所以材料的孔隙率增大，其导热系数减小；具有密闭空隙的材料比具有连通空隙材料的导热系数小，当材料吸水、受潮或冰冻后，导热系数将大大提高。所以，在设计、安装绝热材料时，应同时设置防水层、防潮层、隔蒸气层等，使绝热材料经常处于干燥状态，严格防止材料受潮。

2.4.2 热容量和比热

材料在受热时吸收热量，冷却时放出热量的性质称为材料的热容量。单位质量材料温度升高或降低 1K 所吸收或放出的热量为热容量系数或比热。比热的定义及计算式如下：

$$C=\frac{Q}{m\ (t_2-t_1)} \tag{2-14}$$

式中 C——材料的比热，J/（g·K）；

Q——材料吸收或放出的热量，J；

m——材料的质量，g；

(t_2-t_1)——材料受热或冷却前后的温度差，K。

比热与材料质量的乘积 $C\cdot m$，称为材料的热容量值。它表示材料温度升高或降低 1K 所吸收或放出的热量。材料的热容量值对保持建筑物内部温度稳定有很大的意义，热容量值较大的材料或部件，能在热流变动或采暖、空调工作不均衡时，缓和室内的温度波动。

2.4.3 热阻和传热系数

热阻是材料层（墙体或其他围护结构）抵抗热流通过的能力。其定义及计算式如下：

$$R=\frac{A}{\lambda} \tag{2-15}$$

式中 R——材料层热阻，$m^2\cdot K/W$；

A——材料层厚度，m；

λ——材料的导热系数，W/（m·K）。

为提高围护结构的保温效能，改善建筑物的热工性能，应选用导热系数较小的材料，以增加热阻，而不宜加大材料层厚度，否则不仅浪费材料，而且也将减少有效使用面积。

热阻的倒数 $1/R$ 称为材料层（墙体或其他围护结构）的传热系数。传热系数是指材料两面温差为 1K 时，在单位时间内通过单位面积的热量。

2.5 材料的耐久性

如前所述，材料在建筑物的使用过程中，除受到各种外力作用外，还长期受到各种使用因素和自然因素的破坏作用。这些破坏作用有物理作用、机械作用、化学作用和生物作用。

1. 物理作用包括温度和干湿的交替变化、循环冻融等。温度和干湿的交替变化引起材料的膨胀和收缩，长期、反复的交替作用，会使材料逐渐破坏。在寒冷地区，循环的冻融对材料的破坏甚为明显。

2. 机械作用包括荷载的持续作用、反复荷载引起材料的疲劳、冲击疲劳、磨损等。

3. 化学作用包括酸、碱、盐等液体或气体对材料的侵蚀作用。

4. 生物作用包括昆虫、菌类等的作用而使材料蛀蚀或腐朽。

一般矿物质材料，如石材、砖瓦、陶瓷、混凝土、砂浆等，暴露在大气中时，主要受到大气的物理作用；当材料处于水位变化区或水中时，还受到环境水的化学侵蚀作用。金属材料在大气中易遭锈蚀。木材及植物纤维材料，常因虫蚀、腐朽遭到破坏。沥青及高分子材料，在阳光、空气及热的作用下，会逐渐老化、变质而破坏。

综上所述，所谓材料的耐久性，是在使用条件下，在上述各种因素作用下，在规定使用期限内不破坏，也不失去原有性能的性质。耐久性是材料的一种综合性质，诸如抗冻性、抗风化性、抗老化性、耐化学侵蚀性等均属于耐久性的范围。此外，材料的强度、抗渗性、耐磨性等性能也与材料的耐久性有密切关系。

为提高材料的耐久性，可根据使用情况和材料特点采取相应的措施，如设法减轻大气或周围介质对材料的破坏作用（降低湿度、排除侵蚀性物质等）；提高材料本身对外界作用的抵抗性（提高材料的密实度、采取防腐措施等）；也可用其他材料保护主体材料免受破坏（覆面、抹灰、油漆涂料等）。

复习思考题

1. 填空题

(1) 密度，是指建筑材料在________状态下，________的质量。

(2) 表观密度，是指建筑材料在______________状态下，________的质量。

(3) 建筑材料吸水性，是指建筑材料浸入水中______________的能力。它的大小常以______________来表示。

(4) 根据外力作用的形式不同，建筑材料强度有________、________、________及________等。

2. 选择题

(1) 憎水性建筑材料的润湿边角（　　）。

A. $\theta = 0°$　　B. $\theta = 45°$　　C. $\theta \leqslant 90°$　　D. $\theta > 90°$

(2) 粉状或颗粒状材料在堆积状态下，单位体积的质量，称为（　　）。

A. 密度　　B. 容重　　C. 堆积密度　　D. 表观密度

(3) 软化系数（　　），称为“耐水材料”。

A. $K_R > 0.85$　　B. $K_R < 0.75$　　C. $K_R > 0.65$　　D. $K_R = 0.5$

(4)水泥、砖、石、混凝土等材料，其强度等级划分的主要依据是(　　)。

A. 抗拉强度　　B. 抗弯强度　　C. 抗压强度　　D. 抗剪强度

3. 名词解释

(1)材料的孔隙率； (2)材料的耐水性； (3)材料的硬度；

(4)材料的韧性； (5)材料的导热系数

4. 判断题

(1) 亲水材料中水分子和材料分子之间的作用力大于水分子之间的作用力。( )

(2) 材料的比强度值等于材料的质量与其表观密度之比。( )

(3) 一般来说，硬度大的建筑材料，其耐磨性较强。( )

5. 问答题

(1) 工程中常用的材料强度有哪几种？分别写出其计算公式。

(2) 何谓材料的抗冻性？抗冻性的优劣如何表示？

(3) 什么是材料的脆性和韧性？它们各有何特征？

第3章 石 材

石材是建筑工程重要的建筑材料之一。传统使用的是天然石材，世界上许多著名的古建筑都由天然石材建造而成。随着科学技术的发展，人造石材作为一种新型的饰面材料，已被广泛地应用于建筑室内装饰。

近几十年来，虽然钢筋混凝土在很大程度上代替了天然石材，但石材的应用范围仍很广泛。

3.1 天然石材的特点、形成及技术性能

3.1.1 天然石材的特点

天然石材是指从天然岩体中开采出来，并加工成块状或板状材料的总称。天然石材的主要优点是：

1. 蕴藏丰富，分布很广，便于就地取材。

2. 石材结构致密，抗压强度高，大部分石材的抗压强度可达100MPa以上。

3. 耐水性好。

4. 耐磨性好。

5. 装饰性好。石材具有纹理自然、质感厚重、庄严雄伟的艺术效果。

6. 耐久性很好，使用年限可达百年以上。

天然石材主要的缺点是：质地坚硬，加工困难，自重大，开采和运输不方便。极个别石材可能含有放射性，应该进行必要的检测。

3.1.2 岩石的形成及分类

3.1.2.1 *造岩矿物*

岩石是经过各种地质作用而产生的天然固体，是矿物的集合体，组成岩石的矿物称为造岩矿物。大多数岩石由多种造岩矿物组成，不同的造岩矿物在不同的地质条件下，形成不同性质的岩石，岩石没有确定的化学组成和物理性质，同种岩石，产地不同，其各种矿物的含量，颗粒结构均有差异，因而颜色、强度、耐久性等也有差别。由单一矿物组成的岩石叫单矿岩，由两种以上的矿物组成的叫复（多）矿岩。花岗岩主要由长石、石英、云母组成。

建筑工程中常用岩石的主要造岩矿物如表3-1所示。

表 3-1　主要造岩矿物的颜色和特性

矿物名称	组　成	密　度 /kg·m^{-3}	莫氏硬度	颜　色	特　征
石　英	结晶的二氧化硅	2.65	7	无色透明	最坚硬、稳定的矿物之一，但不耐火，是许多岩石的造岩矿物
长　石	结晶的铝硅酸盐类	2.5～2.7	6	白、浅灰、桃红、红、青、暗灰	稳定性不及石英，风化后为高岭土，是岩浆岩最重要的造岩矿物
云　母	结晶的、片状的含水复杂硅铝酸盐	2.7～3.1	2～3	无色透明至黑色	易分裂成薄片，影响岩石的耐久性、强度和开光性。白云母较黑云母耐久
角闪石、辉石、橄榄石	结晶的铁、镁硅酸盐	3～4	5～7	深绿、棕或黑色，称暗色矿物	坚固、耐久、韧性大、开光性好
方解石	结晶的碳酸钙	2.7	3	白色	易被酸类分解，微溶于水，易溶于含二氧化碳的水中，开光性好，沉积岩中普遍存在
白云石	结晶的或非晶体的碳酸钙镁的复盐	2.9	4	白色	物理性质与方解石接近，强度稍高，仅在浓的热盐酸中分解
黄铁矿	结晶的二硫化铁	5	6～7	金黄色	遇水及氧化作用后生成游离的硫酸，污染并破坏岩石，常在岩石中出现，是有害杂质

3.1.2.2　*岩石的形成及分类*

岩石按地质形成条件分为火成岩、沉积岩、变质岩三大类，它们具有显著不同的结构、构造与性质。

(1) 火成岩

火成岩又称岩浆岩，它是因地壳变动，熔融的岩浆由地壳内部上升后冷却而成。火成岩是组成地壳的主要岩石，占地壳总重量的89%。火成岩按岩浆冷却条件的不同，又分为深成岩、喷出岩和火山岩三种。

①深成岩。深成岩是岩浆在地壳深处，在很大的覆盖压力下缓慢冷却而成的岩石。其特性是：构造致密、表观密度大、抗压强度高、吸水率小、抗冻性好、耐磨性好，如花岗岩、正长岩、辉长岩、闪长岩等。

②喷出岩。喷出岩是熔融岩浆喷出地表后，在压力降低、迅速冷却的条件下形成的岩石。当岩浆形成较厚的岩层时，其结构致密，性能接近于深成岩。但因冷却迅速多呈隐晶质（矿物晶粒细小，肉眼不能识别）或玻璃质，如建筑

上常用的玄武岩、安山岩等；若喷出的岩浆层较薄时，常呈多孔构造。

③火山岩。火山岩又称火山碎屑岩。火山岩是火山爆发时，岩浆被喷到空中，急速冷却后落下而形成的碎屑岩石。如火山灰、浮石等。火山岩都是轻质多孔结构的材料，其中火山灰被大量用做水泥的混合材料，浮石可用做轻质集料，配制轻集料混凝土，用做墙体材料。

(2) 沉积岩

沉积岩又称水成岩。地表的多种岩石在外力地质作用下，经风化、搬运(风吹搬迁、流水冲移)、沉积和再造岩等作用（压固、胶结、重结晶等)，在地表或离地表不太深处形成的岩石。沉积岩大都呈层状构造，各层岩石的成分、构造、颜色、性能等均不相同，且为各向异性。与深层火成岩相比，沉积岩的表观密度小，结构致密性较差，孔隙率和吸水率较大，强度和耐久性较低。

沉积岩虽仅占地壳总重量的5%，但在地球上分布很广，约占地壳表面积的75%，加之蕴藏于离地表不太深处，故易于开采。沉积岩用途广泛，其中最重要的是石灰岩。石灰岩是烧制石灰和水泥的主要原料，更是配制普通混凝土的重要组成材料。石灰岩也是修筑堤坝和铺筑道路的原材料。

(3) 变质岩

变质岩由原生的火成岩或沉积岩，经过地壳内部高温、高压等变化作用使它们的矿物成分、结构、构造以至化学组成都发生改变后而形成的岩石。其中沉积岩变质后，性能变好，结构变得致密，坚实耐久，如石灰岩变质为大理岩；而火成岩变质后，性质反而变差，如花岗岩变质成的片麻岩，易产生分层剥落，使耐久性变差。

3.1.3 建筑石材的技术性质

1. 表观密度

天然石材按表观密度分为重石和轻石两类，表观密度大于1800kg/m^{3}的为重石，用于建筑物的基础、覆面、房屋的外墙、地面、路面、桥梁以及水下建筑物等。表观密度小于1800kg/m^{3}的为轻石，主要用做砌筑采暖房屋的墙壁。

2. 抗压强度

天然岩石是以100mm×100mm×100mm的立方体试件，用标准试验方法测得的抗压强度值作为评定石材强度等级标准。根据《砌体结构设计规范》(GBJ 3—88) 规定，天然石材的强度等级分为MU 100、MU 80、MU 60、MU 50、MU 40、MU 30、MU 20、MU 15和MU 10等9个等级。

天然石材抗压强度大小，取决于岩石的矿物成分、结晶粗细、胶结物质的种类及均匀性，以及荷载和解理方向等因素。

3. 抗冻性

石材的抗冻性用冻融循环次数表示，在规定的冻融循环次数内，无贯穿裂纹（穿过试件两棱角），重量损失不超过5%，强度降低不大于25%，则为抗冻性合格。

石材的抗冻性主要决定于矿物成分、晶粒大小和分布均匀性、天然胶结物的胶结性质、孔隙率及吸水性等性质。石材应根据使用条件选择相应的抗冻性指标。吸水率小于0.5%的石材，可以认为是抗冻的。

4. 耐水性

石材的耐水性用软化系数 K_R 表示，按 K_R 值的大小，石材的耐水性可分为高、中、低三等。$K_R > 0.90$ 的石材为高耐水性石材，中耐水性石材 $K_R = 0.70 \sim 0.90$，低耐水性石材 $K_R = 0.60 \sim 0.70$。一般 $K_R < 0.80$ 的石材，不允许用于重要建筑。

此外,石材的吸水性、耐磨性及冲击韧性,根据用处不同,对其也有不同要求。

5. 石材的抗压强度最高,抗拉强度最低，抗拉强度只有抗压强度的1/20~1/50。因此，石材主要用于承受压力。

3.2 建筑装饰常用饰面石材

我国建筑装饰用饰面石材资源丰富，主要为大理石和花岗石，已探明的储量达30亿 m^3，且花色品种齐全，质地优良。其中大理石有300多个品种，花岗石有100多个品种。

3.2.1 大理石

大理石是指由变质或沉积的碳酸盐岩类的岩石，如大理岩、白云岩、灰岩、砂岩、页岩和板岩等。我国著名的汉白玉就是北京房山产的白云岩，云南大理石则是产于大理的大理岩，著名的丹东绿为蛇纹石化硅卡岩。

3.2.1.1 大理石的主要化学成分

大理石的主要化学成分见表3-2。

表3-2 大理石主要化学成分

化学成分	CaO	MgO	SiO_2	Al_2O_3	Fe_2O_3	SO_3	其他（Mn、K、Na）
含量（%）	28~54	13~22	3~23	0.5~2.5	0~3	0~3	微量

3.2.1.2 大理石的物理力学特性

(1) 结构致密、抗压强度高。一般强度可达100~150MPa，表观密度为

2700kg/m³ 左右。

(2) 质地致密而硬度不大，肖氏硬度在50左右，故大理石较易进行锯解、雕琢和磨光等加工。

(3) 装饰性好。大理石一般均含多种矿物，常呈多种色彩组成的花纹。抛光后光洁细腻，如脂似玉，纹理自然。纯净的大理石为白色，称汉白玉。纯白和纯黑的大理石属名贵品种。

(4) 吸水率小，一般<0.5%。

(5) 耐磨性好，其磨耗量小。

(6) 耐久性好，一般使用年限为40~100年。

(7) 抗风化性较差。大理石主要化学成分为碱性物质——$CaCO_3$，易被酸侵蚀，故除个别品种（汉白玉、艾叶青等）外，一般不宜用做室外装修，否则会受到酸雨以及空气中酸性氧化物（如CO_2、SO_3等）遇水形成的酸类侵蚀，从而失去表面光泽，甚至出现斑点等现象。

3.2.1.3 大理石饰面板材规格

经矿山开采出来的天然大理石块称为大理石荒料，荒料形状应为正方形或矩形六面体。尺寸不得有负差，如图3-1所示。大理石荒料经锯切、研磨、抛光及切割后就成为大理石饰面板材。石材的出材率是指1m³ 荒料所生产的石板成品的平方米数，以厚度为20mm的板材计。

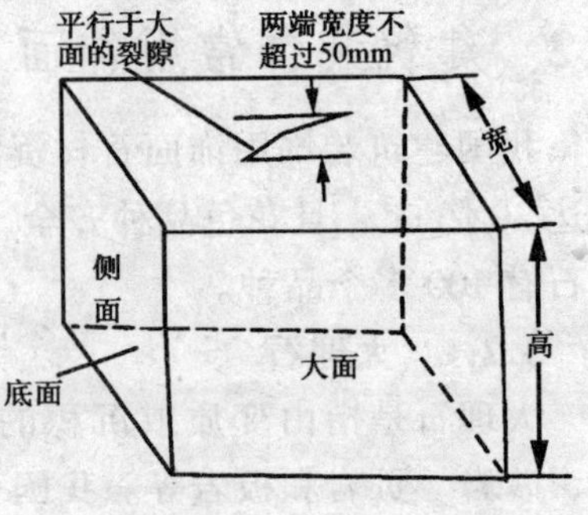

图3-1 荒料各面名称

大理石以其磨光加工后所显示的花色、特征及石材产地来命名。大理石饰面板有正方形及矩形两种，其标准规格为600mm×600mm，进口石材一般约为1600mm×2500mm磨光大板，按设计要求锯解。

按照标准规定，对大理石板材的尺寸、平整度和角度的允许偏差，以及磨光板材的光泽度和外观缺陷等，都提出了明确的要求。

3.2.1.4 主要品种产地

大理石是以云南省大理县的大理城命名的，所产“云灰”、“汉白玉”、“彩花”大理石名扬中外。

大理石的各种花纹，是在其沉积、变质过程中，由于一些矿物质的浸染而形成的。

(1) 云南大理石

云南大理县的大理石品种繁多，石质细腻，光泽柔润，目前开采利用的主要有三类，即云灰、白色和彩花大理石。

①云灰大理石。云灰大理石因其多呈云灰色,或在云灰底色上泛起朵朵酷似天然云彩状的花纹而得名。花纹形状各异,有的乌云滚滚、有的浮云漫天、有的青云直上、有的乱云飞渡。其中花纹似水波纹者称水花石,水花石常用的花纹图案有“微波荡漾”、“惊涛骇浪”、“烟波浩渺”、“水天相连”等。云灰大理石加工性能特别好,主要用来制作建筑饰面板材,是目前开采利用最多的一种。

②白色大理石。白色大理石洁白如玉、晶莹纯净、熠熠生辉,故又称苍山白玉、汉白玉和白玉。它是雕刻、绘画的好材料,同时又可制成优美的建筑板材。

③彩花大理石。彩花大理石呈薄层状,产于云灰大理石之间,是大理石中的精品,经过研磨、抛光,便显现出色彩斑斓、千姿百态的天然图画,为世界所罕见。彩花大理石所呈现的天然图画十分丰富,有山水林木、花鸟虫鱼、云雾雨雪、珍禽异兽、奇岩怪石、古今人物、四时风景、琼楼仙境等等应有尽有。

从众多的彩花大理石中,通过精心挑选和琢磨,还可获得人们企求的理想画面。如1978年大理县大理石厂为毛主席纪念堂制作了十四个大理石花盆,每个花盆正面图案都具有深刻的含义,画面分别为韶山、井冈山、娄山关、金沙江、大渡河、雪山、草地、延安等。它们或是红军长征经过的地方,或是毛主席工作、生活过的场所,或是毛主席诗词中歌颂过的壮丽景色。再如人民大会堂云南厅的大屏风上,镶嵌着一块呈现出山河云海图的彩花大理石,气势雄伟,十分壮观,这是大理人民借大自然的神笔“描绘”出的歌颂祖国大好河山的画卷。

(2) 国内部分大理石板材品种、特色及规格

我国大理石主要产地除云南大理县外,还有山东、陕西、贵州、四川、安徽、江苏、浙江、北京、辽宁、广东、福建、湖北等,遍布全国24个省市。

作为建筑装修用饰面石材,对其强度、表观密度、吸水率及耐磨性等不作具体规定,而以其外观质量、光泽度及颜色花纹等作为主要评价和选择指标。大理石板材按外观质量分为一级和二级。表3-3~表3-6分别列出了外形尺寸、平整度、角度的允许偏差以及外观质量的具体要求。

表3-3 天然大理石普型板规格尺寸允许偏差 mm

项目		等级		
		优等品	一等品	合格品
长度		0 −1.0		0 −1.5
宽度				
厚度	≤12	±0.5	±0.8	±1.0
	>12	±1.0	±1.5	±2.0

注:摘自JC/T 79—2001。

表 3-4 天然大理石普型板角度允许公差 mm

板材长度	优等品	一等品	合格品
≤400	0.30	0.40	0.50
>400	0.40	0.50	0.70

注：摘自 JC/T 79—2001。

表 3-5 天然大理石圆弧直线度与线轮廓度允许公差 mm

项目		分类与等级		
		优等品	一等品	合格品
直线度（按板材高度）	≤800	0.60	0.80	1.00
	>800	0.80	1.00	1.20
线轮廓度		0.80	1.00	1.20

注：摘自 JC/T 79—2001。

表 3-6 天然大理石板材正面的外观缺陷的质量要求

名称	规定内容	优等品	一等品	合格品
裂纹	长度超过 10mm 的不允许条数（条）	0	0	0
缺棱	长度不超过 8mm，宽度不超过 1.5mm（长度≤4mm，宽度≤1mm 不计）每米长允许个数（个）	0	1	2
缺角	沿板材边长顺延方向，长度≤3mm，宽度≤3mm（长度≤2mm，宽度≤2mm 不计），每块板允许个数（个）	0	1	2
色斑	面积不超过 $6cm^2$（面积小于 $2cm^2$ 不计），每块板允许个数（个）	0	1	2
砂眼	直径在 2mm 以下		不明显	有，不影响装饰效果

注：摘自 JC/T 79—2001。

3.2.1.5 应用

天然大理石板材为高级饰面材料，主要用于建筑装饰等级要求高的建筑物。大理石适用于纪念性建筑、大型公共建筑，如宾馆、展览馆、商场、机场、车站等建筑物的室内墙面、柱面、地面、楼梯踏步等的饰面材料，也可用做楼梯栏杆、服务台、门脸、墙裙、窗台板、踢脚板等。

抛光的大理石板光泽可鉴、色彩绚丽、花纹奇异，具有极好的装饰效果。少数质地纯正、杂质少、比较稳定耐久的大理石，如汉白玉、艾叶青等可用于外墙饰面。外装饰用的大理石板材，不必进行抛光，因其光泽遇雨就会消失，故只要采用水磨光滑即可。

意大利的大理石质量上称，品种花式多，产量高，畅销于国际市场。我国一些要求高级装饰的建筑物，常采用意大利大理石作为饰面材料。

用大理石边角料做成的“碎拼大理石”墙面或地面，格调优雅、乱中有序、别有风韵，且造价低廉。大理石边角余料可加工成尺寸相同的矩形、方形块料，或锯割成整齐而大小不一的正方形、长方形块材；或锯割成整齐的各种多边形，称为冰裂块料；也可不经锯割而呈不规则的毛边碎块。碎拼大理石还可以点缀高级建筑物的庭院走廊等部位，为建筑物增添色彩。

3.2.2 花岗石

花岗石原指由花岗岩加工的石料，这里所称的花岗石是一个商品名称，它包括所有可以作为饰面石材、并以硅酸盐矿物为主的火成岩（深成岩）。其主要矿物组成为长石、石英及少量暗色矿物和云母，其中长石含量为40%～60%，石英含量为20%～40%，花岗石多数结构紧密，呈现美丽的自然构造纹理，具有很强的装饰性。

3.2.2.1 花岗石结构及主要化学成分

花岗石为全晶质结构的岩石，按结晶颗粒的大小不同，分为细粒、中粒和斑状等。其颜色和光泽取决于长石、云母及暗色矿物，常呈灰色、黄色、蔷薇色及红色等，深色花岗石比较名贵。优质花岗石晶粒细而均匀，构造紧密，石英含量多，云母含量少，不含黄铁矿等杂质，长石光泽明亮，没有风化迹象。

花岗石的化学成分随产地不同而有所区别，但各种花岗石 SiO_2 含量很高，一般为67%～75%，故花岗石属酸性岩石。某些花岗石含微量放射元素，这类花岗石应避免用于室内。花岗石主要化学成分见表3-7。

表3-7 花岗石主要化学成分

化学成分	SiO_2	Al_2O_3	CaO	MgO	Fe_2O_3
含量（%）	65～75	12～17	1～2	1～2	0.5～1.5

3.2.2.2 花岗石主要物理力学特性

（1）密度大。表观密度为2600～2800kg/m^3。

（2）结构致密，抗压强度高。一般抗压强度可达120～250MPa。

（3）孔隙率小，吸水率低。

（4）材质坚硬。肖氏硬度为80～100，耐磨性优异。

（5）化学稳定性好。不易风化变质，耐酸性很强。

(6) 装饰性好。花岗石色调鲜明,庄重大方,质感坚实,许多著名的纪念性建筑都选用了花岗石,如北京人民英雄纪念牌、人民大会堂等重要建筑。经过研磨抛光的花岗石,在现代建筑中铺贴,熠熠生辉、形景倒映,顿生堂皇之感。

(7) 耐久性好。细粒花岗石使用年限可达 500~1000 年，粗粒花岗石可达 100~200 年。

(8) 花岗石不耐火，因含大量石英，在 573℃和 870℃的高温下石英均会发生晶态转变，产生体积膨胀，故火灾对花岗石会产生严重的破坏。利用这一性质，人们常用花岗石制作火烧板。

3.2.2.3　花岗石板材的分类

(1) 花岗石板材的分类

由于天然花岗石使用部位不同，对其表面的加工方法要求也不同，常可分为五类：

①剁斧板。表面粗糙，呈规则的条状斧纹。

②机刨板。用刨石机刨成较为平整的表面，呈相互平行的刨纹。

③粗磨板。表面经过粗磨，光滑而无光泽。

④火烧板。用氧气焊枪等喷火，使花岗石表层爆裂剥落，形成表面粗糙的板材。

⑤磨光板。表面光滑，色泽鲜明，晶体裸露。磨光板再经抛光处理后，即成为镜面花岗石板材。

(2) 花岗石饰面板材规格

天然花岗石剁斧板材和机刨板材按图纸要求加工，粗磨和磨光板材按国家建材行业标准 JC 205—92（96）生产。其标准规格尺寸见表 3-8 所示。

表 3-8　天然花岗石板材标准规格　mm

长	宽	厚	长	宽	厚
300	300	20	610	610	20
305	305	20	900	600	20
400	400	20	915	610	20
600	300	20	1067	762	20
600	600	20	1070	750	20
610	305	20			

按照标准规定，天然花岗石板材料外形尺寸、表面平整度、角度的允许偏差见表 3-9~表 3-11。外观质量和色斑的允许范围见表 3-12 和表 3-13。

表 3-9 外形尺寸允许偏差

mm

外形尺寸	粗磨和磨光板		剁斧和机刨板
	一级品	二级品	
长 度	+0	+0	+0
	−1	−1	−1
宽 度	+0	+0	+0
	−1	−2	−2
厚 度	±2	+2	+1
		−3	−2

表 3-10 表面平整度允许偏差

mm

平板长度范围	机刨、粗磨、磨光板	剁斧板
≤400	0.3	1.0
≥400	0.6	1.5
≥800	0.8	2.0
≥1000	1.0	2.5

表 3-11 矩形、正方形板材角度允许偏差

mm

平板长度范围	机刨、粗磨、磨光板	剁斧板
≤400	0.4	1.0
≥400	0.6	1.5

表 3-12 外观质量允许范围

序号	缺陷名称	板材部位和种类	允许范围
1	缺棱掉角	相邻两磨光面的棱角和机刨、剁斧板材的明棱 正面棱 > 4mm × 1mm≤10mm × 2mm 正面棱≤2mm × 2mm 底面棱角≤25mm × 15mm 或 40mm × 10mm	必须完整无缺 每米边长允许一处 每块板允许一处 每块板允许两处，其深度不得大于 1/3 板厚
2	斧纹、刨纹	剁斧板材的斧纹和机刨板材的刨纹	应分布均匀、相互平行、刨面四角应在同一水平面上
3	剁面的坑窝	在≤$0.2m^2$ 面积上 在 > 0.2 ~ $0.5m^2$ 面积上	不允许有 30mm × 30mm × 3mm 的允许两处

续表

序号	缺陷名称	板材部位和种类	允许范围
4	裂 纹	剁斧、机刨、粗磨、磨光板材的一级品，精磨和磨光板材的二级品	不允许有 每块上允许一条，其直线长度不大于裂纹顺延方向板长的1/10
5	黏结修补	棱角缺陷处	允许修补，但应无明显痕迹，颜色和板面应基本一致
6	色 线	裸露面上	不允许有
7	色 斑		允许范围见表3-13
8	漏检率	一级品中≤10%的二级品，二级品中≤5%的等外品	

表3-13 色斑的允许范围 mm

平板长度	允许范围	粗磨和磨光板		机刨、剁斧
		一级品	二级品	
≤800	≤50×30	不允许有	不允许有两处	不允许有
>800	≤50×30	不允许有	允许有	允许有一处

3.2.2.4 主要品种和产地

我国花岗石储量丰富，主要产地有山东的泰山和崂山（北京人民英雄纪念碑取材于此），四川石棉县（毛主席纪念堂的台基取材于此，为红色花岗石，象征红色江山坚如磐石），湖南衡山，江苏金山和焦山，浙江莫干山，北京西山，安徽黄山，陕西华山，以及福建、广东、河南、山西、黑龙江等地也有出产。

3.2.2.5 应用

花岗石是公认的高级建筑结构材料和装饰材料，但由于开采运输困难，修琢加工及铺贴施工耗工费时，因此造价较高，一般只用在重要的大型建筑中。花岗石剁斧板材多用于室外地面、台阶、基座等处；机刨板材一般用于地面、台阶、基座、踏步等处；粗磨板材和火烧板常用于墙面、柱面、台阶、基座、纪念碑等处；磨光板材因其具有色彩绚丽的花纹和光泽，故多用于室内外地面、墙面、柱面等的装饰，以及用做旱冰场地面、纪念碑等。我国各大城市的大型建筑，广泛采用花岗石作为建筑物立面的主要材料。

3.2.3 石灰岩

石灰岩的主要矿物组成为方解石。常含有少量黏土、二氧化硅、碳酸镁及有机物质等。当杂质含量高时，则过渡为其他岩石，如黏土含量为25%～60%时称为泥灰岩，碳酸镁含量为40%～60%时称为白云岩。石灰岩的构造有致密、多孔和散粒等多种。松散土状的称为白垩，其组成几乎完全是碳酸钙，是制造玻璃、石灰、水泥的原料；多孔的如贝壳石灰岩可作保温建筑的墙体；密实的即普通石灰岩。

各种致密石灰岩表观密度一般为2000～2600kg/m^3，相应的抗压强度为20～120MPa。如黏土杂质含量超过30%～40%，则其抗冻性、耐水性显著降低。含氧化硅的石灰岩，硬度高、强度大、耐久性好。纯石灰岩遇稀盐酸立即起泡发生化学反应，利用这一性质可以制作石材浮雕；致密的硅质及镁质石灰岩则很少起泡。

石灰岩的颜色随所含杂质的不同而不同。含黏土或氧化铁等杂质，使石灰岩呈灰、黄或蔷薇色。若含有机物质碳，则颜色呈深灰以至黑色。

石灰岩分布极广，开采加工容易，常作为地方材料，广泛用于基础、墙体及一般砌石工程。石灰岩加工成碎石，可用做碎石路面及混凝土集料。石灰岩不能用于酸性或含游离二氧化碳较多的水中，因方解石易被侵蚀溶解。石灰岩是制造石灰和水泥的重要原料。

3.2.4 砂岩

砂岩是母岩碎屑沉积物被天然胶结而成，其主要成分是石英，有时也含少量长石、方解石、白云石及云母等。

根据胶结物的不同，砂岩又分为：由氧化硅胶结而成的硅质砂岩，常呈淡灰色或白色；由碳酸钙胶结而成的钙质砂岩，呈白色或灰色；由氧化铁胶结而成的铁质砂岩，常呈红色，由黏土胶结而成的黏土质砂岩，呈灰黄色。

砂岩的性能与胶结物种类、胶结的密实程度有关。密实的硅质砂岩，坚硬耐久、耐酸，性能接近于花岗岩，可用于纪念性建筑及耐酸工程。钙质砂岩，有一定的强度，加工较易，是砂岩中最常用的一种，但质地较软，不耐酸的侵蚀。铁质砂岩的性能较差，其中胶结密实者，可用于一般建筑工程。黏土质砂岩的性能较差，易风化，长期受水作用会软化，甚至松散，在建筑中一般不用。

由于砂岩的胶结物和构造的不同，其性能波动很大，抗压强度为5～20MPa。同一产地的砂岩，性能也有很大差异。建筑上可根据砂岩技术性能的高低，用于勒脚、墙体、衬面、踏步等处。

砂岩产地分布极广，我国各地均有，进口砂岩以澳大利亚和新西兰产的砂岩著名。

3.2.5 广场地坪和庭院小径路面用石材

广场地坪和庭院小径路面用石材，通常采用规则或不规则的石板，以及方石、条石、拳石、卵石等铺砌。这些石材要求坚实耐磨、抗冻、抗冲击性要好。当采用平毛石（上下两个面平行的块石）、拳石、卵石铺筑庭院小径，可以巧妙地利用石材的色彩和外形，镶拼成各种图案，别具匠心，使材料、设计和环境达到和谐统一，从而获得意想不到的艺术效果。

3.2.6 天然石材选用原则

由于天然石材自重大，运输不方便，故在建筑工程中，为了保证工程的经济合理，在选用石材时必须考虑以下几点：

1. 经济性。尽量就地取材，缩短运距，减轻劳动强度，降低成本。

2. 强度与耐久性。石材的强度与其耐久性、耐磨性、耐冲击性等性能密切相关。因此应根据建筑物的重要性及建筑物所处环境，选用足够强度的石材，以保证建筑物的耐久性。

3. 装饰性。用于建筑物饰面的石材，选用时必须考虑其色彩及天然纹理与建筑物周围环境的相协调性，充分体现建筑物的艺术美。

当前，世界各国采用的天然岩石饰面板材，一般均以标准厚度 20mm 的为主，但西方一些国家也大量生产厚度为 12～15mm 的天然石板，特别是大理石板材。同时在一些工业高度发达的国家和地区，例如美国、加拿大、澳大利亚、法国、德国和香港等地，为了适应高层建筑对建筑材料轻质化的要求，还推广使用厚度为 8mm、10mm、11mm 的薄型饰面石板。今后建筑业将会更乐于直接购买大规格的岩石毛板，或大规格的抛光石板，然后在施工现场按工程实际需要的尺寸，进行现切割、现抛光、现铺贴，从而使建筑物饰面既美观又节约材料。

另外，近年来国外还出现了石材与塑料或铝材相结合的复合板材产品，即将大理石薄板背面黏以泡沫聚酯或铝质蜂窝结构材料及玻璃纤维棉毡等，形成具有轻质高强、保温隔热特性的复合板材。

3.3 人造石材

3.3.1 人造石材发展简史

人造石材在国外已有近 50 年的历史，1958 年美国即采用各种树脂作胶结剂，加入填料和各种颜料，生产出模拟天然大理石纹理的板材。到 20 世纪 60 年代末 70 年代初，人造大理石在前苏联、意大利、前联邦德国、西班牙、英国和日本等国家也迅速发展起来，他们不仅生产装饰板材，还能生产各种异型制品，甚至制作卫生洁具。前联邦德国的阿德姆公司（ADM）是世界上制造生产聚酯混凝土人造大理石成套设备较早的公司。意大利布莱顿公司早在 20 世纪 60 年代初，就开始生产压板成型设备，以及真空成型大块人造大理石板材的成套设备，并行销全世界。

我国于20世纪70年代末，开始从国外引进人造大理石样品、技术资料及成套设备，80年代进入了迅速发展时期，目前有些产品质量已达到国际同类产品的水平，并成功地应用于高级宾馆的装修工程中。

3.3.2 人造石材类型

人造石材按生产所用的材料，一般可分为四类：

1. 水泥型人造石材

水泥型人造石材是以各种水泥为胶结材料，砂为细集料，碎大理石、花岗石、工业废渣等为粗集料，经配料搅拌、成型、蒸压养护、磨光、抛光制成。

所用水泥除硅酸盐水泥外，也有用铝酸盐水泥作胶结剂制成的人造石材。这种人造石材表面光泽度高、花纹耐久、抗风化力、耐火性、防潮性都优于一般人造石。这是由于铝酸盐水泥的主要矿物组成——$CaO \cdot Al_2O_3$ 水化产生氢氧化铝胶体，在凝聚过程中，它与光滑的模板表面接触，形成了氢氧化铝凝胶层，与此同时，氢氧化铝胶体在硬化过程中不断填塞人造石的毛细孔隙，形成致密结构，因此表面光滑，具有光泽，呈半透明状。若以硅酸盐水泥，包括白水泥作胶结剂时，由于不能形成氢氧化铝胶层，所以不能形成光滑的表面层。

2. 树脂型人造石材

树脂型人造石材是以有机树脂为胶结剂，与天然碎石、石粉及颜料等配制搅拌成混合料，经浇捣成型、固化、脱模、烘干、抛光等工序制成，它是目前国内、外主要使用的人造石材。

3. 复合型人造石材

复合型人造石材是指该石材的胶结料中，既有无机胶凝材料（如水泥），又有有机高分子材料（树脂）。它是先用无机胶凝材料碎石、石粉等胶结成型并硬化后，再将硬化体浸渍于有机单体中，使其在一定条件下聚合而成。若为板材，其底层就用廉价而性能稳定的无机材料制成，面层则采用聚酯和大理石粉制作。这种构造目前采用较普遍。

4. 烧结型人造石材

烧结型人造石材的生产与陶瓷工艺相似，将长石、石英、辉绿石、方解石等粉料和赤铁矿粉，以及一定量高岭土配合，一般配比为黏土40%，石粉60%，然后用泥浆制备坯料，用半干压法成型，在窑炉中以1000℃左右的高温焙烧而成。

上述人造石材中，目前使用最广泛的是以不饱和聚酯树脂为胶结料而生产的树脂型人造石材，简称聚酯型人造石材。

3.3.3 聚酯型人造石材

1. 原材料及生产流程

聚酯型人造石材是用不饱和聚酯树脂作为胶结材料，配以石英砂、大理石碴、大理石粉、方解石粉等无机填料，再加入适量的颜料和少量固化剂，拌制成混合料，经注模成型、固化、脱模、烘干、抛光等工序，制成具有某些天然石材色彩和质感的饰面石材或制品，又称聚酯合成石。成型方法有振动成型、加压成型和挤压成型等多种。

由于不饱和聚酯树脂具有黏度小、易于成型、光泽好、颜色浅、容易调配成各种明亮色彩、固化快、可在常温下进行固化等特点，因此目前各国均采用不饱和聚酯树脂生产人造石材。聚酯树脂常用的牌号为196.306-2及196.307-2等。

2. 聚酯合成石物理力学性能

聚酯合成石与天然岩石比较，表观密度较小，强度较高，其物理力学性能见表3-14。

表3-14 聚酯合成石物理力学性能

抗压强度 /MPa	抗折强度 /MPa	抗冲击强度 /J·cm^{-2}	表面硬度 /布氏	表面光泽度 /度	密度 /g·cm^{-3}	吸水率 (%)	线膨胀系数 ($\times 10^{-5}$)
>100	38左右	15左右	40左右	>100	2.10左右	<0.1	2~3

注：表中合成石由196牌号不饱和聚酯树脂配制而成。

3. 聚酯合成石的特性

(1) 生产设备简单，工艺不复杂。聚酯合成石可以按照设计要求制成各种颜色、纹理、光泽、几何形状与尺寸的板材及制品，比天然石材加工容易得多，还可以根据需要加入适当的添加剂，制成兼有某些特殊性能的饰面材料。

(2) 色彩花纹仿真性强，装饰性好。其质感和装饰效果完全可与天然大理石和天然花岗石媲美。

(3) 强度高、不易碎。板材薄、重量轻，可直接用聚酯砂浆进行粘贴施工。有利于减轻建筑物自重及降低建筑成本。

(4) 耐腐蚀。因采用不饱和聚酯树脂作胶结料，故合成石具有良好的耐酸、碱腐蚀性和抗污染性。

(5) 可加工性好。比天然大理石易于锯切、钻孔、便于施工。

(6) 会老化。聚酯合成石由于采用了有机胶结料，它和其他有机材料一样，在大气中长期受到阳光、空气、热量、水分等综合作用后，随着时间的延长，会逐渐老化。老化后表面将失去光泽、颜色变暗，从而降低其装饰效果。但如果在室内使用，老化速度变慢，耐久性相对提高。

4. 聚酯合成石的种类及制品

聚酯合成石由于生产时所加颜料不同，采用的天然石料种类、粒度和纯度不同，以及制作的工艺方法不同，所以制成的合成石的花纹、图案、颜色和质感也就不同。通常制成仿天然大理石、天然花岗石和天然玛瑙石的花纹和质感，故分别称为人造大理石、人造花岗石、人造玛瑙。另外，还可以制成具有类似玉石色泽和透明状的人造石材，称为人造玉石。人造玉石甚至可以惟妙惟肖地仿造出紫晶、彩翠、芙蓉、山田玉等名贵玉石产品，达到以假乱真的程度。

聚酯合成石通常可以制作成饰面人造大理石板材、人造花岗石板材和人造玉石板材，还可以制作卫生洁具，如浴缸、带梳妆台的单、双盆洗脸盆、立柱式脸盆、坐便器等。另外，还可制成人造大理石壁画等工艺品。

意大利、伊朗等国生产的仿天然大理石条纹的人造石材，其外貌与天然大理石极为相像，堪称独特产品，但价格昂贵。

5. 聚酯合成石的应用

人造大理石和人造花岗石饰面板材，主要用做宾馆、商店、办公大楼、影剧院、会客室及休息厅等的室内墙面、柱面及地面的装饰材料，也可用做工厂、学校、医院等的工作台台面板。人造玛瑙和人造玉石主要用于高级宾馆和住宅的墙面装饰，以及卫生间的卫生洁具。人造石材工艺品用于各种装潢广告、壁画、雕塑、建筑浮雕等。

复习思考题

1. 填空题

(1) 岩石按地质形成条件分为________、________、________三大类。

(2) 天然大理石板材是由天然大理石荒料经________、________、________、________及________而成的。

(3) "大理石"是以我国云南省________县的________城而命名的。

(4) 天然花岗岩由石英、长石和云母等主要成分晶粒组成，其成分以________为主，约占67%～75%。

(5) 人造石材按生产所用的材料，一般可分为________、________、________和________四类。

2. 选择题

(1) 石材的软化系数（　　）的石材，不允许用于重要建筑。

A. $K_K = 0.75$　　B. $K_K > 0.9$　　C. $K_K < 0.80$　　D. $K_K < 0.65$

(2) 花岗岩因含大量石英不耐火，在（　　）的高温下石英均会发生晶态转变，产生体积膨胀而爆裂。

A. 573～870℃　　B. 600～750℃

C. 300～550℃　　D. 800～980℃

(3) 目前，使用最多的人造石材是（　　）。

A. 树脂型人造石材　　B. 水泥型人造石材

C. 复合型人造石材　　　　　　　　D. 烧结型人造石材

(4) 下列（　　）岩石属于火成岩。

A. 花岗岩、玄武岩　　　　　　　　B. 石灰岩、砂岩

C. 辉长岩、闪长岩、辉绿岩　　　　D. 大理岩、片麻岩、石英岩

(5) 砌筑用石材的抗压强度由边长为（　　）mm 立方体试件进行测试，并以（　　）个试件的平均值来表示。

A.300，3　　B.200，6　　C.70，3　　D.150，3

(6) 装饰用石材的抗压强度采用边长为（　　）mm 立方体试件来测试。

A.80　　B.50　　C.70　　D.100

(7) 做水磨石用天然石碴，宜选用（　　）。

A. 花岗岩　　B. 大理石　　C. 片麻石　　D. 石英石

(8) 花岗岩不耐火，是因为（　　）。

A. 易脱水　　B. 易分解　　C. 易融化　　D. 会产生晶型转变而膨胀

(9) 大理石饰面板，适用于（　　）。

A. 室外工程　　　　　　　　　　B. 室内工程

C. 室内及室外工程　　　　　　　D. 有酸性物质的工程

3. 判断题

(1) 由于大理石板材是一种高级装饰材料，所以不能黏结和修补。（　　）

(2) 由于大理石主要化学成分为碱性物质($CaCO_3$)，易被酸侵蚀，故除个别品种(汉白玉、艾叶青等)外，一般不宜用做室外装修，以防风化。（　　）

(3) 花岗岩为全晶质结构的岩石，按结晶颗粒的大小，通常分为细粒、中粒和斑状等几种。（　　）

4. 问答题

(1) 天然石材料的主要优缺点有哪些？

(2) 天然花岗石有何特点？其用途有哪些？

(3) 天然石材的常见通病有哪些？如何防治？

(4) 树脂型人造石材有何特点？其用途有哪些？

第 4 章　烧土及熔融制品

烧土制品是以黏土为主要原料，经成型及焙烧所得的制品。建筑工程中广为应用的黏土砖瓦，素有“秦砖汉瓦”之称，可见使用历史之悠久了。

随着科学技术的发展，烧土制品的概念也发生了变化。现在不少工业废渣具有与黏土相近的化学成分，如粉煤灰、煤矸石、页岩等，以它们代替黏土，同样可制得性能优良的烧土制品。

将适当成分的矿物质原料，在高温下熔化成熔融态，再成型为一定形状的制品称之为熔融制品。不同成分的原料，通过不同的冷却温度，可以得到结构和性能不同的熔融制品，例如玻璃、铸石等。

4.1　烧结普通砖

烧结普通砖是以黏土或页岩、煤矸石、粉煤灰为主要原料，经焙烧而成的实心或孔洞率不大于 15% 的砖。其公称尺寸为 240mm × 115mm × 53mm。目前以黏土为主要原料制成的实心砖仍是主要品种。

烧结普通砖的生产工艺分为下面几个基本工序：

采土→配料调制→制坯→干燥→焙烧→成品

焙烧是生产砖瓦的关键性工序，它不仅直接影响到产品的质量，而且改变焙烧气氛尚可烧制出青砖或红砖。红砖焙烧时窑内供氧充分，呈氧化气氛，黏土中的氧化铁以 Fe_2O_3 存在，砖呈红色。青砖多在土窑内焙烧，开始在氧化气氛中进行，当达到烧结温度时，封闭火门及窑顶，减少入窑空气并在窑顶闷水，使坯体在还原气氛中继续焙烧，此时氧化铁将以 FeO 或 Fe_3O_4 形式存在，砖呈青灰色。

4.1.1　烧结普通砖的主要技术性质

国家标准《烧结普通砖》（GB 5101—2003）对产品的技术要求、试验方法、检验规则等均做了具体规定。具体检验方法按《砌墙砖试验方法》（GB/T 2542—2003）进行。

1. 产品等级

烧结普通砖的外形为长方体，公称尺寸为 240mm × 115mm × 53mm，4 个砖长，8 个砖宽，16 个砖厚，加上砌筑砂浆缝的 10mm 厚度正好为 1m。$1m^3$ 砖砌体用砖 512 块。

根据砖的尺寸偏差、外观质量、泛霜和石灰爆裂的程度将其分为优等品和合格品。具体要求见表 4-1、表 4-2。

表 4-1 尺寸允许偏差 mm

公称尺寸	优等品		一等品		合格品	
	样本平均偏差	样本极差≤	样本平均偏差	样本极差≤	样本平均偏差	样本极差≤
240	±2.0	6	±2.5	7	±3.0	8
115	±1.5	5	±2.0	6	±2.5	7
53	±1.5	4	±1.6	5	±2.0	6

表 4-2 外 观 质 量 mm

项 目		优等品	一等品	合格
两条面高度差 ≤		2	3	4
弯曲 ≤		2	3	4
杂质凸出高度 ≤		2	3	4
缺棱掉角的三个破坏尺寸 不得同时大于		5	20	30
裂纹长度 ≤	a. 大面上宽度方向及其延伸至条面的长度	30	60	80
	b. 大面上长度方向及其延伸至顶面的长度或条顶面上水平裂纹的长度	50	80	100
完整面① ≥		二条面和二顶面	一条面和一顶面	—
颜色		基本一致	—	—

注：为装饰而施加的色差，凹凸纹、拉毛、压花等不算作缺陷。

①凡有下列缺陷之一者，不得称为完整面：

1. 缺损在条面或顶面上造成的破坏面尺寸同时大于 10mm×10mm。
2. 条面或顶面上裂纹宽度大于 1mm，其长度超过 30mm。
3. 压陷、粘底、焦花在条面或顶面上的凹陷或凸出超过 2mm，区域尺寸同时大于 10mm×10mm。

所谓泛霜现象是指在新砌的砖墙表面出现的一层白色粉状物。出现泛霜的原因是由于所用黏土中含有较多的可熔性盐类如硫酸钠等，这些盐类在砌筑施工中溶解于进入砖内的水中，当水被蒸发时被带到砖的表面而结晶。这些结晶的粉状物不仅有损于建筑的外观，而且结晶膨胀也会引起砖表层的疏松甚至剥落。

当砖内夹有生石灰块时，在使用过程中吸水熟化而变为氢氧化钙（熟石灰），此时体积严重膨胀而导致砖块裂缝，严重时甚至使砖砌体强度降低直至破坏。这一现象为石灰爆裂。

优等品砖可用于砌筑清水砖墙，合格品砖可用于混水墙建筑，中等泛霜的砖不得用于潮湿部位。

2. 强度等级

烧结普通砖按抗压强度分为 MU30、MU25、MU20、MU15、MU10 五个强度等级。各强度等级应满足的强度指标列于表 4-3 中。

表 4-3　强　度　　MPa

强度等级	抗压强度平均值 $\bar{f} \geqslant$	变异系数 $\delta \leqslant 0.21$	变异系数 $\delta > 0.21$
		强度标准值 $f_k \geqslant$	单块最小抗压强度值 $f_{min} \geqslant$
MU30	30.0	22.0	25.0
MU25	25.0	18.0	22.0
MU20	20.0	14.0	16.0
MU15	15.0	10.0	12.0
MU10	10.0	6.5	7.5

表中的强度标准值是砖石结构设计规范中砖强度取值的依据，其数值为：

$$f_k = R - 2.1S$$

式中　S——砖强度正态分布的标准差，由计算而得。

以标准值作为设计取值依据可以保证砖石结构具有95%以上的强度保证率。

3. 抗风化性能

抗风化性能是材料耐久性的重要内容之一，是指在干湿变化、温度变化、冻融变化等物理因素作用下，材料不变质、不破坏而保持原有性质的能力。显然，地域不同，风化程度不同。我国按风化指数将各省市划分为严重风化区和非严重风化区，如表 4-4、表 4-5 所示。

表 4-4　风化区的划分

严重风化区		非严重风化区	
1. 黑龙江省	10. 山西省	1. 山东省	10. 湖南省
2. 吉林省	11. 河北省	2. 河南省	11. 福建省
3. 辽宁省	12. 北京市	3. 安徽省	12. 台湾省
4. 内蒙古自治区	13. 天津市	4. 江苏省	13. 广东省
5. 新疆维吾尔自治区		5. 湖北省	14. 广西壮族自治区
6. 宁夏回族自治区		6. 江西省	15. 海南省
7. 甘肃省		7. 浙江省	16. 云南省
8. 青海省		8. 四川省	17. 西藏自治区
9. 陕西省		9. 贵州省	18. 上海市

表 4-5　抗风化性能

砖种类	严重风化区				非严重风化区			
	5h 沸煮吸水率(%)≤		饱和系数≤		5h 沸煮吸水率(%)≤		饱和系数≤	
	平均值	单块最大值	平均值	单块最大值	平均值	单块最大值	平均值	单块最大值
黏土砖	18	20	0.85	0.87	19	20	0.88	0.90
粉煤灰砖①	21	23			23	25		
页岩砖	16	18	0.74	0.77	18	20	0.78	0.80
煤矸石砖								

①粉煤灰掺入量（体积比）小于 30%时，按黏土砖规定判定。

所谓风化指数是指气温从正温降至负温或从负温升至正温的每年平均天数与每年从霜冻之日起至消冻之日止这一期间的降雨总量（以毫米计）的平均值的乘积。风化指数大于等于 12700 为严重风化区，小于则为非严重风化区。

用于严重风化区中的 1、2、3、4、5 地区的砖经受 15 次冻融循环（-15℃，5h；15~20℃，3h）后，其性能应满足表 4-6 的要求。

表 4-6　烧结普通砖的抗冻性标准

强 度 等 级	抗压强度平均值 > /MPa	单块砖的干质量损失 <（%）
MU30	23.0	2.0
MU25	19.0	2.0
MU20	14.0	2.0
MU15	10.0	2.0
MU10	6.5	2.0

严重风化区中的其他省市和非严重风化区中的省市用砖，当其吸水率和饱和系数符合表 4-7 规定时可不进行抗冻性检验。

表 4-7　烧结普通砖的吸水率、饱和系数

项目 / 砖种类	严 重 风 化 区				非 严 重 风 化 区			
	5h 沸煮吸水率 <（%）		饱和系数 <		5h 沸煮吸水率 <（%）		饱和系数 <	
	平均值	单块最大值	平均值	单块最大值	平均值	单块最大值	平均值	单块最大值
黏土砖	19	21	0.80	0.82	23	25	0.88	0.90
粉煤灰砖	20	22			30	32		
页岩砖	15	17	0.72	0.74	18	20	0.78	0.80
煤矸石砖	18	20			21	23		

注：1. 粉煤灰掺入量（体积比）小于 50%时，按黏土砖规定。

2. 饱和系数为常温 24h 吸水量与煮沸 5h 吸水量之比。

4.1.2 烧结普通砖的应用

烧结普通砖包括黏土砖、页岩砖、烧结粉煤灰砖与烧结煤矸石砖等。

1. 黏土砖

黏土砖既有一定的强度，又因多孔而具有良好的保温性能、透气性和热稳定性。通常其导热系数仅为0.78W/（m·K）左右，为普通混凝土的一半左右。黏土砖具有较好的耐久性，加之原料广泛，工艺简单，因而是应用历史最久、应用范围最广的建筑材料之一。在建筑工程中主要用做墙体材料，也可砌筑柱、拱、烟囱、沟道及基础等，与轻质混凝土等隔热材料复合作用，可砌成两面为砖、中间填以轻质材料的复合墙体。

黏土砖的最大缺点是自重大、能耗高、尺寸小、施工效率低、抗震性能差，尤其是毁田烧砖后果更为严重。

2. 清水砖墙

清水砖墙是指墙体砌成后,在其表面仅做勾缝或涂透明色浆所形成的砖墙体。清水砖墙是一种传统的墙体装饰方法,具有淡雅凝重的装饰效果,而且其耐久性好,是一种很好的墙面装饰方法。即使在新型墙体材料及工业化施工方法已经居主导地位的西方发达国家,清水砖墙仍在墙面装饰方法中占有重要地位。

适宜于砌筑清水砖墙的砖，应该非常密实、表面晶化、吸水率低、抗冻效果好。近年来国外生产了一些用于清水墙装饰的砖，如人工石料干压成的毛细孔砖等。这些砖，具有很好的防水性能，砌体内吸入少量水分可以通过墙面进行蒸发，外观质量好，色彩鲜明而稳定，有着很好的装饰效果。

在国内，目前尚无专门生产用于清水墙装饰的砖。相比之下，缸砖、城墙砖等比较适用清水砖墙。另外，各类砖中的过火砖也都是可用的。总的来说，清水砖墙的用砖要求质地密实、不易破碎、表面光洁、完整无缺、色泽一致、尺寸稳定、形状规则。

为了获得更好的装饰效果，清水砖墙可以通过砌式、色彩、质感和立面的变化等方式增加装饰的美感。

(1)清水砖墙的砌筑方式可多样化,由标准的满丁满条,一顺一丁式砌法,改变为多顺一丁、梅花丁等方式。在结构受力允许的前提下,甚至可以改为斗砌、立砖式砌筑等方法,这样做可以改变砖的尺度感,获得新颖的装饰效果。

(2) 清水砖墙色彩变化的一个基本方法，是几种砖配合使用或与其他装饰材料配套使用。其次，灰缝约占墙体总面积的1/6，所以，砖缝的颜色变化，会对整个墙面的装饰效果产生影响。但应注意，只有勾凹入式的灰缝，而且灰缝较深，有一定的阴影，才能形成鲜明的线条与质感，突出色彩的效果。

(3) 用烧结程度不同的砖，以规则或不规则的方式分散在墙面上形成色点，或是用完全不同色彩的砖排列砌筑，均有助于丰富装饰效果。例如，北京颐和园漪澜堂的磨砖对缝墙面，如果没有深灰色与浅灰色穿插其间，墙面的装饰效果将大为逊色。从这一点出发，有意识地选用少量的过火砖与欠火砖，对于改善清水砖墙的颜色和质感，是十分有利的。

所谓质感的变化，通常采用将部分砖砌出或砌入墙面几个厘米的方法，形成一些凹的或凸的、横向的或竖向的线型与质感，并形成一些阴影，可使墙面更为生动和丰富。在某些情况下，甚至可以利用这种砌筑时的变化形成浮雕效果。

通过上述几种方法，可使清水砖墙呈现出许多不同的装饰效果。但是，如果一个区域内的建筑，在其立面上成片地采用清水墙装饰方法，难免会造成颜色、质感单调，解决的办法之一是局部做混水墙，保留大部分清水墙面，例如对带有凹阳台的住宅楼，可以整体上采用清水做法，而凹廊处由于对风雨的暴露程度低，则可用抹灰刷色浆的做法。这样，既丰富了立面的颜色、质感的对比，又可适当地降低造价。总的来说，在建筑立面上采用清水与混水相结合的做法，如果处理得当，会达到很好的装饰效果，并且毫无简陋之感。这种方法，对较高档的工程亦适用。

4.1.3 黏土瓦

黏土瓦是以黏土为原料，经成型、干燥、焙烧而成。按形状分为平瓦、脊瓦、小青瓦等。按颜色分为红瓦、青瓦两种。

黏土瓦的制造与烧结普通砖基本相同，但对黏土原料的可塑性要求较高，杂质含量应更少，不含石灰等爆裂性物质，调制要均匀，焙烧温度较烧结普通砖稍高。

按国标《烧结瓦》JC 709—1998 的规定，根据尺寸允许偏差、外观质量和物质力学性能将黏土瓦分为优等品、一等品、合格品。对其尺寸允许偏差、外观质量（包括翘曲、裂纹、缺损等）均有明确规定，且成品中不允许有欠火、石灰爆裂和哑音瓦。黏土瓦的物理力学性能如表 4-8 所示。

平瓦的公称尺寸为 400mm × 240mm ~ 360mm × 220mm，用 15 张平瓦可铺成 1m^2 屋面，在屋脊处用截面成 120°的脊瓦覆盖。平瓦用于坡度较大的屋面。

目前在我国农村的土窑中，还常生产弧形薄片状的小青瓦。这种瓦无一定规格，一般为 175mm × 175mm。小青瓦每块面积很小，面积利用率不及 50%，强度低，易破碎，但生产简单，屋面散热性能好，维修方便，故在南方广大农村和城镇旧房屋维修中仍普遍采用。

表 4-8　黏土瓦物理力学性能指标

项目 \ 等级		优等品	一等品	合格品
抗折荷重/N ≥	平均值	980	870	780
	最小值	780	680	

续表

项目 \ 等级		优等品	一等品	合格品
饱和吸水质量/$kg\cdot m^{-2}$	≤	50		55
抗冻性		不得出现分层、开裂、剥落等损伤现象		
抗渗性		不得出现水滴		

4.2 建筑陶瓷

建筑陶瓷是指建筑物室内外装饰用的较高级的烧土制品。主要品种有内外墙面砖、地砖、陶瓷锦砖、琉璃瓦、陶瓷壁画、陶瓷饰品和室内卫生陶瓷等。它属于精陶、炻质、粗、细瓷类。

我国的陶瓷生产有着悠久的历史和光辉的成就。尤其是瓷器，它是我国的伟大发明之一。唐代的越窑青瓷和邢窑白瓷、唐三彩；宋代的高温色釉及碎纹釉、铁系花釉，如兔毫、油滴、玳瑁斑等；明清时期的青花、粉彩、祭红（即窑红）等产品都是我国陶瓷史上光彩夺目的明珠。我国的陶瓷制品无论在材质、造型或装饰方面都有很高的艺术造诣，它对世界陶瓷技术的发展和世界文化产生了极为深刻的影响。然而我国漫长的封建社会和旧中国的腐朽，严重阻碍了我国传统陶瓷技术的发展。解放以后，地砖的生产发展十分迅速，尤其是进入 20 世纪 80 年代以来，我国从意大利、日本、新加坡、德国等引进陶瓷墙地砖生产技术和设备数十项，并积极推广应用先进生产工艺，这从根本上改变了我国陶瓷墙地砖的生产面貌。目前我国陶瓷面砖年产量已近 10 亿 m^2，花色品种有上百种，有的产品已达世界先进水平，被广泛用于国内各项高级建筑装饰工程中。

传统的陶瓷产品如日用陶瓷、建筑陶瓷、电瓷等用黏土及其他天然矿物原料经过粉碎加工、成型、煅烧等过程制成。由于它使用的原料主要是硅酸矿物，所以属于硅酸盐类材料。

由于陶瓷墙、地砖的用量最大，所以本节以陶瓷墙、地砖为代表来讲述建筑陶瓷的一般问题。

现代建筑对饰面材料的要求是美观、质轻、坚固且便于工业化生产和大规模施工。因此，当前陶瓷面砖产品的发展趋势是：

1. 规格向大尺寸、高精度和减小厚度方向发展

国外陶瓷面砖的规格普遍趋于大尺寸，意大利生产 200mm × 300mm 的墙面砖和 1000mm × 1000mm 的铺地砖。日本和德国也开始生产 300mm × 600mm 的墙面砖。德国还制成了 1000mm × 2000mm 的超大型面砖。面砖尺寸精度要求越来

越高，并向“无接缝”发展，即面砖的砖面平整，尺寸准确，以至于面砖与面砖相铺接时不显缝。

2. 品种朝多样化发展

彩色面砖日益增加，如意大利彩色面砖占总面砖产量的90%以上，美国占80%以上，英国占65%，日本和法国均占35%以上。彩色釉面砖的品种也愈来愈多，有单一色彩的，也有套色图案的。英国生产的面砖达72种颜色，意大利一家面砖厂生产的图案彩色釉面砖达300多种，在这些繁多的花色品种中，具有立体感的彩色图案更富于魅力。

新型的墙地砖品种仍在不断涌现。如日本生产一种“浮雕面砖”，不仅艺术效果好，而且具有质轻、保温、隔声、长期使用不变色的特点。德国生产一种内墙吸声面砖，用于慕尼黑奥林匹克设施中，得到很高评价。它与一般吸声面砖不同之处，在于它能吸收500~2000Hz的声音，吸声率达95%，解决了噪声问题。

4.2.1 陶瓷的基本知识

4.2.1.1 陶瓷的概念与分类

传统的陶瓷属于硅酸盐类材料。生产的发展与科学技术的进步要求充分利用陶瓷材料的物理与化学性质，因而制成了许多新型品种，使得陶瓷从古老的工艺与艺术领域中进入到现代科学技术的行列中。这些陶瓷新品种，如氧化陶瓷、压电陶瓷、金属陶瓷等常称为特种陶瓷。它们的生产过程虽然基本上还是采用传统方式，即：原材料处理—成型—煅烧，但采用的原料已扩大到化工原料和合成矿物，组成范围也扩展到无机非金属材料。基于这种情况，我们可以认为，凡用传统的陶瓷生产方法制成的无机多晶产品均属陶瓷之列。

陶瓷的范围在国际上并没有统一的界限。在欧洲一些国家中，陶瓷最初系指传统的黏土质产品，后来又包括特种陶瓷。而在美国和日本，陶瓷是硅酸盐或窑业产品的同义词，不仅包括了陶瓷和耐火材料，还包括水泥、玻璃与珐琅。

从产品的种类来说，陶瓷是陶器与瓷器两大类产品的总称。

1. 陶器

陶器通常有一定的吸水率，断面粗糙无光，不透明，敲之声音粗哑，有的无釉，有的施釉。

陶器分为粗陶和精陶两种。粗陶坯体一般由一种或一种以上的含杂质较多的黏土组成，有时还需要掺用瘠性原料或熟料以减少收缩。建筑上所用的砖瓦以及陶管、盆、罐和某些日用缸均属于这一类。精陶系指呈白色或象牙色的多孔陶器制品。多以可塑性黏土、高岭土、长石、石英为原料。精陶通常两次烧成，素烧的最终温度为1250~1280℃，釉烧温度为1050~1150℃，吸水率9%~12%，最大可达17%。精陶按其用途不同分为建筑精陶（如釉面砖）、美术精陶和日用精陶。

2. 瓷器

瓷器的坯体致密，基本上不吸水，有一定的半透明性，通常都施有釉层(某些特种瓷并不施釉，甚至颜色不白，但烧结程度仍是高的)。

3. 炻器

介于陶器与瓷器之间的一类产品，国外通称炻器。我国科技文献中常称为原始瓷器，或称为石胎瓷。炻器与陶器的区别在于陶器坯体是多孔的，而炻器坯体的气孔率却很低，其坯体致密，达到了烧结程度，吸水率通常小于2%。炻器与瓷器的区别主要是炻器坯体多数都带有颜色且无半透明性。

炻器按其坯体的细密性，均匀粗糙程度分为粗炻器和细炻器两大类。建筑工程装饰用的外墙砖、地砖以及耐酸化陶瓷、缸器均属于粗炻器。日用炻器和陈设品则属于细炻器。我国陶都宜兴的紫砂陶即是一种不施釉的有色细炻器，它是用当地紫砂泥制坯，并经精心制作而成，制品别具一格。生产细炻器的工艺与瓷器相近，只是炻器坯料中黏土用量较多，对杂质的含量的控制不及瓷器严格，熔剂长石的用量比瓷器少得多，炻器的机械强度和热稳定性优于瓷器，且可采用质量较劣的黏土，因而成本也较瓷器低廉。

随着生产与科学技术的发展，陶瓷产品种类日益增多。为了便于掌握各种产品的特征，通常从不同角度加以分类。如根据其基本物理性能（气孔率、透明性、色泽等）分类；根据所用原料或产品的组成分类；或根据用途来分类等。陶瓷工作者提出了许多分类的方法，但国际上尚无统一的方案。表4-9是按制品所用原料的不同而进行的分类。

表4-9　陶瓷制品的分类

名　称		特　征		举　例
		颜色	吸水率（%）	
粗　陶　器		带色		日用缸器、砖、瓦
精陶器	石灰质精陶	白色	18～22	日用器皿、彩陶
	长石质精陶	白色	9～12	日用器皿、建筑卫生器皿、装饰釉面砖
炻器	粗炻器	带色	4～8	缸器、建筑用外墙砖、锦砖、地砖
	细炻器	白色或带色	0～1.0	日用器皿、化学工业、电器工业用品
瓷器	长石质瓷	白色	0～0.5	日用餐茶具、陈设瓷、高低压电瓷
	绢云母质瓷	白色	0～0.5	日用餐茶具、美术用品
	滑石瓷	白色	0～0.5	日用餐茶具、美术用品
	骨质瓷	白色	0～0.5	日用餐茶具、美术用品

续表

名称		特征		举例
		颜色	吸水率（%）	
特种瓷	高铝质瓷	耐高频、高强度、耐高温		硅线石瓷、刚玉瓷等
	镁质瓷	耐高频、高强度、低价电损失		滑石瓷
	锆质瓷	高强度、高介电损失		锆英石瓷
	钛质瓷	高电容率、铁电性、压电性		钛酸钡瓷、钛酸锶瓷、金红石瓷等
	磁性瓷	高电阻率、高磁致伸缩系数		太淦氧瓷、镍、锌磁性瓷
	金属陶瓷	高强度、高熔点、高抗氧化		铁、镍、钴金属陶瓷
	其　他			氧化物、碳化物、硅化物瓷等

4.2.1.2　陶瓷的原料土

1. 黏土的组成

制造陶瓷制品的原料是天然黏土。黏土是由天然岩石经长期风化而成的，它是多种矿物的混合体。组成黏土的矿物，称黏土矿物，常见的黏土矿物有高岭石、蒙脱石、水云母等，它们都是具有层状结晶结构的含水硅铝酸盐（$xAl_2O_3 \cdot ySiO_2 \cdot zH_2O$）。此外，黏土中还含有石英、长石、铁矿物、碳酸盐、碱及有机物等多种杂质。杂质的种类和含量，对黏土的可塑性、焙烧温度及制品的性质影响很大，例如含石英较多的黏土，其可塑性差；细分散的铁矿物和碳酸盐，会降低黏土的耐火温度，缩小烧结范围，且当其含量超过一定值时，会使坯体熔烧时容易起泡。黏土中铁矿物的含量，是影响其烧结坯体颜色的主要原因。

2. 黏土的分类

陶瓷工业中通常按黏土杂质含量、耐火度及用途等，将黏土分为以下四种：

（1）高岭土

高岭土又称瓷土，为高纯度的黏土，不含氧化铁等染色杂质，焙烧后呈白色。高岭土颗粒较粗，塑性差，烧熔温度为 1730～1770℃，为制造瓷器的主要原料。

（2）易熔黏土

易熔黏土又称砂质黏土或砖土，它含有大量的细砂、尘土、有机物及铁矿物等杂质，焙烧后呈红色，烧熔温度低于 1350℃，是生产砖、瓦及其他粗陶制品的原料。

（3）难熔黏土

难熔黏土又称陶土，它是较纯净的黏土，杂质含量较少，通常其铁、镁、碱的氧化物等熔剂化合物及有机物的含量为10%～15%，焙烧后呈灰色、淡黄色至红色，烧结温度在1350～1580℃，主要用于生产陶器。

(4) 耐火黏土

耐火黏土又称火泥，其耐火温度大于1580℃，这种黏土杂质含量少，一般熔剂化合物小于10%，焙烧多呈淡黄色至黄色，是生产耐火材料及耐火、耐酸陶瓷制品的主要原料。

3. 黏土的特性

(1) 可塑性与结合性

黏土加适量水调和后，能塑制成各种形状和尺寸的坯体，而不发生裂纹和破裂。可塑性是黏土制品所必须的一项重要技术性质。黏土的结合性是指黏土能将非可塑性原料黏合，使之成为可以成型的泥团，并在干燥后具有一定强度的性能。

(2) 收缩性

用加水调和后的黏土塑制成型的土坯，在干燥和焙烧过程中，均会产生体积收缩，前者称为干缩（或称气缩），后者称为烧缩，其中干缩比烧缩大得多。

(3) 烧结性

黏土往往是由多种矿物组成的物质，没有固定的熔点，而是在相当大的温度范围内软化。一般来说，当黏土试样体积开始剧烈收缩，气孔率开始明显减小，这种剧烈变化开始时的温度称为开始烧结温度（一般为800℃以上），温度继续上升至某一温度，开口气孔率降至最低，收缩达最大，试样致密度最高，此种状态称为烧结，此时的温度称为烧结温度。若继续升高温度，试件中液相不断增多，以至不能维持试样原有形状即开始软化，出现这种情况的最低温度称为软化温度。通常把完全烧结与开始软化之间的温度范围称为烧结范围，从陶瓷生产的控制来考虑，希望黏土的烧结范围宽些，但这主要由黏土中所含熔剂矿物的种类和数量决定。

4.2.2 陶瓷制品的表面装饰

陶瓷制品的表面装饰，是对制品进行艺术加工的重要工艺过程，它们大大提高制品的外观效果。同时，很多装饰手段对制品也起到一定的保护作用，从而有效地把制品的实用性和艺术性有机地结合起来。

陶瓷制品的表面装饰手段有很多，常用的方法有以下几种。

4.2.2.1 施釉

1. 釉的原料与特性

釉是由石英、长石、高岭土等为主要原料，再配以多种其他成分，研制成浆体，将其喷涂于陶瓷坯体的表面，经高温焙烧时，它能与坯体表面发生反应，在坯体表面形成一层连续的玻璃质层，使陶瓷表面具有玻璃般的光泽和透明性。

2. 釉的作用

陶瓷施釉的目的，在于改善制品的表面性能。通常烧结的陶瓷坯体表面均显粗糙无光，多孔结构的陶坯更是如此，这不仅影响美观和力学性能，而且也易于玷污和吸湿。当陶瓷坯体表面施釉以后，表面变得平滑光亮、不吸水、不透气，提高了制品的艺术性和机械强度，同时对釉层下的图案画面，有透视及保护作用，还可防止彩料中有毒元素的溶出。若陶瓷釉经着色、析晶、乳浊等处理，制品则更加高雅美观，还可以掩盖坯体的不良颜色和某些缺陷，从而可以扩大陶瓷的应用范围。

3. 釉的分类及其特征

(1) 釉的分类

釉的种类很多，其组成极其复杂，常见釉的分类方法及其种类见表4-10。

表4-10 釉的分类

分类方法	种类
按坯体种类	瓷器釉、陶器釉、炻器釉
按化学组成	长石釉、石灰釉、滑石釉、混合釉、铅釉、硼釉、铅硼釉、食盐釉、土釉
按烧成温度	易熔（1100℃以下） 中温釉（1100～1250℃之间） 高温釉（1250℃以上）
按制备方法	生料釉、熔块釉
按外表特征	透明釉、乳浊釉、有色釉、光亮釉、无光釉、结晶釉、砂金釉、碎纹釉、珠光釉、花釉

(2) 常用釉的特性

①长石釉和石灰釉

长石釉和石灰釉一般均由石英、长石、石灰石（或方解石、大理石、白垩)、高岭土及废瓷粉等配制而成，其化学成分中 SiO_2 和 Al_2O_3 含量较高，成熟温度在1250℃以上，属高温透明釉，为瓷器、炻器及硬质精陶等使用最广泛的两种釉。

长石釉的特点是硬度大、透明、光泽较强、有柔和感，烧成温度范围较宽，它与含 SiO_2 高的坯体结合良好。

石灰釉的特点是弹性好、透光性强、有刚硬感，对于釉下彩的显示非常有利。我国著名的青花瓷器，就是用石灰釉。石灰釉与含 Al_2O_3 极高的坯体结合良好，但其缺点是烧成范围窄，白度较差，易产生阴黄或烟熏等缺陷。

②滑石釉和混合釉

滑石釉是在长石釉和石灰釉的基础上，再加入滑石配制而成。滑石的加入不仅加宽了烧成范围，而且还大大提高了白度和透明度，并不易产生裂纹、烟熏等现象，但缺点是釉浆与坯体密着力欠佳，烧后不及石灰釉光亮。

混合釉是在长石—石英—高岭土中加入滑石、白云石、方解石、氧化锌等多种助溶剂组成的釉料，根据各种熔剂的特性进行调配，可以获得较为满意的效果。近代釉料的发展，均趋向于多熔剂组成。

③生料釉和熔块釉

生料釉是指直接将原料制成釉浆，这些原料在调制时不溶于水，在高温时能相互熔融。上述长石釉、石灰釉、滑石釉和混合釉均属此类。

熔块釉是在制浆前，先将部分原料熔成玻璃状物质，再用水淬成小块（熔块），然后再与其他原料混合研磨成釉料。目前熔块釉多为成熟度较低的釉料。

生料釉和熔块釉多用于精陶及某些软质瓷器。

④透明釉和乳浊釉

透明釉是指釉料涂于坯体表面经高温焙烧熔融所形成的玻璃质层，能透视坯体本身颜色的釉。有时为了满足特殊要求，或为遮盖不够白的坯体本色，而人为地往透明釉中引入一定量的乳浊剂，使釉产生一定的细微晶粒、或细微的气泡、或残留的细晶等，这样就成为乳浊釉。常用的乳浊剂有 SiO_2、ZrO_2、$ZrSiO_4$ 和 TiO_2 等。

乳浊釉按其烧成温度可分为高温釉和低温釉两种，高温生料乳浊釉多用于卫生陶瓷，低温熔块乳浊釉多用于精陶质釉面砖等。另外，乳浊釉广泛用于低质原料配制而成的陶瓷制品。

⑤色釉

色釉是在釉料中加入着色氧化物或它们的盐类配制而成，以使釉呈现各种色彩。例如以铁为着色剂的釉在还原焰中烧成青色，以铜为着色剂的釉在还原焰中烧成红色等等。

色釉按烧成温度不同，可分为高温色釉和低温色釉两种，其界限为1250℃。陶瓷通常采用低温色釉，炻器和瓷器则用高温色釉。

按着色机理的不同，色釉又可分为离子着色、胶体着色和晶体着色三种。

色釉具有一定的装饰效果，同时操作方便、价廉，还可遮盖不美观的坯体，所以应用广泛，尤其是随着新型颜料的不断出现，它为制取五彩缤纷的新颖色釉创造了良好的条件。不过，当前陶瓷生产中，单独采用色釉装饰陶瓷的不多，通常都是与其他装饰法配合使用。此外，色釉容易在制品棱边产生“露白”缺陷，也容易发生流釉或颜色深浅不匀的弊病。

⑥土釉

土釉是一种采用天然黏土，经淘洗后，掺入一定量的方解石和长石，经加工制成的釉料，由于含有较多的 Fe_2O_3、Mn_2O_3、TiO_2 等着色氧化物，故可呈现浅黄、赤黄、褐红以及黑色等多种颜色，这种釉料具有熔融温度低、光泽好、价格低廉等优点。

⑦食盐釉

食盐釉不是在陶瓷生坯上直接施釉，而是在当制品焙烧至接近止火温度时，把食盐投入燃烧室中，在高温及烟气中水蒸气的作用下，食盐被分解为 Na_2O 和 HCl，以气态均匀分布于窑内，这时 Na_2O 与坯体表面上黏土中的游离 SiO_2 或配料中加入的石英砂作用，在坯体表面形成一层玻璃质层。

食盐釉层的厚度比一般生料釉和熔块釉要小得多（仅 0.025mm 左右），但与坯体结合良好，坚固结实，不易脱落，也不易开裂，且热稳定性好，耐酸性很强，如果坯料中含有一定量的 Fe_2O_3 和 CaO，则在不同焙烧气氛中，可得灰、黄至棕红色的釉层。

4.2.2.2　彩绘

在陶瓷制品表面绘以彩色图案花纹，是对制品强有力的渲染，大大地提高陶瓷制品的装饰性，陶瓷制品表面彩绘可分为釉下彩绘和釉上彩绘两种，现简述如下。

1. 釉下彩绘

釉下彩绘是在陶瓷生坯或经素烧过的坯体上进行彩绘，然后施一层透明釉料，再经釉烧而成。

釉下彩绘的优点在于陶瓷制品表面的画面受到釉层的保护，在使用中不会被磨损，而且画面显得清透光亮。青花瓷器、釉里红以及釉下五彩是我国名贵的釉下彩制品，然而釉下彩绘的画面与色调远不如釉上彩绘那么丰富多彩，且其多为手工彩画，难以实现机械化生产，因此生产效率低，制品价格贵。

2. 釉上彩绘

釉上彩绘是在已经釉烧的陶瓷釉面上，采用低温彩料进行彩绘，然后再在较低温度（600~900℃）下经彩烧而成。

由于釉上彩绘的彩烧温度低,许多陶瓷颜料均可采用,故釉上彩绘的色彩极其丰富。同时,釉上彩绘是在强度相当高的陶瓷坯体上进行的,故可采用半机械化生产,生产效率高,劳动强度低,成本低,因而价格便宜。但釉上彩绘画面易被磨损,表面光滑性差,另外,彩料中的铅易被酸溶出,从而引起铅中毒。

4.2.2.3　贵金属装饰

对于高级细陶瓷制品，通常采用金、铂、钯、银等贵金属在陶瓷釉上进行装饰，其中最常见的是饰金，如金边、图画描金等。

4.2.2.4 结晶釉与砂金釉

结晶釉是在含氧化铝低的釉料中加入 ZnO、MnO_2、TiO_2 等结晶形成剂，并使它们达到饱和程度。在严格控制的烧成过程中，形成明显粗大结晶的釉层。焙烧时要对结晶的大小、形状及出现部位进行控制，故烧制过程比较复杂，在一定程度上会带有偶然性。

砂金釉是釉氧化铁微晶呈现金子光泽的一种特殊釉，因其形状酷似自然界中的砂金石而得名。微晶的颜色因粒度大小而异，最细的发黄、最粗的发红，结晶愈多，透明性愈差。

4.2.2.5 光泽彩

光泽彩是在经釉烧过的陶瓷釉面上，喷涂一薄层金属氧化物彩料，经600~900℃彩烧后形成一层能映现光亮的彩虹颜色的装饰层，其装饰工艺与釉上彩相似。

光泽彩形成的光泽彩虹，是由于入射光与光亮的光泽彩釉薄层的反射光产生相互干扰的结果。

4.2.2.6 裂纹釉

陶瓷表面选用的比其坯体热膨胀系数大的釉，可在烧后迅速冷却的过程中使釉面产生裂纹，以此获得装饰效果。

4.2.2.7 无光釉

将陶瓷在釉烧温度下烧成后经缓慢冷却，可获得不强烈反光的釉面，其表面平滑，但无玻璃光泽，而使表面显示出丝状或绒状的光泽，具有一种特殊的艺术美，故属珍贵艺术釉饰陶瓷制品。

4.2.2.8 流动釉

流动釉是将易熔釉料施于陶瓷坯体表面，在烧成温度下故意过烧，使釉沿着坯体的斜面向下流动，形成一层具有自然活泼条纹的艺术釉饰。

4.2.3 常用建筑陶瓷制品

4.2.3.1 釉面砖

釉面砖过去称作“瓷砖”，由于其正面挂釉，才正名为“釉面砖”，一般为正方形或长方形。颜色有白、黑、绿、黄等，以白色为最多。

釉面砖是以难熔黏土为主要原料，再加入一定量非可塑性掺料和助熔剂，共同研磨成浆，经榨泥、烘干成为含一定水分的坯料后，通过模具压制成薄片坯体，再经烘干、素烧、施釉等工序制成。釉面砖属精陶制品。

釉面砖正面有釉，背面有凹凸纹。釉面砖表面所施釉料品种很多，有白色釉、彩色釉、光亮釉、珠光釉、结晶釉等。釉面砖主要品种及特点如表 4-11 所示，釉面砖的技术性能如表 4-12 所示。

釉面砖色泽柔和典雅，朴实大方，热稳定性好，且防火、防潮、耐酸碱，表面光滑，易清洗。

釉面砖主要用做厨房、浴室、卫生间、实验室、精密仪器车间及医院等室内墙面，也可作为台面的饰面材料，其装饰效果是既清洁卫生，又美观耐用。

釉面砖通常不宜用于室外，因釉面砖为多孔精陶坯体，吸水率较大，吸水后将产生湿胀，而其表面釉层的湿膨胀性很小，若用于室外，经常受到大气温、湿度变化的影响以及日晒雨淋，当坯体产生的湿胀应力超过了釉层本身的抗拉强度时，就会导致釉层发生裂纹或剥落，严重影响建筑物的饰面效果。

表 4-11　釉面砖的种类、特点

种类		特点	代号
白色釉面砖		色纯白，釉面光亮，镶于墙面，清洁大方	FJ
彩色釉面砖	有光彩色釉面砖	釉面光亮晶莹，色彩丰富雅致	YG
	无光彩色釉面砖	釉面半无光、不晃眼，色泽一致，色调柔和	SHG
装饰釉面砖	花釉砖	系在同一砖上，施以多种彩釉，经高温烧成，色釉互相渗透，花纹千姿百态，有良好的装饰效果	HY
	结晶釉砖	晶花辉映，纹理多姿	JJ
	斑纹釉砖	斑纹釉面，丰富多彩	BW
	理石釉砖	具有天然大理石花纹，颜色丰富，美观大方	LSH
图案砖	白地图案砖	系在白色釉面砖上装饰各种彩色图案，经高温烧成，纹样清晰，色彩明朗，清洁优美	BT
	色地图案砖	系在有光（YG）或无光（SHG）彩色釉面砖上，装饰各种图案，经高温烧成，产生浮雕、缎光、绒毛、彩漆等效果，做内墙饰面，别具风格	YGT D－YGT SHGT
瓷砖画及色釉陶瓷字	瓷砖画	以各种釉面砖拼成各种瓷砖画，或根据已有画稿烧成釉面砖拼成各种瓷砖画，清洁优美，永不褪色	—
	色釉陶瓷字	以各种色釉、瓷土制成，色彩丰富，光亮美观，永不褪色	—

表 4-12　釉面砖的技术性能

项　目	说　明	指　标	备　注
密　度/g·cm^3	—	2.3～2.4	—
吸水率（%）	—	<18	—
抗折强度/MPa	—	2.0～4.0	—
冲击强度	用30g钢球从30cm高处下落	不碎	—
热稳定性/次	三次由140℃至常温剧变次数	≮3	—
硬　度/度	—	85～87	指白色釉面砖
白　度（%）	—	>78	指白色釉面砖

4.2.3.2　墙地砖

墙地砖指用于建筑物外墙装饰贴面砖和室内、外地面装饰铺贴面砖，由于目前这类砖的发展趋向为墙、地两用，故称为墙地砖。

墙地砖以优质陶土为原料，再加入其他材料配成主料，经半干压成型后于1100℃左右焙烧而成，分无釉和有釉的两种。有釉的墙地砖则在已烧成的素坯上施釉，然后再经釉烧而成。近年来不断出现的墙地砖新产品，大多是采用一次烧成的新工艺，外墙面砖和地砖属炻质或瓷质陶瓷制品。

墙地砖背面均带有凹凸条纹，用以增加面砖用砂浆粘贴时的结合力。

1. 种类与花式

墙地砖按其表面是否施釉分为无釉墙地砖和彩色釉面陶瓷墙地砖两种，前者又称无光面砖，后者简称彩釉砖。

外墙面砖和地砖的颜色很多，对于一次烧成的无釉面砖。通常是利用原料中含有的天然矿物（如赤铁矿）进行自然着色，或在泥料中加入各种金属氧化物进行人工着色，如米黄色、紫红色、白色等。对于彩釉砖，则通过各种色釉进行着色，可获得更加丰富多彩的色调。

墙地砖的表面质感多种多样，通过配料和改变制作工艺，可制成平面、麻面、毛面、磨光面、抛光面、纹点面、仿花岗石表面、压花浮雕表面、无光釉面、金属光泽面、防滑面、耐磨面以及丝网印刷、套花图案、单色、多色等多种制品。

2. 主要规格与质量要求

根据我国彩釉墙地砖质量标准 GB/T 4100.4—1999 规定，彩釉砖的主要规格尺寸如表 4-13 所示。

表 4-13 彩釉砖主要规格 mm

100×100	300×300	200×150	115×60
150×150	400×400	250×150	240×60
200×200	150×75	300×150	130×65
250×250	200×100	300×200	260×65

我国无釉墙地砖品种繁多，规格多样，至今尚无统一标准，其主要规格如表 4-14 所示。如需其他规格和异形产品，可由供需双方商定解决。

表 4-14 无釉墙地砖主要规格 mm

100×100×8～9	200×200×8
100×200×8	200×300×9
150×200×8	300×300×9

彩釉砖质量标准规定，产品按外观质量和变形允许偏差分为优等品、一级品和合格品三级，其主要物理力学性能要求如下：

（1）吸水率：不大于 10%。

（2）耐急冷急热性：经 3 次冷热循环不出现炸裂或裂纹。

（3）抗冻性：经 20 次冻融循环不出现破裂或裂纹。

（4）抗弯强度：平均不低于 24.5MPa。

（5）耐磨性：仅指地砖，通常依据耐磨试验砖的釉面出现磨损痕迹时的研磨次数，将地砖耐磨性能分为四级。

（6）耐化学腐蚀性：根据耐腐试验分为 AA、A、B、C、D 五个等级。

无釉墙地砖的质量要求可参照以上标准执行，只是对砖的吸水率要求更高，通常小于 5%，同时强度也要求更高。

3. 新型墙地砖简介

近几年来，随着我国经济的发展和人民生活水平的提高，为满足建筑市场需要，我国生产出了许多新型饰面陶瓷制品，现将其中主要墙地砖新产品简介如下：

（1）劈离砖

劈离砖是将一定配比的原料，经粉碎、炼泥、真空挤压成型、干燥、高温烧结而成。由于成型时为双砖背联坯体，烧成后再劈离成两块砖，故称劈离砖。

劈离砖首先在德国兴起和发展，继而在欧洲各国引起重视，随之世界各地竞相仿效。目前世界上已有 100 多条劈离砖生产线，我国也引进了该生产线，产品质量均达到 DW 德国工业标准。另外，广东佛山市石湾化工陶瓷厂利用国产设备和技术，也生产出了劈离砖，质量达同类产品标准。

劈离砖种类很多，色彩丰富，颜色自然柔和。表面质感变幻多样，细质的清秀，粗质的浑厚，表面上釉的，光泽晶莹、富丽堂皇；表面无釉的，质朴典雅大方，无反射眩光。

劈离砖坯体密实，强度高，抗折强度 > 30MPa；吸水率小，低于 6%；表面硬度大，耐磨防滑，耐腐抗冻，冷热性能稳定。背面凹槽纹与黏结砂浆形成楔结合，可保证铺贴时黏结牢固，见图 4-1。

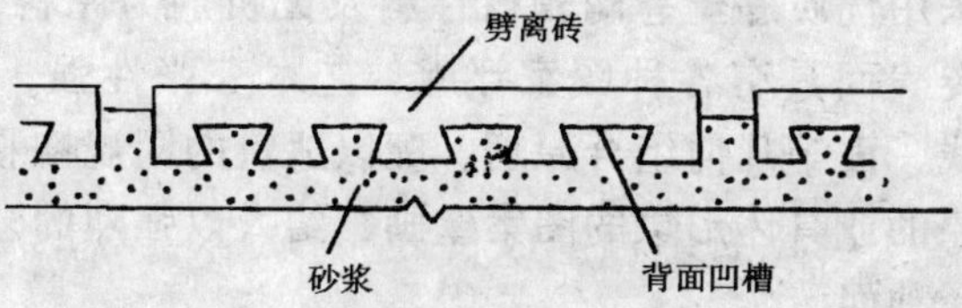

图 4-1　面砖与砂浆的楔形结合

劈离砖主要规格尺寸有 240mm × 52mm × 11mm、240mm × 115mm × 11mm、194mm × 94mm × 11mm、190mm × 190mm × 13mm、240mm × 115/52mm × 13mm、194mm × 94/52mm × 13mm 等。

劈离砖适用于各类建筑物的外墙装饰，也适用于楼堂馆所、车站、餐厅等室内地面铺设。厚砖适于广场、公园、停车场、走廊、人行道等露天地面，也可用做游泳池、浴池池底和池岸的贴面材料，北京亚运村国际会议中心和国际文化交流中心共 5 万多 m^2 的外墙及 5000m^2 地坪，均采用劈离砖装修，常令行人驻步而观。

（2）彩胎砖

彩胎砖是一种本色无釉瓷质饰面砖。它采用彩色颗粒土原料混合配料，压制成多彩坯体后，经一定温度烧成即呈多彩细花纹的表面，富有花岗岩的纹点，有红、绿、黄、蓝，灰、棕等多种基色，多为浅色调，纹点细腻，色调柔和莹润、质朴高雅。主要规格有 200mm × 200mm、300mm × 300mm、400mm × 400mm、500mm × 500mm 及 600mm × 600mm 等，最小尺寸 95mm × 95mm，最大规格可为 600mm × 900mm。

彩胎砖表面有平面和浮雕型两种。又有无光与磨光、抛光之分，吸水率小于 1%，抗折强度大于 27MPa，耐磨性很好，特别适用于人流大的商场、剧院、宾馆、酒楼等公共场所的地面铺设，也可用于住宅厅堂的墙地装饰，不仅美观而且耐用。

（3）麻面砖

麻面砖是采用仿天然岩石色彩的配料，压制成凹凸不平的麻面的坯体后，经一次烧成的炻质面砖。砖的表面酷似人工修凿过的天然岩石面，纹理自然，粗犷质朴，有白、黄、红、灰、黑等多种色调。主要规格有 200mm × 100mm、200mm × 75mm 和 100mm × 100mm 等。麻面砖吸水率小于 1%，抗折强度大于 20MPa，防滑耐磨。薄型砖适用于建筑物外墙装饰，厚型砖适用于广场、停车场、码头、人行道等地面铺设。广场砖还有外形为梯形和三角形的，可用以拼贴成圆形图案，以增加广场地坪的艺术感。

(4) 陶瓷艺术砖

陶瓷艺术砖采用优质黏土、陶瓷瘠性料及无机剂为原料，经成型、干燥、高温焙烧而成。砖表面具有各种图案浮雕，艺术夸张性强，组合空间自由性大，可运用点、线、面等几何组合原理，配以适量的同规格彩釉或釉面砖，即可组合成各种抽象的或具体形象的图案壁画，给人以强烈的艺术感受。

(5) 金属光泽釉面砖

金属光泽釉面砖是用钛的化合物，以真空离子溅射法，将釉面砖表面处理呈金黄、银白、蓝、黑等多种色彩，光泽灿烂辉煌，给人以坚固豪华的感觉。这种面砖抗风化、耐腐蚀，历久长新，适用于商店柱面和门面的装饰。

(6) 黑色装饰板

黑色装饰板是我国研制生产的矾钛黑瓷板，现已获中、美、澳三国专利。这种瓷板具有比黑色花岗岩更黑、更硬、更亮的特点，可用于宾馆饭店等内外墙面及地面装饰，也可用做仪器平台和商店铭牌等。

(7) 大型陶瓷饰面板

大型陶瓷饰面板具有单块面积大、厚度薄、平整度好、吸水率小、抗冻、抗化学侵蚀、耐急冷急热、施工方便等优点，并具艺术性，有书法、条幅、陶瓷壁画等多种艺术效果。这种板的表面可做成平滑面、甩点面和各种浮雕花纹图案面，并施以各种彩色釉，极富装饰性，是一种新型高档建筑装饰材料，主要规格有 595mm × 295mm、295mm × 295mm、295mm × 197mm 等，厚度有 4.5mm、5.8mm 等多种。

大型陶瓷饰面板适用于做建筑物外墙、内墙、墙裙、廊厅立柱等的饰面材料，尤其适合用于大厦、宾馆、酒楼、机场、车站、码头等公共设施的装饰。

4.2.3.3 陶瓷锦砖

陶瓷锦砖旧称“马赛克”（译音），1975 年在统一陶瓷产品名称时改用现名。它是指边长不大于 40mm，具有多种色彩和不同形状的小块砖，按不同图案贴在牛皮纸上，所以也称“纸皮砖”。陶瓷锦砖用优质黏土烧制而成。表面一般不上釉，规格较小，常用的有 18.5mm 和 39.0mm 见方，39mm × 118.5mm 长方，25mm 六角形等多种，其厚度一般为 5mm，颜色有白、蓝、黄、绿、灰等，色泽稳定。陶瓷锦砖的表面有无釉和施釉两种，目前国内生产的多为无釉锦砖。

1. 陶瓷锦砖标定规格及技术要求

根据陶瓷锦砖的质量标准 JC/T 456—92（1996）规定，其标定规格及技术要求见表 4-15。

2. 陶瓷锦砖的特点及用途

陶瓷锦砖具有色泽明净、图案美观、质地坚实、抗压强度高、耐污染、耐腐、耐磨、耐水、抗火、抗冻、不吸水、不滑、易清洗等特点，它坚固耐用，且造价较低。

陶瓷锦砖主要用于室内地面铺装，由于这种砖块小，不易被踩碎。适用于工业建筑的洁净车间、工作间、化验室以及民用建筑的门厅、走廊、餐厅、厨房、盥洗室、浴室等的地面铺装。也可用做高级建筑物的饰面材料，它对建筑立面具良好的装饰效果，与外墙贴面砖相比，有造价略低、面层薄、自重轻的优点。

建筑工程常用陶瓷锦砖的几种基本形状和规格见表 4-16 所示。

表 4-15　陶瓷锦砖标定规格及技术要求

项　目		规　格 /mm	允许误差/mm		主要技术要求
			优等品	合格品	
单块锦砖	边　长	≤25.0	±0.5		密度：2.3~2.4g/m³ 抗压强度：15~25MPa 吸水率：<0.2% 使用温度：-20~+100℃ 脱纸时间：≯40min 耐酸度：>95% 耐碱度：>84%
		>25.0		±1.0	
	厚　度	4.0 或 4.5 >4.5	±0.2	±0.2	
每联锦砖	线　路	2.0~5.0	±0.6	±1.0	
	联　长	284.0 295.0 305.0 325.0	+2.5 -0.5	+3.5 -1.0	

表 4-16　陶瓷锦砖基本形状和规格

基本形状		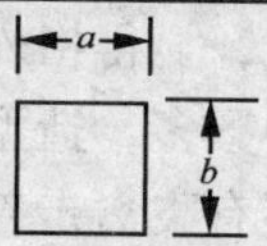				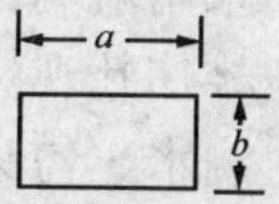	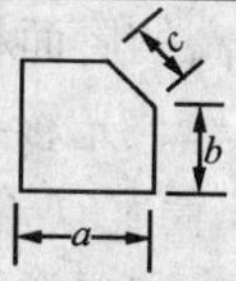	
名　称		正　方				长　方 （长条）	对　角	
		大方	中大方	中方	小方		大对角	小对角
规格 /mm	*a*	39.0	23.6	18.5	15.2	39.0	39.0	32.1
	b	39.0	23.6	18.5	15.2	18.5	19.2	15.9
	c	—	—	—	—	—	27.9	22.8
	d	—	—	—	—	—	—	—
	厚度	5.0	5.0	5.0	5.0	5.0	5.0	5.0

续表

名称		斜长条（斜角）	六　角	半八角	长条对角
基本形状		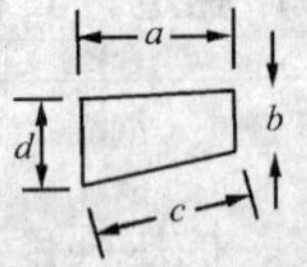	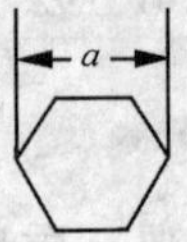	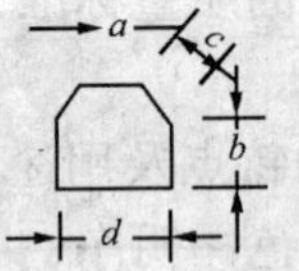	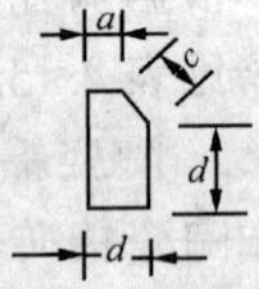
规格/mm	a	36.4	25	15	7.5
	b	11.9	—	15	15
	c	37.9	—	18	18
	d	22.7	—	40	20
	厚度	5.0	5.0	5.0	5.0

彩色陶瓷锦砖还可用以镶拼成壁画，其装饰性和艺术性均较好，用于拼贴壁画的锦砖，尺寸越小，画面失真程度愈小，效果愈好。

陶瓷锦砖铺贴施工时，将每联的纸面朝上，贴在1:1.5水泥砂浆层上，随即用木拍板拍压，以使锦砖粘贴平实，30min后洒水湿纸，待纸湿透后揭去牛皮纸，即可显示出陶瓷锦砖镶拼图案的艺术魅力。

4.2.3.4　琉璃制品

琉璃制品是我国陶瓷宝库中的珍品，它是用难熔黏土制成型后，经干燥、素烧、施釉、釉烧制成。

琉璃制品的特点是质地致密，表面光滑，不易玷污，坚实耐久，色彩绚丽，造型古朴，富有我国传统的民族特色。

一般施铅釉烧成并用于建筑装饰及艺术装饰的带色琉璃制品，主要有琉璃瓦、琉璃砖、琉璃兽以及琉璃花窗、栏杆等。其中琉璃瓦是我国用于古建筑的一种高档屋面材料，采用琉璃瓦屋盖的建筑，显得格外具有东方民族特色，富丽堂皇、光彩夺目、雄伟壮观。琉璃瓦品种繁多，造型各异，主要有板瓦（底瓦）、筒瓦（盖瓦）、滴水、勾头等，另外还有飞禽走兽、龙纹大吻等形象，用做檐头和屋脊的装饰物等。琉璃色彩绚丽，常用的有金黄、翠绿、宝蓝等色。

琉璃瓦因价格昂贵，且自重大，故主要用于具有民族色彩的宫殿式建筑以及少数纪念性建筑物上。此外，还常用以建造园林中的亭、台、楼阁。

琉璃砖是在陶质坯体上涂一层琉璃彩釉，经1000℃烧制而成，其特点是光亮夺目，色彩鲜艳，具有民族特色，彩釉不易剥落，装饰耐久性好，比瓷质饰面材料容易加工，花色品种也正在不断扩大，现已应用于工程上。

4.2.3.5 陶瓷壁画

陶瓷壁画是大型画，它是以陶瓷面砖、陶板等建筑材料，经镶拼制作的具有较高艺术价值的现代建筑装饰，属新型高档装饰。陶瓷壁画不是原画稿的简单复制，而是艺术的再创造，它巧妙地融绘画技法和陶瓷装饰艺术于一体。经过放样、制板、刻绘、配釉、施釉、焙烧等一系列工艺，采用浸、点、涂、喷、填等多种施釉技法，以及丰富多彩的窑变技术，创造出形神兼备、巧夺天工的艺术作品。

现代陶瓷壁画具有单块面积大、厚度薄、平整度好、吸水率小、抗冻、抗化学腐蚀、耐急冷急热等特点。

陶瓷壁画适于镶嵌在大厦、宾馆、酒楼等高档建筑物上，也可镶贴于公共活动场所，如机场的候机室、车站的候车室、大型会议室、会客室、园林旅游区等地及码头、地铁、隧道等公共设施的装饰，给人以美的享受。

4.3 建筑玻璃

4.3.1 概述

玻璃是由石英砂、纯碱、长石及石灰等在1550~1660℃高温熔融后，采用机械及手工等方法制成，如在玻璃中加入某些金属氧化物或经过特殊处理，可制得具有不同性能的特种玻璃。

玻璃是构成现代建筑的主要材料之一。任何建筑都离不开玻璃，玻璃工业的发展推动了建筑事业的发展。随着现代建筑的发展，玻璃及其制品也由过去单纯作为采光材料和装饰之用，逐渐向着控制光线、调节热量、节约能源、控制噪声、降低建筑物自重、改善建筑环境和增强建筑艺术性等方向发展。

玻璃的品种繁多，分类方法也多样，通常按其化学组成和用途进行分类。

1. 玻璃按化学组成分类

（1）钠玻璃

钠玻璃又称钠钙玻璃，它主要由 SiO_2、Na_2O 和 CaO 组成，其软化点较低，易于熔制。由于含杂质多，制品多带绿色，与其他品种玻璃相比，钠玻璃的力学性质、热性质、光学性质和化学稳定性等均较差。多用以制造普通建筑玻璃和日用玻璃制品，故又称普通玻璃。普通玻璃在建筑工程中应用十分普遍。

（2）钾玻璃

钾玻璃是以 K_2O 替代钠玻璃中部分 Na_2O，并提高玻璃中 SiO_2 的含量而制成。它硬而有光泽，故又称硬玻璃，其他性质也较钠玻璃好。钾玻璃多用以制造化学仪器和用具以及高级玻璃制品。

（3）铝镁玻璃

铝镁玻璃是降低钠玻璃中碱金属和碱土金属氧化物的含量，引入 MgO，并

以 Al_2O_3 替代部分 SiO_2 而制成。它软化点低，析晶倾向弱，力学性质、光学性质和化学稳定性都有提高，常用以制造高级建筑玻璃。

（4）铅玻璃

铅玻璃又名铅钾玻璃或晶质玻璃，是由 PbO、K_2O 及少量 SiO_2 所组成。它光泽透明，质软易加工，对光的折射性能强，化学稳定性高。铅玻璃密度大，故又称重玻璃。用以制造光学仪器、高级器皿和装饰品等。

（5）硼硅玻璃

硼硅玻璃又称耐热玻璃，由 B_2O_3、SiO_2 及少量 MgO 所组成。它有较好的光泽和透明度、优良的力学性能、耐热性、绝缘性和化学稳定性。用以制造高级化学仪器和绝缘材料。

（6）石英玻璃

石英玻璃由纯 SiO_2 制成，具有很好的力学性质、热学性质、光学性质和化学稳定性，并能透过紫外线。可用以制造耐高温仪器、杀菌灯等特殊用途的仪器和设备。

2. 玻璃按用途分类

（1）建筑玻璃——平板玻璃

平板玻璃是建筑工程中应用面广量大的建筑材料之一，它主要包括：

①透明窗玻璃，指普通平板玻璃，大量用做建筑采光。

②不透视玻璃，采用压花、静砂等方法制成透光不透视的玻璃。

③装饰平板玻璃，采用蚀花、压花、着色等手段制成具有装饰性的玻璃。

④安全玻璃，将玻璃进行淬火，或在玻璃中夹丝、夹层而制成的玻璃。

⑤镜面玻璃，将玻璃磨光后背面涂汞制成。

⑥特殊性能平板玻璃，能透过紫外线、红外线、吸收 X 射线，或具有吸热、反射等性能的玻璃。

（2）建筑艺术玻璃

建筑艺术玻璃是指用玻璃制成的具有建筑艺术性的屏风、花饰、扶栏、雕塑以及马赛克等制品。

（3）玻璃建筑构件

玻璃建筑构件主要有空心玻璃砖、波形瓦、平板瓦、门、壁板以及玻璃纤维增强塑料制品等。

（4）玻璃质绝热、隔声材料

玻璃质绝热、隔声材料主要有泡沫玻璃、玻璃棉毡、玻璃纤维等。

以上玻璃种类中，普通平板玻璃最为重要，这不仅是因其用量大，而且许多玻璃新品都是在普通平板玻璃的基础上进行加工处理而制成的。

4.3.2 玻璃的原料及生产

制造玻璃的原料主要是以下各种氧化物：

1. 酸性氧化物

这类氧化物主要有 SiO_2、B_2O_3 等。它们在煅烧中能单独熔融成玻璃的主体，决定了玻璃的主要性质，相应地称为硅酸玻璃、硼酸玻璃。

2. 碱性氧化物

这类氧化物主要有 Na_2O、K_2S 等。它们在煅烧中能与酸性氧化物形成易熔的复盐，起到了助熔剂的作用。

3. 增强氧化物

这类氧化物主要有 CaO、MgO、BaO、ZnO、PbO、Al_2O_3 等。

制造玻璃还有以下辅助原料：

1. 助熔剂

除了常用的碱性氧化物外，还常用萤石、硼砂、硝酸钠等。这些助熔剂在熔化过程中与原料中的其他氧化物形成低共熔物，从而降低了熔融温度。其中萤石还能与玻璃的某些着色杂质作用，增加玻璃的透明性。

2. 脱色剂

一些杂质会给玻璃带来色泽。主要是铁的氧化物所产生的颜色。常用的脱色剂有纯硒、硒酸钠、氧化钴、氧化镍等。它们在玻璃中呈现与原来颜色的补色，从而使玻璃变成无色。此外，化学脱色剂可以与着色杂质形成浅色化合物而起到脱色作用。

3. 着色剂

着色剂多为某些金属的氧化物，它们能直接溶于玻璃熔体中，将玻璃着色，如氧化铁能使玻璃呈现黄色或绿色，氧化锰能呈现紫色，氧化钴能呈现蓝色等。

4. 澄清剂

澄清剂能降低玻璃黏度，使化学反应产生的气泡易于逸出而澄清。常用的澄清剂有白砒、硫酸钠、硝酸钠等。

5. 乳浊剂

乳浊剂能使玻璃变成乳白色的半透明体。常用乳浊剂有氟和磷的化合物，它们能形成 $0.1\sim1.0\mu m$ 的颗粒，悬浮在玻璃中，使玻璃乳浊化。

6. 氧化剂和还原剂

氧化剂能将物料中低价氧化物转变为高价氧化物，常用的有白砒和硝石。还原剂能加速氧化物在熔制中的还原反应，常用的有碳化物、SnO_2、$SnCl_2$ 等。

玻璃是在坩埚炉或池炉中熔制的。熔制过程中，800～900℃为硅酸盐形成阶段，在玻璃形成阶段末期（1150～1200℃）成为透明体。为了达到玻璃成型所需的黏度，将熔体温度下降 200～300℃。玻璃制品制作方法有压制、吹制、吹压制、拉制、辊制、烧制等。

4.3.3 玻璃的基本性质

玻璃是由原料的熔融物经过冷却而成的固体。在凝结过程中，由于黏度急剧增加，原子来不及按一定晶格有序的排列，而形成无定形结构的玻璃体，因而其物理性质和力学性质是各向同性的。

1. 密度

玻璃的密度与其化学组成有关，故变化很大，且随温度升高而减小。普通建筑玻璃的密度约为 2.5g/cm^3。

2. 力学性质

玻璃的力学性质决定于化学组成、制品形状、表面性质和加工方法。凡含有未熔夹杂物、结石、节瘤或具有微细裂纹的制品，都会造成应力集中，从而急剧降低其机械强度。

在建筑工程中玻璃常常经受弯曲、拉伸和冲击，很少受压，所以玻璃的力学性质主要指标是抗拉强度和脆性指标。玻璃的理论抗拉强度极限为 12000MPa，实际强度仅为理论强度的 1/300～1/200，大致为 30～60MPa，而抗压强度约为 700～1000MPa 以上。脆性是玻璃的主要缺点。玻璃的脆性指标（弹性模量与抗拉强度之比 $E/R_{拉}$）为1300～1500（橡胶为0.4～0.6、钢为400～600、混凝土为 4200～9350）。脆性指标愈大说明脆性愈高。玻璃的脆性也可根据冲击试验来确定。

3. 热物理性质

玻璃的热容量与化学成分有关。在室温下热容量的波动范围为（0.63～1.05）×10^{3}J/（kg·℃）。玻璃的热膨胀系数也决定于化学组成。普通玻璃一般在（3～11）×10^{-6}/℃之间。普通玻璃的导热系数为 0.69～0.93W/（m·K）。

4. 光学性质

玻璃既能透过光线，还有反射光线和吸收光线的能力，所以厚玻璃和重叠多层的玻璃，往往不易透光。

玻璃的反射光与投射光能之比称为反射系数。反射系数的大小决定于反射面的光滑程度、折射率及投射光线的入射角的大小。

玻璃对光线的吸收能力随化学组成和颜色而异。一般无色玻璃可透过多种颜色的光线，但吸收红外线和紫外线，各种颜色的玻璃能透过同色光线而吸收其他颜色的光线。石英玻璃和硼、磷玻璃能透过紫外线，锑、钾玻璃能透过红外线。原子序数越大的金属氧化物玻璃（铅、铋等玻璃）吸收 X 射线和 γ 射线的能力越强。

4.3.4 玻璃的表面处理

玻璃的表面处理具有十分重要的意义，从清洁玻璃的表面，直到制造各种涂层的玻璃，不但可以改善玻璃的外观和表面性质，还对玻璃进行了装饰。表面处理技术应用很广泛，下面简单介绍几种：

1. 玻璃的化学蚀刻

玻璃的化学蚀刻是用氢氟酸溶掉玻璃表面的硅氧。根据残留盐类的溶解度各不相同，而得到有光泽的表面或无光泽的表面。

玻璃与氢氟酸作用后生成的盐类的溶解度各不相同，氢氟酸盐类中，碱金属（钠和钾）的盐易溶于水，而氟化钙、氟化钡不溶于水。在硅氟酸盐类中，钠、钾、钡和铅盐在水中都溶解很少，而其他盐类则易于溶解。

蚀刻后玻璃的表面性质决定于氢氟酸与玻璃作用后所生成的盐类性质、溶解度的大小、结晶的大小以及是否容易从玻璃表面清除。如生成的盐类溶解度小，且以结晶状态保留在玻璃表面不易清除，遮盖玻璃表面，阻碍氢氟酸溶液与玻璃接触反应，则玻璃表面受到的侵蚀不均匀，得到粗糙又无光泽的表面。如反应物不断被清除，则腐蚀作用很均匀，并且得到非常平滑或有光泽的表面。结晶的大小对光泽度也有影响，结晶大则产生光线的漫射，表面无光泽。

影响蚀刻表面的主要因素是玻璃的化学组成和蚀刻液的组成。生产中根据不同需要采用各种蚀刻液或蚀刻膏。

2. 化学抛光

化学抛光的原理与化学蚀刻一样是利用氢氟酸破坏玻璃表面原有的硅氧膜生成一层新的硅氧膜，使玻璃得到很高的光洁度与透光度。

化学抛光有两种方法:一种是单纯用化学侵蚀作用;另一种是用化学侵蚀和机械研磨相结合的方法,前者大多应用于玻璃器皿,后者大多应用于平板玻璃。

采用化学侵蚀法进行抛光时，除用氢氟酸外，还要加入能使侵蚀生成物（硅氧化物）溶解的添加物。一般采用硫酸，因硫酸的酸性强，同时沸点高，不易挥发。

化学侵蚀和机械研磨相结合的方法称为化学研磨法。在玻璃表面添加磨料和化学侵蚀剂，化学侵蚀生成的氟硅酸盐，通过研磨而去除，使化学抛光的效率大为提高。此方法一度被视为高效率磨光玻璃的生产方法。

3. 表面金属涂层

金属涂层广泛用于制造热反射玻璃、护目玻璃、膜层导电玻璃及玻璃器皿和装饰品等。

玻璃表面镀金属薄膜的方法，有化学法和真空沉积法。前者可分为还原法、水解法（又称液相沉积法）等。后者又分为真空蒸发镀膜法、真空电子枪蒸镀法等。

化学法中的还原法是一种古老的方法，目前仍在应用。真空蒸镀法的应用则日趋广泛。

（1）化学法

化学法有热喷镀法、电浮法、浸镀法和化学还原法。化学还原法是先在玻璃上喷金属盐溶液，然后用一种化学溶液去还原而形成镀膜。它类似于古老的镀银镜法。该产品遮蔽系数、传热系数都较低，且膜层厚，强度不高，也不能钢化处理，价格也高，所以应用较少。

(2) 真空沉积法

真空沉积镀膜法近年来发展很快，向装置大型化、工艺连续化、控制半自动化或自动化发展，可在大面积上均匀沉积成膜。

①真空蒸发镀膜法。真空蒸发镀膜法的基本原理是在低于 136.8×10^{-8} Pa 的真空条件下，把被蒸发的金属加热到蒸发温度，使之挥发沉积到玻璃表面上，形成所需要的膜层。现用真空沉积法生产的玻璃制品有反射镜、热反射玻璃及部分民用镜。

②阴极溅射镀膜法。在低真空（一般为 $10^{-1}\sim10^{-2}$ Pa)、阴极在荷能粒子(通常为气体正离子，它是通过气体放电而产生）的轰击下，阴极表面的原子从中逸出的现象称为阴极溅射。逸出的原子一部分受到气体分子的碰撞而回到阴极，另一部分则凝结于阴极附近的基板上而形成膜层，阴极溅射一般是在惰性气体或氧气等反应气体中进行，在生产中已使用镀金制造导电玻璃、热反射玻璃以及集成电路基板上电极等。

4. 表面着色（扩散着色）

玻璃表面着色就是在高温下用着色离子的金属、熔盐、盐类的糊膏涂覆在表面上，使着色离子与玻璃中的离子进行交换，扩散到玻璃表面中去，使玻璃表面着色；有些金属离子还需要还原为原子、原子聚集成胶体而着色。表面着色的优点是设备简单，操作易掌握，且着色以后的玻璃是透明的，表面平滑光洁。缺点是生产效率低。

4.3.5 玻璃装饰材料的主要品种

平板玻璃是建筑玻璃中用量最大的一种，习惯上将窗用玻璃、磨砂玻璃、磨光玻璃、有色玻璃等列入平板玻璃。随着科学技术的发展，有的不同品种之间产生了结合或渗透，有的传统工艺被改变，从而在性能上产生了新的飞跃和改革，现以常用建筑玻璃品种为基础，着重阐明它的新发展。

4.3.5.1 普通窗玻璃

也称单光玻璃、净片玻璃，属于钠钙玻璃。且未经研磨加工，简称窗用平板玻璃。主要用于装配门窗，起透光、挡风和保温的作用。要求具有较好的透明度，表面平整无缺陷。

窗用玻璃的计量单位为标准箱和质量箱。厚度为 2mm 的窗用平板玻璃，每 $10m^2$ 为 1 标准箱，1 标准箱的质量称质量箱，为 50kg。其他厚度玻璃按标准箱和质量折合计算。

1. 窗用平板玻璃的分类、规格与等级

（1）窗用平板玻璃因生产方法不同，可分为引拉法玻璃和浮法玻璃两种。根据国家标准 GB 4871—1995（引拉法玻璃）和 GB11614—1999（浮法玻璃）的规定，按玻璃的厚度可分为以下几类：

引拉法玻璃：按厚度分为 2mm、3mm、4mm、5mm 四类；

浮法玻璃：按厚度分为 2mm、3mm、4mm、5mm、6mm、8mm、10mm、12mm、15mm、19mm 十类。

窗用平板玻璃的厚度允许偏差如表 4-17 所示，同时，要求一片玻璃的厚薄差不得大于 0.3mm。

表 4-17　普通平板玻璃厚度允许偏差

引拉法玻璃		浮法玻璃	
厚度/mm	允许偏差/mm	厚度/mm	允许偏差/mm
2 3	±0.15 ±0.20	3 4	±0.20
4 5	±0.20 ±0.25	5 6	±0.20 -0.30
—	—	8 10	±0.35
—	—	12	±0.40

窗用平板玻璃产品为矩形，按标准规定，引拉法生产的玻璃其长宽比不得大于 2.5，其中 2mm、3mm 厚玻璃尺寸不得小于 400mm × 300mm，4mm、5mm、6mm 厚玻璃不得小于 600mm × 400mm，浮法玻璃尺寸一般不小于 1000mm × 1200mm，但也不大于 2500mm × 3000mm。

（2）等级

按国家标准，窗用平板玻璃根据其外观质量进行分等定级，由引拉法生产的平板玻璃分为优等品、一等品和合格品三个等级，如表 4-18 所示。浮法玻璃分为优等品、一级品和合格品三等。同时规定，玻璃的弯曲度不得超过 0.3%。

表 4-18　普通平板玻璃的等级

缺陷种类	说　明	优等品	一等品	合格品
波筋（包括波纹辊子花）	不产生变形的最大入射角	60°	45° 50mm 边部，30°	30° 100mm 边部 0°
气　泡	长度 1mm 以下的	集中的不允许	集中的不允许	不　限
	长度大于 1mm 的，每平方米面积允许个数	≤6mm，6	≤8mm，8 >8～10mm，2	≤10mm，12 >10～20mm，2 >20～25mm，1

续表

缺陷种类	说　明	优等品	一等品	合格品
划　伤	宽度≤0.1mm 以下的，每平方米允许条数	长度<50mm,3	长度<100mm,5	不　限
	宽度>0.1mm 的，每平方米面积允许条数	不许有	宽≤0.4mm 长<100mm 1	宽≤0.8mm 长<100mm 3
砂　粒	非破坏性的，直径 0.5~2mm，每平方米面积允许个数	不许有	3	8
疙　瘩	非破坏性的透明疙瘩波及范围直径不超过 3mm，每平方米面积允许个数	不许有	1	3
线　道	正面可以看到的每片玻璃允许条数	不许有	30mm 边部允许有宽≤0.5mm 以下的 1 条	宽≤0.5mm 的 2 条
麻点	表面呈现的集中麻点	不许有	不许有	每平方米不超过 3 处
	稀疏的麻点，每平方米允许个数	10	15	30

注：1. 集中气泡是指 100mm 直径圆面积内超过 6 个。
　　2. 砂粒的延续部分，90°能看出者当线道论。

2. 窗用平板玻璃的质量要求

窗用平板玻璃主要用于建筑物的采光并起装饰作用，镜面用平板玻璃也属于普通平板玻璃，常选用窗用玻璃的优等品或磨光玻璃，平板玻璃应具有一定的透光度和外观质量。

(1) 透光度

平板玻璃在透过光线时，玻璃表面要发生光线的反射、玻璃内部对光线产生吸收。从而使透过光线的强度降低，见图 4-2，平板玻璃的透光度用公式表示如下：

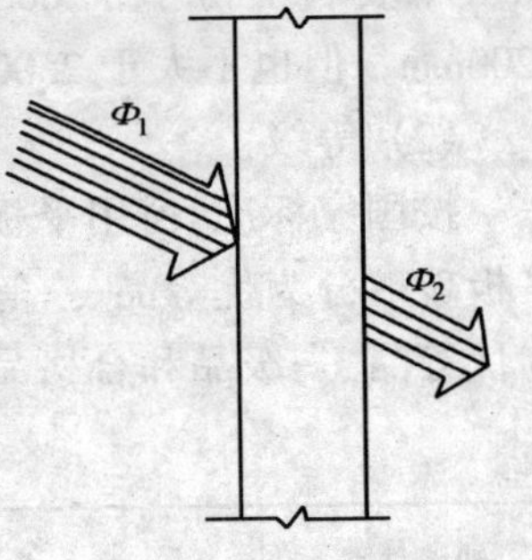

图 4-2　光线透过玻璃

$$C = \frac{\Phi_2}{\Phi_1} \times 100\%$$

式中　C——玻璃的透光度；

Φ_1——光线透过玻璃前的光通量；

Φ_2——光线透过玻璃后的光通量。

我国普通平板玻璃标准中，透光率规定为：

玻璃厚 2mm　　　　88%

玻璃厚 3mm、4mm　86%

玻璃厚 5mm、6mm　82%

影响平板玻璃透光度的主要因素为原料成分及熔制工艺，如原料中含有氧化亚铁（FeO）及三氧化二铁（Fe_2O_3）时，玻璃会着成蓝绿色或黄色，透光度采用 BTG－1 型平板玻璃透光率测定仪测定。

（2）外观质量

窗用平板玻璃由于生产方法不同，可能产生各种不同的外观缺陷，直接影响产品产量和使用效果。影响平板玻璃外观质量的缺陷有以下几种：

①波筋。波筋又称水线。在玻璃的各种外观缺陷中，波筋是最容易出现，也是最严重的一种缺陷。波筋是有槽引上法最容易产生而又不易去除的外观缺陷。

产生波筋的原因有二，一是由于拉制平板玻璃时局部厚薄不均，或是不同部位冷却情况不同，或是由于槽子砖及引上室对辊的影响造成平板玻璃表面不平所致；二是由于在熔化、澄清等过程中操作不正确，造成玻璃液局部范围内化学成分和物质密度不同，从而引起玻璃内部不均匀所致。

具有上述缺陷的玻璃，当光线通过玻璃板时，会产生不同的折射，形成了光学畸变，如图 4-3 所示。

光学畸变的表现，是当人们用肉眼与玻璃形成一定角度观察时，会看到玻璃板面上有一条条像波浪似的条纹，通过带有这种缺陷的玻璃观察物像时，所看到的物像会发生变形、扭曲，运动着的被观察物会产生跳动感。当这种玻璃用在橱窗、运输车辆或居室时，易使观察者产生视觉疲劳。

浮法玻璃　　　　垂直引上法玻璃

图 4-3　平板玻璃面上看到的光学畸变现象

②气泡。玻璃液中含有气体，在成型时就会形成气泡。气泡影响玻璃的透光度，降低玻璃的机械强度，也易使人们的视觉产生物像变形。平板玻璃中存在的气泡有圆的、长的、单个的、成堆的，大的有几十毫米，小的则刚能看到。一般多为无色气泡，也有乳白色的。

③线道。线道是玻璃原板上出现的很细很亮的连续不断的条纹，像线一样，故称线道。线道降低了玻璃的外观整体美。

④疙瘩与砂粒。平板玻璃中异状突出的颗粒物，大的叫疙瘩或结石，小的叫砂粒。疙瘩和砂粒的存在不但影响玻璃的光学性能，还会使玻璃裁切时产生困难。

3. 窗用平板玻璃的应用

普通平板玻璃大部分直接用于房屋建筑和维修，一部分加工成钢化、夹层、镀膜、中空等玻璃，少量用于工艺玻璃。

一般建筑采光多用3mm厚的普通平板玻璃；玻璃幕墙、拦河、采光屋面、商店橱窗或柜台等，多采用5~6mm厚的钢化玻璃；公共建筑的大门玻璃则常用经钢化后的8mm以上的厚玻璃。

玻璃属易碎品，故通常用木箱或集装箱包装。平板玻璃在贮存、装卸和运输时，必须盖朝上、垂直立放，并需注意防潮防水。

4.3.5.2 钢化玻璃

钢化玻璃又称强化玻璃。它是利用加热到一定温度后迅速冷却的方法或化学方法进行特殊钢化处理的玻璃。它的强度比未经钢化处理的玻璃大4~6倍。具有较好的抗冲击性、抗弯以及耐急冷急热的性能。当玻璃破碎时，裂成圆钝的小碎块，不致伤人。钢化玻璃可分为平钢化和弯钢化两种。

钢化玻璃是普通平板玻璃的二次加工产品，钢化玻璃的生产可分为物理钢化法和化学钢化法。物理钢化又称淬火钢化，是将普通平板玻璃在炉内加热至接近软化点温度（650℃左右），使玻璃通过本身的变形来消除内部应力，然后移出加热炉，立即用多头喷嘴向玻璃两面喷吹冷空气，使其迅速均匀地冷却，当冷却到室温时，便形成了高强度钢化玻璃，如图4-4所示。由于冷却时玻璃的两个表面首先冷却硬化，待内部冷却并伴随体积收缩时，已经硬化的外部势必阻碍内部的收缩，使玻璃处于内部受拉，外部受压的应力状态，如图4-4b所示。当玻璃受弯曲外力作用时，玻璃表面将处于较小的拉应力和较大的压应力状态，因玻璃的抗压强度较高，所以不会造成破坏（图4-4c）。钢化玻璃内部处于较大的拉应力状态而不会破裂，这是因为内部无缺陷存在，故不易破坏。由此可知，钢化之后的平

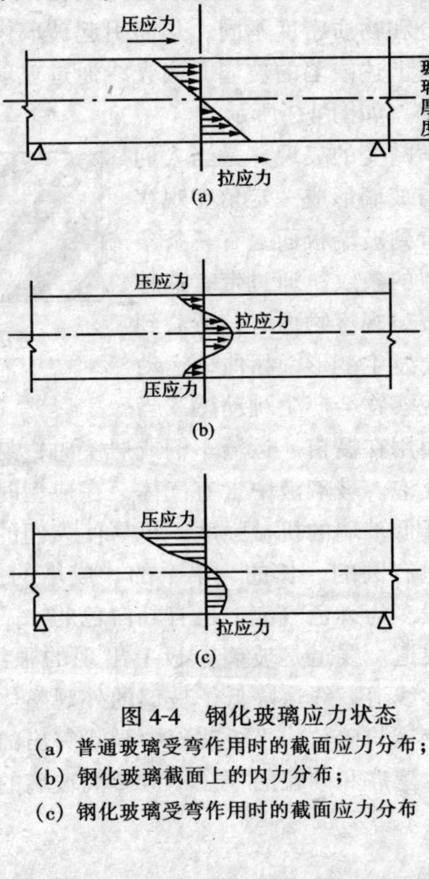

图4-4 钢化玻璃应力状态

(a) 普通玻璃受弯作用时的截面应力分布；
(b) 钢化玻璃截面上的内力分布；
(c) 钢化玻璃受弯作用时的截面应力分布

板玻璃，其强度可得到大大的提高。

处于这种应力状态的玻璃，一旦局部破损，便发生“应力崩溃”，破成无数小块，这些碎块没有尖锐棱角，不易伤人。因此，物理钢化玻璃是一种安全玻璃。

化学钢化玻璃是应用离子交换法进行钢化，是将含碱金属离子钠(Na^+)或钾(K^+)的硅酸盐玻璃，浸入熔融状态的锂(Li^+)盐中，使钠离子或钾离子在表面层发生离子交换，由于锂离子膨胀系数不小于钠、钾离子，从而在冷却过程中造成外层收缩较小而内部收缩较大，当冷却到常温后，玻璃便处于内层受拉应力而外层受压应力的状态，其效果类似于物理钢化玻璃，因此也提高了强度。

化学钢化玻璃强度虽然较高，但是破碎后仍然形成尖锐的碎片。因此，一般不做安全玻璃使用。

钢化玻璃制品有平面钢化玻璃、曲面钢化玻璃、半钢化玻璃、区域钢化玻璃等。平面钢化玻璃主要用做建筑工程的门窗、隔墙与幕墙等；曲面钢化玻璃主要用做汽车窗玻璃；半钢化玻璃主要用做暖房、温室、隔墙等的玻璃窗；区域钢化玻璃主要用做汽车挡风玻璃。钢化玻璃不能切割、磨削，边角不能碰击扳压，使用时需按现成尺寸规格选用或提出具体设计图纸进行加工定制。

钢化玻璃有普通钢化玻璃、钢化吸热玻璃、磨光钢化玻璃等品种。国外钢化玻璃的规格正向大尺寸发展，美国最大尺寸为2400mm×3500mm，日本为800mm×2100mm，有的国家已生产出2500mm×3500mm以上的钢化玻璃，用于橱窗玻璃、玻璃门和要求抗震、耐温度骤变的采光工程。

4.3.5.3 夹丝玻璃

夹丝玻璃是安全玻璃的一种。它是将预先编织好的钢丝网，压入经软化后的红热玻璃中制成。钢丝网在夹丝玻璃中起增强作用，使其抗折强度和耐温度剧变性都比普通玻璃高，破碎时即使有许多裂缝，但其碎片仍附着在钢丝网上，不致四处飞溅而伤人。夹丝玻璃可用于公共建筑的阳台、走廊、防火门、楼梯间、电梯井、厂房天窗、各种采光屋顶等。

根据国家行业标准JC433—91，我国生产的夹丝玻璃产品分为夹丝压花玻璃和夹丝磨光玻璃两类。

产品按厚度分为：6mm、7mm、10mm三种。

产品按等级分为：优等品、一等品和合格品。

产品尺寸一般不小于600mm×400mm，不大于2000mm×1200mm。

4.3.5.4 夹层玻璃

夹层玻璃系由两片或多片平板玻璃之间嵌夹透明塑料薄衬片，经加热、加压、黏合而成的平面或曲面的复合玻璃制品，夹层玻璃也属安全玻璃。

玻璃原片可采用普通平板玻璃、浮法玻璃、钢化玻璃、彩色玻璃、吸热玻璃、热反射玻璃等。常用的塑料胶片为聚乙烯醇缩丁醛或赛珞璐。聚乙烯醇缩丁醛具有防水和抗日光的作用，故常用于高层建筑门窗等；赛璐璐易为潮湿所破坏，在长期日光作用下逐渐发黄而降低透明度，故这种玻璃多供一般场所使用。夹层玻璃的层数有3层、5层、7层，最多可达9层。一般规格有（2+3）mm、（3+3）mm、（5+5）mm等。

夹层玻璃的透明度好，抗冲击性能要比平板玻璃高几倍。玻璃破碎时不裂成分离的碎块，只有辐射裂纹和少量碎玻璃屑，且碎片粘在薄衬片上，不致伤人。夹层玻璃透光率高，如（2+2）mm厚玻璃的透光率约为82%。夹层玻璃还具有耐火、耐热、耐湿、耐寒等性能。

夹层玻璃主要用做汽车和飞机的挡风玻璃、防弹玻璃以及有特殊安全要求的建筑门窗、隔墙、工业厂房的天窗和某些水下工程。夹层玻璃的技术性能指标、规格等分别见表4-19和表4-20。

表4-19　夹层玻璃的技术性能

项　目	指　　标
耐热性	60±2℃无气泡或脱胶现象
耐湿性	当玻璃受潮气作用时，能保持其透明度及强度不变
机械强度	用0.8kg的钢球自1m处自由落下，试样不破碎成分离的碎片，只有辐射状的裂纹和微量的玻璃碎屑，落下的玻璃碎屑不超过试件质量的0.5%，碎屑最大长度不超过1.5mm
透明度	82%[(2+2)mm厚玻璃]

表4-20　夹层玻璃主要规格

产品名称	尺寸范围/mm			型　号	生产工艺
	厚度	长度	宽度		
平夹层	3+3 5+5	1800以下	850以下	普型 异型 特异型	胶片法
平夹层	3+3 2+3	1000以下	800以下	普型 异型 特异型	聚合法

4.3.5.5　压花玻璃

压花玻璃是将熔融的玻璃液在冷却过程中，通过带图案的花纹辊轴连续对辊压延而成。可一面压花，也可两面压花。压花玻璃又称花纹玻璃或滚花玻璃。在压花玻璃有花纹的一面，用汽溶胶对表面进行喷涂处理，玻璃可呈现浅黄色、浅蓝色、橄榄色等，经过喷涂处理的压花玻璃，立体感强，且可提高强度 50% ~ 70%。压花玻璃有一般压花玻璃、真空镀膜压花玻璃、彩色膜压花玻璃等。

压花玻璃的一个表面或两个表面压出深浅不同的各种花纹图案后，由于其表面高低不平，当光线通过玻璃时产生漫射。因而具有透光不透视的特点，造成从玻璃的一面看另一面物体时，物像显得模糊不清。压花玻璃因其表面有各种图案花纹，所以有良好的装饰艺术效果。

真空镀膜压花玻璃给人以一种素雅、美观、清新的感觉，花纹立体感强，并具有一定的反光性能，是一种良好的室内装饰材料。

彩色膜压花玻璃是采用有机金属化合物和无机金属化合物进行热喷涂而成。彩色膜的色泽、坚固性、稳定性较其他方法优越。这种玻璃具有良好的热反射能力，而且花纹图案的立体感比一般压花玻璃和彩色玻璃更强，给人一种富丽堂皇、华贵的艺术感觉。配置灯光后，装饰效果更佳。它可用于宾馆、饭店、酒吧、浴室以及办公室、会议室的门窗和隔断等，也可用来加工屏风、台灯等工艺品和日用品。

表 4-21　压花玻璃的物理性能

项　目	指　标
抗拉强度/MPa	60.0
抗压强度/MPa	700.0
抗弯强度/MPa	40.0
透光率（%）	60 ~ 70

压花玻璃的性能指标和规格可参考表 4-21。

4.3.5.6　毛玻璃

毛玻璃是指经研磨、喷砂或氢氟酸溶蚀等加工，使表面（单面或双面）成为均匀粗糙的平板玻璃。用硅砂、金刚砂、石榴石粉等做研磨材料，加水研磨制成的，称为磨砂玻璃；用压缩空气将细砂喷射到玻璃表面制成的，称喷砂玻璃；用酸溶蚀的称酸蚀玻璃。

由于毛玻璃表面粗糙，使透过光线产生漫射，见图 4-5，造成透光不透视，使室内光线不眩目、不刺眼。一般毛玻璃用于建筑物的卫生间、浴室、办公室等的门窗及隔断，也可用做黑板及灯罩等。

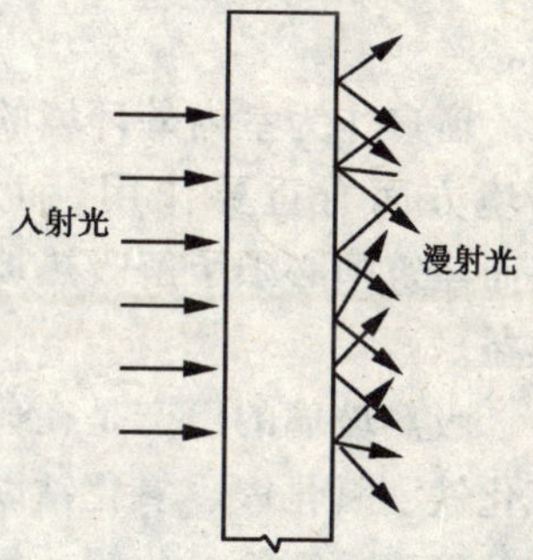

图 4-5　毛玻璃对光的漫射

4.3.5.7　彩色玻璃

彩色玻璃又叫有色玻璃或饰面玻璃，彩色玻璃分透明和不透明两种。透明的彩色玻璃是在玻璃原料中加入一定量的金属氧化物，按平板玻璃的生产工艺进行加工生产而成；不透明的彩色玻璃是用 4 ~ 6mm 厚的平板玻璃按照要求的尺寸切割而成型，然后经过喷洗、喷釉、烘烤、退火而制成。

彩色玻璃的颜色有红、蓝、黄、黑、绿、乳白等十余种。

彩色玻璃通常采用各种氧化物使其着色，常用的着色剂如表 4-22 所示。

表 4-22 彩色玻璃常用氧化着色剂

色彩	黑 色	深蓝色	浅蓝色	绿色	红色	乳白色	玫瑰色 桃红色	黄色
氧化物	过量的锰、 铬或铁	钴	铜	钴或铁	硒或镉	氧化锡 磷酸钠等	二氧化锰	硫化镉

不透明彩色玻璃又称饰面玻璃。经过退火处理的饰面玻璃可以切割，经钢化处理的饰面玻璃不能切割。

彩色玻璃的彩面也可用有机高分子涂料制得。日本专利资料介绍，用三聚氰胺或丙烯酸酯为主料，加入 1% ~ 30% 的无机或有机颜料，喷涂在平板玻璃背面，在 100 ~ 200℃温度下烘烤 10 ~ 20min 可制得彩色饰面玻璃。这种饰面层为两层结构：底层由透明着色涂料组成，掺以很细的碎贝壳或铝箔粉；面层为不透明着色涂料。这种彩色玻璃从正面看，颜色如繁星闪闪发光，有着独特的外装饰效果。

彩色玻璃可拼成各种图案花纹，并有耐蚀、抗冲刷、易清洗等特点，主要用于建筑物的内外墙、门窗装饰及对光线有特殊要求的部位。

4.3.5.8 吸热玻璃

能吸收大量红外线辐射能且能保持良好可见光透过率的玻璃称为吸热玻璃。

窗户作为室内外环境的过滤器，不仅在采光、保温、隔声、创造舒适居住环境方面有重要作用，而且其热工性能直接关系到建筑物的造价和能耗，因而建筑师必须了解吸热玻璃，正确地选用吸热玻璃，以充分发挥窗户的综合效益。

吸热玻璃的生产是在普通钠-钙硅酸盐玻璃中加入着色作用的氧化物，如氧化铁、氧化镍、氧化钴以及硒等，使玻璃带色并具有较高的吸热性能。也可在玻璃表面喷涂氧化锡、氧化锑、氧化钴等有色氧化物薄膜而制成。

吸热玻璃按颜色分为灰色、茶色、蓝色、绿色、古铜色、粉红色、金色、棕色等。按成分分为硅酸盐吸热玻璃、磷酸盐吸热玻璃、光致变色吸热玻璃与镀膜玻璃等。

吸热玻璃对光能的透射和阻挡如图 4-6 所示。由图可以看出，普通玻璃和吸热玻璃对太阳能的阻挡分别为 16 和 40，对太阳能的透射率分别为 84 和 60。

目前吸热玻璃已广泛用于建筑工程门窗或外墙，以及用做车、船挡风玻璃等，起到采光、隔热、防眩等作用。它还可以按不同用途进行加工，制成磨光、夹层、镜面及中空玻璃，在外部围护结构中用它配制彩色玻璃窗。在室内装饰中，用它镶嵌玻璃隔断，装饰家具。无色的磷酸盐吸热玻璃能大量吸收红外线辐射热，可用于电影拷贝、电影放映、幻灯映、彩色印刷等。

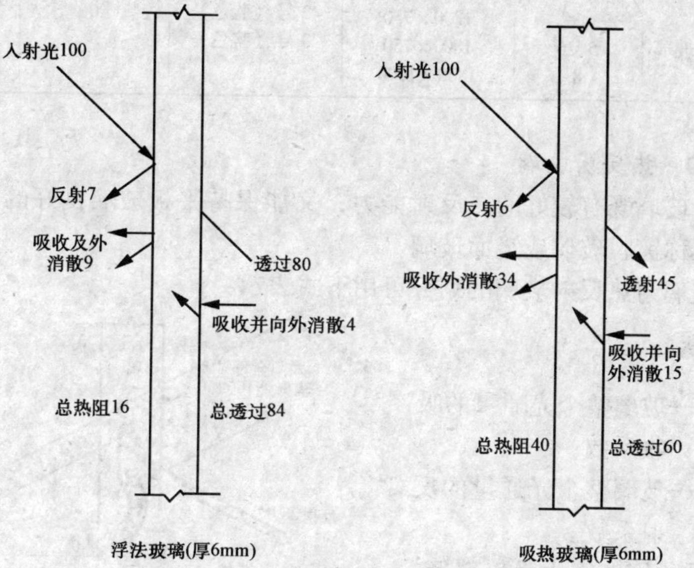

图 4-6　吸热玻璃对太阳光的透射和阻挡

在同一时间、同一地点测得相同厚度的普通玻璃和蓝色吸热玻璃的太阳能透热率见表4-23。上海耀华玻璃厂生产的吸热玻璃的品种和吸热指标见表 4-24。

表 4-23　不同玻璃的热工性能

品　　种	透过热值/W·m^{-2}	透热率（%）
空气（暴露空间）	879	100
普通玻璃（3mm 厚）	726	82.55
普通玻璃（6mm 厚）	663	75.53
蓝色吸热玻璃（3mm 厚）	551	62.7
蓝色吸热玻璃（6mm 厚）	433	49.2

表 4-24　上海耀华玻璃厂产吸热玻璃主要规格及吸热率

规格			吸热率		
品　种	厚度/mm	最大规格尺寸/mm	类　别	玻璃厚度/mm	吸收太阳热能（%）
普通蓝色吸热玻璃	3 3、6	1500×900 2200×1250	1号（蓝色） 2号（蓝色） 3号（蓝色）	5 6 5	31±0.5 51±0.5 51±0.5
磨光蓝色吸热玻璃	3 5、6 8	1800×750 1800×750 1800×1600			

4.3.5.9　热反射玻璃

热反射玻璃既有较好的热反射能力，又能保持平板玻璃良好的透光性能，这种玻璃又称镀膜玻璃或镜面玻璃。

吸热玻璃与热反射玻璃的划分可用下式表示：

$$S=\frac{A}{B}$$

式中　A——玻璃整个光通量的吸收系数；

B——玻璃整个光通量的反射系数。

若 $S>1$ 时，玻璃为吸热玻璃；$S<1$ 时，玻璃为热反射玻璃。

热反射玻璃从颜色上分，有灰色、青铜色、茶色、金色、浅蓝色、棕色、古铜色、褐色等。

热反射玻璃的生产是在玻璃表面用加热、蒸气、化学等方法喷涂金、银、铜、铝、铬、镍、铁等金属氧化物，或粘贴有机薄膜，或以某种金属离子置换玻璃表面中原有离子而制成。从性能结构上看，有热反射、冷反射、中空热反射、夹层热反射等品种。

热反射玻璃具有良好的隔热性能，对太阳辐射热有较高的反射能力，反射率达 30%以上，而

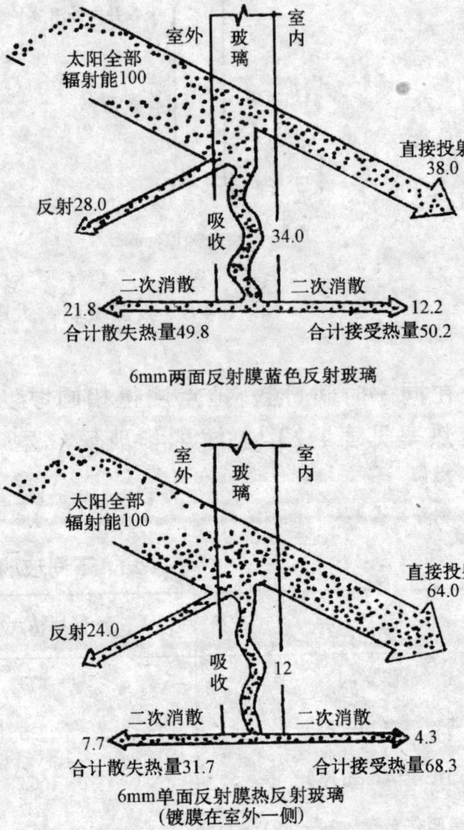

图 4-7　热反射玻璃的性能

普通玻璃仅为7%～10%，如图4-7所示。热反射玻璃在日晒时，室内温度仍可保持稳定。光线柔和，可改变建筑物内的色调，避免眩光，改善室内的环境。镀金属膜的热反射玻璃还具有单向透像作用，使热反射玻璃在迎光面具有镜子的效能，而在背光面又如玻璃那样透视。所以在室外站在这种玻璃前，展现在眼前的是一幅周围景色的画面，丝毫看不到室内的景物，对建筑物起到遮蔽及帷幕作用。用热反射玻璃作幕墙和门窗，可使整个建筑变成一座闪闪发光的玻璃宫殿。由于热反射玻璃具有以上功能，所以它为建筑设计的创新、立面处理与构图提供了新的素材。

我国宁夏玻璃厂生产的彩色镀膜热反射玻璃的品种多样，最大尺寸可为2000mm×1200mm，玻璃厚度有3mm和6mm两种，其主要技术性能如下：

1. 反射率高，光谱从200～2500μm的反射率大于30%，最大可达60%。

2. 化学稳定性好，在5%的盐酸或5%的氢氧化钠溶液中浸泡24h后，涂层的性能无明显改变。

3. 耐擦洗性好，用软纤维或动物毛刷任意刷洗，涂层无明显改变。

4. 耐急冷急热性好，在－40～＋50℃温度范围内急冷急热，涂层无明显改变。

热反射玻璃主要用于因为太阳辐射而增热及设置空调的建筑。适用于各种建筑门窗、汽车和轮胎的玻璃窗、玻璃幕墙以及各种艺术装饰。目前，国内外还常采用反射玻璃来制中空玻璃或夹层玻璃窗，以提高其绝热性能。

国外热反射玻璃的光谱和辐射性能见表4-25。

表4-25　国外热反射玻璃的光谱及辐射性能

玻璃名称	厚度	太阳光谱透射率(%)			太阳光谱反射率(%)			太阳光谱吸收率(%)			太阳辐射(%)		遮蔽系数
		紫外光	可见光	红外光	紫外光	可见光	红外光	紫外光	可见光	红外光	透射率	反射率	
比利时茶色吸热玻璃	5	14.4	53.0	53.8	8.0	7.1	8.0	77.6	40.9	38.2			
日本银白色镀膜热反射玻璃	6		24.0			28.1			47.9				
美国匹兹堡透明热反射玻璃	6		21.0			35.0			44.0		23.0	30.0	0.44
美国匹兹堡透明浮法玻璃	6		39.0			20.0			32.0		44.0	29.0	0.59
美国匹兹堡灰色热反射玻璃	6		17.0			35.0			48.0		25.0	30.0	0.44
美国茶色热反射玻璃	6		49.0								66.0	10.0	0.76

4.3.5.10 釉面玻璃

釉面玻璃是一种饰面玻璃,它是在玻璃表面涂敷一层彩色熔性色釉,在熔炉中加热至釉料熔融,使釉层与玻璃牢固结合在一起,再经退火或钢化等不同热处理而制成的产品。玻璃基板可采用普通平板玻璃、压延玻璃、磨光玻璃或玻璃砖等。目前生产的釉面玻璃最大规格为3.2m×1.2m,玻璃厚度为5~15mm。

釉面玻璃具有良好的化学稳定性和装饰性，它可用于食品工业、化学工业、商业、公共食堂等室内饰面层，也可以用做教学、行政和交通建筑的主要房间、门厅和楼梯的饰面层，尤其适用于建筑物和构筑物立面的外饰面层。

釉面玻璃的性能及规格见表4-26和表4-27。

表4-26 釉面玻璃的性能

项目	退火釉面玻璃	钢化釉面玻璃
表观密度/$kg \cdot m^{-3}$	2500	2500
抗弯强度/MPa	45.0	250.0
抗拉强度/MPa	45.0	230.0
线膨胀系数/$℃^{-1}$	$(8.4 \sim 9.0) \times 10^{-6}$	$(8.4 \sim 9.0) \times 10^{-6}$

注：退火釉面玻璃可进行切割，其机械强度符合同规格平板玻璃的技术性能；钢化釉面玻璃不能进行切割再加工，其机械性能符合同规格的钢化玻璃的技术标准。

表4-27 釉面玻璃的规格与型号

规格/mm			色泽	型号
长度	宽度	厚度		
150~1000	150~800	5~6	红、绿、黄、蓝、黑、灰等多种	普型 异型 特异型

4.3.5.11 光致变色玻璃

在玻璃中加入卤化银，或在玻璃与有机夹层中加入钼和钨的感光化合物，就能获得光致变色玻璃。光致变色玻璃受太阳光或其他光线照射，颜色随光线的增强而逐渐变暗，当照射停止时又恢复原来颜色，光致变色玻璃的应用已从眼镜片开始向交通、医学、摄影、通信和建筑领域发展。

含氯化银的玻璃敏感波长为300~400μm，溴化银敏感波长为300~550μm，氯化银－碘化银敏感波长为300~650μm。光致变色玻璃从1964年开始研究，应用至今已有多年，但由于生产这种玻璃要耗用大量的银，因此其使用受到一定限制。

4.3.5.12　泡沫玻璃

泡沫玻璃是以玻璃碎屑为基料加入少量发气剂（闭气孔用碳黑，开口孔用碳酸钙）按比例混合粉磨，磨好后的粉料装入模内送入发泡炉发泡，然后脱模退火，制成一种多孔轻质玻璃制品。其孔隙率可达80%～90%，气孔多为封闭型，孔径一般为0.1～5mm，也有小到几个μm的。

泡沫的表观密度小(120～500kg/m³)，导热系数小[0.053～0.14W(m·K)]，吸声系数为0.3，抗拉强度0.4～8MPa，使用温度240～420℃。泡沫玻璃不透气、不透水、抗冻、防火、可锯、钉、钻，它属高级泡沫材料，可作为高级建筑物墙壁的吸声装饰材料，泡沫玻璃可制成各种颜色。

4.3.5.13　镭射玻璃

镭射玻璃是以玻璃为基材的新一代建筑装饰材料，其特征在于经特种工艺处理，玻璃背面出现全息或其他光栅，在阳光、月光、灯光等光源照射下形成物理衍射分光。经金属反射后会出现艳丽的七色光，且同一感光点或感光面，将因光源的入射角的不同而出现不同的色彩变化，使被装饰物显得华贵高雅、富丽堂皇、梦幻迷人。

镭射玻璃的颜色有银白色、蓝色、灰色、紫色、黑色、红色等多种。镭射玻璃按其结构有单层和夹层之分。如半透半反单层(5mm)、半透半反夹层[(5+5)mm]、钢化半透半反图案夹层地砖[(8+5)mm]等。标准型镭射玻璃的技术指标见表4-28。

表4-28　标准型镭射玻璃技术性能

性能指标	普通夹层	钢化夹层
硬度（莫氏）	5.5	8.0
热膨胀系数/℃$^{-1}$	8×10^{-5}，10×10^{-5}	8×10^{-5}，10×10^{-5}
耐磨强度及抗冲击性	—	高于大理石、地面装饰瓷砖2倍
抗老化	50年以上	50年以上
抗拉强度（夹层间）	30MPa	30MPa
抗剪强度（夹层间）	25MPa	25MPa
抗酸碱性	好	好
耐温性	－60～240℃	－60～240℃

20世纪90年代以来，镭射玻璃先后在首都机场候机楼、北京五洲大酒店、上海百乐门酒店、浙江省人民银行大堂、广州娱乐大世界、珠海步步高大酒店、深圳阳光大酒店、南京华东饭店舞厅等安装使用，取得了良好的装饰效果。

镭射玻璃适用于酒店、宾馆、各种商业、文化、娱乐设施的装饰，如内外墙面、商业门面、招牌、地砖、桌面、吧台、隔断、柱面、天棚、雕塑贴面、电梯门、艺术屏风与装饰画、高级喷水泉、发廊、大中型灯饰以及电子产品外装饰等。

4.3.5.14 玻璃砖

玻璃砖又称特厚玻璃，有空心砖和实心砖两种。实心砖是采用机械压制方法制成的，空心玻璃砖是采用箱式模具压制而成的，两块玻璃加热熔接成整体空心砖。中间充以干燥空气，经退火，最后涂饰侧面而成。

空心砖有单孔和双孔两种。按性能分有：在内侧做成各种花纹，赋予它特殊的采光性，使外来的光扩散或按一定方向折射。按形状分：有正方形、矩形以及各种异型产品。按尺寸分：一般为 115mm、145mm、240mm、300mm 等规格。按颜色分：有使玻璃本身着色的以及在内侧面用透明着色材料涂饰等产品。

空心玻璃砖的特性见表 4-29。

表 4-29 空心玻璃砖特性

性能	试验项目		试样/mm	试验结果
材料特性	密度		—	$2.5g/cm^3$
	热膨胀率		5 圆棒	$(85\sim89)\times10^{-7}$/℃
	硬度		—	莫氏硬度为 6
	光谱透过率		4 磨光板玻璃	平均透光率 92%
	褪色性		50×50×10（两张叠合）	经阳光照射 4000h 没有变化
	热冲击温度		5 圆棒	温差 116℃时破损
采光性	透光率		145×145×95 劈开石花纹	28%
			190×190×95 劈开石花纹	38%
	直接阳光率		190×190×95 劈开石花纹	1.44%
	间接阳光率		190×190×95 劈开石花纹	1.07%
	全阳光率		190×190×95 劈开石花纹	2.51%
隔声性	透过损失	单嵌板	145×145×95	约 50dB
			145×145×90	约 43dB
			190×190×95	约 46dB
			145×300×60	约 41dB
		双嵌板	145×145×95	—
压缩强度	单体压缩强度		145×145×95	平均 9.0MPa
			190×190×95	平均 7.0MPa
	接缝剪断强度（脉动试验）		145×145×95，5 块	平面压 263.0MPa 纵向压 142.4MPa
防火性能	单嵌板		115×115×115×240 145×145×145×300 190×190×240×240 （厚 60，80，95）	工种防火
	双嵌板		145×145×95	非受力墙壁，耐火 1h

续表

性　能	试验项目	试　样/mm	试验结果
耐冷热试验		145×145×95	45℃以上
绝热性	导热率 表现结露	各种尺寸的空心玻璃 各种空心玻璃砖	2.94W/（m·K）室内温度20℃，室内相对湿度50%，室外温度 -5℃，水蒸气量在6g/（h·m^3）下结露

特厚玻璃产品规格为厚度 20～160mm，短边长有 1200mm、800mm 及 600mm。最大规格有：1400mm×1200mm 及 3500×2000mm×45mm。

玻璃砖用来砌筑透光的墙壁、建筑物的非承重内外墙、淋浴隔断、门厅、通道等。特别适用于高级建筑、体育馆，用以控制透光、眩光和太阳光等。

玻璃砖被誉为“透光墙壁”。它具有强度高、绝热、隔声、透明度高、耐水、耐火等多种优良性能。

4.3.5.15　水晶玻璃

水晶玻璃又称石英玻璃，它是采用玻璃珠在耐火材料模具中制得的一种装饰材料。玻璃珠是以 SiO_2 和其他添加剂为主要原料，经配料后用火焰烧熔结晶而成。

水晶玻璃的外层是光滑的，并带有各种形式的细网状或仿天然石料的不重复的点缀花纹，具有良好的装饰效果。它的机械强度高，化学稳定性和耐大气腐蚀性较好。水晶饰面玻璃的反面较粗糙，与水泥黏结性好，便于施工。

水晶玻璃饰面板适用各种建筑物的内墙面、地坪面层、建筑物外墙立面或室内制作壁画等。水晶玻璃饰面板的性能与规格见表 4-30。

表 4-30　水晶玻璃饰面板的性能指标与规格

项目名称	指标		规　格/mm
	特级品	一级品	
密度/kg·m^{-3}	2500	2500	形状为方形、矩形，规格尺寸： 597×795，597×197 397×297，297×197 300×300，300×150 厚度 15～20
抗弯极限强度/MPa	9.8	4	
抗压极限强度/MPa	24	21	
吸水率（%）	1	3	
热稳定性不低于（%）	60	60	
外饰面的抗冻性/循环次数	100	100	
地坪材料重量磨损不大于/g·cm^{-3}	0.07	0.08	
地坪材料抗冲击不小于/N·cm^{-1}	85	80	

4.3.5.16　玻璃马赛克（玻璃锦砖）

玻璃马赛克是以玻璃为基料并含有未熔解的微小晶体（主要是石英）的乳

浊制品。玻璃马赛克的颜色有红、黄、蓝、白、黑等几十种，其品种、规格、性能见表4-31。

表4-31 玻璃马赛克的品种规格和技术性能

名称	品种规格			技术性能
	色别	色号	规格/mm	
彩色玻璃马赛克（菊花牌）	白色 蓝色 绿色 茶色 灰色 紫色 紫色、白色混合 橙色 橙色、白色混合 黑色 黄色 红色	A_8，A_9，A_{10} A_1，A_2，A_3，A_{11} A_{21}，A_{25}，A_{26}，A_{27}，B_{88} A_{22}，A_{23}，A_{24}，B_{77}，C_{61}，C_{66} A_5，A_6，A_7，B_{22}，C_{21} A_{16}，A_{17}，A_{18}，A_{55} （紫色占10%以下） B_{61}，B_{62} （橙色占10%以下） D_{101} SS_6 SS_4	20×20×4 联长 327×327 25×25×4 联长 314×314	黏着力:玻璃马赛克与砌筑材料分解力负荷:0.5 ~ 0.7MPa之间 硬度:5~6级 渗透性:不透 抗热冲击性:-15℃,3h,15±5℃水中3h,15次循环不爆裂 侵蚀性:防水、酸(氢氟除外)、碱的侵蚀 颜色稳定性:经500h人工老化试验,颜色光泽稳定
彩色玻璃马赛克	红色 蓝色 绿色 黑色 茶色 棕色 米黄色		20×20×4 联长 305×305	吸水率:<0.2% 热稳定性:20~120℃ 热交换5次不裂 抗冻性:-20℃、4h,20℃水中20h,经25次循环无损 耐酸碱:质量损失<0.1% 耐水性:质量损失<0.05% 脱纸时间:<40min
玻璃马赛克（压延法）			20×20×3.8	抗冲击性:85% 吸水性:0.04 抗碱性:合格 抗酸性:合格

玻璃马赛克是一种小规格的彩色饰面玻璃。一般尺寸为20mm×20mm、30mm×30mm、40mm×40mm，厚4~6mm，有透明、半透明、不透明，还有带金色、银色斑点或条纹的。一面光滑，另一面带有槽纹，利于和砂浆粘贴。

玻璃马赛克具有色调柔和、朴实典雅、美观大方，化学稳定性、冷热稳定性好，不变色、不积尘、天雨自涤，历久常新，与水泥黏结好，施工方便等优点。它适用于宾馆、医院、办公楼、礼堂、住宅等建筑的外墙饰面。

4.3.5.17 中空玻璃

由于建筑物采用大面积窗户，冬季采暖、夏季制冷所消耗的能量是相当大的。20世纪70年代的“能源危机”，引起了各国对能源的重视。人们在建筑中，广泛采用中空玻璃和特殊性能的玻璃，以减少能量损耗。1984年全世界中空玻璃总产量约为1亿m^2，其中欧洲为5600万m^2，美国为3200万m^2。1980年德国北部有95%的新建筑物采用中空玻璃。1982年美国的新建筑物有80%以上采用三层中空玻璃。目前国内大型公共建筑等也相继采用中空玻璃。

中空玻璃是由两片或多片平板玻璃构成，用边框隔开。四周边缘部分用胶接、焊接或熔接的办法密封，中间充填干燥空气或其他惰性气体，还可以制成各种不同颜色或镀以不同性能的薄膜，整体拼装构件是在工厂完成的，其构造如图4-8所示。有时在框底亦可放上钢化、压花、吸热、热反射玻璃等。颜色有无色、茶色、蓝色、灰色、紫色、金色、银色等。中空玻璃的玻璃与玻璃之间留有一定的空腔，因此具有良好的保温、隔热、隔声等性能。如在空腔中充以各种能漫射光线的材料或介质等，则可获得更好的声控、光控、隔热等效果。美国一幢20层的办公楼采用银色涂层的双层中空玻璃代替单层玻璃，其空调能耗降低69%。当然装设中空玻璃的费用比装设单层玻璃窗的费用高，但因它能减少采暖空调费用，综合效益还是合算的。

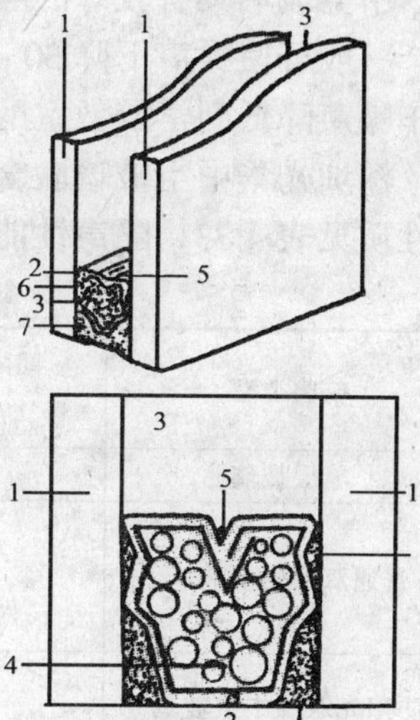

图4-8　中空玻璃的结构

1—玻璃原片；2—空心铝隔框；3—干燥空气；4—干燥剂；5—缝隙；6—黏结剂Ⅰ；7—黏结剂Ⅱ

近年来双层中空玻璃向大面积发展，焊接和胶接的玻璃规格可达14～16m^2。当玻璃厚度为3～6mm，空气层厚度为6～12mm，总厚度为12～24mm，德国生产最大规格为3m×5m，美国2.7m×7m，即高度相当于一个房屋的层高，宽度相当于一个跨距。

中空玻璃主要用于需要采暖、空调、防止噪声、结露及需要无直接光线和特殊光线的建筑，如住宅、饭店、宾馆、办公楼、学校、医院、商店等，也可用于火车、轮船等。

现以深圳光华中空玻璃联合企业公司生产的中空玻璃为例，说明中空玻璃的基本性能。

1. 光学性能

中空玻璃根据所选用的玻璃原片不同，具有不同的光学性能，可见光透视率范围为10%～80%，光反射率范围为25%～80%，总透过率范围为25%～50%。

2. 热工性能

中空玻璃具有优良的绝热性能，在某些条件下，其绝热性能优于混凝土墙。据统计，一些欧洲国家采用中空玻璃与单层窗玻璃相比每平方米可节省燃料40～50L。加拿大皇家集团总部大楼采用650m^{2}的热反射双层玻璃共3468片，该楼冬季比单层玻璃减少70%热损失，夏季可反射45%太阳热。

3. 隔声性能

中空玻璃具有较好的隔声性能，其隔声的效果通常与噪声的种类、声强有关，一般可使噪声下降30～40dB，对交通噪声可降低31～33dB，即能将街道汽车噪声降低到学校教室的安静程度。

深圳光华中空玻璃联合企业公司生产的中空玻璃的绝热性能见表4-32，光学性质见表4-33，隔声性能见表4-34。

表4-32　深圳产中空玻璃的绝热性能

玻璃类型	间隔宽度/mm	热传导系数	
		K/kcal·h^{-1}·m^{-2}·℃$^{-1}$	U/W·m^{-2}·K^{-1}
单层玻璃	—	5.1	5.9
普通双层中空玻璃	6	2.9	3.4
	9	2.7	3.1
	12	2.6	3.0
防阳光双层中空玻璃	6	—	2.5
	12	—	1.8
三层中空玻璃	2×9	1.9	2.2
	2×12	1.8	2.1
热反射中空玻璃	12	1.4	1.6
（混凝土墙150mm厚）	—	—	3.3
（砖墙230mm厚）	—	—	2.8

表4-33　深圳产中空玻璃的光学性能

玻璃品种	玻璃厚度/mm	可见光透过率（%）	反射率（%）	吸收率（%）	直接透过率（%）	总阻挡率（%）	总透过率（%）	透光系数
无色防阳光玻璃+无色玻璃	4+4	39	26	29	45	49	51	0.58
	5+5	39	26	32	42	50	50	0.57
	6+6	38	26	34	40	52	48	0.55
	8+8	37	26	38	36	54	46	0.52
	10+10	36	25	42	33	57	43	0.49
茶色防阳光玻璃+无色玻璃	4+4	23	28	43	29	64	36	0.41
	5+5	21	28	47	25	67	33	0.38
	6+6	18	28	50	22	49	31	0.35
	8+8	15	27	56	17	74	26	0.29
	10+10	12	27	60	13	77	23	0.26

续表

玻璃品种	玻璃厚度/mm	可见光透过率（%）	反射率（%）	吸收率（%）	直接透过率（%）	总阻挡率（%）	总透过率（%）	透光系数
无色防阳光玻璃+热反射玻璃	4+4	30	36	38	26	63	37	0.43
	5+5	29	36	40	24	64	36	0.41
	6+6	29	35	42	23	65	35	0.40
	8+8	28	33	46	21	67	33	0.38
	10+10	27	32	49	19	68	32	0.37
茶色防阳光玻璃+热反射玻璃	4+4	17	33	51	16	75	25	0.29
	5+5	15	32	54	14	77	23	0.26
	6+6	14	31	57	12	79	21	0.24
	8+8	11	29	61	10	82	18	0.21
	10+10	9	29	64	7	85	15	0.17

表 4-34　深圳产中空玻璃的隔声性能

类型			各种频率下声音的下降分贝数/dB						
玻璃	间隔	玻璃	平均	125	250	500	1000	2000	4000
4	—	—	25	20	23	26	29	29	28
6	6/12	4	28	24	23	30	33	33	30
6	6/12	6	29	27	25	31	34	27	36
6	6/12	6	31	28	25	32	34	34	38
6	6/12	6	32	29	25	32	34	36	38
10	6/12	10	31	29	26	32	32	33	38
10	6/12	10	31	29	26	32	32	34	38

4. 露点

在室内一定的相对湿度下，玻璃表面的温度达到露点以下，势必结露，直至结霜（0℃以下）。这将严重影响透视和采光，并产生其他一些不良效果。若采用中空玻璃则可使这种情况得到大大改善。在通常情况下，中空玻璃接触室内高湿度空气的时候玻璃表面温度较高，而外层玻璃温度虽低，但接触的空气湿度也低，所以不会结露。中空玻璃内部空气的干燥度是其重要指标之一。

复习思考题

1. 解释名词

（1）砖的泛霜现象；（2）清水砖墙；（3）炻器；（4）安全玻璃

2. 填空题

（1）烧结普通砖的外形为矩形体，公称尺寸________mm×________mm×________mm。

________个砖长，________个砖宽，________个砖厚，加上砌筑砂浆缝正好为 1m。$1m^3$ 的砖砌体用砖________块。

（2）陶瓷按坯体致密程度可分为________器、________器和________器三大类。

（3）陶瓷锦砖又称为“____________”，是译音。

（4）玻璃的外观质量缺陷一般有________、________、________和________等四种。

3. 选择题

（1）黏土砖的致命缺点是（　　）。

A. 隔声、绝热差　　B. 烧制耗能大，取土占农田

C. 自重大，强度低　　D. 砌筑不够快

（2）玻璃的性质，以下说法正确的是（　　）。

a. 受冲击容易破碎；b. 耐酸性好；c. 耐碱性好；d. 热稳定性差

A.a、b、c　　B.a、b、d　　C.a、c、d　　D.b、c、d

（3）用于卫生间门窗，从一面看另一面模糊不清，即透光不透视的玻璃有（　　）。

A. 磨光玻璃　　B. 镀膜玻璃　　C. 磨砂玻璃　　D. 光致变色玻璃

（4）下列各优点中，不属于中空玻璃的优点的是（　　）。

A. 绝热性能好　　B. 隔声性能好

C. 寒冷冬季不结霜　　D. 透光率高于普通玻璃

（5）在加工玻璃时，不能切割加工的玻璃是（　　）。

A. 压花玻璃　　B. 磨砂玻璃　　C. 釉面玻璃　　D. 钢化玻璃

（6）（　　）不适用于室外工程。

A. 陶瓷锦砖　　B. 无釉地砖　　C. 釉面砖　　D. 彩釉地砖

（7）具有单向透视特点，起帷幕作用的玻璃是（　　）。

A. 吸热玻璃　　B. 热反射玻璃　　C. 磨光玻璃　　D. 毛玻璃

4. 问答题

（1）烧结普通砖的主要技术性质包括哪些内容？

（2）何谓清水砖墙？怎样才能使清水砖墙获得更好的装饰效果？

（3）陶瓷的范围及分类？

（4）陶瓷制品的装饰包括哪些方面？

（5）釉面砖的技术性能及应用？

（6）简述墙地砖的种类、花式及质量要求。

（7）简述陶瓷锦砖的特点及用途。

（8）简述建筑玻璃及制品在现代建筑中的功能。

(9) 试述平板玻璃的作用。

(10) 简述吸热玻璃与热反射玻璃的区别。

(11) 简述常用装饰玻璃的品种、特性及用途。

第 5 章　气硬性胶凝材料

能将散粒材料或块状材料胶结为一个整体材料的材料称为胶凝材料。按化学成分，将胶凝材料分为有机胶凝材料和无机胶凝材料。建筑上使用的沥青、合成树脂属于有机胶凝材料。无机胶凝材料按硬化条件分为气硬性胶凝材料和水硬性胶凝材料。气硬性胶凝材料只能在空气中硬化，也只能在空气中保持和发展其强度；水硬性胶凝材料则既能在空气，又可在水中更好地硬化，并保持和发展其强度。故气硬性胶凝材料的耐水性差，不能用在潮湿环境或水中。而水硬性胶凝材料的耐水性好，可以用于水中。

建筑工程中主要应用的气硬性胶凝材料有石灰、石膏、水玻璃等。

5.1　石灰

石灰是建筑工程中应用最早的气硬性胶凝材料。

5.1.1　石灰的原料及生产

以碳酸钙为主要成分的天然岩石均可用来煅烧石灰，主要化学变化为：

$$CaCO_3 \xrightarrow{900℃} CaO + CO_2 \uparrow$$

$$MgCO_3 \xrightarrow{600℃} MgO + CO_2 \uparrow$$

氧化钙和氧化镁即为生石灰的主要成分。根据氧化镁含量的多少，将生石灰分为钙质石灰（MgO 含量 < 5%）和镁质石灰（MgO 含量 ≥5%）。国家建材行业标准《建筑生石灰》（JC/T 479—1992）将生石灰划分为三个质量等级，具体指标如表 5-1 所示。

表 5-1　建筑生石灰的技术指标（JC/T 479-1992）

项　　目		钙质生石灰			镁质生石灰		
		优等品	一级品	合格品	优等品	一级品	合格品
（CaO + MgO 含量）（%）	≥	90	85	80	85	80	75
未消化残渣含量（5mm 圆孔筛余）（%）	≤	5	10	15	5	10	15
CO_2（%）	≤	5	7	9	6	8	10
产浆量/$L\cdot kg^{-1}$	≥	2.8	2.3	2.0	2.8	2.3	2.0

生石灰的质量与煅烧温度和煅烧时间有直接关系：当煅烧温度过低或煅烧

时间不足时，生石灰中残留有未分解的石灰岩残渣，即欠火石灰；当煅烧温度过高时，由于石灰岩中的易熔成分熔融，所形成的生石灰结构致密，并被熔物包裹，即过火石灰。

欠火石灰无胶凝性能，从而降低了石灰的质量和利用率；过火石灰则难于水化，给工程应用带来不便。

原料纯净，煅烧正常的生石灰是白色或灰白色块状体，质轻色匀，呈松软多孔结构。生石灰的密度约为 3.2g/cm^3，表观密度为 800~1000kg/m^3。

5.1.2 生石灰的熟化（水化）和硬化

块状生石灰使用前，通常加水熟化成石灰膏或消石灰粉，其化学反应为：

$$CaO + H_2O \longrightarrow Ca(OH)_2 + 64.9kJ$$

该反应迅速，其主要特点是：体积膨胀达 1~2.5 倍，生石灰品质越好膨胀越厉害；水化放热量很高，达建筑石膏水化放热量的 10 倍，水泥水化放热量的 9 倍。

在建筑工地上，石灰多在化灰池中熟化成石灰膏。欠火石灰是含碳酸钙的硬块而不能熟化成为渣子。过火石灰则因其熟化缓慢，当用于建筑抹灰以后，可能继续熟化而产生膨胀，使平整的抹灰面表面鼓包、开裂或局部脱落。为消除过火石灰的危害，必须将生灰在化灰池内放置 2 周以上（称陈伏），使其充分熟化后方可使用。

石灰在空气中逐渐硬化，是由两个同时进行的过程来完成的：

（1）结晶作用。石灰浆体中水分蒸发或被砌体吸收，氢氧化钙逐渐从过饱和溶液中析出，形成结晶。

（2）碳化作用。氢氧化钙与空气中二氧化碳和水化合，生成不溶于水的碳酸钙结晶，释放出水分：

$$Ca(OH)_2 + CO_2 + nH_2O = CaCO_3 + (n+1)H_2O$$

此谓石灰的碳化。由于空气中二氧化碳浓度很低，碳化过程十分缓慢，碳化与结晶过程的同时进行，使得石灰浆逐渐凝结而硬化。

生石灰与少量的水作用会形成消石灰粉（熟石灰），使用时加水调剂成石灰浆。国家建材行业标准《建筑消石灰粉》（JC/T 481—1992）将消石灰粉按其种类划分为三个质量等级，如表 5-2 所示。

表 5-2 建筑消石灰粉的技术指标（JC/T 481—1992）

项目	钙质消石灰粉			镁质消石灰粉
	优等品	一级品	合格品	优等品
（CaO + MgO）含量（%） ≥	70	65	60	65
游离水（%）	0.4~2	0.4~2	0.4~2	0.4~2

续表

项目		钙质消石灰粉			镁质消石灰粉
		优等品	一级品	合格品	优等品
体积安全性		合格	合格	—	合格
细度	0.9mm 筛的筛余（%）≤	0	0	0.5	0
	0.125mm 筛的筛余（%）≤	3	10	15	3

项目		镁质消石灰粉		白云石消石灰粉		
		一级品	合格品	优等品	一等品	合格品
（CaO + MgO）含量（%）≥		60	55	65	60	55
游离水（%）		0.4～2	0.4～2	0.4～2	0.4～2	0.4～2
体积安全性		合格	—	合格	合格	—
细度	0.9mm 筛的筛余（%）≤	0	0.5	0	0	0.5
	0.125mm 筛的筛余（%）≤	10	15	3	10	15

5.1.3 石灰的技术性质

石灰作为胶凝材料，其技术性质如下：

(1) 可塑性好。生石灰熟化成石灰浆时，能形成颗粒极细的微粒（约 1μm），该颗粒在浆体中可吸附水膜，使浆体可塑性明显改善。故在砌砖结构的水泥砂浆中，常掺入一定量的石灰膏。

(2) 硬化慢，强度低。硬化慢主要是碳化过程缓慢所致。1∶3 的石灰砂浆 28d 强度约 0.2～0.5MPa，所以石灰不能用做结构材料。

(3) 体积收缩大。石灰浆体硬化过程中，由于蒸发大量水分而导致体积明显收缩，一般不能单独使用，必须掺入适量集料或加筋材料（如麻刀、纸筋）。

(4) 耐水性差。未硬化的石灰浆处于潮湿环境中，由于水分不能很好蒸发而难于硬化；已硬化的石灰浆长期受潮或受水浸泡，由于 $Ca(OH)_2$ 晶体溶解而导致强度下降甚至溃散。

5.1.4 石灰的应用

(1) 石灰与黏土可配成灰土，再加入砂或碎砖、炉渣可配成三合土，经夯实，具有一定强度和耐水性，可用于建筑物的基础、垫层以及路基等。

(2) 配制水泥石灰砂浆和石灰砂浆。用熟化好的石灰膏和水泥、砂配制成的混合砂浆是目前用量最大、用途最广的砂浆品种；用石灰膏和砂或麻刀、纸筋配制成的石灰砂浆、麻刀灰、纸筋灰则广泛用做内墙和顶棚的抹灰材料。

目前在建筑工程中已大量应用磨细生石灰（将块状生石灰磨细并袋装成生石灰粉）代替石灰膏或消石灰粉配制砂浆或灰土，其优点有：

(1) 由于磨细生石灰的细度高，比表面积大，水化反应很快，从根本上消除过火石膏可能造成的危害，故不需“陈伏”，提高了工效，节约施工场地，改善了环境条件。

（2）石灰中的欠火石灰被磨细，提高了石灰的利用率。

（3）将石灰的熟化过程和硬化过程有机地联系起来，熟化过程所放热量加速了硬化的进行，从一定程度上克服了石灰硬化慢的缺点。

磨细生石灰需经机械加工，成本有所提高，也不宜久存。

《建筑生石灰粉》（JC/T 480—1992）将生石灰粉分为三个质量等级，具体指标如表 5-3 所示。

表 5-3　建筑生石灰的技术指标（JC/T 480—1992）

项目			钙质消石灰粉			镁质消石灰粉		
			优等品	一级品	合格品	优等品	一级品	合格品
(CaO + MgO)含量(%)		≥	85	80	75	80	75	70
CO_2 含量(%)		≤	7	9	11	8	10	12
细度	0.9mm 筛的筛余(%)	≤	0.2	0.5	1.5	0.2	0.5	1.5
	0.125mm 筛的筛余(%)	≥	7.0	12.0	18.0	7.0	12.0	18.0

5.2　石膏及其制品

石膏及其制品作为新型建筑材料已在建筑工程广泛应用，如各种石膏板、粉刷石膏等。

5.2.1　石膏的原料及生产

天然石膏岩（二水石膏 $CaSO_4 \cdot 2H_2O$）是生产建筑石膏的主要原料。

天然二水石膏在 107～170℃加热煅烧即得建筑石膏，其化学反应如下：

$$CaSO_4 \cdot 2H_2O \xrightarrow{107\sim170℃} CaSO_4 \cdot \frac{1}{2}H_2O + \frac{3}{2}H_2O \uparrow$$

B 型半水石膏即为建筑石膏（熟石膏），通常为白色粉末。改变上述反应的温度或压力条件，将会生成不同品种的石膏，如 A 型半水石膏（高强石膏）、无水石膏等。这些石膏的性质与 B 型半水石膏有着十分显著的差异。

5.2.2　建筑石膏的技术特性

（1）凝结硬化快。建筑石膏加水拌合数分钟内，便开始失去塑性，初凝仅需 5min，终凝为 20～30min，一周后即完全硬化。这一性质不利于制品成型，为此常掺入缓凝剂，如硼砂、柠檬酸、亚硫酸盐纸浆废液、骨胶等，以延缓其水化时间，方便生产。

（2）凝结硬化过程中体积略为膨胀，其膨胀量约 0.5%～1.0%，所以石膏在使用中不会因不均匀收缩而开裂，作为装饰材料使用时表面光滑细腻，形体饱满，尺寸准确。

(3) 质轻多孔。建筑石膏水化反应的理论需水量为18.6%，但在实际生产中，为了成型方便，实际用水量常达60%～80%，超出理论需水量的水分在制品成型后慢慢蒸发而成为孔隙，孔隙率约为50%～80%。因此，石膏制品质轻而多孔，具有良好的绝热性能和吸声性能。但强度较低，吸水率高，抗冻性差。

(4) 防火性能良好。建筑石膏硬化后成为二水石膏，其中结晶水约占20.9%。当石膏制品受到高温作用时，结晶水蒸发而形成“气幕”，具有阻止火热蔓延的作用。

(5) 耐水性差。在潮湿条件下，石膏的强度显著降低，所以石膏制品一般不宜用于相对湿度在70%以上的环境中。

(6) 良好的加工性能。建筑石膏硬化后可锯、可刨、可钉、可钻，这为安装施工提供了很大的方便。

(7) 石膏制品装饰性好。石膏制品在成型时易做成各种复杂的图案花纹及造型，具有颜色洁白，质感细腻，用于室内装饰显得宁静高雅。近几年来国内外建筑物普遍采用石膏装饰制品作为室内墙面和顶棚的装修和装饰材料。

5.2.3 建筑石膏制品

石膏制品主要有装饰石膏板和石膏工艺装饰部件等。人们逐渐认识到，在门类众多的装饰材料中，石膏制品不老化、无污染、对人体健康无害等独到的优点，因此现代建筑的室内墙面和顶棚装饰大量采用石膏制品作为装饰材料。

1. 装饰石膏板

装饰石膏板是以建筑石膏为主要原料，掺入适量纤维加筋材料和聚乙烯醇外加剂与水一起搅拌成均匀的料浆，注入带有图案花纹的硬质模具内成型，再经硬化、干燥而成的不带图护面纸的装饰板材。其主要特征是表面具有各种图案花纹，可获得良好的装饰效果。有的产品在生产时，可在其表面粘贴一层聚氯乙烯装饰面层，以一次完成装饰工序。当用做吊顶板材时考虑兼有吸声效果，则可将板材穿以圆形或方形的盲孔或全穿孔，通常将孔呈图案布置，以增加板材的装饰效果。

装饰石膏板按板材耐湿性能分为普通板、防潮板两类。每类按其板面特征又分为平板、孔板及浮雕板三种。具体分类及代号见表5-4。

表5-4 装饰石膏板分类及代号

分类	普通板			防潮板		
	平板	孔板	浮雕板	平板	孔板	浮雕板
代号	P	K	D	FP	FK	FD

装饰石膏板为正方形，其棱边形状有直角和倒角形两种。常用规格有四种：300mm×300mm×8mm、400mm×400mm×8mm、500mm×500mm×10mm及600mm×600mm×10mm。当用做建筑层高为10m左右的吊顶时，常选用500mm×500mm×9mm和600mm×600mm×11mm的装饰石膏板。

按技术标准《装饰石膏板》（JC/T 799—88）规定，装饰石膏板产品标记顺序为：产品名称、板材分类代号、板材边长、标准号。例如尺寸为500mm×500mm×9mm的防潮板，其标记为：装饰石膏板 FK500JC/T 799—88。

装饰石膏板技术性能指标见表5-5，断裂荷载应不小于表5-6的规定。

表5-5 装饰石膏板技术性能指标

项目				优等品		一级品		合格品	
				平均值	最大值	平均值	最大值	平均值	最大值
边长/mm				0 −2		+1 −2			
厚度/mm				±0.5		±1.0			
不平度/mm			≤	1.0		2.0		3.0	
直角偏离度/mm			≥	1		2		3	
单位面积质量/$kg\cdot m^{-2}$	P、K、FP、FK	厚度9mm		8.0	9.0	10.0	11.0	12.0	13.0
		厚度11mm		10.0	11.0	12.0	13.0	14.0	15.0
	D、FD	厚度9mm		11.0	12.0	13.0	14.0	15.0	16.0
含水率（%）			≤	2.0	2.5	2.5	3.0	3.0	3.5
吸水率（%）			≤	5.0	6.0	8.0	9.0	10.0	11.0
受潮挠度/mm			≤	5	7	10	12	15	17

表5-6 装饰石膏板断裂荷载值 N

项目	优等品		一等品		合格品	
	平均值	最小值	平均值	最小值	平均值	最小值
P、K、FP、FK	176	159	147	132	118	106
D、FD	186	168	137	150	147	132

装饰石膏板具有轻质、强度较高、绝热、吸声、阻燃、抗震、耐老化、变形小、能调节室内湿度等特点，且加工性能好，施工方便。

普通装饰吸声石膏板可用做宾馆、礼堂、会议室、招待所、医院、候机室等吊顶板材，也可以安装在这些室内四周墙壁的上部，还可用在住宅的顶棚和墙面装饰。

高效防水装饰吸声石膏板主要用于对装饰和吸声有一定要求的建筑物室内顶棚和墙面装饰。特别适用于环境湿度>70%的工矿车间、地下建筑、人防工程及对防水有特殊要求的建筑工程。

吸声石膏板适用于各种音响效果要求高的场所，如影剧院、播音室等。

2. 纸面石膏板

纸面石膏板包括普通纸面石膏板、耐火纸面石膏板和装饰吸声纸面石膏板三种。它们是以建筑石膏为主要原料，掺入适量纤维和外加剂等制成芯板，再在其表面贴以厚质护面纸而制成的板材。板材因厚纸护面，所以抗折强度较高，挠度变形比无护面纸的石膏板小得多。

普通纸面石膏板和耐火纸面石膏板为矩形，板长有1800mm、2100mm、2400mm、2700mm、3000mm、3300mm和3600mm等几种，宽度有900mm、1200mm两种，厚度有9mm、12mm、15mm、18mm等几种（耐火板还有21mm和25mm厚）。一般情况下均采用9mm和12mm厚的板。板材的棱边（长边）形状有五种，具体形状和代号见图5-1和表5-7所示。

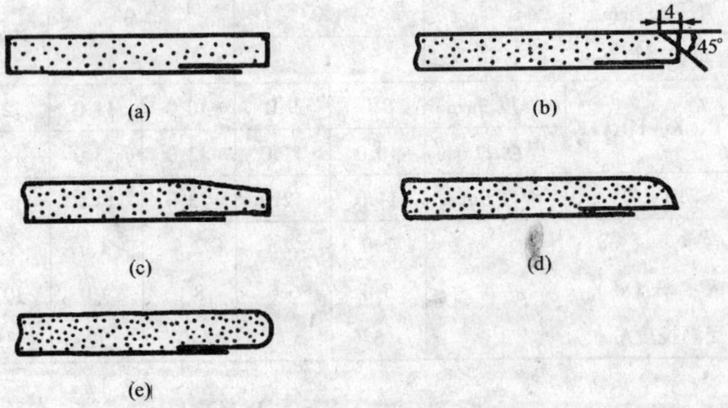

图5-1　纸面石膏板的棱边形状

（a）矩形棱边；（b）45°倒角棱边；（c）楔形棱边；

（d）半圆形棱边；（e）圆形棱边

表5-7　普通纸面石膏板、耐火纸面石膏板棱边种类及代号

分类	普通纸面石膏板					耐火纸面石膏板				
棱边形状	矩形	45°倒角	楔形	半圆形	圆形	矩形	45°倒角	楔形	半圆形	圆形
代号	PJ	PD	PC	PB	PY	HJ	HD	HC	HB	HY

装饰吸声纸面石膏板的主要形状为正方形，常用尺寸有500mm×500mm和600mm×600mm两种，板厚有9mm和12mm两种。用做活动式装配吊顶时，以

选用 9mm 厚的板材为宜。

纸面石膏板于 1890 年在美国首创，之后在世界各国发展很快。它适用于办公楼、旅馆、影剧院、宾馆、商店、车站、住宅等建筑的室内吊顶和墙面的装修和装饰。

3. 嵌装式装饰石膏板

嵌装式装饰石膏板也是以建筑石膏为主要原料，掺入适量的纤维增强材料和外加剂，加水搅拌成均匀的料浆，经浇筑成型、硬化、干燥而成的不带护面的板材。板材背面凹入而四周边加厚，并制有嵌装企口，板材正面为平面或带有一定深度的浮雕花纹图案，也可以穿以盲孔，这种板称为穿孔嵌装式装饰石膏板。当采用该种板做饰面板时，在其背面复合吸声材料，使板具有一定吸声特性的板材，则称为嵌装式装饰吸声石膏板。

嵌装式装饰石膏板为正方形。其棱面形式有直角形和倒角形。规格为：边长 600mm×600mm，边厚大于 28mm，边长 500mm×500mm，边厚大于 25mm。

嵌装式装饰石膏板的形状构造见图 5-2。

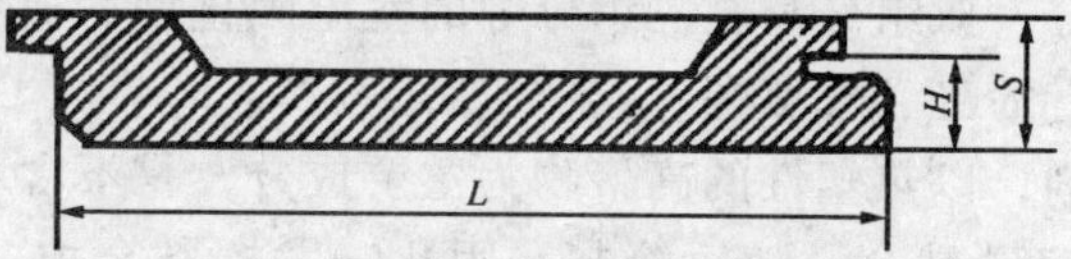

图 5-2　嵌装式装饰石膏板构造示意图

4. 艺术装饰石膏制品

艺术装饰石膏制品主要包括浮雕艺术石膏线角、线板、花角、壁炉、罗马柱、花饰等。这些制品均采用优质建筑石膏为基料，配以纤维增强材料、黏结剂等，加水拌匀制成料浆，经浇筑成型、硬化、干燥而成。

这些制品表面光洁、颜色洁白，花型和线条清晰、尺寸稳定，强度高、无毒、阻燃等特点，并且拼装容易，可加工性好，主要用于室内装饰。

5.3　胶粘剂

胶粘剂在装饰工程中，是必不可少的配套材料。它是指具有良好的黏结性能，可把两种材料牢固胶结起来的一类物质。胶粘剂的应用在我国有着悠久的历史，远在秦朝时就以糯米浆与石灰制成的灰浆作为长城基石的黏结剂，至今万里长城仍屹立在祖国大地。随着合成化学工业的发展，除天然胶粘剂外，1912 年，出现了合成胶粘剂。现在的胶粘剂，有的还可用于进行可靠的高强度结构连接，不过一般说来，胶粘剂目前仍主要用于进行非结构连接。

5.3.1 胶粘剂的分类与组成

5.3.1.1 胶粘剂的分类

1. 按强度特性分类

按强度特性的不同，胶粘剂可分为结构胶、次结构胶和非结构胶。结构胶对强度、耐热、耐油和耐水等有较高的要求。用于金属的结构，室温剪切强度要求在 10～30MPa，10^6 循环剪切疲劳后强度为 4～8MPa；非结构胶不承受较大荷载，只起定位作用。介于二者之间的胶粘剂，称为“次结构胶”。

2. 按固化形式分类

按固化形式的不同，胶粘剂可分为溶剂型、反应型和热熔型。

溶剂型胶粘剂中的溶剂从黏合端面挥发或被黏物自身吸收，形成黏合膜而发挥黏合力，是一种纯粹的物理可逆过程。固化速度随环境的温度、湿度、被黏物的疏松程度、含水量以及黏合面的大小、加压方法而变化。这种类型的胶粘剂，有环氧、聚苯乙烯、丁苯等。

反应型胶粘剂的固化是由不可逆的化学变化而引起的。按照配方及固化条件，可分为单组分、双组分甚至三组分等的室温固化型、加热固化型等多种形式。这类胶粘剂有酚醛、聚氨酯、硅橡胶等。

热熔型胶粘剂，以热塑性的高聚物为主要成分，是不含水或溶剂的固体聚合物。通过加热熔融黏合，随后冷却、固化，发挥黏合力。这一类型的胶粘剂，有酯酸乙烯、丁基橡胶、松香、虫胶、石蜡等。

3. 按主要成分分类

- 胶粘剂
  - 有机胶粘剂
    - 天然胶粘剂
      - 动物胶：鱼胶、骨胶、虫胶等
      - 植物剂：淀粉、松香、阿拉伯树胶等
    - 合成胶粘剂
      - 热固性树脂胶粘剂：环氧、酚醛、脲醛、有机硅、丙烯酸双酯、聚酰亚胺等
      - 热塑性树脂胶粘剂：聚酯酸乙烯酯、乙烯—酯酸乙烯酯等
      - 橡胶型胶粘剂：氯丁胶、丁晴胶、硅橡胶等
      - 混合型胶粘剂：酚醛—环氧、酚醛—丁晴、环氧—尼龙等
  - 无机胶粘剂
    - 磷酸盐型
    - 硅酸盐型
    - 硼酸盐型

5.3.1.2 胶粘剂的组成

尽管胶粘剂的品种很多，但其组成一般主要有黏结料、固化剂、增塑剂、填料、稀释剂、改性剂等几种。对某一种胶粘剂来说，不一定都含有这些成分，同样也不限于这几种成分，而主要是由它们的性能和用途来决定。

(1) 黏结料。黏结料简称黏料，它是胶粘剂中最基本的组分，它的性质决定了胶粘剂的性能、用途和使用工艺，一般胶粘剂是用黏料来命名的。

(2) 固化剂。有的胶粘剂（如环氧树脂）若不加固化剂本身不能变成坚硬的固体。固化剂也是胶粘剂的主要成分，其性质和用量对胶粘剂的性能起着重要作用。

(3) 增塑剂。增塑剂是为了改善黏结层的韧性，提高其抗冲击强度的一种试剂，常常根据胶粘剂的种类，加入适量的增塑剂。

(4) 填料。填料一般在胶粘剂中不发生化学反应，但加入填料可以改善胶粘剂的机械性能，降低成本。

(5) 稀释剂。加稀释剂主要是为了降低胶粘剂的黏度，便于操作，提高胶粘剂的湿润性和流动性。

(6) 改性剂。为了改善胶粘剂某一性能，满足特殊要求，常加入一些改性剂。如为提高胶结强度，可加入偶联剂。另外还有防老化剂、稳定剂、防腐剂、阻燃剂等多种。

5.3.2 常用胶粘剂

1. 酚醛树脂胶粘剂

酚醛树脂是热固树脂中最早工业化并用于胶粘剂的品种之一。它的胶结强度高，但必须在加热、加压条件下进行黏结。酚醛树脂可用松香、干性油或脂肪酸等改性，改性后的酚醛树脂可溶性增加，韧性提高，主要用于胶结纤维板、非金属材料及塑料等。

2. 环氧树脂类胶粘剂

环氧树脂类胶粘剂是以环氧树脂为主要原料，掺加适量固化剂、增塑剂、填料、稀释剂等配制而成。具有黏结强度高、收缩性小、稳定性高、耐化学腐蚀、耐热、耐久等优点。对于铁制品、玻璃、陶瓷、木材、塑料、皮革、水泥制品、纤维材料等都具有良好的黏结能力。适用于水中作业和需耐酸碱等场合及建筑物的修补，故俗称万能胶。

3. 聚酯酸乙烯乳液胶粘剂（俗称白乳胶）

由酯酸乙烯单体聚合而成，是建筑材料工业用量较大的一种胶粘剂。该乳液是一种白色黏稠液体，呈酸性，具有亲水性，且流动性好。内聚力低，耐水性差，干固温度不宜过低或过高。主要用于承受力不太大的胶结中，如纸张、木材、纤维等的胶粘。

4. 聚氨酯胶粘剂

聚氨酯胶是以多异氰酸酯和聚氨基甲酸酯（简称聚氨酯）为主体材料的胶粘剂。该胶粘剂具有黏结力强、适用范围广，可用于黏结不同的被黏物，如用于橡胶、皮革、织物、金属、陶瓷等的胶结。

5.3.3 建筑工程中胶粘剂的选用

胶粘剂在建筑上应用十分广泛。它不但广泛用于建筑施工及建筑室内外装修工程中，如地面、墙面、吊顶工程的装修粘贴，还常用于屋面防水、地下防水、管道工程、新旧混凝土的接缝以及金属构件及基础的修补等。

胶粘剂品种很多，性能各异，如何根据材料性质及环境条件，正确选用胶粘剂的品种，是保证胶结质量、充分发挥其性能的必要条件。

5.3.3.1 壁纸、墙布用胶粘剂

1. 聚乙烯醇水溶液（胶水）

它是聚乙烯醇:水＝5:100 的质量比，在水浴加温下溶解而得。具有芬芳气味、无毒、使用方便等特点。

2. 801 胶

以聚乙烯醇与甲醛在酸性介质中缩聚反应后再经氨基化而成。具有无毒、无味、不燃、游离醛含量低等特性。

3. 聚酯酸乙烯乳液（白乳胶）

以酯酸乙烯为主要原料，经乳液聚合而制得的一种芳香的白色乳状胶液。其特点是常温自干、成膜性好、耐候、耐霉菌性良好。不含有机溶剂，无刺激性臭味。

5.3.3.2 塑料地板用胶粘剂

1. 水性 10 号地板胶

以聚酯酸乙烯乳液为基体料配制而成，是一种单组分水溶性胶液，具有胶结强度高、无毒、无味、快干、耐老化、耐油等特性，价格便宜，施工安全简便，存放稳定。

2. 水乳型地板胶粘剂

以改性剂和填料碳酸钙改性聚酯酸乙烯乳液作为基料配制而成。具有黏结强度高、无毒、施工简便、耐老化、价格便宜等特点。

3. 8123 聚氯乙烯塑料地板胶粘剂

以氯丁乳胶为基料，加入增稠剂、填料等配制而成。是一种水乳型胶粘剂，具有无毒、无味、不燃、施工方便，初始黏结强度高，防水性能好等优点。

4. 801 强力胶

系氯丁—酚醛型单组分胶粘剂，具有室温固化、使用方便、初始黏结力高、胶膜柔软、耐冲击、耐油、耐介质等优点。可在 80℃以下使用。

5. CBJ-84 胶粘剂

以合成橡胶为主要原料，经配制加工而成。具有施工方便，初始强度高，耐酸碱，耐一般有机溶剂等优点。

6. 长城牌 405 胶

由有机异氰酸酯和末端含有羟基的聚酯所组成。能在室温下固化，具有很强的黏结力，胶膜柔软，耐溶剂、耐油、耐水、耐弱酸、耐震等性能。

5.3.3.3 竹、木用胶粘剂

1.8109 胶

系脲醛缩合物的水溶液。使用时加固化剂氯化胺配制而成。具有常温固化、黏结力强、价廉等特点。

2. 铁锚 206 胶

由酚醛树脂、固化剂组成，特点是室温固化，但胶膜较脆。

3.SJ-2 水基胶

由酯酸乙烯—丙烯酸酯共聚乳液及添加剂等组成的单组分胶液。具有室温干燥、使用方便、初始黏结力和涂刷性好等特点。

5.3.3.4 瓷砖、大理石胶粘剂

1.JDF-503 通用瓷砖黏结剂

以水泥为基料，用聚合物改性的粉状产品。具有耐水、耐久性良好、操作方便，价格低等特点。

2.JD-580 耐水型瓷砖胶粘剂

以耐水性强的新型聚合物乳液为基料，与适量的触变剂、防腐剂、增稠剂、交联剂以及复合填料配制而成的一种预混型单组分膏状瓷砖胶粘剂。具有胶层薄、饰面不下滑，可调节时间长，强度高，工效快，洁净等特点。

3.JDF-505 多彩勾缝剂

具有多种颜色，是瓷砖胶粘剂的配套产品，具有勾缝不开裂，耐久性好，无毒、无味等特点。

4. 双组分 SF-1 型装饰石材黏结剂

以水玻璃为胶粘剂，配以改性剂、助剂、硬化剂和填料，经加工而成。

5.3.3.5 玻璃、有机玻璃专用胶粘剂

1.AE 室温固化透明丙烯酸酯胶

AE 胶为无色透明黏稠液体，能在室温下快速固化，一般 4 ~ 8h 内即可完全固化，固化后其透光率和折射系数与有机玻璃基本相同。具有黏结力强、操作方便等特点。

2.WH-Z 有机玻璃胶粘剂

系为无色透明的胶状液体。耐水、耐油、耐碱、耐弱酸、耐盐雾腐蚀，适用于有机玻璃制品，赛璐珞制品的胶合。

3. 聚乙烯醇缩丁醛胶粘剂

以聚乙烯醇在酸性催化剂存在下与醛反应而得。对玻璃黏结力好，且透明

度、耐老化性及抗冲击性好，故适宜于玻璃的黏结。

5.3.3.6　混凝土界面黏结剂

1.JD-601 混凝土界面黏结剂

该黏结剂是一种聚合物混合乳液，是增强混凝土表面黏结的材料，可大大提高新旧混凝土与抹面砂浆的黏合力，可取代传统凿毛等工序，避免了砂浆空鼓、分层、黏结不牢等弊病。

2.YJ-302 混凝土界面处理剂

这是一种水泥砂浆黏结增强剂，适用于新老混凝土及饰面砖、大理石等的表面涂敷处理，以增加水泥砂浆对它们的黏结力，从而解决抹灰砂浆空鼓、面砖脱落、新老混凝土脱层等问题。

复习思考题

1. 填空题

(1) 生产石膏的主要原料是____________，它在 107～170℃以下煅烧脱水后得到的____________即为____________。

(2) 生石灰的主要成分是____________，加水生成 $Ca(OH)_2$ 的过程，称为____________。

(3) 石灰浆体在空气中逐渐硬化，是由____________和____________两个同时进行的过程来完成的。

(4) 建筑石膏的初凝时间仅需______ min，终凝时间为______ min，一周后即完全硬化。

(5) 建筑石膏在凝结硬化过程中体积膨胀约为____________%。

2. 选择题

(1) 下列叙述，(　　) 有错。

A. 石灰熟化时放出大量的热

B. 石灰熟化时体积增大 1～2.5 倍

C. 石灰陈伏期应在两周以上

D. 石灰在储灰坑中保存时，应注意石灰浆表面不能有水层

(2) 石膏制品不宜用于 (　　)。

A. 吊顶材料　　B. 影剧院的穿孔贴面板

C. 非承重型隔墙板　　D. 冷库内的墙贴面

(3) 石膏制品抗火性能好的原因是 (　　)。

A. 制品内部孔隙率大　　B. 含有大量结晶水

C. 吸水性强　　D. 硬化快

（4）石灰的硬化过程（　　）进行。

A. 在水中　　　　B. 在空气中

C. 在潮湿环境　　D. 既在水中又在空气中

3. 问答题

（1）欠火石灰和过火石灰熟化时有何特征？

（2）建筑石膏有哪些技术特征？

（3）胶粘剂有哪几种类型？

第6章 水 泥

水泥是粉末状的水硬性无机胶凝材料。当水泥加水拌合成塑性浆体后，经过一系列物理化学作用，能在空气中或更好地在水中凝结硬化，并将砂、石等材料胶结成整体，形成具有一定物理力学性能的坚硬的人造石材。

随着材料技术的进步和各种工程对水泥性能要求的变化，生产和使用的水泥品种愈来愈多。通常按性质和用途分为通用水泥、专用水泥和特种水泥。通用水泥包括硅酸盐水泥、普通硅酸盐水泥、矿渣硅酸盐水泥、火山灰质硅酸盐水泥、粉煤灰硅酸盐水泥、复合硅酸盐水泥和石灰石硅酸盐水泥七个品种。专用水泥适应专门用途，如中、低热水泥，油井水泥，砌筑水泥，道路水泥等。特种水泥具有某种突出特性的水泥，如膨胀水泥、快硬水泥等。按水泥的矿物组成可分为：硅酸盐水泥、铝酸盐水泥、硫酸盐水泥、硫铝酸盐水泥、铁铝酸盐水泥等。

水泥广泛应用于工业与民用建筑、水利、公路、铁路海港及国防等工程，也用来配制成多品种、多强度等级的混凝土、钢筋混凝土、预应力钢筋混凝土构件及结构。水泥技术的发展，对建筑业起着举足轻重的作用。

6.1 硅酸盐水泥

凡由硅酸盐水泥熟料、0%～5%石灰石或粒化高炉矿渣、适量石膏磨细制成的水硬性胶凝材料，称为硅酸盐水泥。不掺混合材料的称Ⅰ型硅酸盐水泥，掺不超过水泥质量5%的石灰石或粒化高炉矿渣混合材料的称Ⅱ型硅酸盐水泥，代号分别为P·Ⅰ和P·Ⅱ。

所谓硅酸盐水泥熟料，是指以适当成分的生料烧至部分熔融，所得以硅酸钙为主要成分的产物，简称熟料。

6.1.1 硅酸盐水泥的原料及生产

生产硅酸盐水泥的原料，主要是石灰质和黏土质两类原料。石灰质的原料有石灰岩、白垩、石灰质凝灰岩等。黏土质的原料有各类黏土、黄土等。为了补充铁质及改善煅烧条件，还可适当加入铁粉、萤石等。

水泥生产的基本工序是：先将原材料破碎并按其化学成分配料后，粉磨成生料，然后入窑煅烧，最后将煅烧好的水泥熟料与适量石膏（加或不加混合材料）磨细即得硅酸盐水泥。所以硅酸盐水泥的生产工艺过程可概括为“两磨一烧”，如图 6-1 所示。

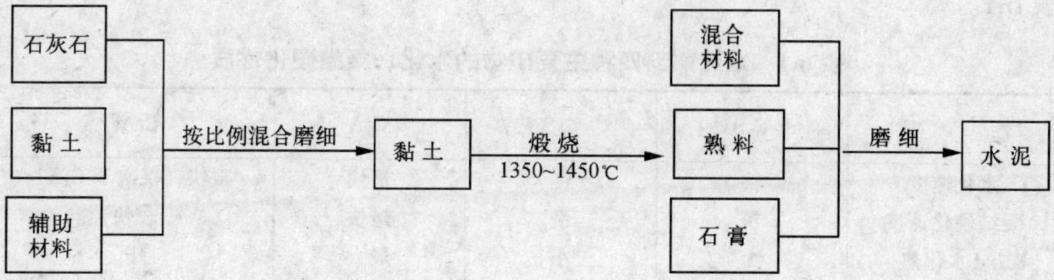

图 6-1 硅酸盐水泥生产流程

6.1.2 硅酸盐水泥熟料的矿物组成及矿物成分的水化反应

1. 矿物组成

硅酸盐水泥熟料由四种主要矿物成分组成。其名称及含量范围如下：

（1）硅酸三钙 $3CaO \cdot SiO_2$，简写 C_3S，含量 37% ~ 60%；

（2）硅酸二钙 $2CaO \cdot SiO_2$，简写 C_2S，含量 15% ~ 37%；

（3）铝酸三钙 $3CaO \cdot Al_2O_3$，简写 C_3A，含量 7% ~ 15%；

（4）铁铝酸四钙 $4CaO \cdot Al_2O_3 \cdot Fe_2O_3$，简写 C_4AF，含量 10% ~ 18%。

其中硅酸钙含量为 75% ~ 82%，而 $C_3A + C_4AF$ 仅占 18% ~ 25%。

除四种主要矿物成分外，水泥熟料中尚含有少量游离 CaO、MgO、SO_3 及碱（K_2O、Na_2O）。这些成分均为有害成分，国家标准中有严格限制。

2. 矿物成分的水化反应

工程中使用水泥时，首先用水拌合。水泥颗粒与水接触，其表面的熟料矿物立即与水产生水化反应并放出一定热量。

$$\underset{\text{硅酸三钙}}{2(3CaO \cdot SiO_2)} + 6H_2O = \underset{\text{水化硅酸钙}}{3CaO \cdot 2SiO_2 \cdot 3H_2O} + \underset{\text{氢氧化钙}}{3Ca(OH)_2}$$

$$\underset{\text{硅酸二钙}}{2(2CaO \cdot SiO_2)} + 4H_2O = \underset{\text{水化硅酸钙}}{3CaO \cdot 2SiO_2 \cdot 3H_2O} + \underset{\text{氢氧化钙}}{Ca(OH)_2}$$

$$\underset{\text{铝酸三钙}}{3CaO \cdot Al_2O_3} + 6H_2O = \underset{\text{水化铝酸三钙}}{3CaO \cdot Al_2O_3 \cdot 6H_2O}$$

$$\underset{\text{铁铝酸四钙}}{4CaO \cdot Al_2O_3 \cdot Fe_2O_3} + 7H_2O = \underset{\text{水化铝酸三钙}}{3CaO \cdot Al_2O_3 \cdot 6H_2O} + \underset{\text{水化铁酸钙}}{CaO \cdot Fe_2O_3 \cdot H_2O}$$

在上述水化反应进行的同时，水泥熟料磨细时掺入的石膏也参与了化学反应：

$$\underset{\text{二水石膏}}{3(CaSO_4 \cdot 2H_2O)} + \underset{\text{水化铝酸三钙}}{3CaO \cdot Al_2O_3 \cdot 6H_2O} + 19H_2O = \underset{\text{水化硫铝酸钙}}{3CaO \cdot Al_2O_3 \cdot CaSO_4 \cdot 31H_2O}$$

不同矿物成分水化特点是不同的，各种熟料矿物单独与水作用时的特点见表6-1。

表 6-1　水泥熟料四种主要矿物的水化、凝结硬化性质

性　　质	C_3S	C_2S	C_3A	C_4AF
水化速度	快	慢	最快	很快（仅次于 C_3A）
凝结硬化速度	快	慢	最快	较快
28d 水化热	大	小	最大	中
早期强度	高	低	低	中
后期强度	高	高	低	低

由此可见，在水泥熟料的几种矿物中，硅酸三钙是决定水泥早期强度的组分，硅酸二钙是保证水泥后期强度的组分，铝酸三钙是凝结硬化速度最快的组分，铁铝酸四钙是水泥着色的组分。改变水泥熟料矿物组成的相对含量，水泥的技术性能也随之变化。不同特性的硅酸盐水泥正是由此而制得的。例如，提高硅酸三钙的含量可制得快硬高强水泥；降低硅酸三钙和铝酸三钙的含量，提高硅酸二钙的含量可制得低热水泥；减少铁铝酸四钙的含量可制得浅色甚至白色水泥等。

6.1.3　硅酸盐水泥的凝结硬化

水泥加水拌合后，成为可塑的水泥浆，水泥浆逐渐变稠失去塑性，但尚未具有强度的过程，称为水泥的“凝结”。随后产生明显的强度并逐渐变成坚硬的人造石—水泥石，这一过程，称为水泥的“硬化”。凝结和硬化是人为划分的，实际上是一个连续的复杂的物理化学变化过程。只要条件适宜，硅酸盐水泥的凝结硬化是一个长期进行的过程。

6.1.4　影响水泥凝结硬化的主要因素

6.1.4.1　*矿物组成*

水泥的矿物组成是影响水泥凝结硬化的最重要的内在因素。如前所述，不同矿物成分单独和水起反应时所表现出来的特点是不同的，如 C_3A 的水化速度最快，放热量最大而强度不高；C_2S 水化速度最慢，放热量最少，早期强度低而后期强度增长迅速。因此，改变水泥的矿物组分，其凝结硬化情况将产生明显变化。

6.1.4.2　*石膏*

石膏是作为延缓水泥凝结时间的组分而掺入的。实践表明：不掺石膏的水泥，由于 C_3A 的迅速水化将导致水泥的不正常急速凝结（瞬凝），使水泥不能正常使用。石膏缓凝作用的机理可解释为：水泥水化时，石膏能很快与铝酸三钙作用生成水化硫铝酸钙（即钙矾石），钙矾石很难溶于水，它沉淀在水泥颗粒表面上形成保护膜，从而阻碍了铝酸三钙的水化反应，控制了水泥的水化反应速度，延缓了凝结时间。

水泥中石膏掺量必须严格控制，适宜的石膏掺量主要取决于水泥中铝酸三钙的含量和石膏中 SO_3 的含量，同时与水泥的细度及熟料中 SO_3 含量有关。石膏掺量一般为水泥质量的 3% ~ 5%。掺量过多将引起水泥石的膨胀性破坏(详见 6.1.5.4 体积安定性)。

6.1.4.3 水泥细度

在矿物组成相同的条件下，水泥的细度越细，与水接触时水化反应表面积越大，水化反应产物增长较快，凝结硬化加速，水化热较多。

6.1.4.4 环境温度、湿度

提高温度可以使水泥水化反应加速，强度增长加快；反之，降低温度，则水泥水化反应减慢，强度增长变缓。当降低至 0℃以下，水泥的水化反应停止，强度不仅不增长，甚至会因水结冰膨胀而导致水泥石结构破坏。实践工程中，常采用蒸汽养护、蒸压养护（8 ~ 12 个大气压），来加速水泥制品的凝结硬化过程。

水的存在是水泥凝结硬化的必备条件。当环境空气十分干燥时，水泥浆体中的水分将很快蒸发，以致水泥缺乏水化必需的水分而不能进行水化，硬化也将停止。反之，水泥的水化将得以充分进行，强度正常增长。

所以，水泥制品在浇筑后的一段时间内，应十分注意保温（气温低时）、保湿养护。

6.1.4.5 时间（龄期）

水泥的凝结硬化是随时间延长而渐进的过程，与此同时，强度不断增长，只要温度、湿度适宜，水泥强度的增长可持续若干年。水泥加水拌合后的几天内，强度增长最为迅速，如水化 7d 的强度常可达到 28d 的 70%左右，28d 以后强度增长则明显减慢。

6.1.5 硅酸盐水泥的技术性质

硅酸盐水泥的技术性质是水泥应用的理论基础。为保证水泥的使用性能，国家标准对硅酸盐水泥的某些技术性质指标制定了强制性的标准。对各种水泥的各项技术指标都作了相应的规定。

6.1.5.1 细度

水泥颗粒的粗细程度对水泥的使用有重要影响。水泥颗粒的粒径一般在 7 ~ 200μm范围内，颗粒越细，与水起反应的表面积就愈大，水化反应进行愈快，愈充分，早期强度和后期强度都较高。一般认为，水泥颗粒粒径在 40μm 以下时才具有较高的活性，大于 100μm 的活性就很小了。但水泥颗粒过细，将使研磨水泥的能耗大量增加，若在空气中硬化时，收缩值也会增大，储存时活性下降加快。

水泥的细度可用比表面积或 80μm 方孔筛的筛余量（未通过部分占试样总量的百分率）表示。所谓比表面积是指单位质量水泥颗粒表面积的总和（m^2/kg），硅酸盐水泥的比表面积应大于 $300m^2/kg$，一般为 $317 \sim 350m^2/kg$。

一般出厂水泥如符合国家标准的要求，使用单位可不检验水泥的细度。

6.1.5.2　标准稠度需水量

为了测定水泥的凝结时间、体积安定等性能，使其具有准确的可比性，水泥净浆以标准方法测试所达到统一规定的浆体可塑性程度，称为水泥净浆标准稠度。拌制水泥净浆时为达到标准稠度所需的加水量称为水泥浆标准稠度需水量。一般以占水泥质量的百分数表示。硅酸盐水泥的标准稠度需水量一般在 21% ~ 28%之间。

6.1.5.3　凝结时间

水泥从加水拌合时开始到失去流动性，即从可塑状态发展到固体状态所需的时间称为凝结时间。水泥凝结时间分初凝时间和终凝时间。初凝时间为水泥加水至标准稠度净浆开始失去可塑性所需的时间；终凝时间为水泥加水拌合至标准稠度净浆完全失去可塑性所需的时间。为使混凝土或砂浆有充分的时间进行搅拌、运输、浇捣和砌筑等操作，水泥的初凝时间不能过短。当施工完结，则需尽快硬化，增长强度，故终凝时间不能太长。

硅酸盐水泥的初凝时间不得早于 45min，终凝时间不得迟于六个半小时。国产硅酸盐水泥的初凝时间多为 1 ~ 3h，终凝时间多为 3 ~ 4h。

6.1.5.4　体积安定性

水泥的体积安定性是表达水泥硬化过程中体积变化均匀性的物理性能指标，它是评定水泥质量的决定性指标，也是保证工程质量的必备条件。体积安定性不良的水泥应做废品处理，不得应用于任何工程中，否则将导致严重后果。

水泥体积安定性不良的原因，是熟料中所含游离氧化钙（F - CaO）过多，当熟料中所含氧化镁过多或掺入石膏过量时，也会导致安定性不良。熟料中所含游离 CaO 或 MgO 都是过烧的，结构致密，水化极慢，加之被熟料其他成分所包裹，使它在水泥已经硬化后才逐渐进行熟化：

$$CaO + H_2O = Ca(OH)_2$$

$$MgO + H_2O = Mg(OH)_2$$

这时体积膨胀 97%以上，从而引起不均匀体积膨胀，使水泥石开裂。当石膏掺量过多时，在水泥硬化后，残余石膏与固态水化铝酸盐反应生成高硫型水化硫铝酸钙，体积增大约 1.5 倍，从而导致水泥石开裂。

检验水泥的安定性用沸煮法，沸煮法又分为试饼法和雷氏法。当试饼法和雷氏法检验结果相矛盾时，以雷氏法结论为准。

沸煮法是通过沸煮加速游离氧化钙水化来检验安定性的。国家标准规定，水泥熟料氧化镁含量不得超过5%，若水泥经检验安定性合格，允许放宽到6%。水泥中三氧化硫含量不得超过3.5%，以保证出厂水泥安定性合格。

6.1.5.5　强度

强度是评价硅酸盐水泥又一个重要指标。强度除受到水泥矿物组成、细度、石膏掺量、龄期、环境温、湿度的影响外，还与加水量、试验条件（搅拌时间、振捣制度等）、试验方法有关。

硅酸盐水泥的强度是按照 GB/T 17671—1999《水泥胶砂强度检验方法（ISO法）》检测的。它是按照标准方法制作的水泥试件，在标准温度和湿度的环境中，养护到规定龄期时检测的强度值。标准试件尺寸为4cm×4cm×16cm，胶砂中水泥与标准砂之比为1:3，标准养护温度为（20±1）℃，相对湿度大于90%，规定龄期分别为3d和28d。按测定结果，将硅酸盐水泥分为42.5、42.5R、52.5、52.5R、62.5、62.5R六个强度等级，见表6-2。

表6-2　常用硅酸盐系水泥技术性质标准

<table>
<tr><td colspan="2" rowspan="2">要求指标</td><td colspan="2">硅酸盐水泥</td><td colspan="2" rowspan="2">普通硅酸盐水泥 P·O
复合硅酸盐 P·C</td><td colspan="2" rowspan="2">矿渣硅酸盐水泥 P·S
火山灰质硅酸盐水泥 P·P
粉煤灰硅酸盐水泥 P·F</td></tr>
<tr><td>P·Ⅰ</td><td>P·Ⅱ</td></tr>
<tr><td colspan="2">烧失量</td><td><3%</td><td><3.5%</td><td colspan="2"><5%（复合水泥不要求）</td><td colspan="2">—</td></tr>
<tr><td colspan="2">细度</td><td colspan="2">比表面积>300m²/kg</td><td colspan="4">80μm方孔筛的筛余量<10%</td></tr>
<tr><td colspan="2">终凝时间</td><td colspan="2"><390min</td><td colspan="4"><10h</td></tr>
<tr><td colspan="2">初凝时间
MgO 含量
SO₃ 含量
安定性
碱含量</td><td colspan="6">>45min
<5.0%（如安定性合格，可允许放宽到6%）
<3.5%（矿渣水泥可放宽到<4.0%）
合格
按 Na₂O+0.0658K₂O 计算的碱量不得大于水泥质量的0.6%</td></tr>
<tr><td colspan="2" rowspan="2">水泥
强度等级</td><td colspan="6">不同品种和标号硅酸盐系水泥要求的各龄期强度值/MPa</td></tr>
<tr><td>抗压</td><td>抗折</td><td>抗压</td><td>抗折</td><td>抗压</td><td>抗折</td></tr>
<tr><td rowspan="2">32.5</td><td>3d</td><td rowspan="2">—</td><td rowspan="2">—</td><td>11.0</td><td>2.5</td><td>10.0</td><td>2.5</td></tr>
<tr><td>28d</td><td>32.5</td><td>5.5</td><td>32.5</td><td>5.5</td></tr>
<tr><td rowspan="2">32.5R</td><td>3d</td><td rowspan="2">—</td><td rowspan="2">—</td><td>16.0</td><td>3.5</td><td>15.0</td><td>3.5</td></tr>
<tr><td>28d</td><td>32.5</td><td>5.5</td><td>32.5</td><td>5.5</td></tr>
<tr><td rowspan="2">42.5</td><td>3d</td><td>17.0</td><td>3.5</td><td>16.0</td><td>3.5</td><td>15.0</td><td>3.5</td></tr>
<tr><td>28d</td><td>42.5</td><td>6.5</td><td>42.5</td><td>6.5</td><td>42.5</td><td>6.5</td></tr>
</table>

续表

水泥强度等级		不同品种和标号硅酸盐系水泥要求的各龄期强度值/MPa					
		抗压	抗折	抗压	抗折	抗压	抗折
42.5R	3d	22.0	4.0	21.0	4.0	19.0	4.0
	28d	42.5	6.5	42.5	6.5	42.5	6.5
52.5	3d	23.0	4.0	22.0	4.0	21.0	4.0
	28d	52.5	7.0	52.5	7.0	52.5	7.0
52.5R	3d	27.0	5.0	26.0	5.0	23.0	4.5
	28d	52.5	7.0	52.5	7.0	52.5	7.0
62.5	3d	28.0	5.0	—	—	—	—
	28d	62.5	8.0				
62.5R	3d	32.0	5.5	—	—	—	—
	28d	62.5	8.0				

6.1.5.6 水化热

水泥矿物在水化反应中放出的热量称为水化热。大部分的水化热在水化初期（7d 内）放出，以后逐渐减少。

水泥水化热的大小及放热的快慢，主要取决于熟料的矿物组成和水泥细度。通常水泥强度愈高，水化热越大。凡对水泥起促凝作用的因素（如掺早强剂等）均可提高早期水化热。反之，凡能延缓水泥水化作用的因素（如掺混合材料或缓凝剂）均可降低早期水化热。

水泥的这种放热特性直接关系到工程应用。对水泥用量很大的大体积混凝土工程（水坝、大型设备基础），由于水化热积聚在内部不易散发而使混凝土内外温差过多，以致造成明显的温度应力，使混凝土产生裂缝。因此，大体积混凝土工程应用低热水泥。反之，对采用蓄热法施工的冬季混凝土工程，水泥的水化热则有助于水泥的水化反应和提高早期强度，所以是有利的。

除上述技术性质外，硅酸盐水泥的密度为 3.1 ~ 3.2g/cm^3，表观密度为 1300 ~ 1600kg/m^3。Ⅰ型硅酸盐水泥中不溶物不得超过 0.75%，Ⅱ型硅酸盐水泥中不溶物不得超过 1.3%。Ⅰ型硅酸盐水泥中烧失量不得大于 3.0%，Ⅱ型硅酸盐水泥中烧失量不得大于 3.5%。

6.1.6 水泥石的腐蚀

一般情况下，硬化后的水泥石具有良好的耐久性。但在某些腐蚀性介质的长期作用下，水泥石中某些矿物会被腐蚀，使水泥石的结构受到破坏，强度逐渐降低，甚至全部溃裂，这种现象称为水泥石的腐蚀。对水泥石的破坏作用，既有物理作用，也有化学作用和物理化学作用。分析导致水泥石结构破坏、性能降低的机理，可将腐蚀分为三种类型。

6.1.6.1 软水的侵蚀（溶出性侵蚀）

雨水、雪水以及一些河水和湖水均属于软水。当水泥石与这些水长期接触时，水泥石中$Ca(OH)_2$将很快溶解。在静水和无压水情况下，由于周围的水易为$Ca(OH)_2$所饱和，使溶解作用终止，这时溶出仅限于表层，危害不太大。但在流水及压力水作用下，$Ca(OH)_2$将不断溶解流失，一方面使水泥石变得疏松，另一方面也使水泥石的碱度降低，而水泥的水化产物（水化硅酸钙、水化铝酸钙等）只有在一定的碱度环境中才能稳定存在，所以$Ca(OH)_2$的不断溶出流失又导致了其他水化产物的分解溶蚀，最终使水泥石破坏。

6.1.6.2 酸的腐蚀

溶解于水中的酸类可与水泥石中的$Ca(OH)_2$起置换反应，生成易溶盐或无胶结能力的物质，使水泥石结构破坏。最常见的是碳酸、盐酸的侵蚀。如雨水、泉水及地下水中常含有一些游离的碳酸（CO_2），当含量超过一定浓度时，将对水泥石产生破坏作用；工业废水、地下水等常含有盐酸、硝酸、醋酸等，它们可与水泥石中$Ca(OH)_2$作用，生成易溶物，如：

$$2HCl + Ca(OH)_2 = CaCl_2(\text{易溶}) + 2H_2O$$

碳酸对水泥的腐蚀更为普遍，碳酸水先与水泥石中的$Ca(OH)_2$反应，生成碳酸钙和水，尔后碳酸钙再与碳酸反应生成可溶性碳酸氢钙，并随水流失，破坏了水泥石结构。

$$Ca(OH)_2 + CO_2 + H_2O = CaCO_3 + 2H_2O$$

$$CaCO_3 + CO_2 + H_2O = Ca(HCO_3)_2$$

6.1.6.3 硫酸盐腐蚀

当水泥石与含硫酸或硫酸盐的水接触时，可以产生膨胀性化学腐蚀，其反应为：

$$H_2SO_4 + Ca(OH)_2 = CaSO_4 \cdot 2H_2O$$

生成的二水石膏在水泥石孔隙中结晶产生膨胀，也可以和水泥石的水化铝酸钙反应，生成膨胀性更大的水化硫铝酸钙。

$$2(CaSO_4 \cdot 2H_2O) + 3CaO \cdot Al_2O_3 \cdot 6H_2O + 19H_2O = 3CaO \cdot Al_2O_3 \cdot 3CaSO_4 \cdot 31H_2O$$

生成的水化硫铝酸钙，由于含有大量的结晶水，体积膨胀 1.5 倍左右，对水泥石具有严重的破坏作用。水化硫铝酸钙呈针状结晶，故常称为“水泥杆菌”。

综上所述，水泥腐蚀的主要原因是：侵蚀性介质以液相形式与水泥石接触，并具有一定的浓度和数量；水泥石中存在有引起腐蚀作用的组分

$Ca(OH)_2$和$CaO \cdot Al_2O_3 \cdot 6H_2O$；水泥石本身结构不密实，提供了侵蚀性介质渗入水泥石内部的毛细管通道。

6.2 掺混合材料的硅酸盐水泥

6.2.1 水泥混合材料

在生产硅酸盐水泥的过程中，为改善水泥的性质、调节水泥强度等级而加入水泥中的人工或天然矿物材料，称为水泥混合材料。

混合材料磨成细粉并与石灰和石膏混合均匀，用水拌合后，在常温下可生成具有水硬性的胶凝水化物，这种性质称为混合材料的活性。

1. 非活性混合材料

属于非活性混合材料的有磨细石英砂、石灰石、黏土、慢冷矿渣等。它们掺入水泥中，不与水泥成分起化学反应或化学反应极小，主要起填充作用，可调节水泥强度、降低水化热及增加水泥产量等。

2. 活性混合材料

常用活性混合材料有粒化高炉矿渣、火山灰质混合材料和粉煤灰等。其主要化学成分为活性氧化硅和活性氧化铝。这些活性材料本身难以产生水化反应，无胶凝性。但在氢氧化钙或石膏等溶液中，它们能产生明显的水化反应，形成水化硅酸钙和水化铝酸钙。

$$XCa(OH)_2 + SiO_2 + mH_2O \longrightarrow XCaO \cdot SiO_2 \cdot nH_2O$$

$$Y(CaOH)_2 + Al_2O_3 + mH_2O \longrightarrow YCaO \cdot Al_2O_3 \cdot nH_2O$$

水泥熟料水化反应会产生大量$Ca(OH)_2$，水泥中也含有石膏，因此具备了使活性混合材料发挥活性的条件。常将氢氧化钙、石膏称为活性混合材料的“激发剂”。激发剂浓度越高，激发作用越大，混合材料活性发挥越充分。水泥工业常用活性混合材料有：

(1) 粒化高炉矿渣

高炉矿渣是高炉炼铁时所排出的硅酸钙和铝酸钙为主要成分的熔融物，经淬冷成粒后即为粒化高炉矿渣。

(2) 火山灰质混合材料

凡天然或人工的以活性氧化硅和活性氧化铝为主要成分的矿物质材料，经磨细加水后本身不能硬化，但与石灰混合后却可水化成水硬性矿物质，称为火山灰质混合材料。如火山灰、凝灰岩、硅藻土等。

(3) 粉煤灰

粉煤灰是火力发电站煤粉燃烧后从烟气中收集下来的粉状物。

混合材料在建筑工程中有以下应用：

1. 做水泥的混合材料

将适量的混合材料按一定比例和水泥熟料、石膏共同磨细可制得硅酸盐系的其他品种水泥。

2. 在建筑工程中拌制混凝土或砂浆时，掺入适量的混合材料，可节约水泥或石灰，改善施工性能等。

6.2.2 普通硅酸盐水泥（P·O）

普通硅酸盐水泥简称普通水泥。它是由硅酸盐水泥熟料加入6%～15%的混合材料和适量石膏磨细制成的，代号P·O。普通水泥中掺入的非活性混合材料不得超过水泥总量的10%，其中允许掺加不超过水泥总量5%的窑灰。

普通水泥分32.5、32.5R、42.5、42.5R、52.5、52.5R六个强度等级。初凝时间不得早于45min，终凝时间不得迟于10h。在80μm方孔筛上的筛余不得超过10.0%。普通水泥的烧失量不得大于5.0%。其他如三氧化硫、氧化镁、碱含量等均与硅酸盐水泥规定相同。安定性用沸煮法检验必须合格。

普通水泥中混合材料掺量较少，其性能和用途与硅酸盐水泥相近，是我国建筑工程中用量最大的水泥品种之一。

6.2.3 矿渣硅酸盐水泥（P·S）

矿渣硅酸盐水泥，简称矿渣水泥。它是由硅酸盐水泥熟料和20%～70%的粒化高炉矿渣及适量石膏混合磨细制成的，代号P·S。矿渣水泥中可由不超过8%的其他混合材料代替粒化高炉矿渣，替代后水泥中粒化矿渣不得少于20%。

6.2.4 火山灰质硅酸盐水泥（P·P）

由硅酸盐水泥熟料和20%～50%的火山灰质混合材料及适量石膏混合磨细制成的水泥，称为火山灰质硅酸盐水泥，简称火山灰水泥，代号P·P。

6.2.5 粉煤灰硅酸盐水泥（P·E）

由硅酸盐水泥熟料和20%～40%的粉煤灰及适量石膏混合磨细制成的水泥，称为粉煤灰硅酸盐水泥，简称粉煤灰水泥，代号P·E。

矿渣水泥、火山灰水泥、粉煤灰水泥具有许多共性。水泥中混合材料的掺量都较普遍水泥多，性能方面具有以下相似处：

它们都有明显的二次水化（火山灰反应）的特点。即水泥的混合材料能与水泥熟料水化后生成的氢氧化钙及掺入的石膏发生二次反应，生成水化硅酸钙、水化铝酸钙、水化硫铝酸钙等新的产物。

上述三种水泥中的三氧化硫含量要求，矿渣水泥不得超过4.0%，其余两种水泥不得超过3.5%。而氧化镁和碱含量以及细度、凝结时间和体积安定性的要求与普通水泥相同。

上述三种水泥与硅酸盐水泥或普遍水泥相比，它们的特点是：水化放热速度慢，放热量低，凝结硬化速度较慢，早期强度较低，但后期强度增长较多，甚至可以超过同等级的硅酸盐水泥。这三种水泥温度灵敏性较高，温度低时硬化较慢，当温度达到70℃以上时，硬化速度大大加快，甚至可超过硅酸盐水泥的硬化速度。由于混合材料水化时消耗了一部分氢氧化钙，水泥石中的氢氧化钙含量减少，故这三种水泥抗软水及硫酸盐腐蚀能力较硅酸盐水泥强，但它们抗冻性较差。矿渣水泥和火山灰水泥的干缩值大，矿渣水泥的耐热性较好，粉煤灰水泥干缩值较小，抗裂性较好。

根据上述特点，这些水泥除适用于地面工程外，特别适用于地下和水中的一般混凝土和大体积混凝土以及蒸汽养护的混凝土构件，也适用于一般抗硫酸盐侵蚀的工程。

6.2.6 复合硅酸盐水泥（P·C）

依据GB 12958—1999，凡由硅酸盐水泥熟料，两种或两种以上规定的混合材料和适量石膏磨细制成的水硬性胶凝材料，称为复合硅酸盐水泥，简称复合水泥，代号P·C。其中混合材料总掺量应为15%～50%，允许掺加不超过8%的窑灰作为混合材料，掺加矿渣时混合材料掺量不得与矿渣水泥重复。由于复合水泥中对混合材料的品种未加限制，所以可以掺加多种混合材料，有利于扩大水泥混合材料的范围，其性能和应用近似于矿渣水泥。

复合水泥中三氧化硫含量不得超过3.5%。水泥细度以80μm方孔筛筛余计不得超过10%。初凝时间不得早于45min，终凝时间不得迟于10h。安定性用沸煮法检验必须合格。

6.2.7 石灰石硅酸盐水泥

凡由硅酸盐水泥熟料和石灰石、适量石膏，经磨细制成的水硬性胶凝材料，称为石灰石硅酸盐水泥，代号P·L。水泥中石灰石掺量按质量百分比计应大于10%，不超过25%。要求所掺石灰石含$CaCO_3 \geqslant 75\%$，$Al_2O_3 \leqslant 2\%$。对这种水泥中氧化镁、三氧化硫的含量及凝结时间和安定性的要求同普通水泥。该水泥分为32.5、42.5、42.5R、52.5、52.5R五个强度等级。

掺混合材料的硅酸盐水泥其性能要求及强度等级见表6-2。

6.2.8 通用水泥的质量等级

我国通常所说的通用水泥，包括硅酸盐水泥、普通水泥、矿渣水泥、火山灰水泥、粉煤灰水泥、复合水泥和石灰石硅酸盐水泥七个品种。其产品质量水平划分为优等品、一等品和合格品三个等级。优等品要求产品标准必须达到国际先进水平，且水泥实物的质量水平与国外同类产品相比，达到其近5年内的先进水平；一等品要求水泥产品标准必须达到国际一般水平，且水泥实物的质量水平必须达到国际同类产品的一般水平；合格品要求按我国现行水泥产品标准组织生产，水泥实物的质量水平必须达到产品标准的要求。

水泥实物质量在符合相应标准的技术要求基础上，进行实物质量水平的分等。通用水泥的实物质量水平根据 3d 抗压强度和终凝时间进行分等。通用水泥的实物质量应符合表 6-3 要求。

表 6-3 通用水泥实物质量等级的技术要求（JC/T 452—2002）

项目 \ 等级	优等品		一等品		合格品
品种	1. 硅酸盐水泥 2. 普通硅酸盐水泥 3. 复合硅酸盐水泥 4. 石灰石硅酸盐水泥	1. 矿渣硅酸盐水泥 2. 火山灰质硅酸盐水泥 3. 粉煤灰硅酸盐水泥	1. 硅酸盐水泥 2. 普通硅酸盐水泥 3. 复合硅酸盐水泥 4. 石灰石硅酸盐水泥	1. 矿渣硅酸盐水泥 2. 火山灰质硅酸盐水泥 3. 粉煤灰硅酸盐水泥	通用水泥各品种
抗压强度/MPa					符合通用水泥各品种的技术要求
3d ≥	32.0	28.0	26.0	22.0	
28d ≥	56.0	56.0	46.0	46.0	
抗压强度 ≤	$1.1\bar{R}$	$1.1\bar{R}$	$1.1\bar{R}$	$1.1\bar{R}$	
终凝时间/h ≤	6.5	6.5	6.5	8	

注：$\bar{R}$ 为同品种同强度等级水泥 28d 抗压强度上月平均值，至少以 20 个编号平均，不足 20 个编号时，可 2 个月或 3 个月合并计算。对于强度等级 62.5（含 62.5）以上水泥，28d 抗压强度不大于 $1.1\bar{R}$ 的要求不做规定。

6.3 装饰水泥

6.3.1 白色硅酸盐水泥

在建筑装饰工程中，常采用白水泥和彩色水泥配制成水泥色浆或水泥砂浆，用于饰面刷浆或陶瓷铺贴的勾缝。以白水泥和彩色水泥为胶凝材料，加入各种大理石、花岗石碎屑做集料，可制成水刷石、水磨石、人造大理石等丰富多彩的建筑物饰面或制品。城市雕塑艺术家们也把白水泥和彩色水泥当作理想的材料，创造出众多引人入胜的雕塑品。可见，白水泥和彩色水泥以其良好的装饰性能被广泛使用，故常称为装饰水泥。

以适当成分的生料烧至部分熔融，所得以硅酸钙为主要成分，氧化铁含量很少的白色硅酸盐水泥熟料，加入适量石膏磨细制成的水硬性胶凝材料称为白色硅酸盐水泥，简称白水泥。

白水泥与普通水泥生产方法基本相同，主要区别在于严格控制水泥原料中的铁含量，并严防在生产工艺过程中混入铁质。

白水泥熟料中氧化镁含量不得超过 4.5%，水泥中三氧化硫含量不得超过 3.5%，细度要求 80μm 方孔筛筛余不得超过 10%，初凝时间不得早于 45min，终凝时间不得迟于 12h，安定性用沸煮法检验必须合格，各等级白水泥各龄期强度不得低于表 6-4 规定的数值。

白水泥的白度分为特级、一级、二级和三级。白度是指水泥色白的程度。其各等级白度不得低于表 6-5 规定的数值。

表 6-4　白水泥各龄期强度值（GB 2015—1991）

强度等级	抗压强度/MPa			抗折强度/MPa		
	3d	7d	28d	3d	7d	28d
32.5	14.0	20.5	32.5	2.5	3.5	5.5
42.5	18.0	26.5	42.5	3.5	4.5	6.5
52.5	23.0	33.5	52.5	4.0	5.5	7.0
62.5	28.0	42.0	62.5	5.0	6.0	8.0

表 6-5　白水泥白度等级

等　级	特　级	一　级	二　级	三　级
白度（%）	86	84	80	75

按白度与强度等级，白水泥分为优等品、一等品和合格品（见表 6-6）。

表 6-6　白水泥产品等级

白水泥等级	白度级别	强度等级
优等品	特级	62.5
		52.5
一等品	一级	42.5
		42.5
	二级	52.5
		42.5
合格品	一级	32.5
	二级	42.5
		32.5

6.3.2　彩色硅酸盐水泥

彩色水泥按其化学成分可分为彩色硅酸盐水泥、彩色硫铝酸盐水泥和彩色铝酸盐水泥三种。其中以彩色硅酸盐水泥产量最大，应用最广。这里主要讨论彩色硅酸盐水泥。

常用的彩色水泥颜色有红、黄、绿、蓝、青、紫、黑等。彩色水泥根据其着色方法的不同，有两种生产方式。

6.3.2.1　染色法

所谓染色法是将硅酸盐水泥熟料（白水泥熟料或普通水泥熟料），适量石膏和碱性颜料共同磨细制成。这是目前国内外生产彩色水泥应用最广泛的方法。另一种与染色法类似的简易方法是将颜料直接与水泥混合而配制彩色水泥，但这种方法颜料用量大，色彩也不易均匀。

6.3.2.2　直接烧成法

所谓直接烧成法是在水泥生料中加入着色原料而直接煅烧成彩色水泥熟料，再加入适量石膏共同磨细制成彩色水泥。常用着色原料为金属氧化物或氢氧化物，例如，加入氧化铬（Cr_2O_3）或氢氧化铬［$Cr(OH)_3$］可制得绿色水泥；加入氧化锰（Mn_2O_3），在还原气氛中可制得浅蓝色水泥，在氧化气氛中可制得浅紫色水泥。这种方法着色剂用量很少，有时也可用工业副产品做着色剂，但目前生产的水泥颜色有限，且颜色受煅烧温度和气氛影响大，不易控制。

6.4　水泥在工程中的应用

水泥在砂浆和混凝土中起胶结作用。正确选择水泥品种，严格质量验收，妥善运输与储存是保证工程质量，杜绝质量事故的重要手段。

6.4.1　水泥品种的选择原则

不同品种水泥具有不同性能特点，见表6-7。深入理解这些特点是正确选择使用水泥品种的基础。

表6-7　常用水泥的主要技术性能

水泥品种（代号） 性能与应用		硅酸盐水泥（P·Ⅰ,P·Ⅱ）	普通水泥（P·O）	矿渣水泥（P·S）	火山灰水泥（P·P）	粉煤灰水泥（P·F）	复合水泥（P·C）
水泥中混合材料掺量		0～5%	活性混合材料6%～15%,或非活性混合材料10%以下	粒化高炉矿渣20%～70%	火山灰质混合材料20%～50%	粉煤灰20%～40%	两种或两种以上的混合材料,其总掺量为15%～50%
密度/g·cm^{-3}		3.0～3.15		2.8～3.1			
堆积密度/kg·m^{-3}		1000～1600		1000～1200	900～1000		1000～1200
细度		比表面积>300m^2/kg	80μm方孔筛筛余量<10%				
凝结时间	初凝	>45min					
	终凝	<6.5h	<10h				

续表

水泥品种（代号）/性能与应用		硅酸盐水泥（P·Ⅰ，P·Ⅱ）		普通水泥（P·O）		矿渣水泥（P·S）	火山灰水泥（P·P）	粉煤灰水泥（P·F）	复合水泥（P·C）	
体积安定性	安定性	沸煮必须合格（若试饼法和雷氏法两者有争议，以雷氏法为准）								
	MgO	含量 < 5.0%								
	SO_2	含量 < 3.5%（矿渣水泥中含量 < 4.0%）								
强度等级	龄期	抗压/MPa	抗折/MPa	抗压/MPa	抗折/MPa	抗压/MPa		抗折/MPa	抗压/MPa	抗折/MPa
32.5	3d	—	—	11.0	2.5	10.0		2.5	11.0	2.5
	28d			32.5	5.5	32.5		5.5	32.5	5.5
32.5R	3d	—	—	16.0	3.5	15.0		3.5	16.0	3.5
	28d			32.5	5.5	32.5		5.5	32.5	5.5
42.5	3d	17.0	3.5	16.0	3.5	15.0		3.5	16.0	3.5
	28d	42.5	6.5	42.5	6.5	42.5		6.5	42.5	6.5
42.5R	3d	22.0	4.0	21.0	4.0	19.0		4.0	21.0	4.0
	28d	42.5	6.5	42.5	6.5	42.5		6.5	42.5	6.5
52.5	3d	23.0	4.0	22.0	4.0	21.0		4.0	22.0	4.0
	28d	52.5	7.0	52.5	7.0	52.5		7.0	52.5	7.0
52.5R	3d	27.0	5.0	26.0	5.0	23.0		4.5	26.0	5.0
	28d	52.5	7.0	52.5	7.0	52.5		7.0	52.5	7.0
62.5	3d	28.0	5.0	—	—	—		—	—	—
	28d	62.5	8.0							
62.5R	3d	32.5	5.5	—	—	—		—	—	—
	28d	62.5	8.0							
碱含量		用户要求低碱水泥时，按 $Na_2O + 0.685K_2O$ 计算的碱含量，不得大于 0.60%，或由供需双方商定								
特性		1. 凝结硬化快，早期强度高 2. 水化热大 3. 抗冻性好 4. 耐腐蚀与耐软水侵蚀性差		1. 凝结硬化较快，早期强度较高 2. 水化热较大 3. 抗冻性较好 4. 耐腐蚀与耐软水侵蚀性较差 5. 耐热性较差		1. 凝结硬化慢，早期强度较低，后期强度增长较快 2. 水化热较小 3. 抗冻性差 4. 耐硫酸盐腐蚀及耐软水侵蚀性较好 5. 泌水性较差 6. 耐热性好 7. 干缩性大	抗渗性较好，其他性能同 P·S	干缩性较小，抗裂性较好，其他性能同 P·P	特性与 P·S、P·P、P·F 相似，并取决于所掺混合材料的种类及相对比例	

6.4.1.1　按环境条件选择水泥品种

环境条件主要包括环境的温度以及所含侵蚀性介质的种类、数量等。如当混凝土所处环境具有较强的侵蚀性介质时，应优先选用矿渣水泥、火山灰水泥、粉煤灰水泥，而不应使用硅酸盐水泥和普通水泥。若侵蚀性强烈时（如硫酸盐含量高），可选用具有优良抗侵蚀性的特种水泥（如抗硫酸盐水泥）。

6.4.1.2　按工程特点选择水泥品种

水泥用量很大的大体积混凝土工程，如大坝、大型设备基础等，应选用水化热少、放热速度慢的掺混合材料的硅酸盐水泥、或专用的中热硅酸盐水泥、低热矿渣硅酸盐水泥，不得使用硅酸盐水泥。

有早强要求的紧急工程，有抗冻要求的工程应选用硅酸盐水泥、普通水泥，而不应选用矿渣水泥、火山灰水泥、粉煤灰水泥等。

承受高温作用的混凝土工程（工业窑炉及基础等）不应使用硅酸盐水泥。这是因为，用硅酸盐水泥拌制的混凝土受热至250~300℃时，水化物开始脱水，水泥收缩，强度开始下降。当受热温度达400~600℃时，强度明显下降，700~1000℃时强度严重下降，甚至完全破坏。水化产物氢氧化钙在547℃以上将脱水分解成氧化钙，如受到潮湿和水的作用，又将引起氧化钙熟化生成氢氧化钙而膨胀，破坏水泥石结构。这类混凝土应选用矿渣水泥或高铝水泥。若温度不高也可用普通水泥。

快速施工、紧急抢修等特殊工程可选用快硬硅酸盐水泥、快凝快硬硅酸盐水泥或快硬硫铝酸盐水泥。

修补、堵漏、防水及自应力钢筋混凝土压力管等应选用膨胀水泥或自应力水泥。

6.4.1.3　按混凝土所处部位选择水泥品种

经常遭受水冲刷的混凝土，水位变化区的外部混凝土、构筑物的溢流面部位混凝土等，应优先选用硅酸盐水泥、普通水泥或中热硅酸盐水泥、避免用火山灰水泥等。

位于水中和地下部位的混凝土，采用蒸汽养护等湿热处理的混凝土应优先采用矿渣水泥、火山灰水泥或粉煤灰水泥等。

水泥强度等级选用的原则是：高强度等级水泥适用于要求高强度等级的混凝土或要求早强的混凝土；低强度等级水泥适用于配制低强度等级的混凝土或砌筑砂浆。因为水泥强度等级愈高，其强度增长愈快，强度愈高，抗冻性、耐磨性愈强。所以土建工程中重要的钢筋混凝土结构、预应力钢筋混凝土结构均采用42.5级以上的水泥。

通用水泥品种的选择，可参照表6-8进行。

表 6-8　通用水泥的选择

<table>
<tr><th colspan="3">混凝土工程特点及所处环境条件</th><th>优先选用</th><th>可以选用</th><th>不宜选用</th></tr>
<tr><td rowspan="4">普通混凝土</td><td>1</td><td>在普通气候环境中的混凝土</td><td>普通水泥</td><td>矿渣水泥
火山灰水泥
粉煤灰水泥
复合水泥</td><td></td></tr>
<tr><td>2</td><td>在干燥环境中的混凝土</td><td>普通水泥</td><td>矿渣水泥</td><td>火山灰水泥
粉煤灰水泥</td></tr>
<tr><td>3</td><td>在高湿度环境中或永远处于水下的混凝土</td><td rowspan="2">矿渣水泥
火山灰水泥
粉煤灰水泥
复合水泥</td><td rowspan="2">普通水泥</td><td></td></tr>
<tr><td>4</td><td>厚大体积的混凝土</td><td>硅酸盐水泥</td></tr>
<tr><td rowspan="5">有特殊要求的混凝土</td><td>1</td><td>要求快硬高强（≥C40）的混凝土</td><td>硅酸盐水泥
快硬硅酸盐水泥</td><td>普通水泥</td><td>矿渣水泥
火山灰水泥
粉煤灰水泥
复合水泥</td></tr>
<tr><td>2</td><td>严寒地区的露天混凝土，寒冷地区的处于水位升降范围内的混凝土</td><td>普通水泥</td><td>矿渣水泥
（强度等级＞32.5）</td><td>火山灰水泥
粉煤灰水泥</td></tr>
<tr><td>3</td><td>严寒地区处于水位升降范围内的混凝土</td><td>普通水泥
（＞42.5）</td><td></td><td>火山灰水泥
矿渣水泥
粉煤灰水泥
复合水泥</td></tr>
<tr><td>4</td><td>有抗渗性要求的混凝土</td><td>普通水泥
火山灰水泥</td><td></td><td>矿渣水泥</td></tr>
<tr><td>5</td><td>有耐磨性要求的混凝土</td><td>硅酸盐水泥
普通水泥</td><td>矿渣水泥
（强度等级＞32.5）</td><td>火山灰水泥
粉煤灰水泥</td></tr>
</table>

6.4.2　装饰水泥的应用

白色水泥和彩色水泥在装饰工程中的应用可归纳为以下几种方法。

1. 配制彩色水泥浆

彩色水泥浆是以各种彩色水泥为基料，同时掺入适量氯化钙促凝早强剂和皮胶水胶料配制而成的刷浆材料。凡混凝土、砖石、水泥砂浆、混合砂浆、石棉板、纸筋灰等基层，均可使用。

彩色水泥浆的配制需分头道浆和二道浆两种。头道浆按水灰比 0.75、二道浆按水灰比0.65配制。刷浆前先将基层用水充分湿润，先刷头道浆，待其有足够强度后再刷二道浆。浆面初凝后，必须立即开始洒水养护，至少养护3d。为防止不发生脱粉（干后粉刷脱落）及被雨水冲掉，还可在水泥色浆中加入占水泥质量1%～2%的无水氯化钙和占水泥质量7%的皮胶液，以加速凝固，增加黏结力。彩色水泥浆的配合比见表6-9。

表6-9 彩色水泥浆配合比

材料名称		质量比	注意事项
彩色水泥		100	1. 刷浆用彩色水泥浆，其稠度沉入量值为13cm 2. 如使用氯化钙时，应先将氯化钙加水溶解，过筛后再加入水泥浆内 3. 彩色水泥浆用量约为每$100m^2$刷浆面积32～35kg
水	头道浆	75	
	二道浆	65	
无水氯化钙		1～2	
皮胶液		7	

彩色水泥浆可用于建筑物内、外墙面粉刷及顶棚、柱子的装饰粉刷等。

彩色水泥浆还可用白水泥或普通水泥为主要胶结料，掺以适量的促凝剂、增塑剂、保水剂及颜料配制而成，又称水泥色浆。配合比见表6-10和表6-11。用途与上述彩色水泥浆相同。

表6-10 水泥色浆用料配合比（一）

材料名称	作用	质量比
42.5级普通硅酸盐水泥或白水泥	主要胶结料	100
消石灰	增塑剂	20
建筑石膏	促凝剂	0.5
无水氯化钙	促凝剂	3～5
硬脂酸钙	保水剂	1
颜料	着色剂	见有关资料
水	溶剂、拌合用水	65～75

表6-11 水泥色浆用料配合比（二）

材料名称	作用	质量比
32.5级白水泥	主要胶结料	100
消石灰	增塑剂	250
食盐	促凝剂	25
光油	增光剂	25
颜料	着色剂	见有关资料
水	溶剂、拌合用水	65～75

2. 配制装饰混凝土

以白水泥和彩色水泥为胶结材料，加入适当品种的集料制得白水泥或彩色水泥混凝土，既能满足结构要求的物理力学性能，又克服了普通水泥混凝土颜色灰暗单调的缺点，从而获得良好的装饰效果。我国已普遍应用，详见本教材第7章。

3. 配制各种彩色砂浆用于装饰抹灰

4. 制造各种彩色的水刷石、人造大理石及水磨石等制品

6.4.3 水泥的运输与储存

水泥的运输和储存，主要应防止受潮，不同品种、强度等级和出厂日期的水泥应分别储运，不得混杂，避免错用并应先存先用，不可储存过久。

水泥是水硬性胶凝材料，在储运的过程中不可避免地要吸收空气中的水分而受潮结块，丧失胶凝活性，使强度大为降低。水泥强度愈高，细度愈细，吸湿受潮越严重，活性损失越快。在正常储存条件下，经3个月后，水泥强度的降低10%~25%；6个月后降低25%~40%。

为此，储存水泥的库房必须干燥，库房地面应高出室外地面30cm。若地面有良好的防潮层并以水泥砂浆抹面，可直接储存水泥；否则应用木材垫离地面20cm。袋装水泥堆垛不宜过多，一般为10袋。袋装水泥垛一般离开墙壁和窗户30cm以上。水泥垛应设立标志牌，注明生产厂家、品种、强度等级、出厂日期等。应尽量缩短水泥储存期，普通水泥不宜超过3个月；高铝水泥不宜超过2个月；快硬水泥、双快水泥不宜超过1个月，否则应重新测定强度等级按实测强度使用。

露天临时储存袋装水泥应选地势高、排水畅通的场地，并做好上盖下垫，以防受潮。

散装水泥应按品种、强度等级及出厂日期分库存放，储存应密封良好，严格防潮。

复习思考题

1. 填空题

(1) 硅酸盐水泥的生产工艺过程可以概括为“__________”。

(2) 硅酸盐水泥的初凝时间不得早于__________min，终凝时间不得迟于__________h。

(3) 硅酸盐水泥的标准稠度需水量一般在__________%~__________%之间。

(4) 在正常储存条件下，经3个月后，水泥强度降低__________；6个月后降低__________。

2. 选择题

(1) 硅酸盐水泥矿物中，(　　) 水化热最大。

A. C_3S　　B. C_2S　　C. C_3A　　D. C_4AF

(2) P.Ⅱ型水泥指 (　　)。

A. 火山灰水泥　　B. 粉煤灰水泥

C. 矿渣水泥　　D. 混合材料掺量不超过5%的硅酸盐水泥

(3) 新实行的水泥强度试验标准中，水泥胶砂水灰比为 (　　)。

A. 0.44　　B. 0.46　　C. 0.48　　D. 0.50

(4) 厚大体积混凝土不宜单独使用 (　　)。

A. 粉煤灰硅酸盐水泥　　B. 矿渣硅酸盐水泥

C. 火山灰硅酸盐水泥　　D. 硅酸盐水泥

(5) 国家标准中规定，水泥 (　　) 检验不合格时，需做废品处理。

A. 强度　　B. 初凝时间　　C. 终凝时间　　D. 体积安定性

(6) 粘贴玻璃马赛克时，宜用 (　　)。

A. 硅酸盐水泥　　B. 火山灰水泥

C. 矿渣水泥　　D. 白色硅酸盐水泥

3. 问答题

(1) 硅酸盐水泥熟料由哪几种矿物组成的？它们的水化产物是什么？各矿物与水作用的特点是什么？

(2) 水泥有哪些主要技术性质？

(3) 什么是水泥的体积安定性？水泥体积安定性不良的原因是什么？如何保证水泥安定性良好？

(4) 国家标准对几种通用水泥的细度是如何规定的？

(5) 国家标准对水泥的凝结时间是如何规定的？在工程中的应用有什么意义？

(6) 何谓水泥混合材料？它们对生产水泥起什么作用？

(7) 硅酸盐水泥和普通水泥的技术性质特点是什么？适合于什么工程使用？

(8) 矿渣水泥、火山灰水泥、粉煤灰水泥、复合水泥和石灰石硅酸盐水泥的技术性质特点是什么？适合于什么工程使用？

(9) 简述白水泥、彩色水泥的概念及应用。

第7章　混　凝　土

混凝土是由胶凝材料、水、粗细集料及其他材料按适当比例配合，经搅拌、成型和硬化而成的人造石材。实质上混凝土是由多种性能不同的材料组合成的复合材料。

混凝土是随着水泥的产生而产生的。100多年来，混凝土材料与技术不断发展，特别是复合材料技术使混凝土性能不断改善，混凝土性能在今天已达到很高的水平。目前，混凝土的品种日益增多，性能越来越优良，应用范围愈来愈广。在品种繁多的混凝土中，普通混凝土是建筑工程中应用最广、用量最大的一种材料。

混凝土按表观密度可分为：

1. 重混凝土

表观密度大于2800kg/m^3，是采用密度很大的重晶石、铁矿石、钢屑等作集料，与钡水泥、锶水泥等重水泥配制而成的混凝土，主要做防辐射的屏蔽结构或表面耐磨材料。

2. 普通混凝土

表观密度为2000～2800kg/m^3，是用普通的天然砂石为集料配制而成的混凝土，在建筑工程中主要用于各种承重结构。

3. 轻混凝土

表观密度为500～2000kg/m^3，包括轻集料混凝土（表观密度为800～2000kg/m^3）和多孔混凝土（表观密度为500～800kg/m^3），主要用于保温围护结构或保温承重结构。

4. 特轻混凝土

表观密度在500kg/m^{3}以下的多孔混凝土、轻集料混凝土，主要用做保温、隔热或隔声材料。

按所用胶凝材料混凝土可分为水泥混凝土、聚合物浸渍混凝土、聚合物胶结混凝土、沥青混凝土、硅酸盐混凝土、水玻璃混凝土等。

按用途可分为结构混凝土、装饰混凝土、道路混凝土、耐热混凝土、防水混凝土等。

混凝土用途广、用量大，我国年使用量已超过5亿m^3，其主要原因是混凝土具有许多优点：

(1) 原材料丰富。混凝土中占 80%以上的砂、石材料，它们资源丰富、分布广，易于就地取材，且加工简单，能耗低，价格便宜。

(2) 适应性强。不需要采取更多的工艺措施，只需改变混凝土组成材料的品种和配合比例，就能配制出不同性能的混凝土，以满足工程上的不同需要。

(3) 良好的可塑性。混凝土在硬化前具有良好的可塑性，利用模型可以浇筑成不同形状、任意尺寸的整体结构或构件。

(4) 装饰性好。若充分利用混凝土塑性成型的特点，采取适当的工艺手段，使其表面形成一定的造型、线型、质感或色彩，那么混凝土就会展现出特有的装饰效果。

(5) 匹配性好。混凝土与钢筋、钢纤维或其他增强材料，可组成共同的具有互补性的受力整体。

(6) 良好的耐久性。配比合理、工艺恰当的混凝土，具有良好的抗冻性、抗渗性、抗风化及耐腐蚀性等，比钢材、木材等更为耐久。

混凝土的缺点是自重大，比强度小，抗拉强度低，变形能力差和易于开裂等。

7.1 混凝土的组成材料

普通混凝土(通常简称混凝土)的基本组成材料是:水泥、水、砂子和石子,另外还常掺入适量的掺合料和外加剂。硬化后的混凝土结构见图 7-1。其中,水泥和水形成水泥浆,水泥浆包裹在砂粒表面并填充砂粒间的空隙而形成水泥砂浆;水泥砂浆包裹石子表面并填充石子空隙而形成混凝土。一般混凝土中砂、石含量占混凝土体积的 80%以上,起骨架作用,分别称为细集料和粗集料。

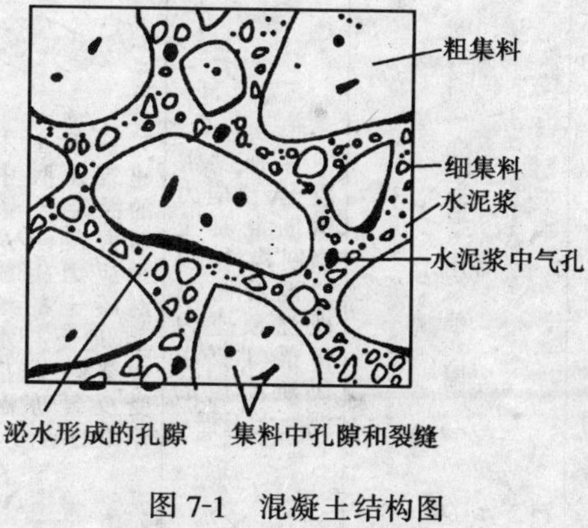

图 7-1 混凝土结构图

混凝土在硬化前，水泥浆起润滑作用，使混凝土拌和物具有一定的流动性和可塑性，以满足施工工艺需要。水泥浆硬化后，起胶结作用，把砂石集料胶结成坚硬的人造石材，并产生力学强度。

混凝土是一个宏观匀质、微观非匀质的堆聚结构。混凝土的质量和技术性能在很大程度上是由原材料的性质及其相对含量所决定的。因此，必须了解混凝土原材料的性质、作用及质量要求，合理选择原材料，才能保证所配混凝土的质量。

7.1.1 水泥

水泥是混凝土中的胶结材料，是混凝土强度的本质来源。水泥也是混凝土原材料中价格最贵的材料。合理选择水泥的品种和强度等级，是决定混凝土强度、耐久性及经济性的主要因素。

7.1.1.1 水泥品种的选择

水泥品种的选择原则主要是根据混凝土工程的特点及所处环境条件进行的，参见表 7-1。

表 7-1 五大水泥的主要性能及应用范围

<table>
<tr><th colspan="2" rowspan="2">性能与应用</th><th colspan="5">水 泥 品 种</th></tr>
<tr><th>硅酸盐水泥</th><th>普通水泥</th><th>矿渣水泥</th><th>火山灰水泥</th><th>粉煤灰水泥</th></tr>
<tr><td rowspan="8">主要性能</td><td>水化热</td><td colspan="2">高</td><td colspan="3">低</td></tr>
<tr><td>凝结时间</td><td>快</td><td>较快</td><td colspan="3">较慢,低温下尤甚</td></tr>
<tr><td>强度发展</td><td>早期强度高</td><td>早期强度较高</td><td colspan="3">早期强度低,但后期(28d)强度可赶上甚至超过同强度等级的普通水泥</td></tr>
<tr><td>抗硫酸盐腐蚀性</td><td colspan="2">差</td><td>较强</td><td colspan="2">当 SiO_2 多时,抗硫酸盐腐蚀性好
当 Al_2O_3 多时,抗硫酸盐腐蚀性差</td></tr>
<tr><td>抗冻性</td><td colspan="2">好</td><td>差</td><td colspan="2">较差</td></tr>
<tr><td>干缩</td><td colspan="2">小</td><td>较大</td><td>大</td><td>较小</td></tr>
<tr><td>保水性</td><td colspan="2">较好</td><td>差</td><td>好</td><td>差</td></tr>
<tr><td>蒸养适应性</td><td colspan="2">60～80℃</td><td colspan="3">好</td></tr>
<tr><td rowspan="2">应用范围</td><td>适用范围</td><td>高强度混凝土,预应力钢筋混凝土预制构件、喷射混凝土与现浇预应力桥梁等要求快硬高强的混凝土工程</td><td>一般土木建筑工程中的混凝土,钢筋混凝土及预应力钢筋混凝土的地上、地下与水中结构,包括受反复冻融作用的结构</td><td>1. 高温车间的混凝土结构与有耐热要求的混凝土结构
2. 大体积混凝土结构
3. 蒸汽养护构件
4. 一般地上、地下与水中的混凝土和钢筋混凝土结构
5. 有抗硫酸盐侵蚀要求的一般工程</td><td>1. 水中、地下与大体积混凝土工程和有抗渗要求的混凝土工程
2. 蒸汽养护的构件
3. 一般混凝土与钢筋混凝土工程
4. 有抗硫酸盐侵蚀要求的一般工程</td><td>1. 地上、地下与水中大体积混凝土工程
2. 蒸汽养护的构件
3. 一般混凝土工程
4. 有抗硫酸盐腐蚀要求的一般工程</td></tr>
<tr><td>不宜使用范围</td><td colspan="2">1. 大体积混凝土工程
2. 受化学作用与海水侵蚀的工程</td><td>1. 早期强度要求较高的混凝土工程
2. 严寒地区以及处在水位升降范围内混凝土工程</td><td>1. 处在干燥环境的混凝土工程
2. 有耐磨性要求的工程
3. 其他同矿渣水泥</td><td>1. 有抗碳化要求的工程
2. 其他同矿渣水泥</td></tr>
</table>

7.1.1.2　水泥强度等级的选择

水泥的强度等级应与混凝土的设计强度等级相适应，一般以水泥强度等级为混凝土强度等级的1.5~2.0倍为宜，对于高强度混凝土可取0.9~1.5倍。

用低强度等级水泥配制高强度等级混凝土，为保证强度要求，水泥用量势必过多，既不经济，又会使混凝土收缩和水化热增大。如用高强度等级水泥配制低强度等级混凝土，虽然少量水泥就能满足强度要求，但为满足混凝土拌和物的耐久性，水泥用量仍不能减少。所以水泥强度等级的选择原则上是高强度等级混凝土用高强度等级水泥，低强度等级混凝土用低强度等级水泥。

7.1.2　细集料

混凝土用集料，按其粒径大小不同分为细集料和粗集料。粒径在150μm~4.75mm之间的，称为细集料；粒径大于4.75mm的称为粗集料。

细集料包括天然砂和人工砂。天然砂是岩石自然风化、水流搬运和分选、堆积形成的颗粒。按砂的产源不同可分为河砂、山砂和海砂。天然砂中，山砂颗粒棱角多，表面粗糙，常含有较多的泥土和有机物等有害杂质。河砂和海砂由于水的冲刷作用，颗粒比较圆滑、洁净，产源也较广，但海砂中常含贝壳碎片及可溶性盐等有害杂质。建筑工程中一般多采用河砂作为细集料。

人工砂是岩石经机械破碎，分选制成的颗粒。一般在缺乏天然砂地区，采用人工砂。

根据我国《建筑用砂》GB/T 14684—2001的规定，按砂的细度模数（M_x）大小分为粗、中、细三种规格；按技术要求分为Ⅰ类、Ⅱ类、Ⅲ类三种类别。Ⅰ类宜用于强度等级大于C60的混凝土；Ⅱ类宜用于强度等级C30~C60及抗冻、抗渗或其他要求的混凝土；Ⅲ类宜用于强度等级小于C30的混凝土和建筑砂浆。

对砂的质量和技术要求有以下几个方面。

7.1.2.1　含泥量、石粉含量和泥块含量

含泥量是指天然砂中粒径小于75μm的颗粒含量；石粉含量是指人工砂中粒径小于75μm的颗粒含量；泥块含量则指砂中粒径大于1.18mm，经水浸洗，手捏后小于600μm的颗粒含量。

天然砂中的泥颗粒极细，它们黏附于砂粒表面，妨碍水泥与砂的黏结，增大混凝土用水量，降低其强度和耐久性，增大干缩，所以是有害的，必须严格控制其含量。泥块会形成混凝土的软弱部分，对混凝土质量影响更大。一般人工砂中适量的石粉对混凝土质量有益。

根据国家标准，天然砂的含泥量和泥块含量及人工砂的石粉含量和泥块含量应分别符合表7-2和表7-3的规定。

表 7-2 天然砂含泥量和泥块含量

项目	指标		
	Ⅰ类	Ⅱ类	Ⅲ类
含泥量（按质量计）（%）	<1.0	<3.0	<5.0
泥块含量（按质量计）（%）	0	<1.0	<2.0

表 7-3 人工砂石粉含量和泥块含量

项目			指标		
			Ⅰ类	Ⅱ类	Ⅲ类
亚甲蓝试验	MB 值<1.40 或合格	石粉含量（按质量计）（%）	<3.0	<5.0	<7.0①
		泥块含量（按质量计）（%）	0	<1.0	<2.0
	MB 值≥1.40 或不合格	石粉含量（按质量计）（%）	<1.0	<3.0	<5.0
		泥块含量（按质量计）（%）	0	<1.0	<2.0

①根据使用地区和用途，在试验验证的基础上，可由供需双方协商确定。

7.1.2.2 有害物质含量

砂中不应混有草根、树叶、树枝、塑料、煤块、炉渣等杂物。砂中如含有云母、轻物质、有机物、硫化物及硫酸盐、氯盐等，其含量应符合表 7-4 的规定。

表 7-4 砂中有害物质含量

项目		指标		
		Ⅰ类	Ⅱ类	Ⅲ类
云母(按质量计)(%)	<	1.0	2.0	2.0
轻物质(按质量计)(%)	<	1.0	1.0	1.0
有机物(比色法)		合格	合格	合格
硫化物及硫酸盐(按 SO_3 质量计)(%)	<	0.5	0.5	0.5
氯化物(以氯离子质量计)(%)	<	0.01	0.02	0.06

注：轻物质指表观密度小于 2000kg/m³ 的物质。

云母为表面光滑的小薄片，与水泥的黏结差，影响混凝土的强度和耐久性；硫化物及硫酸盐对水泥有侵蚀作用；有机物影响水泥的凝结硬化；氯化钠等氯化物对钢筋有锈蚀作用。如砂中有害杂质含量多，可以过筛并用清水或石灰水（有机物含量多时）冲洗后使用。

7.1.2.3 砂的细度模数和颗粒级配

砂的粗细程度是指不同粒径的砂粒混合在一起的总体砂的粗细程度。砂子分为粗砂、中砂、细砂等几种。在相同砂用量的条件下，细砂的总表面积较粗砂的总表面积要大。混凝土中砂子的表面需用水泥浆包裹，以赋予流动性和黏结强度，砂子的总表面积越大，需要包裹砂粒表面的水泥浆就越多。粗砂配制混凝土水泥用量则较少。

砂的颗粒级配，是指不同粒径砂颗粒的分布情况。混凝土中砂粒之间的空隙是由水泥浆填充的，为节约水泥和提高混凝土强度，应尽量减少砂粒之间的空隙。从图 7-2 可以看出：同样粒径的砂空隙率最大；两种粒径的砂搭配起来，空隙率就减小了；三种粒径的砂搭配，空隙率会更小。因此，减小砂粒间的空隙，就必须有大小不同的砂粒合理搭配。

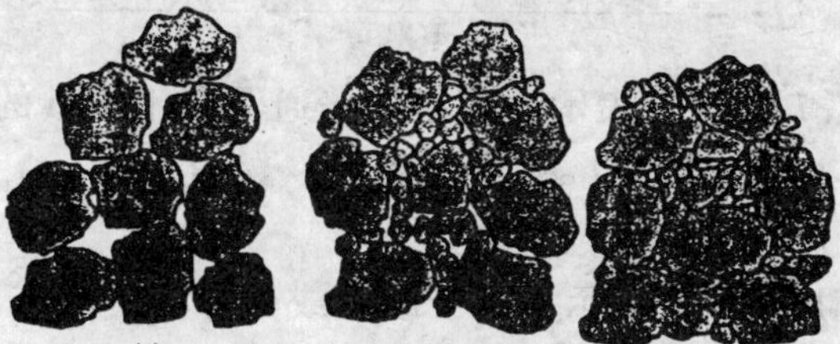

图 7-2　细集料颗粒搭配图

(a) 单一级配；(b) 间断级配；(c) 连续级配

砂的粗细程度和颗粒级配反映了砂颗粒的总表面积的大小和空隙率的大小，直接影响混凝土的水泥用量多少及混凝土强度的高低。在拌制混凝土时，应同时考虑砂的粗细程度和颗粒级配。当砂中含有较多的粗颗粒，并以适当的中颗粒和细颗粒填充其空隙，则该砂颗粒级配良好，其空隙率及总表面积较小，用这样的砂配制混凝土，不仅水泥用量少，而且混凝土拌和物流动性好，容易施工；硬化后混凝土强度高，耐久性好。由此可见，控制砂的粗细程度和颗粒级配既有经济意义，也有技术意义。

砂的粗细程度和颗粒级配，用筛分析法进行测定。用细度模数表示砂的粗细程度，用级配区表示砂的级配。筛分析的方法，是将 500g 干砂试样，按规定方法，由粗至细依次过筛，筛的尺寸（方孔孔径）为 9.50mm、4.75mm、2.63mm、1.18mm、600μm、300μm、150μm。然后称量余留在各筛上的砂量，并计算出各筛上的分计筛余百分率（各筛上的筛余量占砂样总质量的百分率）a_1、a_2、a_3、a_4、a_5、a_6 及累计筛余百分率（各筛和比该筛粗的所有分计筛余百分率之和）A_1、A_2、A_3、A_4、A_5、A_6。累计筛余百分率与分计筛余百分率的关系见表 7-5。

表 7-5 累计筛余百分率与分计筛余百分率关系

筛孔尺寸	分计筛余（%）	累计筛余（%）
4.75mm	a_1	$A_1 = a_1$
2.36mm	a_2	$A_2 = a_1 + a_2$
1.18mm	a_3	$A_3 = a_1 + a_2 + a_3$
600μm	a_4	$A_4 = a_1 + a_2 + a_3 + a_4$
300μm	a_5	$A_5 = a_1 + a_2 + a_3 + a_4 + a_5$
150μm	a_6	$A_6 = a_1 + a_2 + a_3 + a_4 + a_5 + a_6$

砂的粗细程度用细度模数（*Mx*）表示，其计算公式为：

$$Mx = \frac{(A_2 + A_3 + A_4 + A_5 + A_6) - 5A_1}{100 - A_1}$$

细度模数（*Mx*）越大，表示砂越粗，普通混凝土用砂的细度模数范围一般为 1.6～3.7，其中 *Mx* 在 3.1～3.7 为粗砂，*Mx* 在 2.3～3.0 为中砂，*Mx* 在 1.6～2.2 为细砂。

砂的颗粒级配用级配区表示，以级配区或筛分曲线判定砂级配的合格性。对细度模数为 1.6～3.7 的砂，根据 600μm 孔径筛（控制粒级）的累计筛余百分率，划分为 1 区、2 区、3 区三个级配区（表 7-6）。普通混凝土用砂的颗粒级配，应处于表 7-6 中任何一个级配中，才符合级配要求。

表 7-6 颗粒级配

级配区 / 累计筛余（%） / 方筛孔径	1 区	2 区	3 区
9.50mm	0	0	0
4.75mm	10～0	10～0	10～0
2.36mm	35～5	25～0	15～0
1.18mm	65～35	50～10	25～0
600μm	85～71	70～41	40～16
300μm	95～80	92～70	85～55
150μm	100～90	100～90	100～90

注：1. 砂的实际颗粒级配与表中所列数字相比，除 4.75mm 和 600μm 筛档外，可以略有超出，但超出总量应小于 5%。

2. 1 区人工砂中 150μm 筛孔的累计筛余可以放宽到 85%～100%，2 区人工砂中 150μm 筛孔的累计筛余可以放宽到 80%～100%，3 区人工砂中 150μm 筛孔的累计筛余可以放宽到 75%～100%。

以累计筛余百分率为纵坐标，以筛孔尺寸为横坐标，根据表 7-6 的数值可以画出砂 1、2、3 三个级配区的筛分曲线（图 7-3）。通过观察所计算的砂的筛分曲线是否完全落在三个级配区的任一区内，即可判定该砂级配的合格性。同时，也可根据筛分曲线偏向情况，大致判断砂的粗细程度。当筛分曲线偏向右下方时，表示砂较粗；偏向左上方时，表示砂较细。

1 区砂含粗砂颗粒较多，砂较粗，适宜于配制水泥用量较多的混凝土；3 区砂较细，配制的混凝土拌和物黏聚性大，保水性能好，但混凝土干缩性较大，容易产生微裂纹；一般认为，处于 2 区的砂，粗细适中，级配较好，配制混凝土宜优先选用。

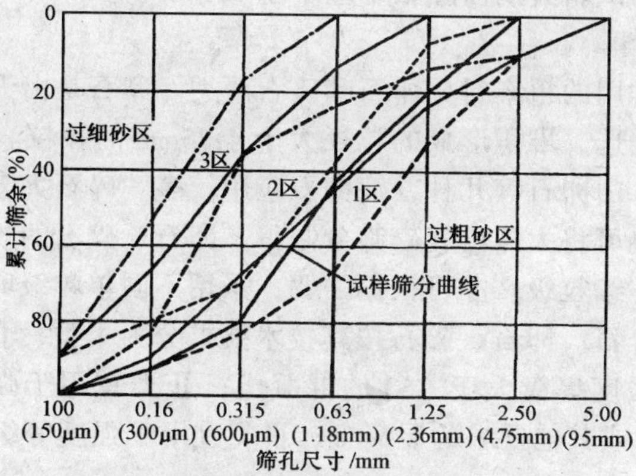

图 7-3 细集料级配曲线

注：横坐标括号内为方孔筛尺寸

7.1.2.4 砂的坚固性

砂的坚固性是指砂在自然风化和其他外界物理、化学因素作用下，抵抗破坏的能力。按标准规定，天然砂用硫酸钠溶液浸渍法检验，砂样经 5 次循环后，其质量损失应符合表 7-7 的规定。人工砂采用压碎指标法进行试验，压碎指标值应符合表 7-8 的规定。

表 7-7 砂的坚固性指标

项目	指标		
	Ⅰ类	Ⅱ类	Ⅲ类
质量损失（%） <	8	8	10

表 7-8 砂的压碎指标

项目	指标		
	Ⅰ类	Ⅱ类	Ⅲ类
单级最大压碎指标（%） <	20	25	30

7.1.2.5 表观密度、堆积密度和空隙率

砂的表观密度、堆积密度和空隙率应符合如下规定：表观密度大于 2500kg/m^3；堆积密度大于 1350kg/m^3；空隙率小于 47%。

7.1.2.6 碱-集料反应

水泥、外加剂等混凝土组成物及环境中的碱与集料中碱活性矿物在潮湿环境下会缓慢发生导致混凝土开裂破坏的膨胀反应，所以，砂应进行碱-集料反应试验。经碱-集料反应试验后，由砂制备的试件应无裂缝、酥裂、胶体外溢等现象，在规定的试验龄期内膨胀率应小于 0.10%。

7.1.3 粗集料

普通混凝土常用的粗集料分卵石和碎石两类。卵石是由天然岩石经自然风化、水流搬运和分选、堆积形成的粒径大于 4.75mm 的颗粒。按其产源可分为河卵石、海卵石、山卵石等几种，河卵石应用较多。碎石大多由天然岩石经破碎、筛分制成，也可将大卵石轧碎筛分制得。卵石、碎石的规格按其粒径尺寸分为单粒粒级和连续粒级。亦可根据需要，采用不同单粒级卵石、碎石混合特殊粒级的卵石、碎石。卵石、碎石按其技术要求分为Ⅰ类、Ⅱ类、Ⅲ类三种类别。Ⅰ类宜用于强度等级大于 C60 的混凝土；Ⅱ类宜用于强度等级为 C30～C60 及抗冻、抗渗或其他要求的混凝土；Ⅲ类宜用于强度等级小于 C30 的混凝土。

根据《建筑用卵石、碎石》GB/T 14685—2001，对卵石和碎石的质量及技术要求主要有以下几个方面。

7.1.3.1 含泥量和泥块含量

卵石、碎石的含泥量指粒径小于 75μm 的颗粒含量；泥块含量指粒径大于 4.75mm 经水洗、手捏后小于 2.36mm 的颗粒含量。各类产品中含泥量及泥块含量应符合表 7-9 的规定。

表 7-9 卵石、碎石含泥量和泥块含量

项目	指标		
	Ⅰ类	Ⅱ类	Ⅲ类
含泥量（按质量计）（%） <	0.5	1.0	1.5
泥块含量（按质量计）（%） <	0	0.5	0.7

7.1.3.2 有害物质

卵石、碎石中不应混有草根、树叶、树枝、塑料、煤块和炉渣等杂物，其有害物质含量应符合表 7-10 的规定。

表 7-10　卵石、碎石中有害物质含量

项　　目	指　　标		
	Ⅰ类	Ⅱ类	Ⅲ类
有机物	合格	合格	合格
硫化物及硫酸盐（按 SO_3 质量计）（%）　<	0.5	1.0	1.0

7.1.3.3　针、片状颗粒含量

粗集料比较理想的颗粒形状是近似立方体形或球形，而三维长度相差较大的针、片状颗粒则较差。针、片状颗粒不仅本身受力时容易折断，影响混凝土的强度，而且会增大集料的空隙率，使混凝土拌和物的和易性变差。

卵石和碎石的针、片状颗粒含量应符合表 7-11 的规定。

表 7-11　卵石和碎石的针、片状颗粒含量

项　　目	指　　标		
	Ⅰ类	Ⅱ类	Ⅲ类
针、片状颗粒（%）（按质量计）　<	5	15	25

集料表面的粗糙程度及孔隙特征等影响集料与水泥石之间的黏结性能，进而影响混凝土的强度。碎石表面粗糙而且具有吸收水泥浆的孔隙特征，所以与水泥石的黏结能力强；卵石表面光滑且少棱角，与水泥石黏结能力差，但混凝土拌和物的和易性较好。在相同条件下，碎石混凝土比卵石混凝土强度约高10%左右。

7.1.3.4　颗粒级配

粗集料公称粒级的上限称为该粒级的最大粒级。集料的粒径越大，其表面积相应减小，因而包裹其表面的水泥浆量减少，可以节约水泥；而且，在一定的和易性和水泥用量条件下，能减少用水量而提高强度。但对于用普通混凝土配合比设计方法配制结构混凝土，尤其是高强混凝土时，当粗集料的最大粒径超过 40mm 后，由于减少用水量获得的强度提高，被较少的黏结面积及大粒径集料造成不均匀性的不利影响所抵消，因而并没有什么好处。

根据《混凝土结构工程施工质量验收规范》（GB 50204—2002）规定，混凝土用粗集料的最大粒径不得大于结构截面最小尺寸的 1/4，同时不得大于钢筋最小净距的 3/4；对于混凝土实心板，集料的最大粒径不得超过板厚的 1/3，且不得大于 40mm；对泵送混凝土碎石最大粒径与输送管内径之比，宜小于或等于 1:3，卵石宜小于或等于 1:2.5。

与细集料一样，粗集料也要求有良好的颗粒级配以减小空隙率，从而节约

水泥，保证混凝土的和易性及强度。特别是配制高强度混凝土尤为重要。

粗集料的级配也是通过筛分试验来确定，其方孔标准筛为孔径 2.36mm、4.75mm、9.50mm、16.0mm、19.0mm、26.5mm、31.5mm、37.5mm、53.0mm、63.0mm、75.0mm、90mm 共十二个筛。分计筛余百分率及累计筛余百分率的计算与砂相同。依据国家标准，普通混凝土用碎石及卵石的颗粒级配应符合表 7-12 的规定。

表 7-12 普通混凝土用碎石及卵石的颗粒级配

公称粒径/mm		累计筛余（%）　方筛孔径/mm 2.36	4.75	9.50	16.0	19.0	26.5	31.5	37.5	53.0	63.0	75.0	90
连续粒级	5~10	95~100	80~100	0~15	0								
	5~16	95~100	85~100	30~60	0~10	0							
	5~20	95~100	90~100	40~80	—	0~10	0						
	5~25	95~100	90~100	—	30~70	—	0~5	0					
	5~31.5	95~100	90~100	70~90	—	15~45	—	0~5	0				
	5~40	—	95~100	70~90	—	30~65	—	—	0~5	0			
单粒粒级	10~20	—	95~100	85~100	—	0~15	0	—					
	16~31.5	—	95~100	—	85~100	—	—	0~10	0				
	20~40	—	—	95~100	—	80~100	—	—	0~10	0			
	31.5~63	—	—	—	95~100	—	—	75~100	45~75	—	0~10	0	
	40~80	—	—	—	—	95~100	—	—	70~100	—	30~60	0~10	0

粗集料的级配有连续级配和间断级配两种。连续级配是按颗粒尺寸由小到大连续分级，每级集料都占有一定比例，如天然卵石。连续级配颗粒级差小，颗粒上、下限粒径之比接近 2，配制的混凝土拌和物的和易性好，不易离析，目前应用较广。间断级配是人为剔除某些中间粒级颗粒，大颗粒的空隙直接由小的颗粒去填充，颗粒级差大，颗粒上、下限粒级之比接近 6，空隙率的降低比连续级配快得多，可最大限度地发挥集料的骨架作用，减少水泥用量。但混凝土拌和物易产生离析现象，增加施工困难，工程应用较少。

单粒级宜用于组合成具有要求级配的连续粒级，也可与连续粒级配合使用，以改善集料级配或配成较大粒度的连续粒级。工程中不宜采用单一的单粒级粗集料配制混凝土。

7.1.3.5　坚固性

坚固性是反映石子在气候、环境变化或其他物理、化学因素作用下抵抗破裂的能力。采用硫酸钠溶液浸渍法进行试验，卵石和碎石经 5 次循环后，其质量损失应符合表 7-13 的规定。

表 7-13　碎石、卵石的坚固性指标

项　　　　目		指　　标		
		Ⅰ类	Ⅱ类	Ⅲ类
质量损失（%）	<	5	8	12

7.1.3.6　强度

为保证混凝土强度，粗集料必须有足够的强度。碎石和卵石的强度，采用岩石立方体强度和压碎指标两种方法检验。

岩石立方体强度检验是将碎石的母岩制成边长为5cm的立方体或直径与高均为5cm的圆柱体试件，浸水饱和后，测定其极限抗压强度。根据标准规定，岩石抗压强度：火成岩应不小于80MPa；变质岩应不小于60MPa；水成岩应不小于30MPa。

压碎指标是将一定质量气干状态下粒径9.0～19.0mm的石子装入标准圆模内，放在压力机上均匀加荷至200kN，卸荷后称取试样质量 G_1，然后用孔径为2.36mm的筛筛除被压碎的细粒，称取剩余在筛上的试样质量 G_2，按下式计算压碎指标值 Q_C：

$$Q_C = \frac{G_1 - G_2}{G_1} \times 100\%$$

压碎指标值越小，表示石子抵抗受压破坏的能力越强，间接地表示了石子强度的高低。根据标准，压碎指标值应小于表7-14的规定。

表 7-14　石子的压碎指标

项　　　　目		指　　标		
		Ⅰ类	Ⅱ类	Ⅲ类
碎石压碎指标（%）	<	10	20	30
卵石压碎指标（%）	<	12	16	16

7.1.3.7　表观密度、堆积密度和空隙率

石子的表观密度、堆积密度和空隙率应符合如下规定：表观密度大于2500kg/m^3；堆积密度大于1350kg/m^3；空隙率小于47%。

7.1.3.8　碱-集料反应

经碱-集料反应试验后，由卵石、碎石制备的试件无裂缝、酥裂、胶体外溢等现象，在规定的试验龄期的膨胀率应小于0.10%。

7.1.3.9　集料的含水状态

集料的含水状态可分为干燥状态、气干状态、饱和面干状态和湿润状态四

种，如图 7-4 所示。

干燥状态的集料含水率等于或接近于零；气干状态的集料的含水率与大气湿度相平衡，但未达到饱和状态，饱和状态的集料，其内部孔隙含水达到饱和，而其表面干燥；湿润状态的集料，不仅内部孔隙含水达到饱和，而且表面还附着一部分自由水。计算普通混凝土配合比时，一般以干燥状态的集料为基准，而一般大型水利工程，常以饱和面干状态的集料为基准。

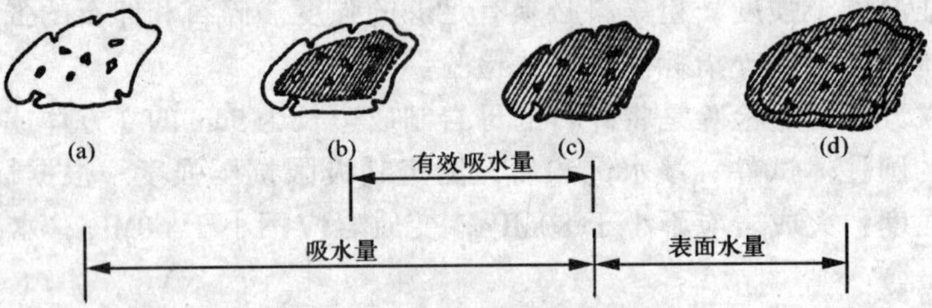

图 7-4　集料含水量示意图

(a) 完全干燥；(b) 气干；(c) 饱和与面干；(d) 湿润

7.1.4　混凝土拌合及养护用水

拌制和养护混凝土的用水，不得含有影响水泥正常凝结与硬化的有害杂质，如油脂、糖类等。凡是能饮用的自来水和天然水，都能用来拌制和养护混凝土。污水、pH 值小于 4 的酸性水、含硫酸盐（按 SO_3 计）超过 1%的水均不得使用。

7.2　混凝土拌和物的和易性

新拌合的混凝土在凝结之前称为混凝土拌和物，又称新拌混凝土。混凝土拌和物必须具有良好的和易性，才能便于施工和获得均匀密实的混凝土，从而保证混凝土的强度和耐久性。

7.2.1　和易性的概念

和易性是指混凝土拌和物易于施工操作（搅拌、运输、浇注、捣实），并能获得质量均匀，成型密实的混凝土的性能。和易性是一项综合性的技术指标，包括流动性、黏聚性和保水性等三方面的性能。

流动性是指混凝土拌和物在自重或外力作用下，能产生流动并均匀密实地填满模型的性能。流动性的大小，反映混凝土拌和物的稀稠程度，直接影响浇捣施工的难易和混凝土质量。

黏聚性是指混凝土拌和物内组分之间具有一定的凝聚力，在运输和浇注过程中不致发生分层离析现象，使混凝土保持整体均匀的性能。

保水性是指混凝土拌和物具有一定保持内部水分的能力，在施工过程中不致产生严重的泌水现象。保水性差的混凝土拌和物，在施工过程中，一部分水易从内部析出至表面，在混凝土内部形成泌水通道，使混凝土的密实性变差，降低混凝土的强度和耐久性。

混凝土拌和物的流动性、黏聚性、保水性三者之间互相关联又互相矛盾。如黏聚性好，往往保水性也好，但流动性可能较差；当增大流动性时，黏聚性和保水性往往变差。因此，拌和物的和易性良好，就是要使这三方面的性能，在某种具体工作条件下得到统一，达到均匀良好的状况。

7.2.2 和易性的测定

混凝土拌和物的和易性内涵比较复杂，难以用一种简单的测定方法和指标来全面恰当地表达。根据我国现行标准《普通混凝土拌和物性能试验方法》规定，用坍落度和维勃稠度来测定混凝土拌和物的流动性，并辅以直接经验来评定黏聚性和保水性，来确定和易性。

7.2.2.1 坍落度试验

将混凝土拌和物按规定方法装入坍落度筒内，刮平后将坍落度筒垂直提起，置于拌和物锥体一侧，如图 7-5 所示。混凝土拌和物在自重作用下将坍落变形，坍落度筒筒高与坍落后混凝土拌和物锥体最高点之间的高度差（mm 数）为坍落度值。坍落度愈大，表示拌和物的流动性愈大。

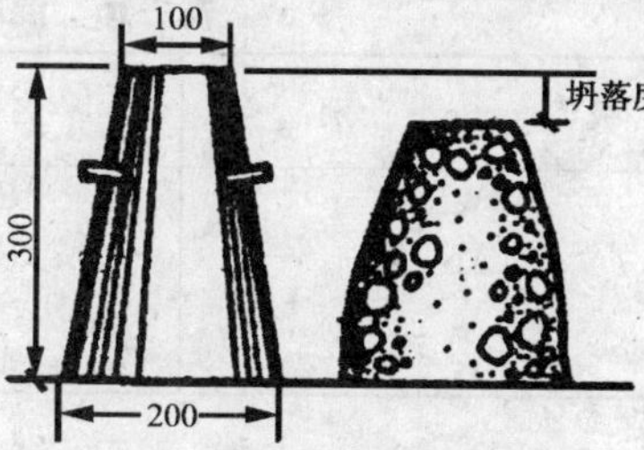

图 7-5 坍落度的测定

为了评定拌和物的黏聚性和保水性，在测定坍落度时还应同时观察下列现象：用棒在已坍落的拌和物锥体一侧轻轻敲打，若锥体整体逐渐下沉，则表示黏聚性良好；如锥体突然或局部倒坍，则表示黏聚性不良。保水性是以混凝土拌和物中稀浆泌出的数量来评定的。提起坍落度筒以后，如有较多稀浆泌出，锥体部分也因稀浆泌出而集料外露，则表示保水性不良；如提起坍落度以后，拌和物锥体周围没有或仅有少量稀浆，则表示保水性良好。

根据坍落度的大小，可将混凝土拌和物分为 4 级，见表 7-15。

表 7-15 混凝土按坍落度的分级

级别	名称	坍落度/mm
T_1	低塑性混凝土	10～40
T_2	塑性混凝土	50～90
T_3	流动性混凝土	100～150
T_4	大流动性混凝土	≥160

坍落度试验仅适用于集料最大粒径不大于 40mm，坍落度不小于 10mm 的混凝土拌和物。

7.2.2.2　维勃稠度试验

当拌和物的坍落度小于 10mm 时，则为干硬性混凝土，用维勃稠度（s）表示其流动性。其测定方法是：按规定方法在坍落度筒中装满混凝土（图 7-6），提起坍落度筒，在混凝土拌和物锥体顶面放好有机玻璃圆盘，开启振动台并用秒表计时，到有机玻璃圆盘底面完全为水泥浆所布满时，关闭振动台同时关闭秒表。此时可认为混凝土拌和物已密实，所读秒数即为维勃稠度。该法适用于集料粒径不超过 40mm，维勃稠度在 5 ~ 30s 之间的混凝土拌和物。维勃稠度越大表示混凝土拌和物越干硬，流动性越小。根据维勃稠度大小，混凝土拌和物可分为 4 级，见表 7-16。

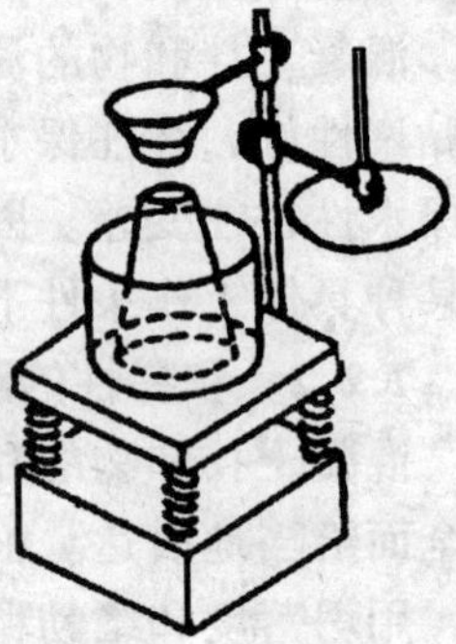

图 7-6　维勃稠度试验

表 7-16　混凝土按维勃稠度的分级

级　　别	名　　称	维勃稠度/s
V_0	超干硬性混凝土	≥31
V_1	特干硬性混凝土	21 ~ 30
V_2	干硬性混凝土	11 ~ 20
V_3	半干硬性混凝土	5 ~ 10

7.2.3　流动性（坍落度）的选择

混凝土拌和物坍落度的选择，应根据构件截面大小，钢筋疏密及捣实方法确定。当构件截面尺寸较小，或钢筋较密，或采用人工插捣时，坍落度选大些。反之，如构件截面尺寸较大，或钢筋较疏，或采用机械振捣时，坍落度可选择小些。混凝土拌和物浇注时的坍落度宜按表 7-17 选用。

表 7-17　混凝土浇注时的坍落度（GB 50204—1992）

项目	结　构　种　类	坍落度/mm
1	基础或地面等的垫层	10 ~ 30
2	无配筋的大体积结构（挡土墙、基础或厚大的块体等）或配筋稀疏的结构	30 ~ 50
3	板、梁和大型及中型截面的柱子等	50 ~ 70
4	配筋特密的结构	70 ~ 90

表 7-17 系指采用机械振捣时的坍落度，当采用人工捣实时可适当增大。当采用泵送混凝土时，则要求拌和物坍落度在 80mm 以上。

7.2.4 影响和易性的主要因素

7.2.4.1 水泥浆的影响

水泥浆是混凝土中的润滑剂。在水灰比不变时，增加水泥浆的数量可以有效地提高流动性，但水泥浆过多将会出现流浆现象，使拌和物的黏聚性变差。在水泥浆数量不变的情况下，若水灰比减小，则水泥浆变稠，拌和物的黏聚性改善而流动性减小；若增大水灰比，则拌和物流动性提高而黏聚性、保水性变差。

7.2.4.2 砂率的影响

混凝土中砂子的用量占砂石集料总用量的百分率称为砂率。砂率过大，意味着集料的总表面很大，在水泥浆不变的情况下，水泥浆包裹层将很薄，减弱了润滑作用，致使流动性降低。若砂率过小，说明砂量很少，而粗集料很多。这时，很少的水泥砂浆量也难以充分地包裹粗集料表面，将使流动性下降。为了保证混凝土拌和物具有良好的和易性，应选用最佳砂率。在水泥浆数量不变的情况下，采用最佳砂率可使拌和物具有较大的流动性。当保持坍落度不变的条件下，采用最佳砂率能减少水泥用量。

7.2.4.3 水泥品种和细度的影响

一般来说，普通水泥拌制的混凝土拌和物的流动性和保水性较好。火山灰水泥需水量大，密度小，在用水量小的条件下，所配制的混凝土拌和物的黏聚性好而流动性差，矿渣水泥配制的混凝土拌和物则易泌水，流动性大。

7.2.4.4 集料的影响

级配良好的集料，具有较小的空隙率，在水泥浆数量一定的条件下，可形成较厚的水泥浆包裹层，润滑作用大，拌和物流动性提高。

另外，集料的颗粒形状、表面粗糙程度，含泥量大小均会影响拌和物的和易性。

7.2.4.5 时间和温度的影响

混凝土拌和物的流动性随时间延长而降低的现象叫坍落度损失。坍落度损失的原因之一是随着时间的延长，水分不断蒸发，水泥水化也使水分减少。这种情况在气温较高时更为明显。

7.2.4.6 混凝土外加剂的影响

在混凝土拌和物中掺入适量的外加剂（如减水剂、引气剂），可改善其和易性。

7.3 混凝土的强度

混凝土的强度是评定和控制混凝土质量的最重要参数。它包括抗压强度、抗拉强度、抗弯强度、抗剪强度等。其中抗压强度最大，抗拉强度最小，因此，在结构工程中混凝土主要用于承受压力。

7.3.1 混凝土的立方体抗压强度

国家标准《普通混凝土力学性能试验方法》（GB/T 50081—2002）规定：按规定方法制定边长为150mm的混凝土立方体试件，在标准条件（温度20±2℃，相对湿度95%以上）下，或在水中养护到28d龄期，所测得的抗压强度值为混凝土立方体抗压强度，以 f_{cu} 表示。

为了正确进行设计和控制工程质量，根据混凝土立方体抗压强度标准值（以 $f_{cu\cdot k}$ 表示），将混凝土划分为不同的强度等级。混凝土立方体抗压强度标准值，系指按标准方法制作和养护的立方体试件，在28d龄期，用标准试验方法测得的抗压强度总体分布中的一个值，强度低于该值的百分率不超过5%（即具有强度保证率为95%的立方体抗压强度）。混凝土强度等级采用符号C与立方体抗压强度标准值（以 N/mm^2 即MPa计）表示，共划分为C7.5、C10、C15、C20、C25、C30、C35、C40、C45、C50、C55、C60、C65、C70、C75及C80共16个强度等级。例如C40表示混凝土立方体抗压强度值 $f_{cu\cdot k}=40MPa$。

7.3.2 混凝土的轴心抗压强度（f_{cp}）

在实际工程中，很多钢筋混凝土构件为棱柱体或圆柱体形，为了使被测得的混凝土强度接近于混凝土实际构件的实际情况，在钢筋混凝土结构计算中，计算轴心受压构件（例如柱子、桁架的腹杆等）时，都采用混凝土的轴心抗压强度 f_{cp} 作为设计依据。

根据国家标准（GB/T 50081—2002）的规定，轴心抗压强度采用150mm×150mm×300mm的棱柱体作为标准试件，如有必要，也可采用非标准尺寸的棱柱体试件，其高宽比（h/a）应在2～3的范围内。轴心抗压强度值 f_{cp} 比同截面的立方体抗压强度值 f_{cu} 小，棱柱体试件高宽比（h/a）越大，轴心抗压强度越小，但当 h/a 达到一定值后，强度不再降低。在立方体抗压强度 f_{cu} 为10～55MPa范围内时，轴心抗压强度 $f_{cp}=(0.70\sim0.80)f_{cu}$。

7.3.3 影响混凝土强度的因素

由于配制普通混凝土的碎石或卵石的强度，均高于混凝土强度，所以混凝土的强度主要取决于水泥石的强度以及水泥石与集料的黏结强度，影响这两种强度的主要因素如下：

7.3.3.1 水泥强度与水灰比

水泥强度和水灰比是影响混凝土最关键的因素。

水泥是混凝土中的胶结组分，高强度等级水泥可形成高强度的水泥石并与集料表面牢固黏结，故可提高混凝土强度。

当混凝土所用水泥等原材料不变时，混凝土的强度主要取决于水灰比。在一定范围内，水灰比增大，混凝土强度降低，反之则增加。这是因为，水泥矿物成分水化仅需23%的水，实际施工时，为了满足和易性的要求，常需40%~70%的水，超出矿物成分水化用水量的水，在施工后，蒸发而成为孔隙。水灰比越大，混凝土硬化后的孔隙率越大，故强度越低。

大量研究表明：在常用流动性混凝土范围内（水灰比0.4~0.7），混凝土强度与灰水比呈正比线性关系，即随水灰比增加而有规律下降，如图7-7所示。

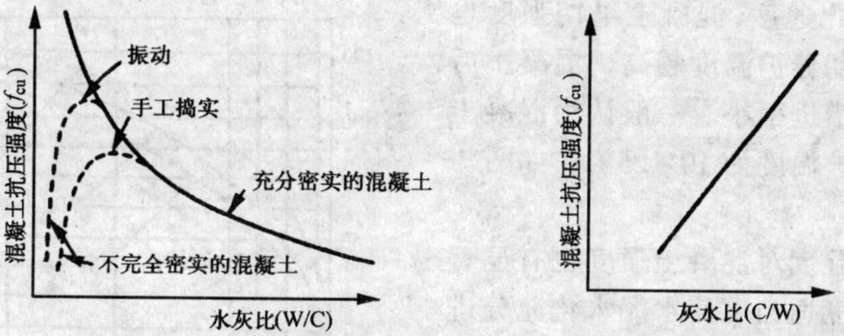

图7-7 水灰比、灰水比与强度的关系

混凝土强度与灰水比，水泥强度及粗集料品种间的经验公式如下：

$$f_{cu}=d_a f_{ce}\left(\frac{C}{W}-d_b\right)$$

式中 f_{cu}——混凝土28d龄期的抗压强度，MPa；

C——1m^{3}混凝土中水泥用量，kg；

W——1m^{3}混凝土中水的用量，kg；

f_{ce}——水泥的实际强度，MPa，水泥厂为保证水泥出厂强度，所生产水泥的实际强度要高于其强度的标准值（$f_{cu\cdot k}$），在无法取得水泥实际强度数据时，可用式$f_{ce}=\gamma_c f_{cu\cdot k}$，其中$\gamma_c$为水泥强度值的富余系数，一般为1.13；

d_a、d_b——回归系数，与集料品种及水泥品种等因素有关，其数值通过试验求得，若无实验统计资料，则可按《普通混凝土配合比设计规程》（JGJ/T 55—2000）提供的d_a、d_b系数取用。碎石$d_a=0.46$，$d_b=0.07$；卵石$d_a=0.48$；$d_b=0.33$。

以上的经验公式，一般只适用于流动性混凝土及低流动性混凝土，对于干硬性混凝土则不适用。利用混凝土强度公式，可根据所用水泥的强度和水灰比来估算所配混凝土的强度，也可以根据水泥强度和要求混凝土强度等级来计算应采用的水灰比。

7.3.3.2　集料的品种、品质和数量

粗集料的颗粒浑圆、级配良好、表面粗糙均可提高混凝土强度。一般碎石混凝土强度高于卵石混凝土。反之，针、片状颗粒多，级配不良，杂质含量过多均可降低混凝土的强度。

在较高强度等级的混凝土中,适当增大集料用量,可明显提高混凝土强度。

7.3.3.3　养护条件

环境温度对混凝土的强度增长有明显影响。通常养护温度高，可以加速水泥早期水化速度,混凝土早期强度也高。但早期养护温度越高，混凝土后期强度的增进率小。一般认为混凝土的最佳养护温度为10～25℃，如图7-8所示。

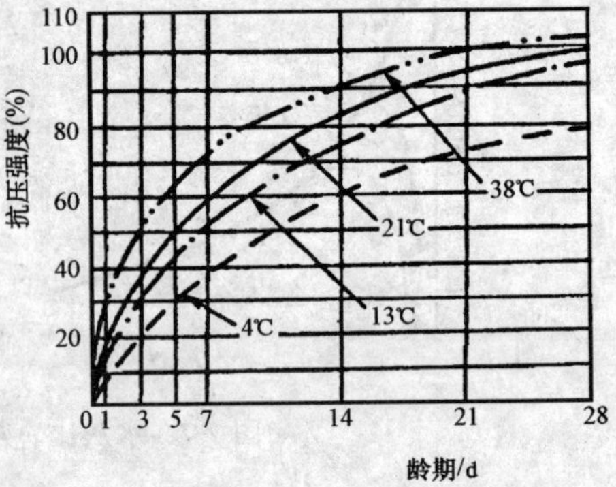

图7-8　养护温度对混凝土强度的影响

环境湿度对混凝土强度也有显著影响。湿度适当可使水泥水化充分进行，混凝土强度迅速增长；若湿度不足，则水泥水化不充分，甚至停止水化，这不仅严重降低混凝土强度，而且使混凝土结构疏松，甚至干缩开裂见图7-9。因此，混凝土浇灌后，必须有充分的保湿时间，当使用硅酸盐水泥、普通水泥和矿渣水泥配制混凝土时，保湿时间不少于7d；当用火山灰水泥和粉煤灰水泥时，保湿时间不少于14d。

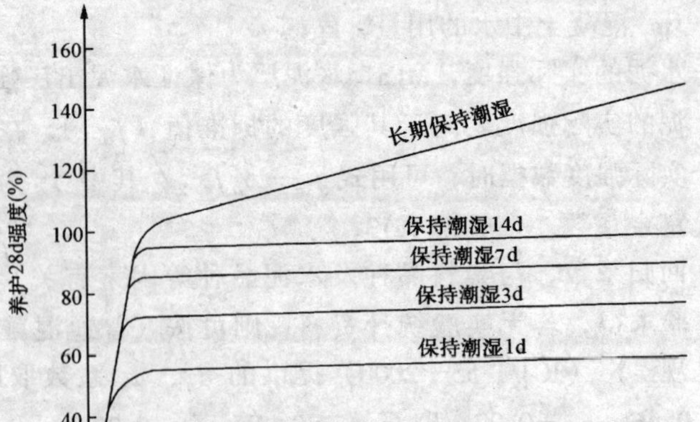

图7-9　混凝土强度与保持潮湿时间的关系

7.3.3.4　龄期

混凝土在适当的温湿度条件下养护时，其强度随龄期的增长而增长，初期增长较快，28d以后强度增长缓慢，但可长期持续增长。

普通水泥配制的流动性混凝土，在标准养护条件下，混凝土强度的增长，大致与其龄期的常用对数成正比（龄期不少于3d）。

$$f_n = f_{28} \times \frac{\lg n}{\lg 28}$$

式中　f_n——第 n 天龄期混凝土的抗压强度，MPa；

f_{28}——28d龄期混凝土的抗压强度，MPa；

$\lg n$、$\lg 28$——n 和28的常用对数（$n > 3d$）。

根据上式，可以利用混凝土的早期强度，估算混凝土28d的强度。因影响混凝土强度的因素很多，上式只能作为参考。

7.3.3.5　试验条件

试验条件是指试件尺寸、形状、表面状态及加荷速度等。试验条件不同，会影响混凝土强度的试验值。

（1）试件尺寸

相同的混凝土试件尺寸越小，测得的强度越高。试件尺寸影响强度的主要原因，是试件尺寸大时，内部孔隙、缺陷等出现的几率也大，导致有效受力面积减少及应力集中，从而引起强度降低。我国标准规定，采用150mm×150mm×150mm的立方体试件作为标准试件，当采用非标准的其他尺寸试件时，所测得的抗压强度应乘以表7-18所列的换算系数。

表7-18　混凝土试件不同尺寸的强度换算系数

集料最大粒径/mm	试件尺寸/mm	换算系数
30	100×100×100	0.95
40	150×150×150	1
60	200×200×200	1.05

（2）试件形状

当试件受压面积（$a \times a$）相同，而高度（h）不同时，高宽比（h/a）越大，抗压强度越小。这是由于试件受压时，试件受压面积与试件承压板之间的摩擦力，对试件相对于承压板的横向膨胀起着约束作用，该约束有利于强度的提高。愈接近试件的端面，这种约束作用就愈大，在距离端面大约 $\sqrt{3}a/2$ 的范围以外，约束作用才消失。通常，称这种作用为环箍效应。

（3）表面状态

混凝土试件承压面的状态，也是影响混凝土强度的重要因素。当试件受压面上有油脂类润滑剂时，试件受压时的环箍效应大大减小，试件将出现直裂破坏，测出的强度值也较低。

(4) 加荷速度

加荷速度越快，测得的混凝土强度值也越大，当加荷速度超过 1.0MPa/s 时，这种趋势更加显著。因此，我国标准规定，混凝土抗压强度的加荷速度为 0.3～0.8MPa/s，且应连续均匀地进行加荷。

7.3.3.6 施工因素

在混凝土施工中，必须按照施工规范要求，准确称量配料，充分搅拌，均匀而适度地振捣，否则将降低混凝土质量。

7.4 混凝土的耐久性

混凝土除具有设计要求的强度外，还应具有在使用环境条件下经久耐用的性能。例如受压力水作用的混凝土应不渗漏；与水接触并遭受冰冻作用的混凝土，应具有抗冻性等。耐久性是混凝土的一项综合性能，除抗渗性、抗冻性以外，尚包括碳化性能、耐化学腐蚀性能等。

7.4.1 混凝土的抗渗性

水塔、储水池以及地下结构所用的混凝土都必须具有一定的抗渗性。抗渗性是指混凝土抵抗压力渗透的性能。

抗渗性用抗渗等级表示。抗渗等级是以 28d 龄期的标准试件，在标准试验方法下所能承受的最大静水压表示，共有 P_4、P_6、P_8、P_{10}、P_{12} 等五个等级，表示混凝土能抵抗 0.4MPa、0.6MPa、0.8MPa、1.0MPa、1.2MPa 的静水压力而不透水。

混凝土渗水的主要原因是混凝土的内部存在着与外界连通的孔隙。降低混凝土的水灰比，改善集料级配，选择合适的水泥品种并增加用量，加强施工管理，加强养护等均可提高混凝土的密实性，降低孔隙率，从而提高抗渗性。在混凝土中加适量引气剂可改善孔隙特征，减少连通孔隙，明显提高抗渗性。

7.4.2 混凝土的抗冻性

抗冻性是指混凝土在饱和水条件下，能经受多次冻融循环而不破坏，也不严重降低强度的性能。抗冻性用抗冻等级来表示。它是以 28d 龄期的混凝土试件，在饱和水条件下承受反复冻融循环，以抗压强度损失不超过 25%，且质量损失不超过 5%时所能承受的最多循环次数表示。抗冻等级有 F_{10}、F_{15}、F_{25}、F_{50}、F_{100}、F_{150}、F_{200}、F_{250} 和 F_{300} 共九个等级，分别表示混凝土能承受冻融循环的最大次数不少于 10、15、25、50、100、200、250 和 300 次。

抗冻性受诸多因素的影响，如混凝土的密实程度、孔隙饱水程度以及所用水泥品种等。由于混凝土抗冻性与混凝土抗渗性、耐化学侵蚀性、碳化等其他耐久性有密切的相关性，所以将抗冻性作为耐久性的代表性能。

7.4.3 混凝土的碳化（中性化）

水泥水化产物中的氢氧化钙遇到空气中的二氧化碳，在有水存在的条件下即可发生碳酸化反应而形成碳酸钙，由于碳酸钙属中性产物，故碳化也叫中性化。碳化降低混凝土的碱度，使混凝土中的钢筋具备了锈蚀条件，同时也增加了混凝土的收缩。

为了防止碳化作用的不利影响，在工程中通常采用以下措施：对钢筋混凝土结构采用适当厚度的混凝土保护层，使碳化深度在建筑物设计年限内达不到钢筋表面，以免锈蚀；提高混凝土密实度，减少二氧化碳进入混凝土内的通道，在混凝土表面涂刷保护层等。

混凝土所处的环境和使用条件不同，对其耐久性的要求也不相同，但影响耐久性的因素却有许多相同之处。混凝土的密实程度是影响耐久性的主要因素，其次是原料的性质，施工质量等。提高混凝土耐久性的主要措施有：

（1）合理选择水泥品种，根据混凝土工程的特点和所处的环境条件，参照表 7-1 选用水泥。

（2）选用质量良好，技术条件合格的砂石集料。

（3）控制水灰比及保证足够的水泥用量，是保证混凝土密实度并提高耐久性的关键。《普通混凝土配合比设计规范》（JGJ/T 55—2000）规定了工业与民用建筑所用混凝土的最大水灰比和最小水泥用量的限值，见表 7-19。

（4）掺入减水剂或引气剂，改善混凝土的孔隙结构，对提高混凝土的抗渗性和抗冻性有良好作用。

（5）改善施工操作，保证施工质量。

表 7-19　混凝土的最大水灰比和最小水泥用量

环境条件		结构物类型	最大水灰比			最小水泥用量/kg		
			素混凝土	钢筋混凝土	预应力混凝土	素混凝土	钢筋混凝土	预应力混凝土
干燥环境		正常的居住或办公用房屋内部件	不作规定	0.65	0.60	200	260	300
潮湿环境	无冻害	1. 高湿度的室内部件 2. 室外部件 3. 在非侵蚀性土和(或)水中的部件	0.70	0.60	0.60	225	280	300
	有冻害	1. 经受冻害的室外部件 2. 在非侵蚀性土和(或)水中且经受冻害的部件 3. 高湿度且经受冻害的室内部件	0.55	0.55	0.55	250	280	300

续表

环境条件	结构物类型	最大水灰比			最小水泥用量/kg		
		素混凝土	钢筋混凝土	预应力混凝土	素混凝土	钢筋混凝土	预应力混凝土
有冻害和除冰剂的潮湿环境	经受冻害和有除冰剂作用的室内和室外部件	0.50	0.50	0.50	300	300	300

注:1. 当用活性掺合料取代部分水泥时,表中的最大水灰比及最小水泥用量,即为取代前的水灰比和水泥用量。

2. 配制 C15 及其以下等级的混凝土,可不受本表限制。

7.5 混凝土外加剂

所谓混凝土外加剂是在拌制混凝土拌和物的过程中掺入的,用以改善混凝土性能的物质,掺入量一般不大于水泥质量的5%。

我国在20世纪50年代就曾使用过亚硫酸盐纸浆废液作为混凝土的塑化剂。近几十年来外加剂技术有了飞速的发展。我国已颁布执行的有关混凝土外加剂的标准有:《混凝土外加剂》(GB 8076—1997)、《混凝土外加剂匀质性试验方法》(GB/T 8077—2000)以及《混凝土外加剂应用技术规程》(GB 500119—2003)。

7.5.1 混凝土外加剂的分类

按主要功能分类:

(1) 改善混凝土拌和物流变性能的外加剂。包括各种减水剂、引气剂和泵送剂等。

(2) 调节混凝土凝结时间、硬化性能的外加剂。包括缓凝剂、早强剂和速凝剂等。

(3) 改善混凝土耐久性的外加剂。包括引气剂、防水剂和阻锈剂等。

(4) 改善混凝土其他性能的外加剂。包括加气剂、膨胀剂、着色剂等。

有的外加剂同时具有两种主要功能,则按其主要功能命名。如某种外加剂具有早强作用和减水作用,叫早强减水剂等。

目前,在工程中常用的外加剂主要有减水剂、引气剂、早强剂、缓凝剂、防冻剂等。

7.5.2 混凝土减水剂

减水剂是指在混凝土流动性基本相同的条件下,能减少拌合用水的外加剂。根据减水剂的作用效果及功能情况,减水剂可分为普通减水剂、高效减水剂、早强减水剂、缓凝减水剂、引气减水剂等。

减水剂本身一般不与水泥起化学反应,但可以改善混凝土的流动性,使水泥的水化过程和内部结构发生变化，从而显著改善混凝土的一系列物理力学性能。

掺减水剂的混凝土与未掺减水剂的同配比混凝土比较，具有如下效果：

（1）在保证混凝土拌和物的和易性和水泥用量不变的条件下，可减少用水量，降低水灰比，从而提高混凝土的强度和耐久性。

（2）在保持混凝土强度（水灰比不变）和流动性不变的情况下，可节约水泥用量。

（3）在保持水灰比与水泥用量不变的情况下，可提高混凝土拌和物的流动性，满足各种施工工艺的要求。

（4）在拌和物中加入减水剂后，可减少拌和物的泌水离析现象；延缓拌和物的凝结时间；降低水泥水化放热速度；显著提高混凝土的抗渗性及抗冻性，使耐久性得到提高。

常用减水剂有：

（1）木质素磺酸钙减水剂。这是目前应用最广的普通减水剂，同类型的产品还有木质素磺酸钠、木质素磺酸镁。

这类减水剂的减水率一般在10%左右，具有缓凝性和引气性，一般缓凝1～3h，低温下缓凝作用更强。引气量为1%～2%。因此，掺此类减水剂的混凝土浇注后需较长时间才能形成一定的结构强度。

该类减水剂适宜掺量为水泥质量的0.2%～0.3%，最多不超过0.5%。

掺该类减水剂适用于泵送混凝土、滑模混凝土、大体积混凝土、夏季施工的混凝土工程。

（2）萘磺酸盐甲醛缩合物减水剂。这是目前应用最广的高效减水剂，简称萘系减水剂。品种极多，我国研制的有FDN、UNF、NF、NNO等。该减水剂最佳掺量为水泥质量的0.5%～1.0%，减水率达10%～15%，不缓凝，不引气。

萘系减水剂减水率大，又不引气，故适宜配制高强混凝土（如C60～C100）。掺萘系减水剂而不减少用水量，则可大幅度提高混凝土拌和物的流动性。

该减水剂的缺点是坍落度损失较大，从而限制了它在泵送混凝土中的应用。解决办法是适当增加掺量并与缓凝剂的复合使用。

7.5.3 混凝土早强剂

早强剂是指加速混凝土早期强度发展的外加剂。常用的早强剂有以下几种：

1. 氯盐早强剂

氯化钙是最常用的氯盐早强剂，掺量一般为水泥质量的1%～2%，可使1d强度提高14%～20%，7d强度提高115%～125%。

氯化钙产生的氯离子易使钢筋锈蚀。为此《混凝土结构工程施工质量验收规范》（GB 50204—2002）规定，在钢筋混凝土中氯盐掺量不得超过水泥质量的1%；预应力钢筋混凝土，使用冷拔钢丝和冷拉钢筋的混凝土均不得掺用氯盐；无筋混凝土中不得超过3%。

为了抑制氯化钙对钢筋的锈蚀作用，常将氯化钙与阻锈剂亚硝酸钠（$NaNO_2$）复合使用。

2. 硫酸盐早强剂

主要有硫酸钠、硫代硫酸钠、硫酸钙等，以 $Na_2SO_4 \cdot 10H_2O$ 效果最佳。硫酸钠掺量为水泥质量的0.5%～2%，具有明显的早强效果，而且对钢筋无锈蚀作用。

3. 三乙醇胺

三乙醇胺为无色或淡黄色透明油状液体，能溶于水，呈碱性。掺量为水泥质量的0.03%～0.05%，但单掺时早强效果不太显著，一般可提高强度10%。所以实际工程中，常将三乙醇胺与氯化钙、氯化钠、硫酸钠、亚硝酸钠复合使用。

7.5.4 混凝土缓凝剂

能延长混凝土拌和物凝结时间，而不显著影响混凝土后期强度的外加剂，称为缓凝剂。

由于缓凝剂在水泥及其水化物表面上的吸附作用，或与水泥反应生成不溶层而达到缓凝的效果。缓凝剂同时还具有减水、增强、降低水化热等多种功能。它适用于高温季节施工的混凝土工程和需长时间停放或长距离运输的混凝土。

常用的缓凝剂有糖类（如糖钙）、木质素磺酸盐类，羟基羧酸及其盐类（如柠檬酸、酒石酸钠等）、无机盐类（如锌盐、硼酸盐等）。

7.6 普通混凝土配合比设计

混凝土的配合比是指混凝土中各组成材料之间的比例关系，确定比例关系的工作为配合比设计。常用的表示方法有两种，一种是以 $1m^3$ 混凝土中各项材料的质量表示，如水泥（m_c）300kg、水（m_w）180kg、砂（m_s）720kg、石子（m_g）1200kg。另一种表示方法是以各组成材料相互间的质量比表示，这时通常以水泥质量为1，如某混凝土配合比为：水泥300kg、砂660kg、石1260kg、水170kg，则可表示为：水泥∶砂∶石∶水＝1∶2.2∶4.2∶0.57。

混凝土配合比设计应根据原材料的性能和混凝土的技术要求，通过计算和试配调整，确定出混凝土中各组成材料的用量。

混凝土配合比设计的基本要求是：

（1）满足混凝土结构设计的强度等级及施工进度要求的强度等级。

（2）满足施工要求的和易性。

（3）满足工程所处环境和使用条件对混凝土耐久性的要求。

（4）符合经济原则，节约水泥，降低成本。

在混凝土配合比设计中，确定水泥、水、砂与石子这四项基本组成材料用量之间的三个比例关系。即：水与水泥之间的比例关系，常用水灰比表示；砂与石子之间的比例关系，常用砂率表示；水泥浆与集料之间的比例关系，常用单位用水量来反映。水灰比、砂率、单位用水量是混凝土配合比的三个重要参数，它们与混凝土各项性能密切相关。在配合比设计中正确地确定这三个参数，就能使混凝土满足配合比设计的四项基本要求。

混凝土配合比设计的步骤：首先根据所用原材料性能及对混凝土的技术要求，参照混凝土强度公式及有关资料，经初步计算得出初步配合比；按初步配合比试拌少量混凝土，调整配合比使和易性符合要求，并进一步检验强度（如有耐久性要求应进行检验），确定出试验室配合比；根据施工现场砂、石含水率，将试验室配合比换算为施工配合比。

7.6.1 初步配合比的设计步骤

1. 混凝土试配强度（$f_{cu \cdot o}$）的确定

根据混凝土强度等级的定义，强度等级所表示的强度值应具有95%的强度保证率。在配合比设计时，必须使混凝土的配制强度（$f_{cu \cdot o}$）高于设计要求的强度标准（$f_{cu \cdot k}$）。试配强度按下式计算：

$$f_{cu \cdot o} = f_{cu \cdot k} + 1.645\sigma$$

式中 $f_{cu \cdot o}$——混凝土试配强度，MPa；

$f_{cu \cdot k}$——混凝土立方体抗压强度标准值，MPa；

1.645——当混凝土强度的保证率为95%时的概率度值；

σ——混凝土强度标准差，MPa。

标准差 σ 反映强度分布离散程度，其值越大，表示混凝土强度离散程度大，说明施工单位管理水平差；σ 值越小，表明强度的离散程度越小，施工管理水平好。

标准差 σ 的确定方法如下：

（1）当施工单位具有近期的同一配合比混凝土强度资料时，σ 可按下式求得：

$$\sigma = \sqrt{\frac{\sum_{i=1}^{n} f_{cu \cdot i} - n\bar{f}_{cu}^{3}}{n-1}}$$

式中　$f_{cu \cdot i}$——第 i 组试件的强度值，MPa；

f_{cu}——n 组试件强度的平均值，MPa；

n——混凝土试件的组数，$n \geqslant 25$。

当混凝土强度等级为 C20 或 C25 时，如计算值 $\sigma < 2.5$MPa，取 2.5MPa；当强度等级等于或大于 C30 时，如计算值 $\sigma < 3.0$MPa，取 $\sigma = 3.0$MPa。

（2）当施工单位无历史统计资料时，σ 可按表 7-20 取值。

表 7-20　混凝土 σ 取值

混凝土强度等级	< C20	C20 ~ C35	> C35
σ/MPa	4.0	5.0	6.0

2. 初步确定水灰土（W/C）

根据已知的混凝土配制强度（$f_{cu \cdot o}$）及所用水泥的实际强度（f_{ce}）或水泥强度等级，按混凝土强度公式计算出所要求的水灰比值。

（1）混凝土强度等级小于 C60 时，混凝土水灰比宜按下式计算。

$$f_{cu \cdot o} = d_a f_{ce}\left(\frac{C}{W} - d_b\right)$$

$$W/C = \frac{d_a \cdot f_{ce}}{f_{cu \cdot o} + d_a \cdot d_b \cdot f_{ce}}$$

式中　d_a，d_b——回归系数；

f_{ce}——水泥 28d 抗压强度实测值，MPa。

当无水泥 28d 抗压强度实侧值时，f_{ce}可按下式确定：

$$f_{ce} = \gamma_c \cdot f_{ce \cdot g}$$

式中　γ_c——水泥强度等级值的富余系数，可按实际统计资料确定；

$f_{ce \cdot g}$——水泥强度等级值，MPa。

回归系数 d_a，d_b 宜按下列规定确定：

（1）回归系数 d_a 和 d_b 应根据工程所使用的水泥、集料，通过试验由建立的水灰比与混凝土强度关系式确定。

（2）当不具备上述试验统计资料时，其回归系数可按表 7-21 采用。

表 7-21　回归系数 d_a d_b 选用表（JGJ 55—2000）

系　数 \ 石子品种	碎　　石	卵　　石
d_a	0.46	0.48
d_b	0.07	0.33

为了保证混凝土的耐久性，水灰比还不得大于表 7-11 中规定的最大水灰比值，如计算的水灰比大于规定的最大水灰比时，应采用规定的最大水灰比值。

3. 选取 $1m^3$ 混凝土的用水量（m_{w0}）

每立方米混凝土用水量的确定，应符合下列规定：

（1）干硬性和塑性混凝土用水量确定

①水灰比在 0.40～0.80 范围内时，根据粗集料的品种、粒径及施工要求的混凝土拌和物稠度，其用水量可按表 7-22、表 7-23 选取。

表 7-22　干硬性混凝土的用水量 kg/m^3

拌和物稠度		卵石最大粒径/mm			碎石最大粒径/mm		
项目	指标	10	20	40	16	20	40
维勃稠度/s	16～20	175	160	145	180	170	155
	11～15	180	165	150	185	175	160
	5～10	185	170	155	190	180	165

表 7-23　塑性混凝土的用水量 kg/m^3

拌和物稠度		卵石最大粒径/mm				碎石最大粒径/mm			
项目	指标	10	20	31.5	40	16	20	31.5	40
坍落度/mm	10～30	190	170	160	150	200	185	175	165
	35～50	200	180	170	160	210	195	185	175
	55～70	210	190	180	170	220	205	195	185
	75～90	215	195	185	175	230	215	205	195

注：1. 本表用水量系采用中砂时的平均值；采用细砂时，每立方米混凝土用量可增加 5～10kg；采用粗砂时，则可减少 5～10kg。

2. 掺用各种外加剂或掺合料时，用水量应相应调整。

②水灰比小于 0.40 的混凝土以及采用特殊工艺的混凝土的用水量，应通过试验确定。

（2）流动性和大流动性混凝土的用水量计算

①以表 7-15 中坍落度 90mm 的用水量为基础，按坍落度每增加 20mm，用水量增加 5kg 计算出未掺外加剂时混凝土的用水量。

②掺外加剂时的混凝土用水量按下式计算：

$$M_{wa} = m_{w0}(1-\beta)$$

式中 M_{wa}——掺外加剂时，每 1m³ 混凝土的用水量，kg/m³；

m_{w0}——未掺外加剂时，每 1m³ 混凝土的用水量，kg/m³；

β——外加剂的减水率，%，应经试验确定。

4. 计算 1m³ 混凝土的水泥用量（m_{c0}）

根据已确定的水灰比和用水量，可计算出每 m³ 混凝土水泥用量。

$$m_{c0} = \frac{m_{w0}}{W/C}$$

为了保证混凝土的耐久性，计算所得水泥用量还必须满足表 7-11 所规定的最小水泥用量要求，如果计算出的水泥用量小于规定的最小水泥用量，则应采用规定的最小水泥用量。

5. 选取合理的砂率值（β_s）

应当根据混凝土拌和物的和易性，通过试验求出合理砂率。如无历史资料，坍落度为 10~60mm 的混凝土砂率可根据集料种类、规格和水灰比，按表 7-24 选用。

表 7-24 混凝土的砂率（JGJ 55—2000） %

水灰比(W/C)	卵石最大粒径/mm			碎石最大粒径/mm		
	10	20	40	16	20	40
0.40	26~32	25~31	24~30	30~35	29~34	27~32
0.50	30~35	29~34	28~33	33~38	32~37	30~35
0.60	33~38	32~37	31~36	36~41	35~40	33~38
0.70	36~41	35~40	34~39	39~44	38~43	36~41

注：1. 本表数值系中砂的选用砂率，对细砂或粗砂，可相应地减小或增大砂率。

2. 对坍落度大于 60mm 的混凝土，可经试验确定，也可在本表的基础上，按坍落度每增大 20mm，砂率增大 1%的幅度予以调整；坍落度小于 10mm 的混凝土，其砂率应经试验确定。

3. 只用一个单粒级粗集料配制混凝土时，砂率应适当增大。

4. 对薄壁结构砂率取偏大值。

6. 计算 1m³ 混凝土粗、细集料的用量（m_{g0}）及（m_{s0}）

粗、细集料的用量可用质量法或体积法求得。

(1) 质量法

如果原材料情况比较稳定，所配制的混凝土拌和物的表观密度将接近一个固定值，这样可以先假设一个 1m³ 混凝土拌和物的质量值，并可列出以下两个公式：

$$\begin{cases} m_{c0} + m_{g0} + m_{s0} + m_{w0} = m_{cp} \\ \beta_s = \dfrac{m_{s0}}{m_{s0} + m_{g0}} \times 100\% \end{cases}$$

式中 m_{c0}——1m³ 混凝土的水泥用量，kg/m³；

m_{g0}——$1m^3$ 混凝土的粗集料用量，kg/m^3；

m_{s0}——$1m^3$ 混凝土的细集料用量，kg/m^3；

m_{w0}——$1m^3$ 混凝土的水用量，kg/m^3；

β_s——砂率，%；

m_{cp}——$1m^3$ 混凝土拌和物假定质量，kg/m^3，其值可取 $2350 \sim 2450kg/m^3$。

解联立方程式，即可求出 m_{g0}、m_{s0}。

(2) 体积法

假定混凝土拌和物的体积等于各组成材料绝对体积和混凝土拌和物中所含空气体积之总和。因此，在计算 $1m^3$ 混凝土拌和物的各材料用量时，可列出以下公式：

$$\begin{cases} \dfrac{m_{c0}}{\rho_c} + \dfrac{m_{g0}}{\rho_g} + \dfrac{m_{s0}}{\rho_s} + \dfrac{m_{w0}}{\rho_w} + 0.01\alpha = 1 \\ \beta_s = \dfrac{m_{s0}}{m_{s0} + m_{g0}} \times 100\% \end{cases}$$

式中 ρ_c——水泥密度，可取 $2900 \sim 3100kg/m^3$；

ρ_g——粗集料的表观密度，kg/m^3；

ρ_s——细集料的表观密度，kg/m^3；

ρ_w——水的密度，可取 $1000kg/m^3$；

α——混凝土的含气量百分数，在不使用引气型外加剂时可取 1。

解联立方程，即可求出 m_{g0}、m_{s0}。

通过以上六个步骤，便可将水、水泥、砂和石子的用量全部求出，得出初步计算配合比，供试配调整，确定试验室配合比。

7.6.2 施工配合比

以上系参照一些经验公式和经验资料确定的混凝土初步配合比，未必完全符合工程实际情况，也未必是最经济的配合比，所以应按照初步配合比试拌少量混凝土，检验和易性能否满足设计要求，并酌情调整。在此基础上校核强度，确定出既能满足强度要求又节约水泥的试验室配合比。

设计配合比是以干燥材料为基准的，而工地堆放的砂、石都含有一定的水分，且随气候变化而经常变化。所以，现场材料的实际称量应按工地砂、石含水情况进行修正，修正后的配合比称为施工配合比。

假定工地堆放的砂含水率为 a（%），石子的含水率为 b（%），则将上述配合比换算为施工配合比，其材料称量为：

$$m'_c = m_c$$

$$m'_s = m_s\ (1 + 0.01a)$$

$$m'_g = m_g\ (1 + 0.01b)$$

$$m'_w = m_w - 0.01a_{ms} - 0.01b_{mg}$$

【例 7-1】 某办公楼工程，现浇钢筋混凝土柱，混凝土设计强度等级为 C25。施工要求坍落度为 30～50mm，混凝土采用机械搅拌，机械振捣。施工单位无历史统计资料。采用材料为：

水泥：强度等级为 42.5 的普通水泥，实测强度为 43.5MPa，密度为 $3000kg/m^3$。

砂：中砂，$M_X = 2.5$，表观密度 $\rho_s = 2650kg/m^3$。

石子：碎石，最大粒径 $D_{max} = 20mm$，表观密度 $\rho_g = 2700kg/m^3$。

水：自来水。

试设计混凝土配合比（按干燥材料计算），并求施工配合比。施工现场砂的含水率为 3%，石的含水率为 1%。

解：初步计算配合比

(1) 确定试配强度（$f_{cu\cdot o}$）

查表 7-12，取标准差 $\sigma = 5$。则

$$f_{cu\cdot o} = f_{cu\cdot k} + 1.645\sigma = 25 + 1.645 \times 5 = 33.2\ (\text{MPa})$$

(2) 确定水灰比（W/C）

查表 7-13，碎石回归系数 $d_a = 0.46$，$d_b = 0.07$。按公式计算：

$$W/C = \frac{d_a \cdot f_{ce}}{f_{cu\cdot o} + d_a \cdot d_b \cdot f_{ce}} = \frac{0.46 \times 43.5}{33.2 + 0.46 \times 0.07 \times 43.5} = 0.578$$

查表 7-11，结构物处于干燥环境，要求 $W/C \leqslant 0.65$，所以 W/C 可取 0.58。

(3) 确定单位用水量（m_{w0}）

查表 7-15，取 $m_{w0} = 195kg$。

(4) 计算水泥用量（m_{c0}）

$$m_{c0} = \frac{m_{w0}}{W/C} = \frac{195}{0.58} = 336\ \text{kg}$$

查表 7-11，处于干燥环境，水泥用量为 260kg，所以可取 336kg。

(5) 确定合理砂率值（β_s）

查表 7-16，$W/C = 0.58$，碎石 $D_{max} = 20mm$，可取 $\beta_s = 36\%$。

(6) 计算石子，砂用量（m_{g0} 及 m_{s0}）

采用体积法计算：

$$\begin{cases}\frac{336}{3000}+\frac{m_{g0}}{2700}+\frac{m_{s0}}{2650}+\frac{195}{1000}+0.01\times 1=1\\ \frac{m_{s0}}{m_{s0}+m_{g0}}=0.36\end{cases}$$

解方程得：$m_{g0}=1163.7$（kg），$m_{s0}=654.5$（kg）

初步计算配合比为：

$$m_{c0}:m_{g0}:m_{s0}:m_{w0}=336:1163.7:654.5:195=1:3.46:1.95:0.58$$

假定经试验调整后的配合比为：

$$m_{c0}:m_{g0}:m_{s0}:m_{w0}=357:658:1171:204=1:1.84:3.28:0.57$$

据此可换算为施工配合比：

$$m'_c=357\text{（kg）}$$
$$m'_s=658\times(1+0.03)=678\text{（kg）}$$
$$m'_g=1171\times(1+0.01)=1188\text{（kg）}$$
$$m'_w=204-658\times 0.03-1171\times 0.01=173\text{（kg）}$$

7.7 装饰混凝土

普通混凝土已成为当今各类建筑材料中应用最为广泛的材料，但美中不足之处是它的外观色彩灰暗呆板，深浅不均，给人以不明快之感。装饰混凝土就是为了改进普通混凝土的这个缺点，而在近几十年内逐渐发展起来的一种新兴的装饰方法。它融结构、装饰于一体，将构件制作与装饰处理同时进行，并获得别具一格的装饰效果。

7.7.1 混凝土的装饰手段

普通混凝土用做地面或墙体材料，具有强度高、耐久性好等优点，但其单调灰暗的色调，缺乏质感的表面，显然不能满足人们的审美要求。但是，若能充分利用混凝土塑性成型及材料构成的特点，采取适当的措施，使其表面具有装饰性的线型，图案、纹理、质感及色彩，那么就可以满足各种装饰的不同要求，展现出独特的建筑装饰艺术效果。

使混凝土获得装饰效果的手段很多，可概括为三个方面。

1. 线型与质感

混凝土是塑性成型材料，几乎可以加工成任意形态。墙体、构件成型时，利用适当的模具，采用一定的工艺方法，使混凝土表面形成一定线型或纹理质感，这是混凝土装饰的主要手段之一，此称清水装饰混凝土。

尺寸较大的构件，要求规矩挺拔的线型，如窗套、翼肋、大的分格缝等，一般宜通过钢模板成型。纹理质感则可通过模板、模衬、表面加工或露明粗、细集料形成。

在墙体表面形成线型、质感时，要有一定的凹凸程度，使一部分混凝土成为纯装饰性的混凝土。这样必然要相应增加自重和造价。因此，设计表面纹样时，要充分考虑上述经济因素，根据建筑物的体量、等级，合理选择纹样与凹凸程度。

决定线型和质感效果的一个重要因素，是它们之间的比例、尺度关系及应用部位。一般来说，用于室内时可以适当纤细些，用于室外，特别是体量较大的高层建筑，则可以粗犷一些。

2. 色彩

采用露集料装饰混凝土，其色彩随着表层剥落的深浅和水泥、砂或石、渣品种而异。表面剥离程度浅，表面比较平整，水泥和细集料的颜色起主要作用；随着剥离程度的加深，粗集料颜色的影响加大。在露集料装饰混凝土的表面上，由于表面光影及多种材料颜色、质感的综合作用，色彩比较活泼，远较一般混凝土表面丰富多彩。但如采用普通水泥和普通砂、石，则其远看效果仍偏于灰暗。

改变清水装饰混凝土颜色的主要措施，一是采用白水泥、彩色水泥或掺加颜料，二是外罩涂料。

改变露明集料装饰混凝土色彩的有效措施是，换用色彩明亮的水泥或集料。尤其是选用适当的集料，不仅可以获得较好的色彩，而且集料色泽稳定，耐污染，具有极好的耐久性。

3. 造型与图案

利用混凝土塑性成型特点，给予混凝土制品一定的造型，或使混凝土表面带有几何图案及立体浮雕花饰，是近年来发展起来的混凝土装饰手段。

一定造型的混凝土制品，可以广泛用于城市雕塑、园林设施（假山、长椅、仿树桩休息墩等）、道路、桥梁等，既美观耐久，又经济实用。

在混凝土模板内，按设计布置一定花纹和图案的衬模，待混凝土硬化拆模后，便可使混凝土表面形成立体装饰图案。

7.7.2 彩色混凝土

7.7.2.1 彩色混凝土的分类

彩色混凝土是彩色水泥或白水泥通过掺加颜料以及彩色粗细集料和涂料罩面来实现的。

(1) 整体着色混凝土

它是用无机颜料混入拌和物中，获得的水泥、砂、石全部着色的混凝土。投料和拌合顺序是：砂、颜料、粗集料、水泥，充分干拌均匀后加水再搅拌。

(2) 表面着色混凝土

如仅在混凝土表面着色，可用水泥（1 份）、砂（0.5 ~ 1 份）、无机颜料

（适量），拌匀后干撒在新成型混凝土表面并抹平即可。或用水泥、粉煤灰、颜料、水拌合成色浆，喷涂在新成型的混凝土表面。

7.7.2.2 彩色混凝土的生产

配制彩色混凝土，要用同色、同批冲洗过的集料，并在运输、使用中妥为保管。特别是配制浅色混凝土或自身是浅色的集料，更应保持清洁。生产和施工时应注意以下几点：

（1）为提高亮度，抵消白水泥中的黄光，可在白水泥中添加少许蓝色颜料。

（2）因毛细孔多，射入光散射程度提高，致使混凝土颜色变浅、变淡，所以高水灰比时成型的混凝土比低水灰的颜色较浅而亮。要求施工中水灰比、振动条件应严加控制。

（3）养护温度会影响某些颜料的稳定性，又会影响水化结晶体的粗细，导致变色、串色。人工养护时要控制温度，温度越高，混凝土颜色越浅淡而亮。自然养护时不易出现这些情况。但水泡、浇水养护还是容易增加浮浆，加速"泛白"，用薄膜等覆盖物易留下水斑纹。

（4）所用脱模剂不应与模板面、颜料起不良反应。

（5）吸水多的木模板使混凝土的浆层颜色变深，钢模则相反。

（6）可选用混凝土专用颜料，即由颜料加助剂加工而成的。助剂主要是离子型表面活性剂，起分散、润湿作用。一般是把颜料、助剂研磨分散后，预制成浆状物。

常采用的彩色混凝土制品有白色混凝土墙面、栏杆及雕塑；彩色混凝土墙面、屋面、现浇地面；彩色混凝土地面砖、花格砖等。

彩色装饰混凝土表面容易泛霜，对于碱含量较高或原材料中可溶物含量较高的混凝土不适宜，对于掺外加剂的混凝土应慎用。

除上述使用白水泥、彩色水泥、白水泥掺加无机氧化物颜料配制彩色混凝土外，还有应用彩色外加剂、化学着色剂及干撒着色硬化剂等方法。彩色外加剂是用适当成分，按比例制成的均匀混合物，它既可使混凝土着色，又能提高混凝土强度，改善和易性，并对颜料和水泥具有扩散作用，使混凝土获得均匀的颜色。化学着色剂是金属盐水溶液，它掺入硬化一个月的混凝土内并与之反应，在混凝土孔隙中生成带色的难溶、抗磨耗的沉淀物。一般可生成绿、红褐、黄褐等色。干撒着色硬化剂是由颜料、调节剂、分散剂等均化而成的。可干撒在新灌的混凝土表面（如地面、路面），起到着色、促凝等作用。为提高着色表面抗磨性，还可在干撒料中掺入石英砂等细集料。

7.7.3 露集料混凝土

露集料混凝土即外表面暴露集料的混凝土。它可以是外露混凝土自身的砂石，也可以是预铺的一层水泥石碴或水泥粗石子。露集料混凝土饰面的基本做法是将未完全硬化的混凝土表面剔除水泥浆体，使表层集料有一定程度的暴露，而不再外涂其他材料。它是依靠集料的色泽、粒形、排列、质感等来实现刻意的装饰效果，达到自然与艺术的结合。这是水刷石、剁斧石、水磨石类方法的延续和演变。

露集料的实施方法，可在水泥硬化前与硬化后进行。按制作工艺分为水洗法、缓凝法、酸洗法、水磨法、喷砂法、抛丸法、剁斧法等。酸洗法因为对混凝土有腐蚀破坏作用，一般很少使用。水磨法、剁斧法则与水磨石、剁斧石的生产工艺相同。

水洗法常用在预制构件中，可在板材浇灌后带模抬高一端，呈倾斜状，然后水洗正面除浆，并将集料面刷洗干洁。

缓凝法常用在受模板限制或工序影响，无法及时除浆露石时，表层部分混凝土配合使用缓凝剂，脱模后也容易水洗除浆。如果在反打工艺底模内铺撒一层似花岗石色彩、质感的彩色石渣，上面再浇灌混凝土（部分使用缓凝剂），起模后水洗石渣面。

抛丸法是用粒径为0.5～1mm和2.4～4mm的砂丸，冲击混凝土表层水泥浆，并将其部分剥离。处理后的混凝土表面变毛，有种特殊的效果。喷丸类似玻璃喷砂工艺，是在喷丸室内自动进行的，把构件送入喷丸直射区，砂丸高速（65～80m/s）冲击板面。

露集料混凝土饰面属高档次做法，有部分石材外露使饰面色泽稳定，接近自然又耐久，此外集料面上还不易“返白”。

7.7.4 普通混凝土表面塑形装饰

这是一种基层与装饰层使用相同材料，一次成型的加工方法，塑形装饰工效高，饰面牢固，造价低。它是靠成型、模制工艺手法，使混凝土外表面产生具有设计要求的线型、图案凹凸层次等。

塑形有反打与正打两种方法。

1. 预制平模反打工艺

板材等制品的正面向下来成型称为反打。它是成型板材等混凝土预制平模生产的一种方法。反打塑形是采用凹凸的线型底模或模底铺设专用的衬模来进浇灌成型的。起吊后板材正面呈现凹凸线型、纹理、浮雕花饰或粗糙面等立体效果。

衬模材料有硬木、玻璃钢、硬塑料、橡胶或钢材等。国内用聚丙烯塑料制作衬模，效果较好，可使装饰面细腻、造型准确、逼真。用衬模塑花饰、线型，易变化花样，易脱模，不黏饰面的边角。

反打成型的优点是凹凸程度可大可小，层次多，成型质量好，图案花纹丰富多彩，但模具成本较高。

2. 预制平模正打工艺

板材等制品的正面向上来成型称为正打。正打塑形，可在混凝土表面初凝前后用工具加工成各式图案和纹路的板面。常用的方法是压印、挠刮等。压印工艺又分凸印与凹印两种。凸印是用镂花样板在刚成型的板面（也可在板上增铺一层水泥砂浆）上压印，或先铺镂花空模具之后填入水泥砂浆，抹平、抽取模具。板成凸起的图形，高一般 10mm。凹印法是用 5 ~ 10mm 的光圆钢筋焊成 300 ~ 400mm 大小的图案模具，在 10mm 厚的水泥砂浆上压印凹纹。

挠刮工艺是在刚成型的板材表面上，用硬刷挠刮，形成一定走向的刷痕，产生毛糙质感。也可采用扫毛法、拉毛法处理表面。

滚花工艺是在成型后板面上抹 10 ~ 15mm 的水泥浆面层，再用滚压工具，滚出线型或花纹图案。

正打塑形的优点是模具简单、投资少，但板面花纹图案较少，效果也较反打塑形差。无论是正打，还是反打，水泥砂浆面层都要求砂粒径偏小些为好。塑形板上墙后可喷涂料，但涂料品种与色泽应正确选择，先行试验，视效果而定。

7.7.5 水泥花砖

水泥花砖是以水泥、砂、颜料等为主要原料，经搅拌、分层铺设、压制成型、养护等工序而制成的表面带有不同色彩和图案的饰面板材。按用途分为地面花砖（F）和墙面花砖（W）。

地面花砖的规格尺寸分为 200mm × 200mm，200mm × 150mm，150mm × 150mm；厚度均为 12 ~ 16mm。墙面花砖的规格分为 200mm × 150mm，150mm × 150mm；厚度均为 10 ~ 14mm。水泥花砖分为一等品、合格品。水泥花砖的吸水率不大于 14%。墙面花砖的抗折荷载大于 380 ~ 720N，地面花砖的抗折荷载大于 520 ~ 1080N，地面花砖的磨耗量不大于 5 ~ 7.5g（荷重 20kg，磨 8min）。花砖的外观质量、物理力学性能包括耐磨性能，应满足《水泥花砖》JC 410—1991（96）规定。

地面花砖适合用于一般工程的楼面与地面装饰，墙面花砖适合用于一般工程内墙面踢脚部位的装饰。

7.7.6 混凝土路面砖

混凝土路面砖又称混凝土铺地砖（板）或混凝土铺道砖（板），是以水泥、砂、石、颜料等为主要原料，经搅拌、压制成型或浇注成型、养护等工艺制成的板材。分为人行道砖（WU）和车行道砖（DU）两种，前者又分为普型砖和异型砖。

普型砖的规格分为 250mm × 250mm，300mm × 300mm，厚度 50mm；以及

500mm×500mm，厚度分为60mm、100mm。异型砖的厚度分为50mm、60mm，形状与尺寸由供需双方商定。车行道砖的厚度分为60mm、80mm、100mm、120mm，尺寸与形状不作规定。

混凝土路面砖分为优等品、一等品、合格品。人行道砖的抗压强度应大于20~30MPa，抗折强度应大于3.0~5.0MPa，吸水率应小于8%~10%，抗冻性为D25。车行道砖的抗压强度应大于35~60MPa，吸水率应小于5%~8%，抗冻性为D25。此外，它们的外观质量、尺寸偏差、物理力学性能（包括耐磨性）应满足《混凝土路面砖》（JC 446—2000）的规定。

混凝土路面砖表面具有多种色彩，凹凸线条或图案，可拼出多种不同的图案，并具有较高的抗折强度和抗冻性。主要用于人行道、停车场、广场等。

7.7.7 彩色混凝土联锁块

彩色混凝土联锁块，简称联锁砖，它的生产工艺与普通的混凝土铺路砖完全相同，只是砖的外形不同。铺设时利用每块砖边缘的曲折变化，达到铺设互相啮合交接，相连相扣，故称为联锁块。联锁块（砖）铺地，使这类地面特点更突出，如可拼合更多适宜图案，防滑性、耐荷性提高，铺取方便、实用、价廉，很受城乡用户欢迎。是国际上近20年来发展很快的铺路、铺地新产品。

1. 品种与规格

按联锁砖的特性和用途分为透水砖、不透水砖、防滑砖、护坡砖、植草砖等。按平面形状分为“Z”、“I”、八角、双曲边、灯笼、三菱、齿边等。按表面处理分为水泥浆本色面、水磨石面、凿毛面、凹凸条纹等。

联锁砖的厚度分为50mm、60mm、80mm，每块砖的面积200~250cm^2（每平方米需用40~50块砖）。

2. 性能与应用

联锁砖一般采用C30以上的混凝土压制而成，人行道用砖的抗压强度应大于30MPa，车行道用砖应大于35MPa。砖的吸水率小于5%，抗冻性为D25。砖的形状及表面形式多样，并可拼成多种图案。植草型砖带的孔洞可以使草生长，并因有砖边的保护作用而不易被踏死，同时还能使雨水渗入地下，起到了铺地、绿化、除尘、降温作用。

联锁砖广泛适用于广场、停车场、花园小路、人行道、路面分隔带等，其装饰效果很好，如在上海外滩等地的应用，取得良好效果。

铺设时应压实基土，并填高于1/2砖厚的砂子，块间应留有3~5mm间隙。主要有“人”字形、“田”字形、“品”字形铺法。“人”字形铺法有利于分散荷载，提高承载力，常用于主干线的铺设。“田”字形铺法主要用于低速车道。“品”字形铺法砖的咬合作用差，图案不灵活，较少使用。

7.7.8 仿毛石边砌块

仿毛石边砌块是在水泥混凝土（或硅酸盐混凝土）小型砌块室外一侧表面上进行仿石类装饰而制成一种既可以承载，又可以起到装饰作用的混凝土砌块，通常为空心砌块。生产这种砌块时，特意放大了向室外一侧的厚度（即留有劈离掉的余量），待养护脱模之后用劈离机割边，使这一面呈现毛石或蘑菇石状饰面。如在配料中掺混了不均匀的色浆条纹，则劈离面更加自然活泼。

此外，还可通过侧模的变化，生产出带肋条的砌块饰面；或将多孔状外侧厚边劈离一部分，形成带毛糙肋条的饰面。带肋条饰面的砌块，砌筑效果大方、庄重又富于变化。该砌块将承重作用或围护作用，与装饰作用融为一体，简化了施工操作。它的装饰效果与天然石材相近，可广泛用于外墙。

7.7.9 装饰混凝土应用现状

7.7.9.1 国外应用概况

装饰混凝土在发达国家发展速度很快，在城市建设和房屋建筑中广泛使用装饰混凝土及其制品。

在城市建设方面，公共建筑的内外墙面较多地采用装饰混凝土，如美国的肯尼迪机场、法国巴黎高乐机场候机大厅等建筑均获得了良好的装饰效果。街道路面、花园及公园步行小径普遍铺设彩色混凝土地砖。在城市景观中，装饰混凝土已成为重要材料，它可以做成彩色防滑路面、停车场、坡道、围栏、挡土墙、花盆等，既美观耐久，又经济实用。装饰混凝土用作城市雕塑主体材料在国外也很普遍，德国波恩贝多芬纪念馆前重达25t的贝多芬塑像，就是用装饰混凝土制作的。有的国家在公园里用钢丝网水泥塑造人物、鸟兽，栩栩如生。国外许多公园的假山、长椅、池塘等也都采用装饰混凝土浇筑而成。

在房屋建筑方面，除彩色地砖用于室内地面，特别是大量用于庭院、走廊处的地面外，装饰混凝土主要用于外墙和屋面。预制的墙体有大板（前苏联）和砌块（美、日）。目前，彩色屋面瓦在美国、西欧、日本等国家和地区已成为主要屋面材料。

7.7.9.2 国内应用概况

我国装饰混凝土虽然起步较晚，但发展较快，除水泥花阶砖、彩色联锁砖等地面材料已形成一定规模的生产使用外，墙体、屋面材料和其他混凝土建筑艺术品也已开发并应用。

我国北京、天津、西安等地先后进行了室外彩色地砖的开发研制，产品也用于城市街道、码头、广场、人行道。

我国从20世纪70年代开始研制装饰混凝土墙板，目前使用的有预制墙板、现浇墙板与构件等。上海在20世纪80年代中期建造的四平路与天宝路口一幢面积11519m^2、高18层的大楼，剪力墙均采用装饰混凝土，并用丙烯酸涂面罩面。北京地区用得较多的是反打成型的条纹状外墙面、仿蘑菇石饰面阳台板等，并已形成一定的应用规模。加拿大驻中国使馆新馆的梁、柱、墙体等采用材质和纹理较好的木模板反打做出木纹清晰的混凝土，装饰效果独特。

装饰混凝土砌块也已用于一些公共建筑的外墙裙和立交桥的护坡上。

装饰混凝土使构件制作与装饰处理同时进行。它可简化施工工序、缩短工期，其装饰效果和耐久性更为人们普遍称道，同时，装饰混凝土材料来源广、造价低、经济效果显著，所以，装饰混凝土有广阔的发展前景。

复习思考题

1. 填空题

(1) 一般混凝土中砂、石含量占混凝土体积的______以上，起骨架作用，分别称为细集料和粗集料。

(2) 混凝土中集料，粒径在________之间的，称为细集料，粒径大于________的称为粗集料。

(3) 国家标准规定测量混凝土强度的立方体试件边长尺寸为________。

(4) 混凝土的和易性是一项综合性技术指标，包括________、________和________等三方面的性能。

2. 选择题

(1) 石子级配中，(　　) 级配的空隙率最小。

A. 连续　B. 间断　C. 单粒　D. 均匀

(2) 坍落度是用来表示塑性混凝土 (　　) 的指标。

A. 和易性　B. 流动性　C. 保水性　D. 黏聚性

(3) 掺用引气剂后混凝土的 (　　) 显著提高。

A. 强度　B. 抗冲击性　C. 弹性模量　D. 抗冻性

(4) 气温升高时，长距离输送的混凝土所加的缓凝减水剂数量宜 (　　)。

A. 加大　B. 减少　C. 不变　D. 以上答案都不对

(5) 为保证耐久性，一般结构的钢筋混凝土水泥用量不宜少于 (　　) kg/m^3。

A.200　B.220　C.240　D.260

(6) 中砂细度模数为 (　　)。

A.3.7~3.1　B.2.2~1.6　C.3.0~2.3　D.4.2~3.4

3. 问答题

(1) 普通混凝土的组成材料有哪几种？在混凝土凝结硬化前后各起什么作用？

(2) 砂子的粗细程度如何表示？按细度分为哪几种砂？

（3）何谓集料的颗粒级配？集料级配良好的标准是什么？有什么技术经济意义？

（4）影响混凝土拌和物的和易性的因素有哪些？如何影响？

（5）影响混凝土强度的因素有哪些？如何影响？

（6）什么是减水剂？混凝土中掺入减水剂有什么技术经济效果？

（7）混凝土配合比设计的任务是什么？需要确定的三个参数是什么？怎样确定？

（8）某室内钢筋混凝土梁，混凝土设计强度等级为C30，采用52.5级的普通水泥（$\rho_c = 3.10g/cm^3$）；卵石，最大粒径40mm，密度$2.67g/cm^3$，堆积密度$1500kg/m^3$；中砂，密度$2.63g/cm^3$，堆积密度$1420kg/m^3$；自来水。试用体积法求该混凝土的初步配合比。若以该配合比作为试验室配合比，工地上砂含水率2%，石含水率1%，求施工配合比。

（9）何谓混凝土耐久性？提高耐久性有哪些措施？

（10）何谓装饰混凝土？使混凝土获得装饰效果的手段有哪些？

（11）什么是清水装饰混凝土？其成型工艺有几种？

（12）什么是露集料混凝土？可以通过哪些制作工艺获得露集料效果？

第8章　建筑砂浆

建筑砂浆是由胶凝材料、细集料、掺加料和水配制而成的细集料混凝土。在建筑工程中是一种用量大，用途广的材料。在砌体结构中，砂浆可以把砖、石块、砌块胶结成整体。墙面、地面及钢筋混凝土梁、柱等结构表面需要用砂浆抹面，起到保护结构和装饰作用。镶贴大理石、水磨石、陶瓷面砖、马赛克以及制作钢丝网水泥制品都需要使用砂浆。

根据用途，建筑砂浆分为砌筑砂浆、抹面砂浆（如普通抹面砂浆、防水砂浆、装饰砂浆等）及特种砂浆（如绝热砂浆、耐酸砂浆等）。根据胶凝材料的不同，建筑砂浆可分为水泥砂浆（由水泥、细集料和水配制而成）、石灰砂浆、混合砂浆（由水泥、细集料、掺加料和水配制成的砂浆）。

8.1　砌筑砂浆和抹面砂浆

用于砌筑砖、石、砌块等砌体的砂浆称为砌筑砂浆。它起着传递荷载的作用，是砌体的重要组成部分。抹面砂浆也称抹灰砂浆，用以涂抹在建筑物或建筑构件的表面，兼有保护基层、满足使用要求和美观的作用。从广义上讲，装饰砂浆也属抹面砂浆，但为了讨论问题系统起见，将装饰砂浆专门列出讨论。

8.1.1　建筑砂浆的原材料

1. 水泥

普通水泥、矿渣水泥、火山灰水泥、粉煤灰水泥及砌筑水泥等都可用来配制砌筑砂浆。水泥强度等级（MPa）通常为砂浆强度等级的4~5倍，常用水泥的强度等级为32.5和42.5。当水泥强度等级较高时，可掺加适量混合材料如粉煤灰等。特殊用途的砂浆，如修补裂缝、嵌缝等应采用膨胀水泥；耐酸砂浆、耐热砂浆可采用水玻璃；装饰砂浆可采用白水泥和彩色水泥等。

2. 掺加料

掺加料是为改善砂浆和易性而加入的无机材料，如石灰膏、电石膏（电石消解后，经过滤后的产物）、粉煤灰、黏土膏等。掺加料应符合下列规定：

（1）生石灰熟化成石灰膏时，应用孔径不大于3mm×3mm的网过滤，熟化时间不得少于7d；磨细生石灰粉的熟化时间不得少于2d。沉淀池中贮存的石灰膏，应采取防止干燥、冻结和污染的措施。严禁使用脱水硬化的石灰膏。

（2）采用黏土或亚黏土制备黏土膏时，宜用搅拌机加水搅拌，通过孔径不大于 3mm × 3mm 的网过筛。用比色法鉴定黏土中的有机物含量时应浅于标准色。

(3) 制作电石膏的电石渣应用孔径不大于 3mm × 3mm 的网过滤，检验时应加热至 70℃并保持 20min，没有乙炔气味后，方可使用。

(4) 消石灰粉不得直接用于砌筑砂浆中。

(5) 石灰膏、黏土膏、电石膏试配时的稠度，应为 120mm ± 5mm。

(6) 粉煤灰的品质指标和磨细石灰的品质指标，应符合国家标准《用于水泥和混凝土中的粉煤灰》(GB 1596—1991) 及行业标准《建筑生石灰料》(JC/T 480—1992) 的要求。

3. 砂

砌筑砂浆用砂的质量要求应符合《建筑用砂》(GB/T 14684—2001) 的规定。一般砌筑砂浆采用中砂拌制，既能满足和易性要求，又能节约水泥，因此建议优先选用，其中毛石砌体宜选用粗砂，砂的含泥量不应超过 5%。强度等级为 2.5 的水泥混合砂浆，砂的含泥量不应超过 10%。

对于光滑的抹面及勾缝砂浆应采用洁净的细砂。

4. 水

配制砂浆用水应符合现行行业标准《混凝土拌合用水标准》(JGJ 63—1989) 的规定。

5. 外加剂

外加剂是在拌制砂浆过程中掺入，用以改善砂浆性能的物质。砌筑砂浆中掺入砂浆外加剂，应具有法定检验机构出具的产品砌体强度形式检验报告，并经砂浆性能试验合格后，方可使用。

8.1.2 砂浆的主要技术性质

8.1.2.1 砂浆的和易性

新拌砂浆应具有良好的和易性，和易性良好的砂浆易在粗糙的砖石基面上铺抹成均匀的薄层，且能与底面紧密黏结，既便于施工操作，提高劳动生产率，又能保证工程质量。砂浆和易性包括流动性和保水性两方面的含义。

1. 流动性（稠度）

砂浆流动性是指砂浆在自重或外力作用下产生流动的性能。砂浆流动性以稠度（即沉入度）表示，用砂浆稠度仪测定。砌筑砂浆的稠度按表 8-1 规定选用；抹面砂浆按表 8-2 选用。

表 8-1 砌筑砂浆的稠度

砌体种类	砂浆稠度/mm
烧结普通砖砌体	70 ~ 90
轻集料混凝土小型空心砌块砌体	60 ~ 90

续表

砌 体 种 类	砂浆稠度/mm
烧结多孔砖，空心砖砌体	60～80
烧结普通砖平拱式过梁 空斗墙，筒拱 普通混凝土小型空心砌块砌体 加气混凝土砌块砌体	50～70
石砌体	30～50

表 8-2 抹面砂浆流动性及集料最大粒径

抹面层	沉入度（人工抹面）/mm	砂的最大粒径/mm
底 层	100～120	2.5
中 层	70～90	2.5
面 层	70～80	1.2

2. 保水性

新拌砂浆能保持内部水分不泌出流失的能力称为保水性。保水性不好的砂浆在运输和施工过程中容易产生泌水和离析，铺抹于基底时，水分易被基面吸走，从而使砂浆干涩，不便施工。同时也影响水泥的正常水化硬化，使强度和黏结力下降。因此，为保证砌筑和抹灰质量，砂浆应具有良好的保水性。

砂浆保水性通常以分层度来表示。用砂浆分层度筒测定。砂浆的分层度一般以 10～20mm 为宜，但不得大于 30mm。分层度过大，表示砂浆易产生分层离析，不利于施工及水泥硬化。分层度值接近于零的砂浆，容易产生干缩裂缝。

8.1.2.2 *砂浆的强度等级及密度*

砂浆以抗压强度为主要指标。将砂浆按规定方法做成 70.7mm × 70.7mm × 70.7mm 的立方体，在标准条件下养护 28d，测其抗压强度平均值（MPa），据此确定砂浆的强度等级。砂浆强度等级分为：M2.5、M5、M7.5、M10、M15、M20 共六个等级。砌筑砂浆强度等级为 M10 及 M10 以下宜用水泥混合砂浆。

水泥砂浆拌和物的密度不宜小于 1900kg/m^3；水泥混合砂浆拌和物的密度不宜小于 1800kg/m^3。

对砂浆强度的影响因素，随基底的吸水与否而不同。对普通水泥配制的砂浆，其具体影响因素如下：

1. 当基底为不吸水材料（如致密的石材）时，影响砂浆强度的主要因素与混凝土基本相同，即主要取决于水泥强度等级和水灰比。用公式表示如下：

$$f_{mu} = 0.29 f_{ce}\left(\frac{C}{W} - 0.4\right)$$

式中　f_{mu}——砂浆28d的抗压强度，MPa；

f_{ce}——水泥的强度，MPa；

$\frac{C}{W}$——灰水比。

2. 当基底为吸水材料（如砖及其他多孔材料）时，即使砂浆的稠度不同，但因砂浆具有保水性，经底面吸水后，保留在砂浆中的水分大致是相同的，当砂浆中水泥用量不同时，其剩余水灰比则不同，所以水泥用量成为决定强度的主要因素，而拌合时的原始水灰比几乎不影响砂浆的强度。此时的强度计算公式为：

$$f_{mu} = f_{ce} \cdot m_{ce} \cdot \alpha / 1000 + \beta$$

式中　f_{mu}——砌砖砂浆的28d立方体强度，MPa；

f_{ce}——所用水泥的强度，MPa；

m_{ce}——每立方米砂浆的水泥用量，kg；

α，β——砂浆特征的经验系数，可按表8-3选用。

表8-3　砂浆的特征经验系数 α，β 参考值

砂浆品种	α	β
水泥混合砂浆	3.03	-15.9
水泥砂浆	1.03	3.5

注：各地区可根据本地区试验统计确定 α，β 值，但统计用试验组数不得少于30组。

8.1.2.3　黏结力

砌筑砂浆必须有足够的黏结力，才能将砖石黏结为坚固的整体，砂浆黏结力的大小，将影响砌体的抗剪强度、耐久性、稳定性及抗震能力，是影响砌体强度最重要的参数。抹面砂浆是薄层附着在基底表面上，因此，只有砂浆有足够黏结力，才能保证其不空鼓、开裂脱落等。用作粘贴贴面装饰材料的砂浆，更必须具有较强的黏结力，以保证贴面材料与基层间的牢固黏结。

一般砂浆的黏结力随砂浆的抗压强度提高而增大，此外，砂浆的黏结力还与基层材料的表面状况、清洁程度、润湿状况及施工、养护条件等有关。

8.1.2.4　砂浆的变形

砂浆在承受荷载、温度变化或湿度变化时容易产生变形。如果变形过大或不均匀，则会降低砌体或抹灰的质量，引起沉陷或开裂。为了减少抹面砂浆因收缩而引起的开裂，可在砂浆中加入麻刀、纸筋等纤维材料。

砌筑砂浆稠度、分层度、抗压强度三项指标必须同时符合要求。

8.1.3 砌筑砂浆和抹面砂浆的应用

8.1.3.1 *砌筑砂浆配合比设计*

砌筑砂浆要根据工程类别及砌体部位的设计要求，选择其强度等级，再按砂浆强度等级来确定其配合比。

确定砂浆配合比，一般情况下可查阅有关手册或资料。重要工程用砂浆需进行配合比设计。根据《砌筑砂浆配合比设计规程》(JGJ 98—2000)，按下列步骤计算。

1. 水泥混合砂浆配合比计算

(1) 确定砂浆的试配强度 ($f_{m\cdot 0}$)

砂浆的试配强度应按下列计算：

$$f_{m\cdot 0} = f_z + 0.645\sigma$$

式中 $f_{m\cdot 0}$——砂浆的试配强度，精确至0.1MPa；

f_z——砂浆抗压强度平均值，精确至0.1MPa；

σ——砂浆现场强度标准差，精确至0.1MPa。

砌筑砂浆现场强度标差的确定应符合下列规定：

①当有统计资料时，按下式计算：

$$\sigma = \sqrt{\frac{\sum_{i=1}^{n} f_{m\cdot i}^2 - n\mu f_m^2}{n-1}}$$

式中 $f_{m\cdot i}$——统计周期内同一品种砂浆第 i 组试件的强度，MPa；

μf_m——统计周期内同一品种砂浆 n 组试件强度的平均值，MPa；

n——统计周期内同一品种砂浆试件的总组数，$n \geqslant 25$。

②当不具有近期统计资料时，砂浆现场强度标准差 σ 可按表8-4取用。

表8-4 砂浆强度标准差 σ 选用值 (MPa)

施工水平 \ 砂浆强度等级	M2.5	M5.0	M7.5	M10	M15	M20
优 良	0.50	1.00	1.50	2.00	3.00	4.00
一 般	0.62	1.25	1.88	2.50	3.75	5.00
较 差	0.75	1.50	2.55	3.00	4.50	6.00

(2) 水泥用量计算

①每立方米砂浆中的水泥用量按下式计算：

$$m_{ce} = \frac{1000(f_{m\cdot 0} - \beta)}{\alpha \cdot f_{ce}}$$

式中　m_{ce}——每立方米砂浆的水泥用量，精确至 1kg/m³；

$f_{m\cdot0}$——砂浆的试配强度；精确至 0.1MPa；

f_{ce}——水泥的实测强度，精确至 0.1MPa；

α，β——砂浆的特征系数，其中 $\alpha=3.03$，$\beta=-15.09$。

②在无法取得水泥的实测强度值时，可按下式计算 f_{ce}：

$$f_{ce}=\gamma_c\cdot f_{ce\cdot k}$$

式中　$f_{ce\cdot k}$——水泥强度等级对应的强度值；

γ_c——水泥强度等级值的富余系数，该值应按实际统计资料确定。无统计资料时 γ_c 可取 1.0。

(3) 掺加料用量计算

水泥混合砂浆的掺加料用量按下式计算：

$$m_o=m_a-m_c$$

式中　m_o——每立方米砂浆的掺加料用量，精确至 1kg/m³；

m_c——每立方米砂浆水泥用量，精确至 1kg/m³；

m_a——每立方米砂浆水泥和掺加料的总量，精确至 1kg/m³；宜在 300～500kg/m³ 之间。

(4) 砂用量计算

每立方米砂浆中砂子用量，应将干燥状态（含水率小于 0.5%）的堆积密度值作为计算值（kg/m³）。

(5) 用水量计算

每立方米砂浆中的用水量，根据砂浆稠度等要求可选用 240～310kg/m³。混合砂浆中的用水量，不包括石灰膏或黏土膏中的水；当采用细砂或粗砂时，用水量分别取上限或下限；稠度小于 70mm 时，用水量可小于下限；施工现场气候炎热或干燥季节，可酌情增加水量。

2. 水泥砂浆材料用量可按表 8-5 选用

表 8-5　每立方米水泥砂浆材料用量

强度等级	每立方米砂浆水泥用量 /kg·m^{-3}	每立方米砂浆砂子用量 /kg·m^{-3}	每立方米砂浆用水量 /kg·m^{-3}
M2.5～M5	200～230	砂子的堆积密度值	270～330
M7.5～M10	220～280		
M15	280～340		
M20	340～400		

注：表 8-5 中水泥强度等级为 32.5 级，大于 32.5 级水泥用量宜取下限；根据施工水平合理选择水泥用量；当采用细砂或粗砂时，用水量分别取上限或下限；稠度小于 70mm 时，用水量可小于下限，施工现场气候炎热或干燥季节，可酌量增加用水量；试配强度应按式（$f_{m\cdot0}=f_z+0.6456$）计算。

无论是查表或计算所得的配合比，都必须经过试配调整，使之达到满意的和易性和强度要求，最后将确定的各种材料用量，换算成以水泥为 1 的配合比。

【例 8-1】 计算用于砌筑烧结空心砖墙的水泥石灰砂浆的配合比，砂浆强度等级为 M7.5，稠度为 60～80mm，分层度小于 30mm。采用强度等级为 42.5 级的普通水泥，含水率为 2% 的中砂，其堆积密度为 1450kg/m^3，用实测稠度为 120mm ± 5mm 的石灰膏，施工水平一般。

解：

(1) 砂浆试配强度（$f_{m\cdot 0}$）

$$f_{m\cdot 0} = f_z + 0.645\sigma$$

查表 8-4，$\sigma = 1.88\text{MPa}$

则 $f_{m\cdot 0} = 7.5 + 0.645 \times 1.88 = 8.7\text{MPa}$

(2) 计算水泥用量 m_c

$$m_c = \frac{1000(f_{m\cdot 0} - \beta)}{\alpha f_{ce}} = \frac{1000(8.7 + 15.00)}{3.03 \times 42.5} = 184\text{kg/m}^3$$

(3) 计算石灰膏用量 m_d

取砂浆中水泥和石灰膏总量 $m_a = 300\text{kg/m}^3$

则 $m_d = m_a - m_c = 300 - 184 = 116\text{kg/m}^3$

(4) 计算砂用量

根据砂子堆积密度和含水率，砂用量为：

$$m_c = 1450 \times (1 + 2\%) = 1479\text{kg/m}^3$$

(5) 确定用水量 m_w

根据用水量在 240～310kg/m^3 之间，选择 $m_w = 300\text{kg/m}^3$。

8.1.3.2 砌筑砂浆的选用

砌筑砂浆按所用胶凝材料不同，可分为水泥砂浆、水泥石灰混合砂浆、石灰砂浆三种。工程使用应根据砌体种类选用，可参照表 8-6 进行。

表 8-6 砂浆种类的选择

砂浆种类	适 用 范 围
水泥混合砂浆	地面以上的承重和非承重砖石砌体
水泥砂浆	1. 片石基础、砖基础及一般地下构筑物 2. 砖平拱、钢筋砖过梁等，要求砂浆标号高的水塔、烟囱、筒拱
石灰砂浆	平房或临时性建筑

8.1.3.3 普通抹面砂浆的配比及选用

抹面砂浆与砌筑砂浆相比，具有以下特点：不承受外力荷载，施工时多分为几层涂抹，面层要求较高。所以抹面砂浆的主要技术要求不是抗压强度，而是和易性与基底材料的黏结力。确定抹面砂浆组成材料及配合比的主要依据是工程部位及基底材料特性。表 8-7 为常用抹面砂浆配合比和应用范围参考表。

表 8-7 各种抹灰砂浆配合比参考

材　　料	配合比（体积比）	应　用　范　围
石灰:砂	1:2～1:4	用于砖石墙表面（檐口、勒脚、女儿墙以及潮湿房间墙除外）
石灰:黏土:砂	1:1:4～1:1:8	干燥环境的表面
石灰:石膏:砂	1:0.4:2～1:1:3	用于不潮湿房间的木质表面
石灰:石膏:砂	1:0.6:2～1:1.5:3	用于不潮湿房间的墙及天花板
石灰:石膏:砂	1:2:2～1:2:4	用于不潮湿的线脚及比较潮湿的部位
石灰:水泥:砂	1:0.5:4.5～1:1:5	用于檐口、勒脚、女儿墙外脚以及比较潮湿的部位
水泥:砂	1:3～1:2.5	用于浴室、潮湿车间等墙裙，勒脚或地面基层
水泥:砂	1:2～1:1.5	用于地面、顶棚或墙面面层
水泥:砂	1:0.5～1:1	用于混凝土地面随时压光
水泥:石膏:砂:锯末	1:1:3:5	用于吸声粉刷
水泥:白石子	1:2～1:1	用于水磨石（打底用 1:2.5 水泥砂浆）
水泥:白云灰:白石子	1:(0.5～1):(1.5～2)	用于水刷石（打底用 1:0.5:3.5）
水泥:白石子	1:1.5	用于剁石[打底用 1:(2～2.5)水泥砂浆]
石灰:麻刀	100:2.5（质量比）	用于板条顶棚底层
石灰膏:麻刀	100:1.3（质量比）	用于木板条顶棚面层（或 100kg 石灰膏加 3.8kg 纸筋）
纸筋:石灰浆	纸筋 0.36kg，石灰膏 $0.1m^3$	较高级墙面、顶棚

普通抹面砂浆主要是对建筑物或构筑物起保护作用，当然也有一定的装饰作用。普通抹面常分两层或三层进行施工：底层砂浆的作用是使砂浆与基层牢固黏结，因此要求砂浆的和易性和黏结力良好，基层面应粗糙湿润；中层抹灰主要是为了找平（有时可省去不做）；面层则应平整、光滑、洁净、美观、达到规定的饰面要求。

底层及中层抹灰多用水泥混合砂浆，面层抹灰多用水泥混合砂浆或掺麻刀、纸筋的石灰砂浆。在潮湿房间、地下建筑以及易碰撞部位应用水泥砂浆。

8.2 装饰砂浆

普通抹面砂浆虽有一定的装饰作用，但毕竟是非常有限的。装饰砂浆是指专门用于建筑物室内外表面装饰，以增加建筑物外观美为主要作用的砂浆。它是在抹面施工的同时，经各种艺术处理而获得特殊的表面形式，以满足艺术审美需要的一种表面装饰。

8.2.1 装饰砂浆的种类及其饰面特性

装饰砂浆获得装饰效果的具体做法可分为两类。

1. 灰浆类饰面

通过水泥砂浆的着色或水泥砂浆表面形态的艺术加工，获得一定色彩、线条、纹理质感，达到装饰目的，称为灰浆类饰面。

这种以水泥、石灰及其砂浆为主形成饰面装饰做法的主要优点是材料来源广泛，施工操作方便，造价比较低廉，而且通过不同的艺术加工方法，可以形成不同的装饰效果，如搓毛、拉毛、喷毛以及仿面砖、仿毛石等饰面。

2. 石碴类饰面

在水泥浆中掺入各种彩色石碴作集料，制得水泥石碴浆抹于墙体基层表面，然后用水洗、剁斧、水磨等手段除去表面水泥浆皮，露出石碴的颜色、质感的饰面做法，称为石碴类饰面。

它与灰浆类饰面的主要区别在于：石碴类饰面主要靠石碴的颜色，颗粒形状来达到装饰目的，而灰浆类饰面则主要靠掺入颜料，以及砂浆本身所能形成的质感来达到装饰目的。与石碴相比，水泥等材料的装饰质感及耐污染性比较差，而且多数石材的耐光性比颜料好，所以，石碴类饰面的色泽比较明亮，质感相对更丰富，并且不易褪色和污染。但石碴类饰面相对于砂浆类而言工效较低，造价较高。当然，随着技术与工艺的演变，这种差别正在日益缩小。

8.2.2 装饰砂浆的组成材料

1. 胶凝材料

装饰砂浆所用胶凝材料与普通抹面砂浆基本相同，只是更多地使用白水泥和彩色水泥。

2. 集料

装饰砂浆所用集料除普通砂外，还常用石英砂、彩釉砂、着色砂，以及石碴、石屑、砾石、彩色瓷粒、玻璃珠等。

(1) 石英砂。石英砂分天然石英砂、人造石英砂及机制石英砂三种。人造石英砂和机制石英砂比天然石英砂质量好、纯净且二氧化硅含量高。除用于装饰工程外，石英砂还用于配制耐腐蚀砂浆。

(2) 彩釉砂和着色砂。二者均为人工砂，其特性如下：

①彩釉砂是由各种不同粒径的石英砂或白云石粒加颜料焙烧后，再经化学处理制成。在高温80℃，负温20℃下不变色，具有防酸耐碱性能。彩釉砂产品有：深黄、浅黄、象牙黄、珍珠黄、桔黄、浅绿、草绿、玉绿、雅绿、碧绿、海碧、浅草青、赤红、西赤、咖啡、钴蓝等30多种颜色。

②着色砂是在石英砂或白云石细粒表面进行人工着色制成，着色多采用矿物颜料。着色砂色彩鲜艳，耐久性好。

(3) 石碴。也称石粒、石米等，是由天然大理石、白云石、方解石、花岗岩破碎加工而成。具有多种色泽（包括白色），是石碴类饰面的主要集料，也是预制人造大理石、水磨石的原料。其品种、规格及质量要求见表 8-8。

表 8-8 彩色石碴规格、品种及质量要求

编号	规格	粒径/mm	常用品种	质量要求
1	大二分	约 20	东北红、东北绿、丹东绿、盖平红、粉黄绿、玉泉灰、旺青、晚霞、白云石、云彩绿、红玉花、奶油白、竹根霞、苏州黑、黄花玉、南京红、雪浪、松香石、墨玉、汉白玉、曲阳红等	1. 颗粒坚韧有棱角、洁净，不得含有风化石粒 2. 使用时应冲洗干净
2	一分半	约 15		
3	大八厘	约 8		
4	中八厘	约 6		
5	小八厘	约 4		
6	米粒石	0.3 ~ 1.2		

(4) 石屑。石屑是粒径比石粒更小的细集料，主要用于配制外墙喷涂用聚合物砂浆。常用的有松香石屑、白云石屑等。

(5) 彩色瓷粒和玻璃珠。

①彩色瓷粒是用石英、长石和瓷土为主要原料烧制而成。粒径为 1 ~ 2mm，颜色多样。以彩色瓷粒代替色石碴用于室外装饰抹灰，具有大气稳定性好、颗粒小、表面瓷粒均匀、露出黏结砂浆部分少、饰面层薄、自重减轻等优点。

②玻璃珠即玻璃弹子，产品有镶色或花芯。彩色瓷粒和玻璃珠可镶嵌在水泥砂浆、混合砂浆或彩色砂浆底层上作为装饰饰面用，如檐口、腰线、外墙面、门头线、窗套等，均可在其表面上镶嵌一层彩色的瓷粒或玻璃珠，装饰效果极好。

3. 颜料

掺颜料的砂浆，一般用在室外抹灰工程中，如假大理石、假面砖、喷涂、弹涂和彩色砂浆抹面。这些饰面长期处于风吹、日晒、雨淋之中，且受到大气中有害气体的腐蚀和污染等。因此，选择合适的颜料，是保证饰面质量、避免褪色和变色、延长使用年限的关键。

颜料选择要根据其价格、砂浆品种、建筑物所处环境和设计要求而定。建筑物处于受酸侵蚀的环境中时，要选用耐酸性好的颜料；受日光曝晒的部位，要选用耐光性好的颜料；碱度高的砂浆，要选用耐碱性好的颜料；设计要求鲜艳颜色，可选用色彩鲜艳的有机颜料。

在装饰砂浆中，通常采用耐碱性和耐光性好的矿物颜料，其主要品种和性质见表 8-9，颜料掺量见表 8-10。

表 8-9　装饰砂浆常用颜料及性质

颜色	颜料名称	性　　质
红色	氧化铁红	有天然和人造两种。遮盖力和着色力较强，有优越的耐光、耐高湿、耐污浊气体及耐碱性能，是较好、较经济的红色颜料之一
	甲苯胺红	为鲜艳红色粉末，遮盖力、着色力较高，耐光、耐热、耐酸碱，在大气中无敏感性，一般用于高级装饰工程
黄色	氧化铁黄	遮盖力比其他黄色颜料都高，着色力几乎与铅铬黄相等，耐光性、耐大气影响、耐污浊气体以及耐碱性等都比较强，是装饰工程中既好又经济的黄色颜料之一
	铬黄	铬黄系含有铬酸铅的黄颜料，着色力高，遮盖力强，较氧化铁黄鲜艳，但不耐强碱
绿色	铬绿	是铅铬黄和普鲁士蓝的混合物，配色变动较大，决定于两种成分含量比例。遮盖力强，耐气候、耐光、耐热性能好，但不耐酸碱
	氧化铁黄与酞青绿	参见本表中“氧化铁黄”及“群青”
蓝色	群青	为半透明鲜艳的蓝色颜料，耐光、耐风雨、耐热，耐碱但不耐酸，是既好又经济的蓝色颜料之一
	钴蓝与酞青蓝	为带绿光的蓝色颜料、耐热、耐光、耐酸碱性能较好
棕色	氧化铁棕	是氧化铁红和氧化铁黑的机械混合物，有的产品还掺有少量氧化铁黄
紫色	氧化铁紫	可用氧化铁红和群青配用代替
黑色	氧化铁黑	遮盖力、着色力强，耐光，耐一切碱类，对大气作用也很稳定，是一种既好又经济的蓝色颜料之一
	碳黑	根据制造方法不同分为槽黑和炉黑两种。装饰工程常用炉黑，性能与氧化铁黑基本相同，仅密度稍轻，不易操作
	锰黑	遮盖力颇强
	松烟	采用松材、松根、松枝等在室内进行不完全燃烧而熏得的黑色烟炭，遮盖力及着色力均好

表 8-10　彩色砂浆配色颜料参考用量

色调		红色			黄色			青色			绿色			棕色			紫色			褐色		
		浅红	中红	暗红	浅黄	中黄	深黄	淡青	中青	暗青	淡绿	中绿	暗绿	淡棕	中棕	深棕	淡紫	中紫	暗紫	浅褐	咖啡	暗褐
用料名称	42.5级硅酸盐水泥	93	86	79	95	90	85	93	86	79	95	90	85	95	90	85	93	86	79	94	83	82
	红色系颜料	7	14	21															4	7	9	
	黄色系颜料				5	10	15															
	蓝色系颜料							3	7	12												
	绿色系颜料										5	10	15									
	棕绿系颜料													5	10	15						
	紫色系颜料																7	14	21			
	黑色系颜料																			2	5	9
	白色系颜料							4	7	9												

注：1. 各种系列颜料可单一用，也可用两种或数种颜料配制后采用。

2. 如用混合砂浆或石灰砂浆或白水泥砂浆时，表中所列颜料用量酌减 60%～70%，但青色砂浆不需另加白色颜料。

3. 如用彩色水泥时，则不需加任何颜料，直接按体积比彩色水泥:砂＝1:2.5～3 配制即可，但必须选用同一产地的砂子，否则粉刷颜色不均。

8.2.3 灰砂类砂浆饰面

1. 拉毛灰

拉毛灰是在水泥砂浆或水泥混合砂浆抹灰中层基面上，抹上水泥混合砂浆、纸筋灰或水泥石灰浆等，并利用拉毛工具将砂浆拉起波纹和斑点的毛头，做出一种凹凸质感较强的饰面层。一般适用于有音响要求的礼堂、影剧院、会议室等室内墙面，也可用于外墙面、阳台栏板或围墙等外饰面。

拉毛灰有拉长毛、短毛、拉粗毛、细毛之分，此外还有条筋形拉毛等。条筋形拉毛的外观类似树皮。

2. 甩毛灰

甩毛灰是用竹丝刷等工具将罩面灰浆往中层砂浆基面上甩洒，形成大小不一又很有规律的云朵状毛面。也有先在基质上刷水泥色浆，再甩上不同颜色的罩面灰浆，并用抹子轻轻压平，形成两种颜色的套色做法。甩出的云朵必须大小相称，纵横相间，既不杂乱无章，也不整齐划一，以免呆板。

3. 搓毛灰

搓毛灰是在罩面灰浆初凝时，用硬木抹子由上至下搓出一条细而直的纹路，也可水平方向搓出一条L形细纹路，当纹路明显搓出后即停。这种装饰方法工艺简单、造价低、效果朴实大方。

4. 扫毛灰

扫毛灰是用竹丝扫帚把按设计组合分格的面层砂浆，扫出不同方向的条纹，或做成仿岩石的装饰抹灰。扫毛灰做成假石以代替天然石饰面、工序简单、造价便宜，适用于影剧院、宾馆的内墙和庭院的外墙饰面。

扫毛仿石，具有岩石纹理，用多种几何图形的扫毛块石和谐地组合在一起，具有一定的线型与纹理质感，造型美观，质朴淡雅，视觉舒适。不同条纹的光影作用，使不同分块面上明暗变化，形成明显的质感区别，装饰效果好。

5. 拉条抹灰

拉条抹灰是用专用模具把面层砂浆做出竖线条的饰面。模具是将松木条的一边刻成设计的凹槽，抹上面层砂浆后，立即用模具由上而下拉出线条，使面层具有一定线型的纹理质感。线条有细条形、粗条形、半圆形、波形、梯形、方形等多种形式。适用于公共建筑的门厅、会议室、观众厅等。

6. 假面砖

假面砖是采用掺氧化铁系颜料的水泥砂浆，通过手工操作达到类似面砖装饰效果的饰面做法，适合于房屋建筑外墙抹灰饰面。

7. 假大理石

假大理石是用掺适当颜料的石膏色浆和素石膏浆按1∶10比例配合，通过手工操作，做成具有大理石表面特征的装饰抹灰。如果做得好，在颜色、花纹和光洁度等方面都接近天然大理石效果。适用于高级装饰工程中的内墙抹灰。

8. 外墙喷涂

外墙喷涂是用挤压式砂浆泵或喷斗将聚合物水泥砂浆喷涂在墙面基层或底灰上，形成饰面层。在涂层表面再喷一层甲基硅醇钠或甲基硅树脂疏水剂，以提高涂层耐久性和减少墙面污染。根据涂层质感可分为：波面喷涂，其表面灰浆饱满，波纹起伏；颗粒喷涂，表面不出浆，布满细碎颗粒；花点喷涂，在波面喷涂层上，再喷以不同色调的砂浆点，远看似水刷石或花岗石饰面效果。

9. 外墙滚涂

外墙滚涂是将聚合物水泥砂浆抹在墙体表面上，用棍子滚出花纹，再喷罩疏水剂形成饰面层。这种工艺，施工方法简单，容易掌握，对局部施工尤为适用。

10. 弹涂

用弹涂器将不同色彩的水泥浆弹涂在基面上，形成 3～5mm 的扁圆形斑点，不同色点互相衬托，构成一种彩色的装饰面层。彩色水泥点硬化后再罩一层抗污染的疏水涂料。

8.2.4　石碴类砂浆饰面

1. 水刷石

在水泥砂浆基层上，先薄刮一层水泥净浆，随即抹水泥石碴浆，其体积配合比依石碴粒径而定，当石渣粒径为 8mm 时，水泥∶石碴 = 1∶1；粒径为 6mm 时，水泥∶石碴 = 1∶1.25；粒径为 4mm 时，水泥∶石碴 = 1∶1.3，水泥石碴浆厚度为石碴粒径的 2.5 倍。要求将水泥石碴浆拍实拍平，当它开始凝结时，用毛刷蘸水或用喷雾器把水泥浆冲洗掉，直至石碴半露为止。水刷石饰面具有石料饰面的朴实的质感效果，如果再结合适当的艺术处理，如分格、分色、凹凸线条等，可使饰面获得自然美观、明快庄重、秀丽淡雅的艺术效果。因此，水刷石是一种颇受人们欢迎的传统外墙装饰工艺，长期以来在我国各地被广泛采用。其缺点是现场湿作业量大，劳动条件差，费工费料。

水刷石除用于建筑物外墙面外，檐口、腰线、窗套、阳台、雨篷、勒脚及花台等部位亦常使用。

2. 斩假石

斩假石又称剁斧石。它是以水泥石碴浆或水泥石屑浆作面层抹灰，待其硬化具有一定强度后，用钝斧及各种凿子等工具，在面层斩剁出类似石材经雕琢的纹理效果的一种人造石材装饰方法。

斩假石在石碴类饰面的各种做法中，装饰效果最好。它既具有貌似真石的质感，又有精工细作的特点，给人以朴实自然、素雅庄重的感觉。缺点是费工费时，劳动强度大，工效较低。

斩假石饰面一般多用于局部小面积装饰，如勒脚、台阶、柱面、扶手等。

3. 水磨石

水磨石是由水泥、彩色石碴或白大理石碴及水按适当比例配合，需要时掺入适量颜料，经搅拌、浇注捣实、养护、硬化、表面打磨、草酸冲洗、干后上蜡等工序制成。既可现场制作，也可工厂预制。表 8-11 为彩色水磨石参考配合比。

表 8-11　彩色水磨石参考配合比

彩色水磨石名称	主要材料/kg				颜料（占水泥质量%）	
赭色水磨石	紫红石子		黑石子	白水泥	红色	黑色
	160		40	100	2	4
绿色水磨石	绿石子		黑石子	白水泥	绿色	
	160		40	100	0.5	
浅粉红色水磨石	红石子		白石子	白水泥	红色	黄色
	140		60	100	适量	适量
浅黄绿色水磨石	绿石子		黄石子	白水泥	黄色	绿色
	100		100	100	4	1.5
浅桔黄色水磨石	黄石子		白石子	白水泥	黄色	红色
	140		60	100	2	适量
本色水磨石	白石子		黄石子	42.5 级水泥	—	
	60		140	100	—	
白色水磨石	白石子	黑石子	黄石子	白水泥	—	
	140	40	20	100	—	

注：白水泥为苏州光华水泥厂产 42.5 级水泥，颜料采用氧化铬绿、氧化铁黄、氧化铁红。

石碴类饰面除上述做法外，还有拉假石、干粘石等做法。它们虽同属石碴类饰面，但在装饰效果，特别在质感上有明显的不同。水刷石最为粗犷，而干粘石粗中带细，斩假石则典雅凝重，水磨石则有润滑细腻之感。在颜色花纹方面，色泽之华丽和花纹之美观首推水磨石，斩假石的颜色一般较浅，很像斩凿过的灰色花岗石，水刷石有青灰、奶黄等颜色，干粘石的色彩主要决定于所用石碴的颜色，这三者都不能像水磨石那样，能在表面做出细巧的图案花纹。

复习思考题

1. 填空题

（1）根据用途，建筑砂浆分为________、________、防水砂浆及特种砂浆。

（2）根据胶凝材料不同，砂浆可分为水泥砂浆、________、________。

（3）砂浆的分层厚度一般以________为宜，但不得大于________。

(4) 砂浆的强度按国家标准做成________的立方体，在标准条件下养护28d，测其抗压强度的平均值（MPa），据此确定砂浆的强度等级。

2. 选择题

(1) 砌筑砂浆强度同混凝土相比，除考虑抗压强度外，还应考虑（　）。

A. 抗拉强度　B. 黏结强度　C. 深度　D. 光洁度

(2) 凡涂在建筑物或构件中表面的砂浆，可统称为（　）。

A. 砌筑砂浆　B. 抹面砂浆　C. 混合砂浆　D. 防水砂浆

(3) 在抹面砂浆中掺入纤维材料可以改变砂浆的（　）。

A. 强度　B. 抗拉强度　C. 保水性　D. 分层度

(4) 红砖在砌筑前，一定要进行浇水润湿，其目的是（　）。

A. 把砖冲洗干净　B. 保证砌砖时，砌筑砂浆的稠度

C. 砂浆对砖的胶结力　D. 减少砌筑砂浆需水量

(5) 砂浆的稠度是用砂浆稠度测定仪的试锥下沉深度（mm）来标定的，砖砌体的砌筑砂浆采用的稠度宜为（　）mm。

A. 20 ~ 30　B. 50 ~ 70　C. 70 ~ 100　D. 90 ~ 120

(6) 建筑砂浆流动性用（　）表示。

A. 沉入度　B. 坍落度　C. 分层度　D. 针入度

3. 问答题

(1) 常用建筑砂浆有哪些类型？

(2) 何谓砌筑砂浆？影响砌砖砂浆和砌石砂浆强度的因素有什么不同？

(3) 何谓砂浆的和易性？为什么砂浆必须有一定的稠度和保水性？

(4) 抹面砂浆有哪些技术要求？

(5) 灰浆类饰面有哪些工艺做法？效果如何？

(6) 何谓水磨石、水刷石、斩假石？它们有什么样的装饰效果？

第9章 金属材料

金属材料是指由一种以上的金属元素或金属元素与某些非金属元素组成的合金的总称。

金属材料可分为黑色金属和有色金属两大类。黑色金属指铁碳合金，主要是铁和钢；黑色金属以外的所有金属及其合金通称为有色金属，如铜、铝及其合金等。所谓合金是由两种或两种以上的元素（至少有一种为金属元素）组成的金属。

金属材料与其他材料相比，具有较高的强度，能抵抗较大的变形，并能制成各种形状的制品和型材，所以广泛用于建筑工程。

9.1 建筑常用钢材

建筑钢材具有以下主要优点：

(1) 强度高。钢材的抗拉、抗压、抗弯、抗剪强度都很高，常温下具有承受较大冲击荷载的韧性，为典型的韧性材料。

(2) 塑性好。在常温下钢材能承受较大的塑性变形，便于冷弯、冷拉、冷拔、冷轧等各种冷加工。

(3) 质量均匀，性能可靠。可以用多种方法焊接或铆接，并可进行热轧和锻造，还可通过热处理方法，在很大范围内改变和控制钢材的性能。

9.1.1 钢的冶炼和分类

9.1.1.1 钢的冶炼

铁矿石经冶炼后得到铁，铁再冶炼则得钢。由于铁和碳的化合力极强，所以工业上很难得到纯铁。含碳量低于0.04%的铁称为熟铁，熟铁软而易加工，但力学强度很差。含碳量2.0%以上称为生铁，并含有较多的Si、S、P、Mn等杂质。

将生铁的碳含量降低到2.0%以下，使S、P等杂质含量降至一定范围内即成为钢。所以炼钢基本原理是除碳、造渣和脱氧。

1. 除碳

通过氧化法，可将一部分碳变为气体而逸出。

$$2Fe + O_2 \longrightarrow 2FeO$$

$$FeO + C \longrightarrow Fe + CO_2$$

2. 造渣

在氧化还原反应中可将生铁中的 Si、Mn 变为钢渣，上浮于钢水之上而排出。

$$FeO + Mn \longrightarrow Fe + MnO$$

$$2FeO + Si \longrightarrow 2Fe + SiO_2$$

铁水中的 S、P 杂质只有在碱性条件下才能除去，通常加入一定量的石灰石。

$$5FeO + 2P + CaO \longrightarrow Fe + Ca_3(PO_4)_2$$

$$2FeO + Si \longrightarrow 2Fe + SiO_2$$

3. 脱氧

由于锰、硅、铝与氧的结合能力大于氧与铁的结合能力，所以脱氧时给钢水中加入锰铁、硅铁或铝锭作为还原剂，将钢水中的 FeO 还原为铁，使氧变为 Mn、Si 或铝的氧化物而进入钢渣。

脱氧减少了钢材中的气泡，并克服了元素分布不均（通常称为偏析）的缺点，可明显改善钢材的技术性质。

目前，常用的炼钢方法有三种：平炉炼钢、转炉炼钢和电炉炼钢。平炉是应用较早的炼钢炉，它以生铁、铁矿石或废钢铁为原料，以煤气或重油为燃料进行冶炼。平炉冶炼时间长，去除杂质更为彻底，钢的质量好，但成本较高，用于冶炼优质碳素钢、合金钢及其他有特殊要求的专用钢。氧气转炉炼钢是由炉顶向炉内吹入高压氧气，使熔融铁水中的碳和硫等杂质被氧化除去，得到较纯净的钢水。转炉炼钢周期短，生产效率高，杂质清除较充分，钢的质量较好，可以生产优质碳素钢和合金钢。电炉炼钢是用电为热源，废钢及生铁为原料，电炉温度可以自由调控，清除杂质较容易，钢的质量好，但成本高，用于冶炼优质碳素钢和特殊合金钢。

合金钢是在炼钢过程中人为地加入一种或几种合金元素而制成。常用的合金元素有硅、锰、铬、钛等，它们可使钢的某些性质得到显著改善。

9.1.1.2　钢的分类

钢的分类可按冶炼方法、化学成分、质量等级及用途等多种方法进行分类。

1. 按冶炼方法分
   - 按炉种分
     - 平炉钢
     - 转炉钢（氧气转炉钢、空气转炉钢）
     - 电炉钢
   - 按脱氧程度分
     - 镇静钢
     - 半镇静钢
     - 特别镇静钢
     - 沸腾钢

2. 按化学成分分
   - 碳素钢
     - 低碳钢　含碳量 < 0.25%
     - 中碳钢　含碳量 0.25% ~ 0.60%
     - 高碳钢　含碳量 > 0.60%
   - 合金钢
     - 低合金钢　合金元素总含量 < 5%
     - 中合金钢　合金元素总含量 5% ~ 10%
     - 高合金钢　合金元素总含量 > 10%

3. 按质量比分
   - 普通钢　P≤0.045%，S≤0.05% ~ 0.055%
   - 优质钢　P≤0.035%，S≤0.035%
   - 高级优质钢　P≤0.025%，S≤0.025%
   - 特级优质钢　P≤0.025%，S≤0.015%

4. 按用途分
   - 结构钢
     - 工程结构用钢
       - 建筑用钢
       - 专门用途钢（船舶、桥梁、锅炉用钢）
     - 机械零件用钢
       - 渗碳钢
       - 调质钢
       - 弹簧钢
       - 轴承钢
   - 工具钢
     - 量具钢
     - 刃具钢
     - 模具钢
   - 特殊性能钢——不锈钢、耐热钢、耐磨钢、电工用钢等

9.1.2　建筑钢材的力学性能

建筑钢材的力学性能主要有抗拉、冷弯、冲击韧性和耐疲劳性等。

9.1.2.1　抗拉性能

抗拉性能是建筑钢材的重要性能。由拉力试验测定的屈服强度、抗拉强度和伸长率是建筑钢材的重要技术指标。

建筑钢材的抗拉性能，可通过低碳钢（软钢）受拉的应力-应变图说明，见图 9-1。

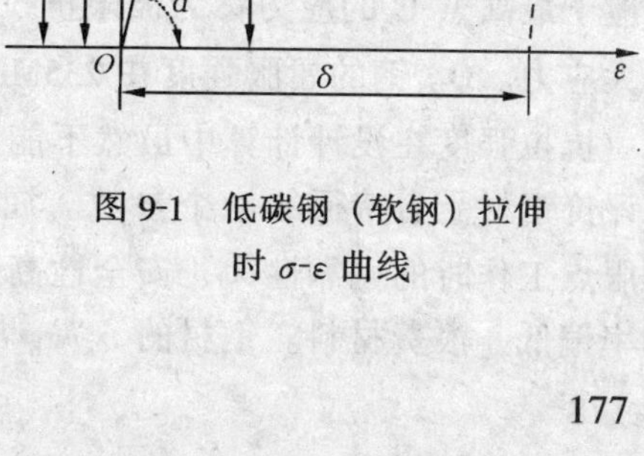

图 9-1　低碳钢（软钢）拉伸时 σ-ε 曲线

软钢受拉的全过程可分为四个阶段：弹性阶段（$O \rightarrow A$）、屈服阶段（$A \rightarrow B$）、强化阶段（$B \rightarrow C$）和颈缩阶段（$C \rightarrow D$）。

1. 弹性阶段

在 $O \rightarrow A$ 范围内应力与应变成正比关系，如果卸去外力，试件则恢复原状而无残余变形，这种性质称为弹性，这个阶段称为弹性阶段。

弹性阶段的最高点（A 点）所对应力称为比例极限或弹性极限，用 σ_p 表示。应力和应变的比值为常数，称为弹性模量，用 E 表示，$E=\sigma/\varepsilon$。弹性模量反映钢材的刚度，即产生单位应变时所需应力的大小，它是计算钢结构变形重要指标。建筑工程中广泛应用的Q_{235}碳素结构钢的弹性模量$E=(2.0\sim2.1)\times10^5$ MPa。

2. 屈服阶段

当应力超过比例极限后，应力和应变不再成正比关系，应力的增长滞后于应变的增长，从 $B_上 \rightarrow B_下$ 点甚至出现了应力减少的情况。这一现象称为屈服，这一阶段称为屈服阶段。在屈服阶段内，若卸去外力，则试件不能完全恢复，即产生了塑性变形。$B_上$ 点对应的应力称为屈服上限，$B_下$ 点所对应的应力称为屈服下限。由于 $B_下$ 点比较稳定且容易测定，故常以屈服下限作为钢材的屈服强度，用 σ_s 表示。

钢材受力达到屈服强度后，尽管尚未断裂，但由于变形的迅速增长，已不能满足使用要求，故设计中一般以屈服强度作为钢材强度的取值依据。

对于在外力作用下屈服现象不明显的钢材(某些合金钢或含碳高的钢材)，则规定产生残余变形为0.2%原标距长度时的应力作为该钢材的屈服强度，用 $\sigma_{0.2}$ 表示，称为屈服强度 $\sigma_{0.2}$，如图 9-2 所示。

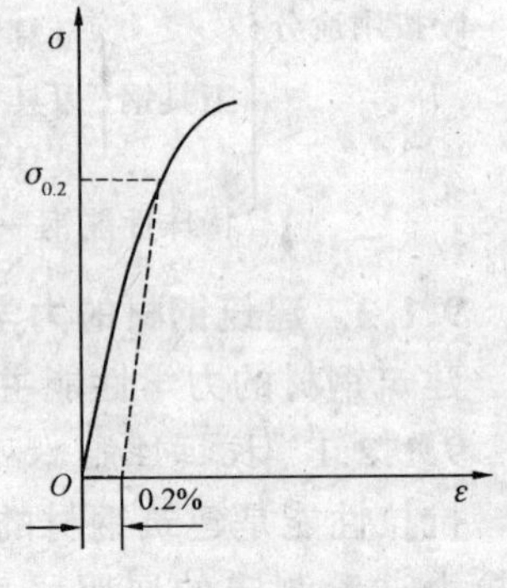

图 9-2　硬钢的屈服强度

3. 强化阶段

当钢材屈服到一定程度以后，由于内部晶格扭曲，晶粒破碎等原因，阻止了塑性变形的进一步发展，钢材抵抗能力重新提高，表现在应力-应变图上即曲线由 $B_下$ 点开始上升至最高点 C，这一过程通常称为强化阶段。对应于最高点 C 的应力称为极限抗拉强度，用 σ_b 表示，它是钢材所能承受的最大应力。Q_{235}钢的屈服强度在 235MPa 以上，抗拉强度在 375MPa 以上。

抗拉强度在设计计算中虽然不能直接利用，但是屈服强度与抗拉强度之比是评价钢材受力特征的一个参数。屈强比（σ_s/σ_b）愈小，反应钢材受力超过屈服点工作时的可靠性大、安全性高，但是该比值过小，又说明钢材强度的利用率偏低，浪费材料。钢材的 σ_s/σ_b 常为 $0.60\sim0.75$。

4. 颈缩阶段

当钢材强化达到 C 点后，在试件薄弱处的断面将显著减小，塑性变形急剧增加，产生"颈缩"现象而很快断裂，如图 9-3 所示。

将断裂后的试件拼合起来，便可量出标距范围的长度 L_1，L_1 与试件受力前原标距长度 L_0 之差为塑性变形值，它与 L_0 之比称为伸长率 δ，则按下式计算：

$$\delta = \frac{L_1 - L_0}{L_0} \times 100\%$$

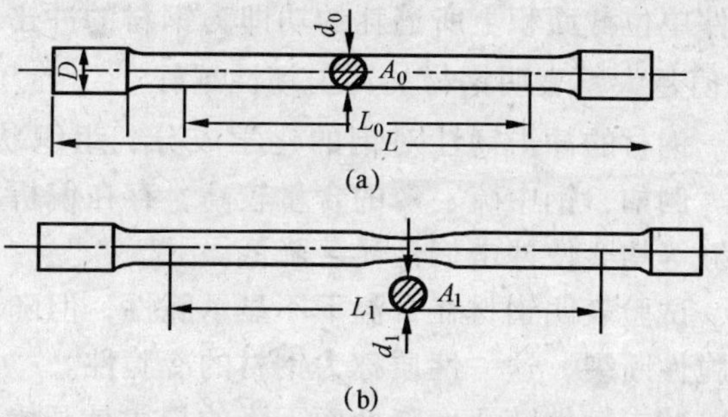

图 9-3　钢的拉伸试件示意图

(a) 拉伸前；(b) 拉伸后

伸长率表示钢材塑性变形能力的大小，是钢材的重要技术指标。尽管结构是在弹性范围在使用，但其应力集中处的应力可能超过屈服点。良好的塑性变形能力，可使应力重新分布，从而避免结构过早破坏。

9.1.2.2　冷弯性能

冷弯性能指钢材在常温下承受弯曲变形的能力，是建筑钢材的工艺性能指标。

建筑钢材的冷弯性能，常用弯曲角度 α 和弯心直径 d 与试件直径（或厚度 a）的比值来表示。弯曲角度愈大、d/a 愈小，说明试件受弯曲程度愈高。钢材的技术标准中对不同的钢材的冷弯指标均有具体规定。当按规定的弯曲角度 α 和 d/a 值对试件进行冷弯时，试件受弯处不发生裂纹、断裂或起层，即认为冷弯性能合格。

图 9-4 和图 9-5 分别为冷弯试验及弯曲角度相同、d/a 不同时的弯曲情况。

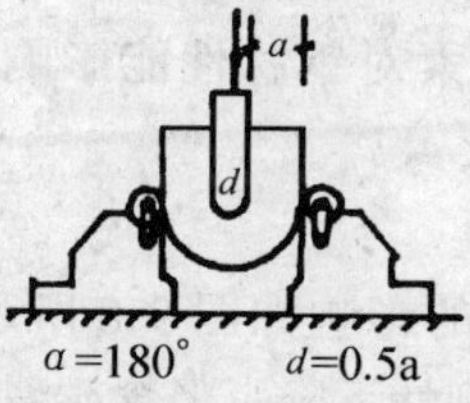

图 9-4　冷弯试验

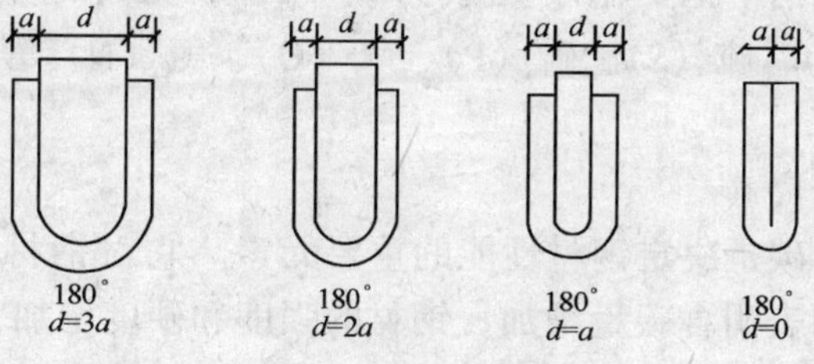

图 9-5　钢材冷弯

钢材的冷弯性能和伸长率均是塑性变形能力的反应。但伸长率是在试件轴向均匀变形条件下测定的，而冷弯性能则是在更严格条件下钢材局部变形的能力。它可揭示钢材内部结构是否均匀，是否存在内应力和夹杂物等缺陷。

冲击韧性指钢材抵抗冲击荷载的能力。冲击韧性指标是通过标准试件的冲击韧性试验确定的，如图 9-6 所示。以摆锤冲击试件刻槽的背面，将其打断，试件单位截面积上所消耗的功即为钢材的冲击韧性指标，以 α_k 表示（J/cm^2），α_k 值越大，表明钢材的冲击韧性越好。

钢材的冲击韧性对钢的化学成分、组织状态以及冶炼、轧制质量都较敏感。例如，钢中硫、磷的含量较高，存在偏析，非金属夹杂质或焊接形成的微裂缝等均会使冲击韧性显著降低。

试验表明钢材在常温下不显示脆性，但随着温度下降到一定程度则可以发生脆性断裂，这一性质称为钢材的冷脆性。

冲击韧性随温度降低而下降的规律是开始下降缓慢，当达到一定温度时突然下降。这时的温度范围称为脆性转变温度或脆性临界温度，如图 9-7 所示，其数值愈低，表明钢材的低温冲击韧性愈好。

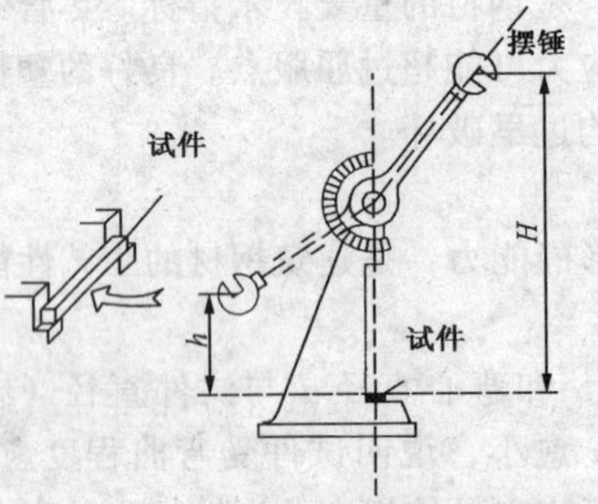

图 9-6　摆锤式冲击韧性试验

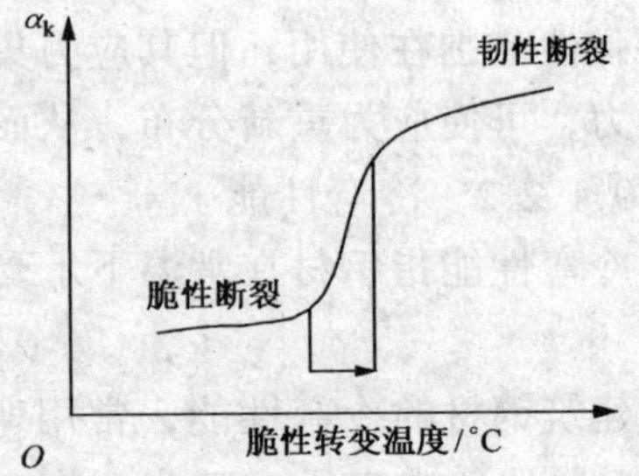

图 9-7　钢材的脆性转变温度

9.1.3　化学成分对钢材性能的影响

钢中主要化学元素为铁（Fe），另外还有少量的碳（C）、硅（Si）、锰（Mn）、硫（S）、磷（P）、氧（O）、氮（N）等，这些元素对钢材性能影响很大。

1. 碳

碳是决定钢材性能的重要元素。它对钢材力学性质的影响如图 9-8 所示。该图表明含碳量增加，钢材的强度和硬度增加，塑性和韧性下降，但含碳量大于 1.0%时，由于钢材变脆，强度反而下降了。

含碳量增加，还会使焊接性能、耐锈蚀性能下降并增加钢的脆性和时效敏感性。含碳量大于 0.3%时，可焊性明显下降。

2. 硫

硫是钢材中最主要的有害元素之一。它以 FeS 的形式存在，是一种低熔点化合物，硫化物的低熔点易使钢材焊接时形成热裂纹，这种高温下产生热裂纹的特性叫热脆性。热脆性严重损害了钢的可焊性和热加工性。

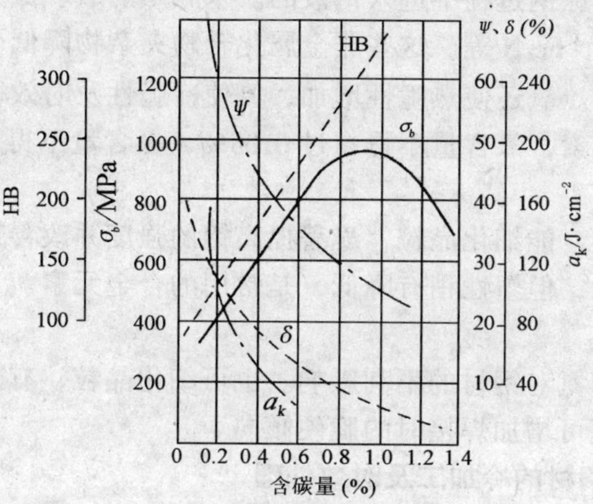

图 9-8 含碳量对碳素钢性能的影响

硫还会降低钢材所有的物理力学性能，如冲击韧性、耐疲劳性、抗腐蚀性等。因此硫是钢中的有害元素之一，一般不得超过 0.05%，硫的含量也是区分钢材品质的重要指标之一。

3. 磷

磷是钢材的主要有害元素之一，含量一般不得超过 0.045%，也是区分钢材品质的重要指标之一。

磷是炼钢时原料带入的，它可显著降低钢材的塑性和韧性，特别是低温下的冲击韧性下降更为显著，磷的偏析较为严重，分布不均匀，含量高时可与铁形成 Fe_3P 夹杂质。磷使钢冷脆性增加和可焊性下降。

磷可使钢材的强度、耐磨性、耐腐蚀性提高，尤其与铜等合金元素共存时效果更为明显。

4. 硅和锰

硅和锰均是为了脱氧去硫而加入的元素。因为硅、锰和氧的结合力大于铁与氧的结合力，锰与硫的结合力大于铁与硫的结合力，所以可使有害的 FeO 和 FeS 分别形成为 SiO_2、MnO 及 MnS 而进入钢渣中，硫的减少可使钢材热脆性下降，力学性能得到改善。

硅是钢的主要合金元素，含量常在 1% 以内，大部分熔于铁素体中，可提高强度，对塑性和韧性的影响不明显。

锰是低合金结构钢的主要合金元素，含量常在 1% ~ 2%，溶于铁素体中，可使晶粒细化，提高强度。

5. 氧和氮

氧和氮都是在炼钢过程中进入钢液的。未除尽的氧、氮大部分以化合物的形式存在，如 FeO、Fe_4N 等。这些非金属化合物夹杂物降低了钢材的强度、冷弯性能和焊接性能。氧还使热脆性增加，氮使冷脆性及时效敏感性增加。因此氧、氮均为有害元素，氧含量不得超过 0.05%，氮含量不得超过 0.03%。

6. 钛

钛是强脱氧剂，能细化晶粒，显著提高钢的强度并改善韧性，减少时效敏感性，改善可焊性，但塑性稍有降低，是常用的合金元素。

7. 钒

钒可减弱碳与氮对钢材的不利影响。也可细化晶粒，有效地提高强度，减少时效敏感性，但可增加焊接时的脆硬倾向。

9.1.4 建筑钢材的冷加工及时效处理

将钢材于常温下进行冷拉、冷拔或冷轧，使其产生塑性变形，从而提高屈服强度。这个过程称为冷加工强化处理。

工程中常用冷拉和冷拔来提高屈服强度、节约钢材。但冷加工往往导致塑性、韧性及弹性模量的降低。

图 9-9 中 *O*、*B*、*C*、*D* 为未经冷拉和时效试件的应力-应变曲线。将试件拉至超过屈服点的任一点 *K*，然后卸去荷载，在卸荷过程中，由于试件已产生塑性变形，故曲线沿 *KO*′下降，*KO*′大致与 *BO* 平行。如立即重新拉伸，则新的屈服强度将高于原来达到的 *K* 点。以后的应力-应变关系将与原来曲线 *KCD* 相似。这表明：钢材经冷拉后，屈服点将提高。如在 *K* 点卸荷后，不立即拉伸，将试件在常温下存放 15 ~ 20d 后（自然时效）；或加热到 100 ~ 200℃并保持一定时间（人工时效），这个过程称为时效处理。经过时效后再拉伸，钢材屈服点将升高至 K_1 点。继续拉伸，曲线将沿 $K_1C_1D_1$ 发展，表明钢材经冷拉时效后，屈服点和抗拉强度都得到提高。时效还可以使冷拉损失的弹性模量基本恢复，硬度增加，但塑性和韧性则进一步降低。

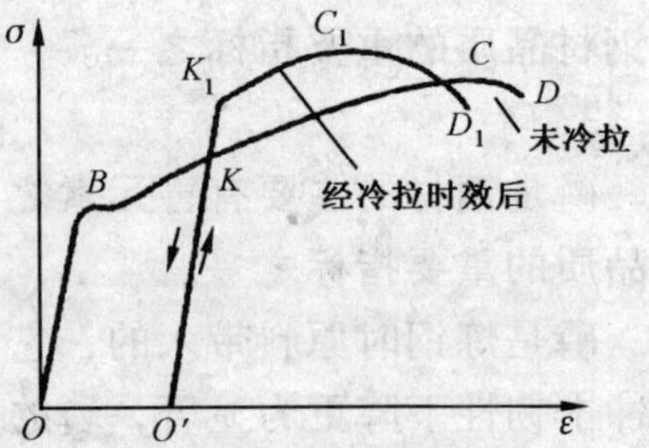

图 9-9 钢筋冷拉曲线

钢材的时效是普遍而长期的过程。未经冷拉的钢材同样存在时效问题，冷拉只是加速了时效的发展。

冷拔是将低碳钢丝（ϕ6 以下的盘条）从孔径略小于被拔钢丝直径的硬质拔丝模中强力地拔出，使钢丝断面减小，长度伸长的过程。

冷轧是使低碳钢丝通过硬度轧辊，在钢丝表面轧制出呈一定规律分布的轧痕。

冷加工具有明显的经济效益。如冷拉后屈服强度可提高15%～20%，冷拔后屈服强度可提高40%～60%，作为钢筋混凝土中的受力主筋，可适量减小设计截面或减少配筋量，节约钢材。

冷拉可简化施工工艺，可使盘条钢筋开盘、矫直、冷拉三道工序合为一道工序，直条钢筋则可将矫直、除锈、冷拉合为一道工序。

冷加工和时效一般同时采用，应通过试验确定性能冷拉控制参数和时效方式。一般来说，强度低的钢筋宜采用自然时效，强度较高的钢筋宜采用人工时效。

9.1.5 建筑钢材的技术标准及选用

建筑钢材可分为钢结构用型钢和钢筋混凝土用钢筋。

9.1.5.1 碳素结构钢

碳素结构钢包括一般结构钢和工程用热轧钢板、钢带、型钢等。现行国家标准《碳素结构钢》（GB 700—88）具体规定了它的牌号表示方法、代号和符号、技术要求、试验方法、检验规则等。

1. 牌号表示方法

标准中规定:碳素结构钢按屈服点的数值(MPa)分为195、215、255、275五种;按硫磷杂质的含量由多到少分为A、B、C、D四个质量等级;按照脱氧程度不同分为特殊镇静钢(TE)、镇静钢(Z)、半镇静钢(b)和沸腾钢(F)。钢的牌号由代表屈服点的字母Q、屈服点数值、质量等级和脱氧程度四个部分顺序组成。对于镇静钢和特殊镇静钢,在钢的牌号中予以省略。如Q235-A·F,表示屈服点为235MPa的A级沸腾钢;Q235-C表示屈服点为235MPa的C级镇静钢。

2. 技术要求

碳素结构钢的技术要求包括化学成分、力学性能、冶炼方法、交货状态及表面质量五个方面，碳素结构钢的化学成分、力学性能、冷弯试验指标应分别符合表9-1、表9-2、表9-3的要求。

表9-1 碳素结构钢的化学成分（GB 700—88）

牌号	等级	化学成分（%）					脱氧方法
		C	Mn	Si	S	P	
				不大于			
Q195	—	0.06～0.12	0.25～0.50	0.30	0.050	0.045	F.b.Z
Q215	A	0.09～0.15	0.25～0.55	0.30	0.050	0.045	F.b.Z
	B				0.045		

续表

牌号	等级	化学成分（%）					脱氧方法
		C	Mn	Si	S	P	
				不大于			
Q235	A	0.14～0.22	0.30～0.65	0.30	0.050	0.045	F.b.Z
	B	0.12～0.20	0.30～0.70		0.045		
	C	≤0.18	0.35～0.80		0.040	0.040	Z
	D	≤0.17			0.035	0.035	TZ
Q255	A	0.18～0.28	0.40～0.70	0.30	0.050	0.045	F.b.Z
	B				0.045		
Q275	—	0.28～0.38	0.50～0.80	0.35	0.050	0.045	b.Z

表 9-2　碳素结构钢的力学性能

牌号	等级	拉伸试验													冲击试验	
		屈服点 σ_s/MPa						抗拉强度 σ_b /MPa	伸长率 δ_5（%）						温度 /℃	V 型冲击功（纵向）/J
		钢材厚度（直径）/mm							钢材厚度（直径）/mm							
		≤16	＞16～40	＞40～60	＞60～100	＞100～150	＞150		≤16	＞16～40	＞40～60	＞60～100	＞100～150	＞150		
		≥							≥						—	≥
Q195	—	(195)	(185)	—	—	—	—	315～430	33	32	—	—	—	—	—	—
Q215	A	215	205	195	185	175	165	335～450	31	30	29	28	27	26	—	—
	B														20	27
Q235	A	235	225	215	205	195	185	375～500	26	25	24	23	22	21	—	—
	B														20	27
	C														0	
	D														−20	
Q255	A	255	245	235	225	215	205	410～550	24	23	22	21	20	19	—	—
	B														20	27
Q275	—	275	265	255	245	235	225	490～630	20	19	18	17	16	15	—	—

表 9-3　碳素结构钢的工艺性能

牌　　号	试样方向	冷弯试验 $b=2a$，180°		
		钢材厚度（直径）/mm		
		60	>60~100	>100~200
		弯心直径 d		
Q195	纵	0	—	—
	横	$0.5a$		
Q215	纵	$0.5a$	$1.5a$	$2a$
	横	a	$2a$	$2.5a$
Q235	纵	a	$2a$	$2.5a$
	横	$1.5a$	$2.5a$	$3a$
Q255	—	$2a$	$3a$	$3.5a$
Q275	—	$3a$	$4a$	$4.5a$

碳素结构钢的冶炼方法采用氧气转炉、平炉和电炉。一般为热轧状态交货，表面质量也应符合有关规定。

3. 各类牌号钢材的性能和用途

从表 9-2 和表 9-3 中可知，钢材随钢号的增大，含碳量增加，强度和硬度相应提高，而塑性和韧性则降低。

建筑工程中应用最广泛的是 Q235 号钢。其含碳量为 0.14%~0.22%，属低碳钢，具有较高的强度，良好的塑性、韧性及可焊性，综合性能好，能满足一般钢结构和钢筋混凝土用钢要求，且成本较低。在钢结构中主要使用 Q235 钢轧制成各种型钢、钢板。

Q195 和 Q215 号钢，强度低，塑性和韧性较好，易于冷加工，常用作钢钉、铆钉、螺栓及铁丝等。Q215 号钢经冷加工后可代替 Q235 号钢使用。

Q255、Q275 号钢，强度较高，但塑性、韧性差，可焊性也差，不易焊接和冷弯加工，可用于轧制带肋钢筋，作螺栓配件等，但更多用于机械零件和工具等。

9.1.5.2　低合金高强度结构钢

低合金高强度结构钢是在碳素结构钢的基础上，添加少量的一种或几种合金元素（总含量小于 5%）的一种结构钢。其目的是为了提高钢的屈服强度、抗拉强度，它是综合性较为理想的建筑钢材，尤其在大跨度，承受动荷载和冲击荷载的结构中更适用。另外，与使用碳素钢相比，可节约钢材 20%~30%，而成本并不很高。

1. 牌号表示方法

根据国家标准《低合金高强度结构钢》(GB 1591—1994)规定,共有五个牌号。所加元素主要有锰、硅、钒、钛、铌、铬、镍及稀土元素。其牌号的表示方法由屈服点字母 Q、屈服点数值、质量等级(分 A、B、C、D、E 五级)三个部分组成。

2. 标准与选用

低合金高强度结构钢的化学成分、力学性能见表 9-4、表 9-5。

表 9-4 低合金高强度结构钢的化学成分(GB 1591—1994)

牌号	质量等级	化学成分(%)										
		C ≤	Mn	Si	P ≤	S ≤	V	Nb	Ti	Al ≥	Cr ≤	Ni ≤
Q295	A				0.045	0.045				—		
	B	0.16	0.80 ~ 0.15	0.55	0.040	0.040	0.02 ~ 0.15	0.015 ~ 0.060	0.02 ~ 0.20	—		
Q345	A	0.02			0.045	0.045				—		
	B	0.02			0.040	0.040				—		
	C	0.20	1.00 ~ 1.60	0.55	0.035	0.035	0.02 ~ 0.15	0.015 ~ 0.060	0.02 ~ 0.20	0.015		
	D	0.18			0.030	0.030				0.015		
	E	0.18			0.025	0.025				0.015		
Q390	A				0.045	0.045				—		
	B				0.040	0.040				—		
	C	0.20	1.00 ~ 1.60	0.55	0.035	0.035	0.02 ~ 0.20	0.015 ~ 0.060	0.02 ~ 0.20	0.015	0.30	0.70
	D				0.030	0.030				0.015		
	E				0.025	0.025				0.015		
Q420	A				0.045	0.045				—		
	B				0.040	0.040				—		
	C	0.20	1.00 ~ 1.70	0.55	0.035	0.035	0.02 ~ 0.20	0.015 ~ 0.060	0.02 ~ 0.20	0.015	0.40	0.70
	D				0.030	0.030				0.015		
	E				0.025	0.025				0.015		
Q460	C				0.035	0.035						
	D	0.20	1.00 ~ 1.70	0.55	0.030	0.030	0.02 ~ 0.20	0.015 ~ 0.060	0.02 ~ 0.20	0.015	0.70	0.70
	E				0.025	0.025						

注:表中的 Al 为全铝含量。如化验酸溶铝时,其含量应不小于 0.010%。

表 9-5　低合金高强度结构钢的力学性能（GB 1591—1994）

牌号	质量等级	屈服点 σ_s/MPa 厚度（直径，边长）/mm				抗拉强度 σ_b /MPa	伸长率 δ_s （%）	V型冲击劲（A_{kv}，纵向）/J				180°弯曲试验 d—弯心直径；a—试件厚度（直径） 钢材厚度（直径）/mm	
		≤15	>16~35	>35~50	>50~100			+20℃	0℃	-20℃	-40℃	≤16	>16~100
		≥					≥						
Q295	A	295	275	255	235	390~570	23					$d=2a$	$d=3a$
	B							34					
Q345	A	345	325	295	275	470~630	21						
	B						21	34					
	C						22		34				
	D						22			34			
	E						22				27		
Q390	A	390	370	350	330	490~650	19						
	B						19	34					
	C						20		34				
	D						20			34			
	E						20				27		
Q420	A	420	400	380	360	520~680	18						
	B						18	34					
	C						19		34				
	D						19			34			
	E						19				27		
Q460	C	460	400	420	400	550~720	17		34				
	D									34			
	E										27		

在钢结构中常采用低合金高强度钢结构钢轧制型钢、钢板，来建筑桥梁、高层及大跨度建筑。在重要的钢筋混凝土结构或预应力钢筋混凝土结构中，主要应用低合金钢加工成的热轧带肋钢筋。

9.1.5.3　钢筋混凝土结构用钢

钢筋混凝土用钢筋的直径通常为 8~40mm，小于 8mm 者为钢丝。

1. 热轧钢筋

用加热钢坯轧成的条形成品，称为热轧钢筋。它是建筑工程中用量最大的钢材品种之一，主要用于钢筋混凝土和预应力混凝土结构的配筋。

热轧钢筋按其轧制外形分为：热轧光圆钢筋、热轧带肋钢筋。带肋钢筋通常为圆形横截面，且表面带有两条纵肋和沿长度方向均匀分布的横肋。按肋纹的形状分为月牙肋和等高肋（图 9-10）。月牙肋的纵横肋不相交，而等高肋的纵横肋相交。月牙肋钢筋有生产简便、强度高、应力集中、敏感性小、疲劳性能好等优点，但其与混凝土的黏结锚固性能稍逊于等高肋钢筋。根据《钢筋混凝土用热轧光圆钢筋》（GB 13013—1991）和《钢筋混凝土用热轧带肋钢筋》（GB 1499—1998），热轧钢筋的力学性能及工艺性能应符合表 9-6 的规定。H、R、B 分别为热轧、带肋、钢筋三个词的英文首位字母。

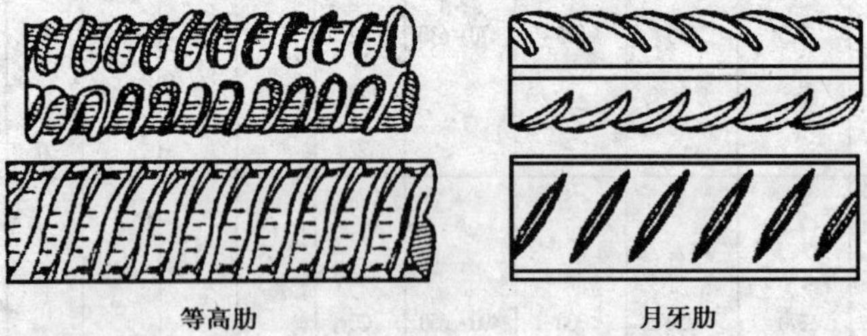

图 9-10　带肋钢筋外形

表 9-6　热轧钢筋的性能

强度等级代号	外形	钢种	公称直径 a /mm	屈服强度 /MPa	抗拉强度 /MPa	伸长率 δ_s (%)	冷弯试验	
							角度	弯心直径
HPB235	光圆	低碳钢	8 ~ 20	235	370	25	180°	$d = a$
HRB335	月牙肋	低碳低合金钢	6 ~ 25	335	490	16	180°	$d = 3a$
			28 ~ 50					$d = 4a$
HRB400			6 ~ 25	400	570	14	180°	$d = 4a$
			28 ~ 50					$d = 5a$
HRB500	等高肋	中碳低合金钢	6 ~ 25	500	630	12	180°	$d = 6a$
			28 ~ 50					$d = 7a$

热轧钢筋中的低碳钢筋热轧圆盘条，直径 8 ~ 20mm，也广泛地应用在建筑及金属制品中。根据规定，盘条分为建筑用盘条和拉丝用盘条两类，所用钢材的牌号有 Q195、Q215、Q235，其力学及工艺性能应符合表 9-7 的规定。

表 9-7 低碳钢热轧圆盘条力学性能与工艺性能

用途	牌号	力学性能			冷弯试验 180° d：弯心直径 a：试样直径
		屈服点 σ_s /MPa	抗拉强度 σ_b /MPa	伸长率 δ_{10} (%)	
建筑用	Q215	≥215	≥375	≥27	$d=0$
	Q235	≥235	≥410	≥23	$d=0.5a$
拉丝用	Q195		≤390	≥30	$d=0$
	Q215		≤420	≥28	$d=0$
	Q235		≤490	≥23	$d=0.5a$

2. 冷拔低碳钢丝

冷拔低碳钢丝是将直径为 6.5～8mm 的 Q235 热轧盘条钢筋经冷拔加工而成。

根据标准 GB 50204—2002 的规定，冷拔钢丝分为甲、乙两级，甲级钢丝适用于作预应力筋，乙级钢丝适用于作焊接网、焊接骨架、箍筋和构造钢筋。其机械性能应符合表 9-8 的规定。

表 9-8 冷拔低碳钢丝的力学性能

钢丝丝别	直径/mm	抗拉强度/MPa		伸长率 (标距 100mm) (%) 不小于	180°反复弯曲≥ /次数
		1 组	2 组		
		不小于			
甲级	5	650	600	3.0	4
	4	700	650	2.5	4
乙级	3～5	550		2.0	4

注：预应力冷拔低碳钢丝经机械调直后，抗拉强度标准值应降低 50MPa。

钢筋混凝土结构用钢除热轧钢筋、冷拔低碳钢丝外，还有冷轧带肋钢筋和预应力混凝土用的热处理钢筋、高强钢丝及钢绞线等。

9.2 建筑装饰用钢材制品

现代建筑装饰中，金属制品已被广泛采用，如柱子外包不锈板或铜板，墙面、顶棚镶贴铝合金板，楼梯扶手采用不锈钢管或铜管等。由于金属装饰制品坚固耐用，装饰表面具有独特的艺术风格与强烈的时代感，且安装方便，故在一些要求高级装饰的公共建筑中，越来越多地被采用。

9.2.1 不锈钢及其制品

不锈钢装饰具有以下一些特点：

(1) 不锈钢装饰件与其他金属装饰件一样，具有金属的光泽和质感。

(2) 不锈钢与铝合金一样，具有不易锈蚀的特点，因此可以较长时间地保持初始的装饰效果。

(3) 不锈钢具有如同镜面的效果，因其镜面的反射作用，可取得与周围环境中的色彩和景物交相辉映的效果。并且在灯光的配合下，可形成夺目的高光部分，使之成为空间环境中的注意点和兴趣中心，对空间环境的效果起到强化、点缀和烘托的作用。

(4) 不锈钢饰件与铝合金饰件相比，具有强度和硬度较大的优点，在施工和使用过程中不易发生变形。

综上所述，不锈钢用作建筑装饰具有非常明显的优越性。

不锈钢的定义是各式各样的，因此，不锈钢所包含的钢种范围也是不固定的。根据比较标准的定义，不锈钢是指以铬（Cr）为主要元素的合金钢。铬在不锈钢中，因其性质比铁活泼，首先与环境中的氧化合，生成一层与钢基体牢固结合的致密氧化层（称作钝化膜)，能很好地保护不锈钢不致生锈。铬的含量越高，钢的抗腐蚀性越好。不锈钢中还需加入镍（Ni)、锰（Mn)、钛（Ti)、硅（Si）等合金元素，以改善不锈钢的性能。

1. 不锈钢装饰制品

建筑装饰用不锈钢制品主要是薄钢板，它有热轧钢板和冷轧钢板两种。常用不锈钢板的厚度在0.2～2mm之间，其中厚度小于1mm的薄板用得最多。

不锈钢除制成薄板外，还可加工成型材、管材及各种异型材，在建筑上可用做屋面、幕墙、隔墙、门、窗、内外墙饰面、栏杆扶手等。

2. 彩色不锈钢板

彩色不锈钢板是在不锈钢板上进行技术性和艺术性加工，使其表面成为具有各种绚丽色彩的不锈钢装饰板，颜色有蓝、灰、紫、红、青、绿、金黄、橙、茶色等多种。

彩色不锈钢板具有抗腐蚀性强、较高的机械性能、彩色面层经久不褪色、色泽随光照度不同会产生色调变幻等特点，而且彩色面层能耐200℃的温度，耐盐雾腐蚀性能超过一般不锈钢、耐磨和耐刻划性能相当于箔层镀金的性能。当弯曲90°时，彩色层不会损坏。

彩色不锈钢板可用做厅堂墙板、天花板、电梯箱板、建筑装潢、招牌等装饰之用。彩色不锈钢板装饰墙面，不仅坚固耐用，美观新颖，而且具有强烈的时代感。

9.2.2 彩色涂层钢板

彩色涂层钢板，又称“彩色有机涂层钢板”，是以冷轧钢板或镀锌钢板为基板，经过刷磨、除油、磷化、钝化等表面处理，在基板的表面形成了一层极薄的磷化、钝化膜，以增强基层的耐蚀性和提高漆膜对基材的附着力。经过表面处理的基板在通过辊涂机时，基板两面涂覆一定厚度的涂层，再经过烘烤炉加热使涂层固化。一般涂覆烘干两次，即获得彩色涂层钢板。有机涂层可配制成各种不同的颜色和花纹。涂层必须具有良好的防腐蚀和防水蒸气渗透的能力，避免产生腐蚀斑点；必须具有与基板黏结的良好性能。

彩色涂层钢板具有绝缘、耐磨、耐酸碱、耐油及醇的侵蚀等特点，并有良好的加工性能，可切断、弯曲、钻孔、铆接、卷边等。它可以用做墙板、屋面板、瓦楞板、防水汽渗透板、排气管、通风板等。

9.2.3 彩色压型钢板

彩色压型钢板是以镀锌钢板为基材，经过成型机轧制，并涂敷各种耐腐蚀涂层与彩色烤漆而制成的轻型围护结构材料。这种钢板具有质量轻、抗震性好、耐久性强、色彩鲜艳、易加工以及施工方便等优点。适用于工业与民用及公共建筑的屋盖、墙板及墙壁装饰等。板型见图9-11，规格见表9-9。

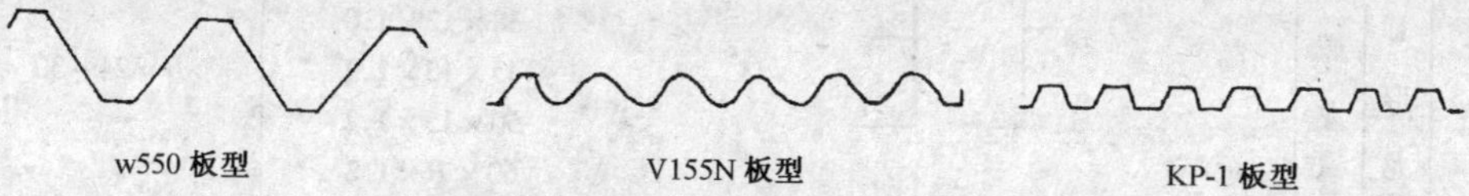

图9-11 压型钢板板型

表9-9 压型钢板的规格

压型钢板	板宽/mm	板厚/mm	波高/mm	波距/mm
W550	550	0.8	130	275
V155N	677	0.5~0.6	35	115
KP-1	650	1.2	25	90

9.2.4 钢门帘板

门帘板是钢卷帘门的主要构件，通常产品厚度为1.5mm，展开宽度为130mm，材质为优质碳素钢，表面镀锌门帘板的横断面见图9-12。

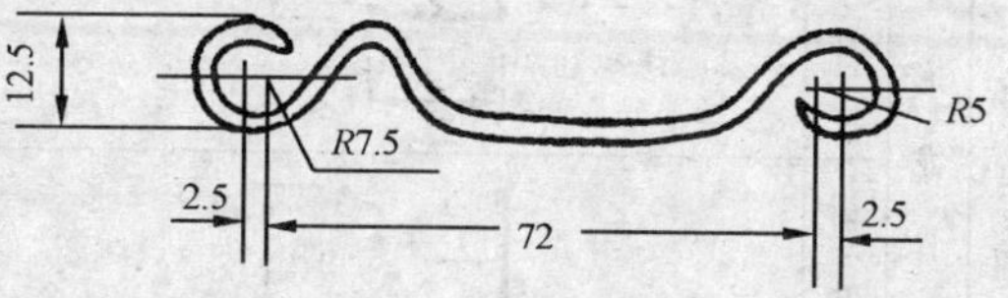

图9-12 门帘板截面

钢卷帘门坚固耐久，具有装饰和防盗性，可广泛用做商店、商场、银行等建筑的大门及橱窗设施。

9.2.5 轻钢龙骨

轻钢龙骨是以镀锌钢带或薄钢板由特制轧机经多道工艺轧制而成。它具有强度大、通用性强、耐火性好、安装简易等优点，可装配各种类型的石膏板、钙塑板、吸声板等。用做墙体隔断和吊顶的龙骨支架，美观大方。它广泛用于各种民用建筑及轻纺工业厂房，对室内装饰造型、隔声等功能起到良好的效果。

轻钢龙骨断面有U形、C形、T形及L形。吊顶龙骨代号D，隔断龙骨代号Q。吊顶龙骨分主龙骨（又叫大梁龙骨、承重龙骨）。隔断龙骨则分为竖龙骨、横龙骨和通贯龙骨等。

轻钢龙骨产品的规格，技术要求、试验方法和检验规则见国家标准《建筑用轻钢龙骨》（GB 11981—2001）。

表9-10为轻钢龙骨的断面形状及尺寸。

表9-10　龙骨断面形状及尺寸

名称			形状规格		备注
吊顶龙骨	U形龙骨	承载龙骨	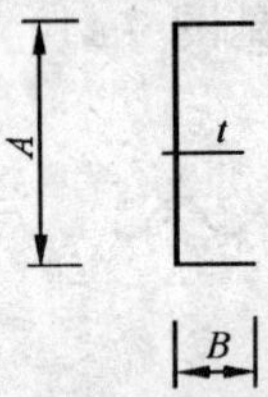	$A\times B\times t$ $38\times12\times1.0$ $45\times15\times1.2$ $50\times15\times1.2$ $60\times B\times1.2$	$B=24\sim30$
吊顶龙骨	U形龙骨	覆面龙骨	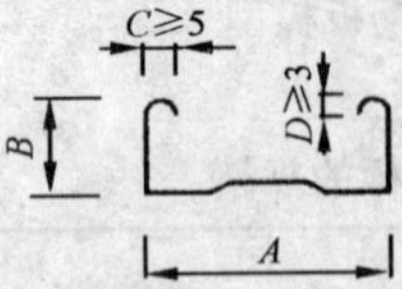	$A\times B\times t$ $25\times19\times0.5$ $50\times19\times0.5$ $50\times20\times0.6$ $60\times27\times0.6$	
吊顶龙骨	T形龙骨	主龙骨	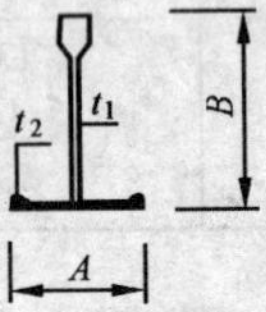	$A\times B\times t_1\times t_2$ $24\times38\times0.3\times0.27$ $24\times32\times0.3\times0.27$ $14\times32\times0.3\times0.27$ $16\times40\times0.36$	
吊顶龙骨	T形龙骨	次龙骨	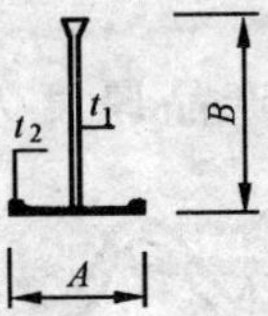	$A\times B\times t_1\times t_2$ $24\times28\times0.3\times0.27$ $24\times25\times0.3\times0.27$ $14\times25\times0.3\times0.27$	
吊顶龙骨	T形龙骨	边龙骨	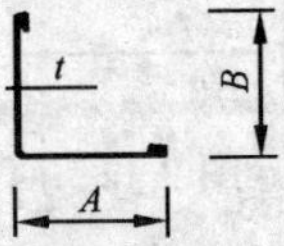	$A\times B\times t$ $A=B>22$ $t\geqslant0.4$	
吊顶龙骨	H形龙骨		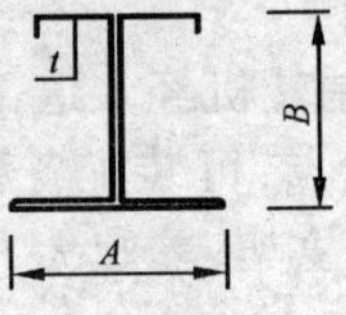	$A\times B\times t$ $20\times20\times0.3$	

续表

名称			形状规格		备注
吊顶龙骨	V形龙骨	承载龙骨	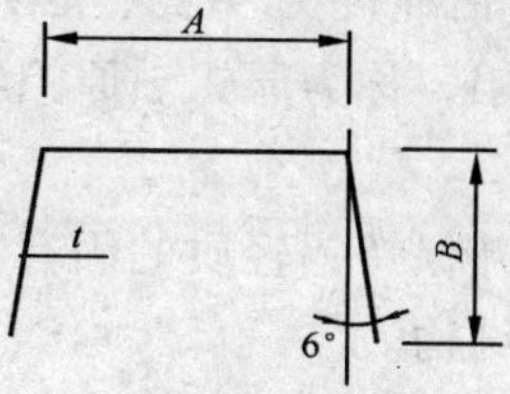	$A \times B \times t$ $20 \times 37 \times 0.8$	
吊顶龙骨	V形龙骨	覆面龙骨	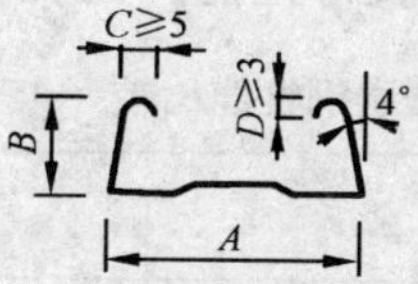	$A \times B \times t$ $49 \times 19 \times 0.45$	
墙体龙骨	横龙骨		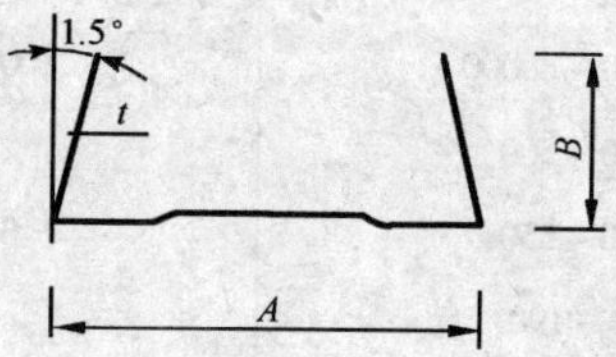	$A \times B \times t$ 52（50）$\times B \times 0.7$ 77（75）$\times B \times 0.7$ 102（100）$\times B \times 0.7$ 152（150）$\times B \times 0.7$ $B \geqslant 35$	50、75系列使用连续热镀锌板，允许厚度为0.6mm
墙体龙骨	竖龙骨		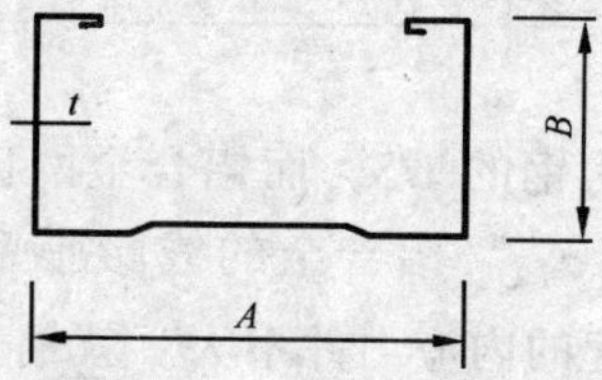	$A \times B \times t$ 50（48.5）$\times B \times 0.7$ 75（73.5）$\times B \times 0.7$ 100（98.5）$\times B \times 0.7$ 150（148.5）$\times B \times 0.7$ $B \geqslant 45$	加强龙骨厚度 $t = 1.5$mm
墙体龙骨	通贯龙骨		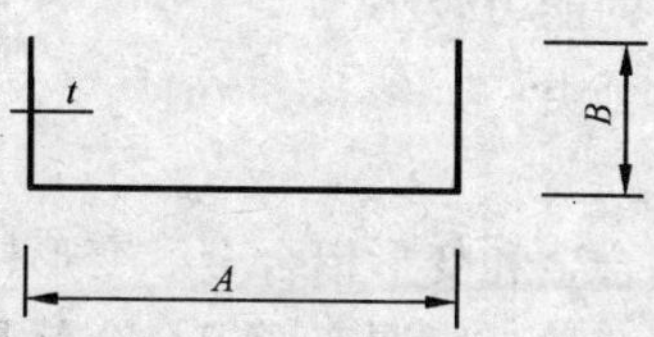	$A \times B \times t$ $20 \times 12 \times 1.0$ $38 \times 12 \times 1.0$	

9.3 铝和铝合金

纯铝为银白色轻金属，其强度、硬度较低（$\sigma_b = 80 \sim 100$MPa），塑性好，在空气中很容易氧化形成氧化铝薄膜，因而有良好的耐蚀性。

为了提高铝的强度等力学性能，可加入镁、锰、硅、铜等合金元素，组成铝合金。铝合金已在现代建筑中广泛应用，如用做梁、柱、屋架结构材料；用做幕墙、门窗、外墙板、屋面板等装饰材料。

9.3.1 铝的冶炼

铝的冶炼，首先是从铝矿石中提取 Al_2O_3，然后通过电解得到金属铝。在工业上一般用熔盐电解法，电解出来的铝纯度为97%，必须再一次精炼。工业上一般用氯化法得到纯度更高的金属铝，称为原铝。原铝经铸造得到铝锭。

9.3.2 铝合金的性质及分类

铝合金的机械性能比铝明显提高，并保持铝轻质的固有特性，使用更加广泛，不仅用于建筑装饰，还能用于建筑结构。

铝合金与碳素钢相比，显示出特有的良好性能，见表9-11。

表9-11 铝合金与碳素钢性能比较

项目	铝合金	碳素钢
密度 ρ/g·cm^{-3}	2.7~2.9	7.8
弹性模量 E/MPa	63000~80000	210000~220000
屈服点 σ_s/MPa	210~500	210~600
抗拉强度 σ_b/MPa	380~550	320~800
比强度 σ_s/ρ /MPa	73~190	27~77
σ_b/ρ /MPa	140~220	41~98

由表可知，铝合金的弹性模量约为钢的1/3，而铝合金的比强度却是钢的几倍。铝的屈服强度采用条件屈服点 $\sigma_{0.2}$。铝合金的线膨胀系数约为钢的两倍，但因弹性模量小，由温度变化引起的内应力并不大。就铝合金而言，由于弹性模量较低，所以刚度和承受弯曲的能力较小。

铝合金可按加工方法和合金元素分类：

1. 按加工方法分类

铝合金按加工方法可分为铸造铝合金和变形铝合金。变形铝合金又可分为不能热处理强化和可通过热处理强化两种。所谓变形铝合金就是通过冲压、弯曲、辊轧等工艺使其组织、形状发生变化的铝合金。可热处理强化型铝合金是能用热处理的方法提高强度的铝合金。

2. 按合金元素分类

常用铝合金如防锈铝中的A1-Mn合金，Al-Mg合金，可热处理强化型铝合金的Al-Mg-Si合金，Al-Zn-Mg合金，Al-Cu-Mg合金及Al-Zn-Mg-Cu合金等。建筑工程中应用最广泛的是Al-Mn-Si铝合金。

我国 LD_{31} 锻铝具有与低碳钢相近似的屈服强度和抗拉强度，但重量比钢轻2/3，所以比强度远远超过低碳钢，是高层建筑、大跨度建筑的理想结构材料。

铝合金的弹性模量比钢低，但在应用中可通过挤压成型做成多种断面的空心型材，以提高刚度，弥补弹性模量的不足。

9.3.3 铝合金的表面处理

铝材表面自然氧化膜薄而软，在腐蚀性较强的条件下，不能起到有效的保护作用。为了提高铝材的抗蚀性能，常用人工方法使氧化膜增厚，在此基础上再进行着色处理。经过处理后的铝合金耐蚀、耐磨、耐光、耐气候均好，色泽美观，提高了装饰效果。

1. 阳极氧化处理

一般用硫酸法，处理后型材表面呈银白色，它是建筑用铝型材的主要品种。

阳极氧化处理主要通过控制氧化条件及工艺参数，使铝材表面形成比自然氧化膜（厚度小于0.1μm）厚得多的氧化膜层（厚度达5~20μm）。Al_2O_3 膜层本身是致密的，但在结晶中存在缺陷。因硫酸电解液中的 H^+、SO_4^{-2}、HSO_4^- 离子会浸入膜层，使氧化膜局部溶解，在型材表面形成大量小孔，所以要进行封孔处理，以提高表面的硬度、耐磨性、耐腐蚀性等。致密的膜层也为进一步着色创造了条件。

阳极氧化实质上就是水的电解，水的电解在阴极上发生氢（H），在阳极上生成氧（O），氧和铝结合成三氧化二铝（Al_2O_3），其反应为：

阴极　$2H^+ + 2e \longrightarrow H_2\uparrow$

阳极　$2Al^{3+} + 3O^{2-} \longrightarrow Al_2O_3$ + 放热

铝及铝合金经氧化处理和着色后，表面膜层为多孔状，容易吸附有害物质，使表面污染或腐蚀，故需进行表面封孔处理。建筑铝型材的封孔是利用水合封孔（沸水封孔、常压封孔或高压蒸汽封孔）和有机涂层封孔（电脉或浸渍封孔）等。

2. 表面着色处理

经中和水洗或阳极氧化后的铝型材，可以进行表面着色处理。着色方法有自然着色法、金属盐电解着色法、化学浸渍着色法、涂漆法等。最常用的是自然着色法。

自然着色法是铝材在特定的电解液和电解条件下被阳极氧化而又同时着色的方法。电解着色法是对常规硫酸溶液中生成的氧化膜进一步电解，使电解液所含的金属阳离子沉积到氧化膜孔中而着色的方法。

铝合金着色是通过铝材中不同合金元素及其含量，以及控制热处理条件来着色的。不同铝合金由于所含合金成分及其含量不同，在常规硫酸及其他有机溶液中阳极氧化所生成的膜层颜色也不同，见表9-12。

表 9-12　各种铝合金采用不同的自然着色法生成的颜色

合金	主要成分	硫酸电解	卡尔考拉法（磺基水杨酸、硫酸）	杜拉诺狄克法（磺基钛酸、硫酸）	Alandox（9% ~ 10%含氧酸）
1100		银白色	青铜色	青铜色	暗黄色
3003	Mn1.25，Fe0.7	浅黄色	暗灰、黑灰		
4043	Si5.5，Fe0.8	灰黑色	灰褐色		灰绿色
5005	Mg1.0	银白色	深青铜色		
5052	Mg2.5，Cr0.25	浅黄色	浅青铜色	浅青铜色	黄色
5038	Mg4.5，Mn0.8，Cr0.2	暗灰色	黑色		
5357	Mg1.0，Mn0.3	浅灰色	褐色		
6061	Si0.6，Mg1.0，Cr0.2，Cu0.3	浅灰色	深青铜色	黑色	
6063	Si0.4，Mg0.7	银白色	浅青铜色	青铜色	灰黄色
6351	Si1.0，Mg0.6，Mn0.6	暗灰色			暗灰褐色
7075	Cu1.6，Mg2.5，Zn5.5，Mn0.3	浅灰色	暗蓝黑色	黑色	

9.4　建筑铝合金制品

建筑上常用的铝合金制品有铝合金装饰板材、铝合金吊顶龙骨、铝合金门窗及幕墙建筑等。另外，家具设备及室内装饰配件也大量采用铝合金。

9.4.1　铝合金门窗

在现代建筑中采用铝合金门窗，尽管价格较高，但由于长期维修费用低、性能好、美观、节约能源等，所以在世界范围内得到了广泛的应用。

9.4.1.1　铝合金门窗的性能特点

1. 质量轻

铝合金门窗耗用铝型材平均为 8 ~ 12kg/m^2，而钢门窗耗钢量平均为 17 ~ 20kg/m^2。

2. 密封性能好

铝合金门窗的气密性、水密性、隔声性和隔热性都比普通门窗显著提高。因此，对防尘、隔声、保温、隔热等特殊要求的建筑，适宜采用铝合金门窗。

3. 耐腐蚀性好，耐用，使用维修方便

铝合金门窗不需要涂漆，不褪色、不脱落，表面不需要维修。铝合金门窗强度高，坚固耐用，零件使用寿命长，施工快。

4. 色调美观，造型新颖大方

铝合金门窗框料型材的表面既可保持铝材的银白色，也可根据需要制成各种柔和的颜色或带色的花纹，还可以在铝材表面涂装一层聚丙烯酸树脂保护装饰膜，表面光滑美观，便于和建筑物外观、自然环境以及各种使用要求相协调。铝合金门窗造型新颖大方，线条明快，色调柔和，增加了建筑物立面和内部的美观。

9.4.1.2　铝合金门窗的性能

铝合金门窗通常要进行以下主要性能的检验：

1. 强度

铝合金门窗的强度是用在压力箱内对窗进行压缩空气加压试验时，所加风压的等级来表示的，单位是 N/m^2。一般性能的铝合金窗强度可达 1961～2353N/m^2。高性能铝合金窗可达 2352～2746N/m^2。在上述压力测定窗扇中央最大位移量，应小于窗框高度的 1/70。

2. 气密性

铝合金窗在压力试验箱内，使窗的前、后形成 4.9～2.94 N/m^2 的压力差，其每平方米每小时的通气量（m^3）表示窗的气密性，单位是 $m^3/(h \cdot m^2)$。一般性能的铝合金窗，当前、后压力差为 10Pa 时，气密性可达 $8m^3/(h \cdot m^2)$ 以下，高密封性能铝合金窗可达 $2m^3/(h \cdot m^3)$ 以下。

3. 水密性

铝合金窗在压力箱内,对窗的外侧加周期为 2s 的正弦波脉冲压力,同时向窗以每分钟每平方米喷射 4L 的人工降雨,进行连续 10min 的风雨交加试验,在窗的一侧不应有漏渗水现象。在水密性试验时,所施加的脉冲风压是以平均压力表示的,一般性能铝合金窗为 343N/m^2,抗台风高性能窗可达 $490N/(h \cdot m^2)$。

4. 开闭力

当装好玻璃后，打开或关闭窗扇所需的外力应在 49N 以下。

5. 隔声性

在音响试验室内，对铝合金窗的音响透过损失进行试验可以发现，当音响频率达到一定值后，铝合金窗的音响透过损失趋于恒定，用这种方法测定出隔声性能的等级曲线。有隔声要求的铝合金窗音响透过损失为 25dB，即响声透过铝窗后，声级降低 25dB。高隔声性能铝合金窗，音响透过损失为 30～45dB。

6. 隔热性

通常用窗的热对流阻抗值（R）来表示隔热性能。单位是 $m^2 \cdot h \cdot ℃/kJ$。一般分成三级：$R_1 = 0.05$，$R_2 = 0.06$，$R_3 = 0.07$。采用 6mm 双层玻璃高性能隔热窗，热对流阻抗值可达 $0.05m^2 \cdot h \cdot ℃/kJ$。

9.4.1.3　铝合金门窗的技术标准

1. 产品代号

按铝合金门窗的国家标准，其产品代号，详见表9-13。

表9-13 铝合金门窗产品代号

产品名称	平开铝合金窗		平开铝合金门		推拉铝合金窗		推拉铝合金门	
	不带纱扇	带纱扇	不带纱扇	带纱扇	不带纱扇	带纱扇	不带纱扇	带纱扇
代　号	PLC	APLC	PLM	SPLM	TLC	ATLC	TLM	STLM
产品名称	滑轴平开窗		固定窗	上悬窗	中悬窗	下悬窗	主转窗	
代　号	HPLC		GLC	SLC	CLC	CLC	LLC	

2. 品种规格

平开铝合金门窗和推拉铝合金门窗的品种规格见表9-14。

表9-14 铝合金门窗品种规格

名　称	洞口尺寸/mm		厚度基本尺寸系列/mm
	高	宽	
平开铝合金窗	600，900，1200，1500，1800，2100	600，900，1200，1500，1800，2100	40，45，50，55，60，65，70
平开铝合金门	2100，2400，2700	800，900，1000，1200，1500，1800	40，45，50，55，60，70，80
推拉铝合金窗	600，900，1200，1500，1800，2100	1200，1500，1800，2100，12400，2700，300	40，55，60，70，80，90
推拉铝合金门	2100，2400，2700，3000	1500，1800，2100，2400，3000	70，80，90

设计选用铝合金门窗应注明门窗的规格型号。铝合金门窗的规格型号是以门窗的洞口尺寸表示的。如洞口的宽和高分别为1800mm和2400mm的门，其规格型号为“1824”；若洞口的宽和高均600mm的窗，其规格型号为“0606”。

3. 产品分类及分级

铝合金门窗按其风压强度、气密性和水密性三项性能指标，可分为A、B、C三类，每类又分为优等品、一等品和合格品三种，见表9-15。

表 9-15　铝合金门窗按性能指标的分类

门　窗	类　别	等　级	综合性能指标值		
			风压强度性 /Pa	空气渗透性能 $/m^3 \cdot m^{-2} \cdot h^{-1} \leqslant 10Pa$	雨水渗透性能 /Pa≥
平开铝合金窗	A　类（高性能窗）	优等品(A_1 级)	3500	0.5	500
		一等品(A_2 级)	3500	0.5	450
		合格品(A_3 级)	3000	1.0	450
	B　类（中性能窗）	优等品(B_1 级)	3000	1.0	400
		一等品(B_2 级)	3000	1.5	400
		合格品(B_3 级)	2500	1.5	350
	C　类（低性能窗）	优等品(C_1 级)	2500	2.0	350
		一等品(C_2 级)	2500	2.0	250
		合格品(C_3 级)	2500	2.5	250
平开铝合金门	A　类（高性能门）	优等品(A_1 级)	3500	1.0	350
		一等品(A_2 级)	3000	1.0	300
		合格品(A_3 级)	2500	1.5	300
	B　类（中性能门）	优等品(B_1 级)	2500	1.5	250
		一等品(B_2 级)	2500	2.0	250
		合格品(B_3 级)	2000	2.0	200
	C　类（低性能门）	优等品(C_1 级)	2000	2.5	200
		一等品(C_2 级)	2000	2.5	150
		合格品(C_3 级)	1500	3.0	150
推拉铝合金窗	A　类（高性能门）	优等品(A_1 级)	3500	0.5	400
		一等品(A_2 级)	3000	1.0	400
		合格品(A_3 级)	3000	1.0	350
	B　类（中性能门）	优等品(B_1 级)	3000	1.5	350
		一等品(B_2 级)	2500	1.5	300
		合格品(B_3 级)	2500	2.0	250
	C　类（低性能门）	优等品(C_1 级)	2500	2.0	250
		一等品(C_2 级)	2000	2.5	150
		合格品(C_3 级)	1500	3.0	100
推拉铝合金门	A　类（高性能门）	优等品(A_1 级)	3000	1.0	300
		一等品(A_2 级)	3000	1.5	300
		合格品(A_3 级)	2500	1.5	250
	B　类（中性能门）	优等品(B_1 级)	2500	2.0	250
		一等品(B_2 级)	2500	2.0	200
		合格品(B_3 级)	2000	2.5	200
	C　类（低性能门）	优等品(C_1 级)	2000	2.5	150
		一等品(C_2 级)	2000	3.0	150
		合格品(C_3 级)	1500	3.5	100

铝合金门窗按空气声隔声性能，分为四个等级。要求隔声的门窗，其隔声量应≥25dB，见表 9-16。

表 9-16　铝合金门窗的隔声性能分级　　dB

级　　别		Ⅰ	Ⅱ	Ⅲ	Ⅳ	Ⅴ
空气声计权隔声量　≥	门	40	35	30	25	—
	窗	—	40	35	30	25

铝合金门窗按隔热保温性能，可分为三级。凡传热阻值≥0.25m^2·K/W 者为保温门窗，见表 9-17。

表 9-17　铝合金门窗保温性能分级　　m^2·K/W

级　　别	Ⅰ	Ⅱ	Ⅲ
传热阻值　≥	0.5	0.33	0.25

铝合金门窗表面膜的处理方法，有阳极氧化和阳极氧化复合表膜法，其膜厚度分级分别见表 9-18 和表 9-19。

表 9-18　阳极氧化膜分级　　μm

级　　别	Ⅰ	Ⅱ	Ⅲ
阳极氧化膜厚度　≥	20	15	10

表 9-19　阳极氧化复合表膜厚度分级　　μm

级　　别	Ⅵ	Ⅶ
阳极氧化膜复合表膜厚度　≥	12	7

9.4.1.4　产品标记规则

铝合金门窗产品标记，以推拉铝合金窗的标记规则，示例如下：

推拉铝合金窗标记为：TLC 60—3012—2000·1.5·250·25·0.25Ⅱ

其中：TLC——推拉铝合金窗；

60——窗厚度基本尺寸为 60mm；

3012——洞口宽 3000mm，高 1200mm；

2000——风压强度性能值 2000Pa；

1.5——空气渗透性能值为 1.5m^3/（m·h）；

250——雨水渗漏性能值为 250Pa；

25——空气声计权隔声值为 25dB；

0.25——传热阻值为 $0.25m^2·K/W$；

Ⅱ——阳极氧化膜厚度为Ⅱ级。

9.4.1.5　技术要求

对铝合金门窗的技术要求，包括材料、表面处理、装配要求和表面质量等几个方面。有关具体要求，见铝合金门窗的国家标准。

其他铝合金门窗有折叠铝合金门、旋转铝合金门、铝合金自动门、铝合金卷帘门、铝合金百叶窗帘等。

9.4.2　铝合金装饰板

1. 铝合金花纹板

铝合金花纹板是采用防锈铝合金材料，用特制的花纹轧辊轧制而成。花纹图案有：1 号方格形花纹板、2 号扁豆形花纹板、3 号五条形花纹板、4 号三条形花纹板、5 号指针形花纹板、6 号菱形花纹板。花纹美观大方，筋高适中，不易磨损，防滑性能好，防蚀性能强，便于冲洗。花纹板板材平整，裁剪尺寸准确，便于安装，广泛用于现代建筑墙面装饰以及楼梯踏步等处。

2. 铝合金浅花纹板

铝合金浅花纹板是优良的建筑装饰材料之一，其花纹精巧别致，色泽美观大方，除具有普通铝板共有的优点外，刚度提高 20%，抗污垢、抗划伤、擦伤能力均有提高，尤其是增加了立体图案和美丽的色彩，更使建筑物生辉。

铝合金浅花板在酸(包括强酸)中的耐蚀性良好，对白光的反射率达 75%～90%，热反射率达 85%～95%，通过表面处理可得到不同色彩的浅花纹板。

3. 铝及铝合金波纹板

铝及铝合金波纹板横切面的图形是一种波纹形状。其颜色有银白色和其他多种颜色，具有一定的装饰效果。银白色的还具有很强的光反射能力。它经久耐用，在大气中可使用 20 年不需更换，适用于做工程的围护结构，也可作墙面和屋面。

4. 铝及铝合金压型板

铝及铝合金压型板具有重量轻、外形美观、耐腐蚀、耐久、易安装、施工进度快等优点，可以通过表面处理得到各种色彩的压型板，是目前广泛应用的一种新型建筑装饰材料。主要用于建筑物的外墙和屋面。该板也可作复合墙板，用于有隔热保温要求工业厂房的围护结构。

5. 铝及铝合金冲孔平板

铝及铝合金冲孔平板是用各种铝合金平板经机械冲孔而成的。其特点是具有良好的防腐蚀性能，光洁度高，有一定强度，易于机械加工成各种规格，有良好的防震、防潮、防火性能和消声效果，经表面处理后，可获得各种色彩。主要用于有消声要求的各类建筑中，如纺织厂、各种控制室、电子计算机房的顶棚及墙壁等。

9.4.3 铝合金吊顶龙骨

铝合金吊顶龙骨具有不生锈、质轻、美观、防火、抗震、安装方便等特点，适用于室内吊顶装饰。

铝合金龙骨材料规格见表 9-20。LT 铝合金龙骨配套系列见表 9-21。LT 铝合金龙骨安装示意图见图 9-13。

表 9-20　LT 铝合金龙骨零件表

代 号 名 称		简 图	质量 /kg·m^{-1}	长度 /m	备 注
LT—23 龙 骨		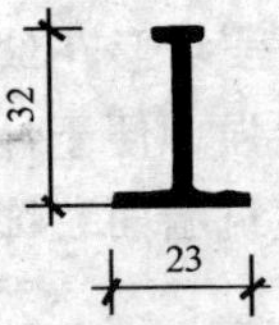	0.2	1.2	
LT—23 横撑龙骨			0.135	1.2	
LT—边龙骨		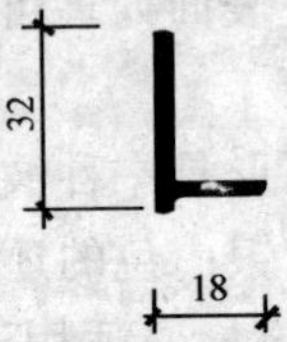	0.15	1.2	
LT—异型龙骨		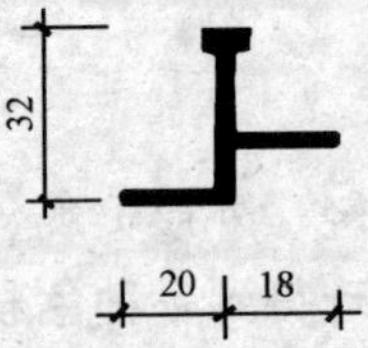	0.25	1.2	
TC23 吊钩	LT—23 龙骨 LT 异型 龙骨吊钩	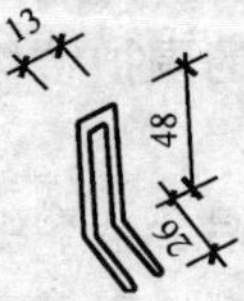	0.012	$\phi3.5$	10 号铅丝用于次龙骨与主龙骨垂直时

续表

代号名称		简图	质量 /kg·m^{-1}	长度 /m	备注
TC50 吊钩	LT—23 龙骨 LT—异型 龙骨吊钩	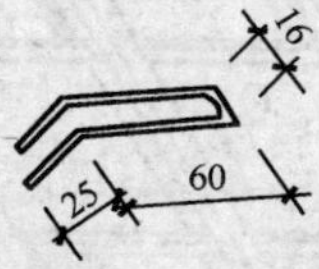	0.014	ϕ3.5	10号铅丝用于次龙骨与主龙骨垂直时
LT 异型 龙骨吊挂钩		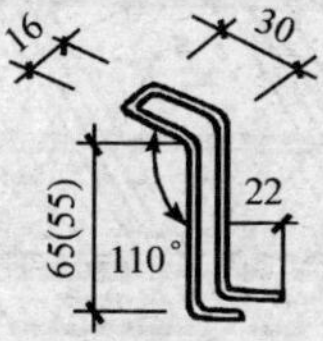	0.019 (0.017)	ϕ3.5	
LT—23 龙骨 LT 异型龙骨 连接件			0.025	0.8	
LT—23 横撑龙骨 连接钩			0.0007	0.8	

表 9-21　LT 铝合金龙骨配套系列表

	主龙骨	主龙骨吊件	主龙骨连接件	LT—23 LT 异型 吊件	异型吊钩	三个系列通用件
TC60 系列			$L=100$ $H=60$	$A=31$ $B=70$	$A=31$ $B=75$	 LT-23
TC50 系列			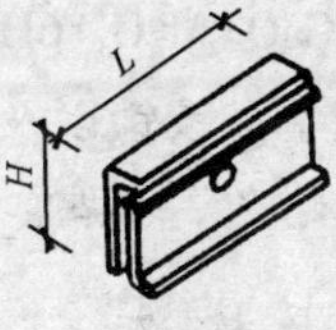 $L=100$ $H=50$	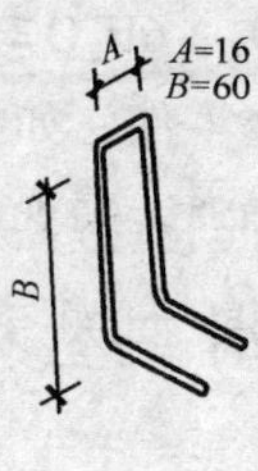	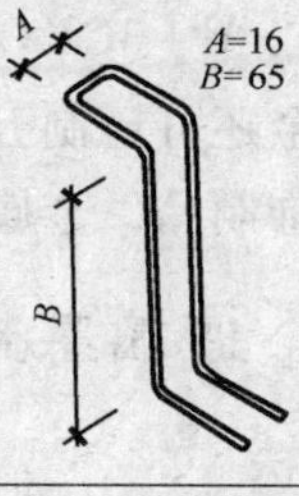	 LT-23 横撑  LT-异型龙骨
TC38 系列			$L=82$ $H=39$	$A=13$ $B=48$	$A=131$ $B=55$	 LT-边骨

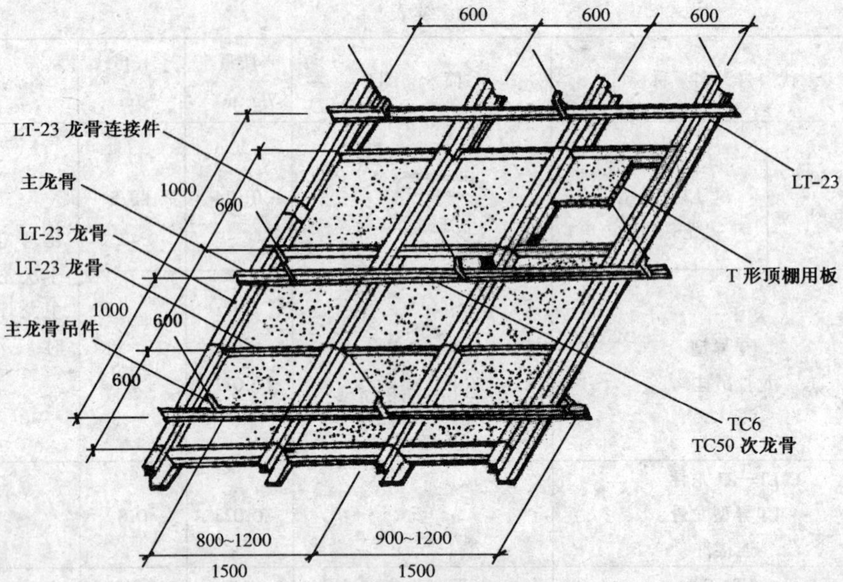

图 9-13 LT 形铝合金龙骨安装示意图

9.4.4 铝箔

铝箔是用纯铝或铝合金加工成 0.063 ~ 0.2mm 的薄片制品，具有良好的防潮、绝热性能。铝箔以多功能保温隔热材料和防潮材料形式，广泛用于建筑。建筑上常用的有铝箔牛皮纸、铝箔布、铝箔泡沫塑料板、铝箔波纹板等。

9.4.5 铝粉

在建筑工程中铝粉（俗称银粉）常用于制备各种装饰涂料和金属防锈涂料，也用于土方工程中的发热剂和加气混凝土中的发气剂。铝粉掺入混凝土中发生下列反应发气：

$$\alpha Al + 3Ca(OH)_2 + 6H_2O = 3CaO \cdot Al_2O_3 \cdot 6H_2O + 3H_2$$

另外铝合金还可压制五金零件，如把手、铰锁以及标志、商标、提把、嵌条、包角等装饰制品，金属感强，美观、耐久、不腐。

9.5 铝合金玻璃幕墙骨架型材及构造

9.5.1 概述

建筑物的外立面装饰大面积玻璃，由于玻璃本身的特殊性能，显得格外光亮、华丽、挺拔，较之其他饰面材料，无论是色彩还是光泽，都给人全新的感觉。

玻璃幕墙从某种角度来看，可以说是建筑物外窗的无限扩大，以致将建筑物的外表全部用玻璃包上，由采光、保温、防风雨等较为单纯的功能，变为多功能的装饰品，玻璃幕墙这种高级、考究、现代化的材料，以及其安装时所需的先进设备和技术，均需具备雄厚的经济实力。因而一些比较重要的商业建筑总是优先考虑采用。特别是在高层和超高层建筑中，应用的比例更大。但是玻璃幕墙的出现，由于采用全封闭，以及有些幕墙的热惰性比传统砖石结构性能差，从而加重了空调的负荷。另外，大量使用热反射玻璃，其透光性能比透明玻璃差，要用人工照明来加以补偿，而人工照明不仅消耗了能量，又散发了热量。这样，又增加了空调的负荷量。

大量使用热反射玻璃，马路上的街景和建筑互相投射映照，虽然可以使建筑物的外表获得景致丰富的效果，但是容易使人产生一种以假乱真的错觉，被认为是交通事故的潜在肇因。此外，因种种原因造成的玻璃破碎，也是很头痛的问题，国内外发生的类似事故并不少见。但是，玻璃幕墙作为一种外墙饰面做法，有其独特的方面。有些因技术因素所产生的问题，完全可以通过技术上的改进求得解决。至于美学方面的看法，褒贬不一，也没有必要寻求一致。玻璃幕墙本身是一种昂贵的装饰材料，而耗能方面的增加，对某些建筑来说也是事实。但是，是否采用玻璃幕墙，应全面衡量，要从使用质量、美学标准、经济效益全面权衡，进行综合评价，才能做出合理的选择。

9.5.2 铝合金玻璃幕墙骨架型材及构造

玻璃幕墙的结构，以其主要部分可分为两大方面。一是饰面的玻璃，二是固定玻璃的骨架，将玻璃与骨架连接而成为玻璃幕墙。骨架支撑玻璃、固定玻璃，然后通过连接件与主体结构相连。将玻璃及墙体所受到的风荷载及其他荷载传给主体结构，使之与主体结构成为一体。玻璃幕墙的结构，虽然可以概括为两大方面，但在具体构造上，因主体结构的形式不同，选用的骨架及玻璃材料不同，就有可能造成构造结构的不同。

玻璃幕墙的骨架由铝合金挤压型材组成，骨架分立柱和横挡。型材断面已规格化，断面尺寸大，抗风压的能力强。

图 9-14 是高度为 160mm 的立柱型材断面，图 9-15 是与图 9-14 立柱配套使用的横挡断面。

用这种型材构成的骨架特点是型材本身兼有固定玻璃的凹槽，而不用另行安装其他配件。

玻璃幕墙的立柱与主体结构之间，用连接板固定。一般使用两根角钢，角钢的一肢与结构固定，另一肢用不锈钢螺栓将方柱拧牢，其固定节点如图 9-16 所示。立柱的接长法如图 9-17 所示。

安装玻璃时，先在立柱的内侧装上玻璃压条，然后将玻璃放入槽内，再用密封材料密封，如图 9-18 所示。

横挡装配玻璃，与立柱在构造上有所不同，横挡支承玻璃的部位呈倾斜状，目的是排除因密封不严而流入凹槽内的雨水，外侧用一条盖板封住。图 9-19 是在横挡上玻璃的安装构造。

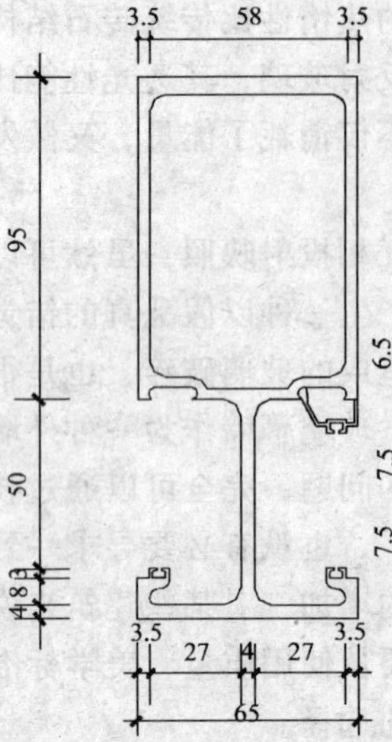

图 9-14　玻璃幕墙立柱断面

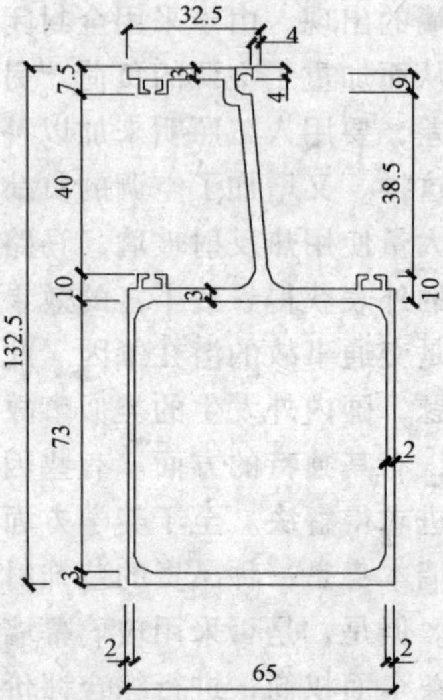

图 9-15　玻璃幕墙横挡断面

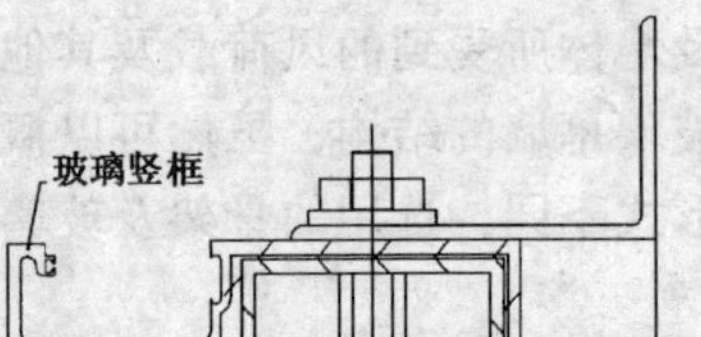

图 9-16　立柱固定节点构造图

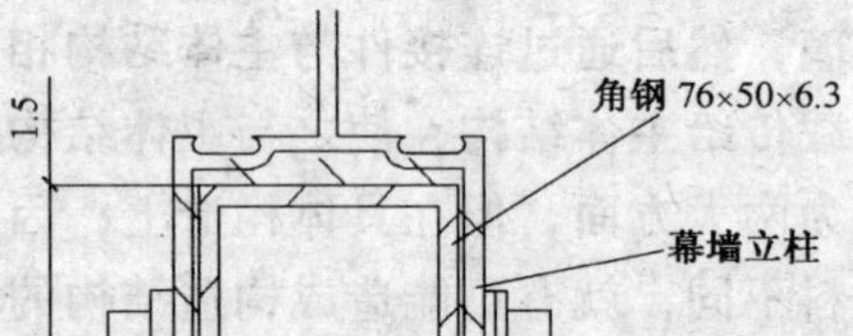

图 9-17　铝合金立柱接长法示意图

9.5.3　不露骨架结构的玻璃幕墙（隐框玻璃幕墙）

玻璃直接与骨架连接，外面不露骨架。这种类型的玻璃幕墙，主要的特点在于立面不见骨架，也不见窗框。所以，使得幕墙外表更加新颖简洁。

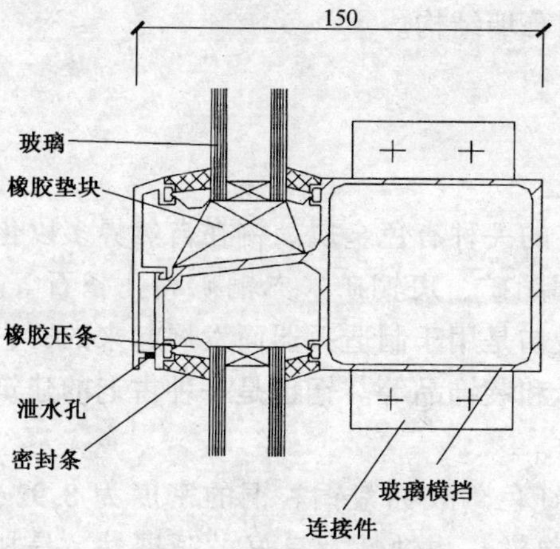

图 9-18 铝合金横挡上玻璃的安装构造图

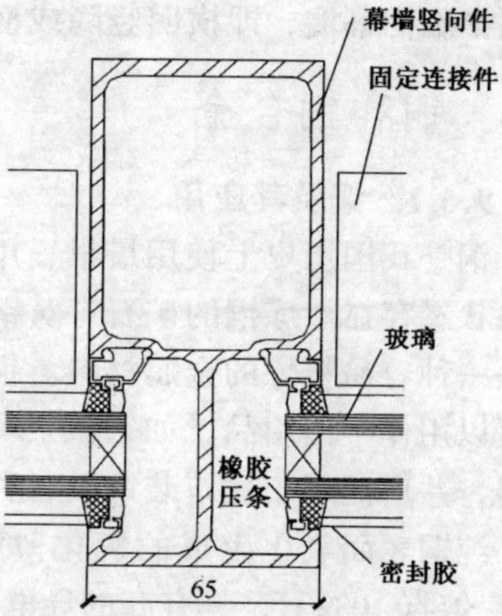

图 9-19 双层中空玻璃在立柱上的安装构造图

隐框幕墙玻璃的安装是用高强黏结剂将玻璃粘到铝合金框上，如图 9-20 所示。

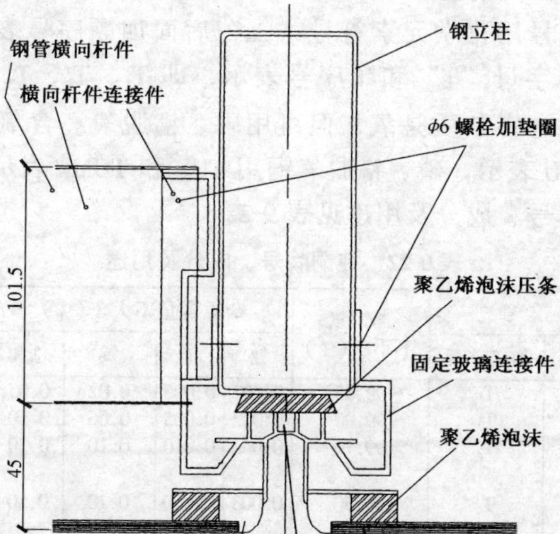

图 9-20 不露骨架幕墙构造

隐框玻璃幕墙在国内外由于设计、材料使用、施工等种种原因，出现过一些事故。所以，不能盲目采用。

为了保证玻璃不致从框架上脱落，又使幕墙有类似隐框的外观效果，可以采用半隐框幕墙，即横明竖隐或横隐竖明幕墙结构。

9.6 铜和铜合金

9.6.1 铜及其应用

铜是我国历史上使用最早，用途较广的一种有色金属。铜在自然界多以化合物状态存在。炼铜的矿石有黄铜矿、辉铜矿、斑铜矿、赤铜矿和孔雀石等。铜是一种容易精炼的金属材料。铜合金最初是用于制造兵器而发展起来的，它也可以用作生活用品，如宗教祭具、货币和装饰品等。铜也是一种古老的建筑材料，并广泛用于建筑装饰及各种零部件。

纯铜表面氧化生成的氧化薄膜呈紫红色，故称紫铜。铜的密度为 8.92g/cm^3，熔点 1083℃，具有高的导电性、导热性、耐蚀性及良好的延展性、易加工性，可延展成薄片（紫铜片）和线材，是良好的止水材料和导电材料。纯铜强度低，不宜直接用做结构材料。

我国纯铜产品分两类：一类属冶炼产品，另一类属加工产品。纯铜的牌号分四种，即一号铜、二号铜、三号铜、四号铜。纯铜的冶炼产品有：铜锭、铜线锭和电解铜三种。纯铜的加工产品是铜锭经加工变形后获得的各种形状的纯铜材。纯铜锭的代号用化学元素符号“Cu”后面加顺序号表示。纯铜加工产品代号用汉语拼音字母“T”和顺序号表示，即 T_1、T_2、T_3、T_4，编号越大，纯度越低。纯铜的有害杂质是氧，但可用磷、锰脱氧。含氧在 0.01% 以下的叫纯铜，氧铜用 TU 表示，磷、锰脱氧铜用 TUP 和 TUMn 表示。纯铜的冶炼产品和加工产品的牌号、成分及用途见表 9-22。

表 9-22 纯铜牌号、成分及用途

组别	牌号	代号		含铜量不小于(%)	杂质含量不大于(%)				用途举例
		冶炼产品	加工产品		铋	铅	氧	总和	
纯铜	一号铜	Cu—1	T_1	99.95	0.002	0.005	0.02	0.05	作导体、导电器材等
	二号铜	Cu—2	T_2	99.90	0.002	0.005	0.06	0.10	高级铜合金
	三号铜	Cu—3	T_3	99.70	0.002	0.010	0.10	0.30	一般用铜材及铜基合金
	四号铜	Cu—4	T_4	99.50	0.003	0.050	0.10	0.50	普通铜合金，一般用铜材
无氧铜			TU_1	99.97	0.002	0.005	0.003	0.03	电真空器材用铜材
			TU_2	99.95	0.002	0.005	0.003	0.05	焊接等用铜材
			TUP	99.50	0.003	0.010	0.010 P<0.4	0.49	
			TUMn	99.60	0.002	0.007	Mn 0.1~0.3	0.30	电真空器件用铜材

在古建筑中，铜材是一种高档的装饰材料，用于宫庭、寺庙、纪念性建筑以及商店铜字招牌等。在现代建筑中，铜依然是高级的装饰材料。如南京五星

级金陵饭店正门大厅选用的铜扶手和铜栏杆。

9.6.2 铜合金及其应用

在铜中掺加锌、锡等元素可制成铜合金。铜合金主要有黄铜、白铜和青铜，其强度、硬度等机械性能得到提高。

9.6.2.1 黄铜

1. 普通黄铜

铜和锌的合金叫普通黄铜。普通黄铜呈现金黄色或黄色，色泽随含锌量的增加而逐渐变淡。工业用黄铜含锌量为30%～45%。含锌30%左右的黄铜称7∶3黄铜或α黄铜，其延展性好，可通过冷加工制成薄板或线材。含锌约40%的黄铜，称6∶4或$\alpha+\beta$黄铜，其硬度高，主要用于铸造，但在高压下通过轧制和挤压也可成型。铜合金的机械强度、硬度、耐磨性都比纯铜高，且价格比纯铜低。

黄铜不易生锈腐蚀，延展性较好，易于加工成各种建筑五金、装饰制品、水暖器材和机械零件。

2. 特殊黄铜

为了增加黄铜的强度韧性和其他特殊性质，在铜、锌之外再添加某些其他元素，便组成特殊黄铜，如锡黄铜、铅黄铜、锰黄铜、镍黄铜、铁黄铜等。

(1) 锡黄铜。锡黄铜中含锡2%以上时，则硬度和强度增大，但延伸性显著减小。在$\alpha+\beta$黄铜或α黄铜中添加的1%的锡，有较强的抵抗海水浸蚀的能力，故称为海军黄铜。

(2) 镍黄铜（白铜）。镍黄铜是在黄铜中添加15%～20%的镍的合金，呈现银白色，故称白铜。它的力学性质、耐热性和耐腐蚀性等都特别好，如果进行冷加工，则更增大其屈服点，疲劳强度也会更高。镍黄铜多作弹簧，或用于制造首饰等装饰品及餐具，也可作建筑、化工、机械材料。在$\alpha+\beta$黄铜中加Mn1%～2%，可得高强度黄铜，适用于要求高强度和耐腐蚀性的部位、铸件和锻件，也可制造涡轮叶片和船舶、矿山机械和器具。

(3) 黄铜粉。黄铜粉俗称生粉，常用以调制装饰涂料代替“贴金”。

常用黄铜的牌号、化学成分、机械性能及用途见表9-23。

表9-23 常用黄铜的代号、成分、机械性能及用途

类别	代号	化学成分（%）		机械性能①			主要用途②
		Cu	其他	Σb MN/m²	δ（%）	HB	
普通黄铜	H90	88.9～91.0	余量Zu	$\frac{260}{480}$	$\frac{45}{4}$	$\frac{53}{180}$	双金属片、供水和排水管、证章、艺术品（又称金色黄铜）
	H68	67.0～70.0	余量Zn	$\frac{320}{680}$	$\frac{55}{8}$	$\frac{—}{150}$	复杂的冷冲压件、散热器外壳、弹壳、导管、波纹管、轴套

续表

类别	代号	化学成分（%）		机械性能①			主要用途②
		Cu	其他	Σb MN/m²	δ（%）	HB	
普通黄铜	H62	60.5～63.5	余量 Zn	$\frac{330}{600}$	$\frac{49}{3}$	$\frac{56}{164}$	销钉、铆钉、螺钉、螺母、垫圈、弹簧、夹线板
	ZH62	60.0～63.0	余量 Zn	$\frac{300}{300}$	$\frac{30}{30}$	$\frac{60}{70}$	散热器、螺钉
特殊黄铜	HSn62-1	61.0～63.0	0.7～1.1Sn 余量 Zn	$\frac{400}{700}$	$\frac{40}{4}$	$\frac{50}{95}$	与海水汽油接触的船舶零件（又称海军黄铜）
	HSi80-3	79.0～81.0	2.5～4.5Si 余量 Zn	$\frac{300}{350}$	$\frac{15}{20}$	$\frac{90}{100}$	船舶零件，在海水、淡水和蒸气（≤265℃条件下工作的零件）
	HMn58-2	57.0～60.0	1.0～2.0Mn 余量 Zn	$\frac{400}{700}$	$\frac{40}{10}$	$\frac{85}{175}$	热冲压及切削加工零件，如销钉、螺钉、螺线、轴套（又称易削黄铜）
	HPB 59-1	57.0～60.0	0.8～1.9Pb 余量 Zn	$\frac{400}{650}$	$\frac{45}{16}$	$\frac{44}{80}$	热冲压及切削加工零件，如销钉、螺钉、螺线、轴套（又称易削黄铜）
	HA159-3-2	57.0～60.0	2.5～3.5Al 2.0～3.0Ni 余量 Zn	$\frac{380}{650}$	$\frac{50}{15}$	$\frac{75}{155}$	船舶、电机及其他在常温下工作的高强度、耐蚀零件
	ZHMn55-3-1	53.0～58.0	3.0～4.0Mn 0.5～1.5Fe 余量 Zn	$\frac{450}{500}$	$\frac{15}{10}$	$\frac{100}{110}$	轮廓不复杂的重要零件，海轮上在300℃以下工作的管配件、螺旋桨
	ZHA166-3-2	64.0～69.0	5～7A1 2～4Fe 1.5～2.5Mn 余量 Zn	$\frac{600}{650}$	$\frac{7}{1}$	$\frac{160}{160}$	压紧螺母、重型蜗杆、轴承、衬套

①机械性能中数字的分母，对压力加工黄铜为硬化状态（变形程度 50%），对铸造黄铜为金属型铸造；分子，对压力加工黄铜为退火状态（600℃）对铸造黄铜砂型铸造。

②主要用途在 GB 及 YB 标准中未作规定。

9.6.2.2 青铜

青铜是铜和锡为主要成分的合金。

1. 锡青铜

锡青铜含锡量约 30%以下，它的抗拉强度以含锡量在 15%～20%之间为最大；而延伸率则以含锡量在 10%以内比较大，超过这个限度，就会急剧变小。含锡 10%的铜称炮铜，炮铜的铸造性能好，机械性质也好。因其在近代炼铜方法发明之前，曾用于制造大炮，故得名炮铜。

2. 铝青铜

铜铝合金中含铝在 15%以下时称铝青铜，工业用的这种铜合金含铝量大部分在 12%以下。单纯的铜铝合金是没有的，实际上大都还添加少量的铁和锰，以改善其力学性能。含铝 10%以上的铜合金，随着热处理不同其性质各异。这种青铜耐腐蚀性很好，经过加工的材料，其强度近于一般碳素钢，在大气中不变色，即使加热到高温也不会氧化。这是由于合金中铝经氧化形成致密薄层所致。可用于制造铜丝、棒、管、板、弹簧和螺栓等。

复习思考题

1. 填空题

（1）铁和钢的主要成分是________和________，二者的主要区别在于____________。钢的含碳量一般在________以下。

（2）根据脱氧程度不同，钢可分为________、________、____________和________。

（3）根据化学成分不同，钢材可分为__________和__________两类；根据含磷和硫的多少，钢材可分为________、________、________和________四类。

2. 选择题

（1）下面几种钢筋中，表面光圆的（　　）。

A. R235　　B. 20MnSi　　C. 25MnSi　　D. 40MnV

（2）不锈钢中，（　　）元素主要起耐腐蚀作用。

A. C　　B. Si　　C. Ti　　D. Cr

（3）碳钢中的主要强化组分是（　　）。

A. 渗碳体　　B. 奥氏体　　C. 铁素体　　D. 以上答案都不对

（4）使钢材产生热脆性的有害元素主要是（　　）。

A. C（碳）　　B. S（硫）　　C. P（磷）　　D. O（氧）

（5）钢材经冷加工（冷拉、冷拔、冷轧）后，性能将会发生显著改变，主要是（　　）。

a. 强度提高；b. 塑性增大；c. 变硬；d. 变脆

A. a、b、c　　B. a、b、d　　C. c　　D. a、c、d

（6）以下四种热处理方法中，可使钢材表面硬度大大提高的方法是（　　）。

A. 正火　　B. 回火　　C. 淬火　　D. 退火

3. 问答题

（1）软钢在拉伸试验时，在应力-应变上分哪几个阶段？屈服点和抗拉强度有何实际意义？

（2）如何计算钢材的伸长率？

（3）钢材冷弯性能有何实用意义？冷弯试验的主要规定有哪些？

（4）碳、硅、锰、磷、硫诸元素在碳素钢中有何主要影响？

（5）碳素结构钢和低合金高强结构钢的牌号是怎样表示的？

(6) 热轧钢筋共有几个牌号？技术要求有哪些内容？

(7) 什么是钢材的冷加工与时效？

(8) 不锈钢板有什么特性？

(9) 铝合金门窗有什么特点？

(10) 铝合金装饰板有哪几种？应用在什么场合？

4. 计算题

用两根公称直径为16mm的钢筋作拉伸试验，测得其屈服点上荷载分别为72.2kN、72.3kN；抗拉强度荷载分别为104.5kN、108.5kN；试件的标距为80mm，拉断后的标距分别为96.0mm、94.4mm。试计算其屈服点、抗拉强度和伸长率。

第10章 木 材

木材是人类运用最早的建筑装饰材料之一。近几年来，虽然出现了许多新型的建筑材料，但由于木材本身具有独特的优点，奠定了其在建筑材料行业中不可替代的地位。

10.1 木材的构造

10.1.1 木材的分类

树木的种类繁多,按树叶形状的不同,可分为针叶树种和阔叶树种两大类。

1. 针叶树

针叶树种树叶细而长，多为四季常绿树，且树干通直高大，纹理顺直，材质均匀，木质较软而易于加工，故又称“软木材”。针叶树木材强度较高，表观密度和胀缩变形较小，耐腐蚀性较强，为建筑工程中主要承重构件用材。常用树种有松、柏、杉等。

2. 阔叶树

阔叶树种树叶宽而大,叶脉呈网状分布,多为落叶树,树干通直部分较短,分枝较多,材质较硬,较难加工,故又称“硬木材”。阔叶树木材胀缩翘曲变形大,并且易开裂,在建筑工程中常用作尺寸较小的构件,但这类木材的纹理通常较明显、美观,具有很好的装饰性,常用于家具制造及室内装修工程的主要饰面用材,体现自然韵律。常用树种有榉木、胡桃木、樱桃木、水曲柳等。

10.1.2 木材的构造

由于树种和生长环境的不同，各种木材在构造上有很大差别，构造上的差别决定了木材性能上的不同，所以掌握木材的性能先要了解木材的构造，我们通常从宏观和微观两个角度进行分析。

1. 木材的宏观构造

木材的宏观构造是指用肉眼或放大镜所能看到的木材的组织部分，可通过树木的三个切面来进行观察，即横切面（垂直于树轴的面）、径切面（通过树轴的纵切面）和弦切面（平行于树轴的纵切面），如图 10-1 所示。

由图可见，从外至内树木是由树皮、木质部和髓心等部分组成，其中木质部所占面积最大，是建筑材料使用的主要部分，也是研究木材性能的主要部分。树皮以前绝大部分无使用价值，只有黄菠萝和栓皮栎两种树的树皮是高级的保温、隔热材料，但现在可将树皮通过工艺加工，制成人造板材，变废为宝，有效利用，或直接使用进行相关自然主题的局部装饰，体现粗犷、原始、古朴的装饰风格。髓心是树木最早形成的木质部，位于树干中心，它质地松软，强度低，易腐朽，从髓心向外的辐射线称为髓线，与周围连接较差，木材干燥时即会沿此开裂，在横切面上靠近髓心颜色较深的部分，称为“心材”；靠近外围颜色较浅的部分，称为“边材”，横切面上深浅相间的同心圆环，称为“年轮”，在同一年轮中，春天生长的木质，颜色较浅，质地较松，称为春材（又称早材）；夏秋两季生长的木质，颜色较深，质地相对密实，称为夏材（又称晚材）。对于同一树种，夏材所占比例越大，木材强度越高，材质越好。

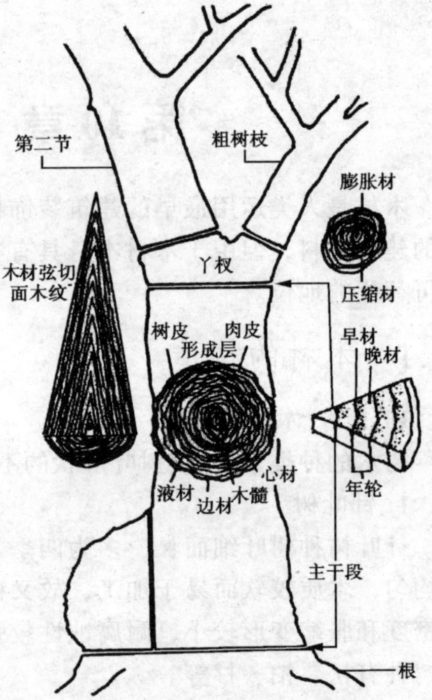

图10-1　木材的生长及构造

2. 木材的微观构造

木材的微观构造是指用显微镜所能观察到的木材微观结构。通过显微镜可以观察到木材是由无数管状细胞紧密结合而成，它们绝大部分呈纵向排列，少数呈横向排列（如髓线），如图 10-2 所示。

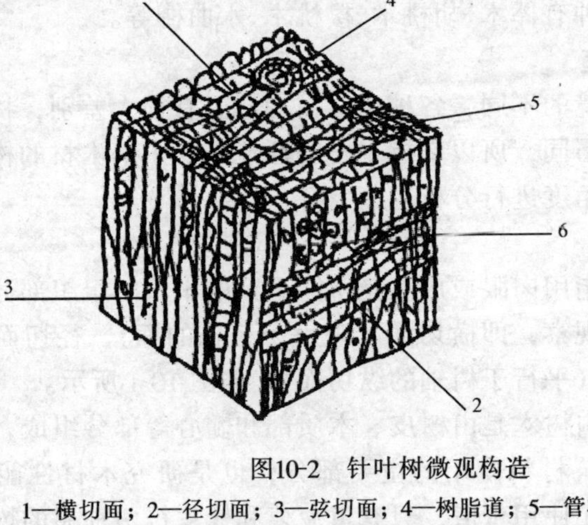

图10-2　针叶树微观构造

1—横切面；2—径切面；3—弦切面；4—树脂道；5—管状细胞；6—髓线

每一个细胞又由细胞壁和细胞腔两部分组成，细胞壁又由若干细纤维组成，通过纤维之间的微小空隙来渗透和吸附水分。细胞壁越厚，细胞腔越小，木材越密实，表观密度和强度越大，但随之胀缩变形也越大，反之越小。夏材的细胞壁较春材厚实，细胞腔也较春材窄小。

10.2 木材的物理力学性质

木材的物理力学性质主要包括：含水量、湿胀干缩、强度等，其中含水量对木材的湿胀干缩和强度影响很大。

10.2.1 木材的含水量

木材的含水量以含水率表示，即指木材中含水的重量占木材干燥重量的百分比值。

1. 木材中的水分

木材中所含水分可分为存在于细胞壁内的吸附水和存在于细胞腔与细胞间隙中的自由水两部分,其中吸附水的变化是影响木材强度和胀缩的主要因素,而自由水的变化只与木材的表观密度,保存性、燃烧性、干燥性和渗透性有关。

2. 木材纤维饱和点

当木材细胞壁内的吸附水达到饱和状态，而细胞腔与细胞间隙中无自由水时，这时木材的含水率称为纤维饱和点。纤维饱和点随树种不同而不同，通常为25%～35%，平均值约为30%。它是影响木材物理力学性质发生变化的临界点。

3. 木材平衡含水率

木材中所含水分会随所处环境温度和湿度的变化而变化，潮湿的木材能在干燥环境中失去水分，同样，干燥的木材也会在潮湿环境中吸收水分，最终木材中的含水率会与周围环境湿度达到平衡，这时的木材含水率称为平衡含水率，平衡含水率会随温度和湿度的变化而变化。

10.2.2 木材的湿胀与干缩

木材具有明显的湿胀干缩特性。当木材从潮湿状态干燥至纤维饱和点时，其尺寸不改变，如果继续干燥，当细胞壁中的吸附水开始蒸发时，则木材体积发生收缩；反之，干燥木材吸湿后，将发生体积膨胀，直到含水率达到纤维饱和点为止，此后，木材含水率继续增大，也不再膨胀。

由于木材构造的不均匀性，造成了各方面胀缩不一致，其中沿弦向最大，径向次之，纵向最小。如图10-3所示。

木材的湿胀干缩对木材的使用有很大影响，干缩会使木结构构件产生裂缝或发生翘曲变形，湿胀则造成凸起。为避免这种现象发生，加工前应先将木材处于木构件所处的环境中，以求木材的含水率与所处环境的温度和湿度相适应，达到平衡含水状态。

10.2.3 木材的表观密度

木材的表观密度是指木材单位体积的质量，单位为 g/cm^3。木材的表观密度与木材的含水率和孔隙率有关，木材的含水率大，表观密度大；反之，则小。木材的孔隙率小，则表观密度大；反之，则小。同一树种，木材的表观密度也会因产地、生长环境、树龄的不同而不同。

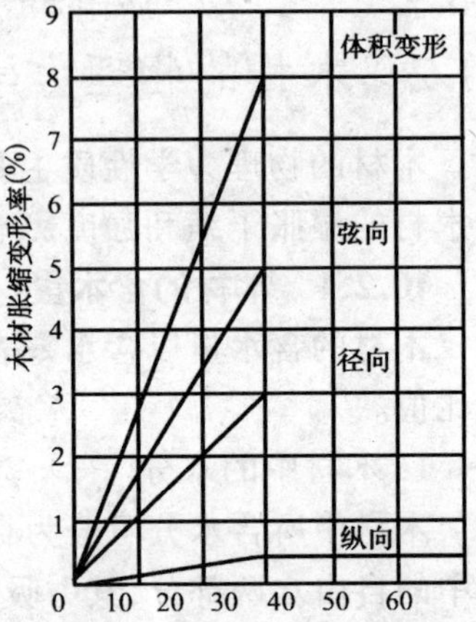

图10-3 含水率对木材胀缩变形的影响

10.2.4 木材的强度

木材的强度主要是指其抗拉、抗压、抗弯和抗剪强度。由于木材结构的各向不均匀，致使各向强度有很大差异，故木材的强度有顺纹和横纹之分，作用力方向与木材纤维方向平行时，称"顺纹"；作用力方向与纤维方向垂直时，则称为"横纹"。木材的顺纹强度比其横纹强度要大得多，所以建筑工程中均充分利用木材的顺纹抗拉、抗压、抗弯强度，而避免使其横向受力。木材强度的大小，除了与木材的受力方向有关外，还受其含水率、荷载持续时间及木材自身缺陷等因素的影响。木材各种强度的关系见表 10-1。

表 10-1 木材各种强度的关系

抗压		抗拉		抗弯	抗剪	
顺纹	横纹	顺纹	横纹		顺纹	横纹切断
100	10 ~ 20	200 ~ 300	6 ~ 20	150 ~ 200	15 ~ 20	50 ~ 100

10.3 木材的装饰性能与应用

10.3.1 木材的特性

1. 木材质轻，但强度高。

木材的表观密度一般为 $550kg/m^3$ 左右，但其顺纹抗拉强度和抗弯强度均在 100MPa 左右，因此木材比强度高，属轻质高强材料，具有很大的使用价值。

2. 木材弹性和韧性好。

木材能承受较大的冲击荷载和振动作用。

3. 木材的导热系数小。

木材为多孔结构的材料，其孔隙率可达50%，一般木材的导热系数为0.30W/（m·K）左右，钢铁的导热率是木材的200倍，故其具有良好的保温隔热性能。

4. 装饰性好。

木材具有美丽的天然纹理，用作室内装饰或家具制作，给人以回归自然的高雅美感。

5. 木材的耐久性好。

许多古老的木构建筑虽历经千百年的风吹雨淋仍然保存完好。

6. 易于加工和安装。

木材材质较软，可任意进行锯、刨、削、切、钉、雕刻等加工，做成各种造型、线型、花饰等木构件与制品，而且安装施工方便。

7. 无污染。

木材是最典型的双绿色材料，本身无污染源。有的木材有芳香酊，能散发出有益健康、安神醒脑的香气，且木材的后生是极易被土壤消化吸收的有机肥料。

8. 不易结露。

由于木材保湿、调湿的性能比金属、石材等材料强，所以当气候潮湿、温度下降时不会在表面出现水珠似的出汗现象，当木材用作地板时，不会因为地面滑而造成人员滑倒。

9. 可再生。

木材可以通过种植再生，只要合理利用森林资源就可取之不尽，用之不竭。

10. 缓和冲击。

木材与人体的冲击抗力比其他建筑材料柔和，有益于人体安全健康。

当然，木材自身也有其缺点，如各向异性、胀缩变形大、易腐、易燃、天然疵病多等。但这些缺点，通过采取适当的措施，可大大减少其对应用的影响。

10.3.2 木材的装饰效果

木材历来被广泛用于建筑物的室内外装修与装饰工程中，木材以美丽的天然花纹，给人以淳朴、亲切的质感，表现出朴实无华的传统自然美，从而获得独特的装饰效果。如门窗、楼梯、地板、踢脚板、护壁板等，尤其是在古建筑中，木材更是被广泛使用的主要材料。

10.3.3 各种装饰纯木制品

各种装饰纯木制品品种繁多，主要包括纯木地板、纯木门窗、纯木家具、纯木线条、纯木楼梯等。

1. 条木地板

条木地板是使用最普遍的木质地面，分空铺和实铺两种。空铺条木地板是由龙骨、水平支撑和地板三部分构成。地板有单层和双层两种，双层者下层为毛板，面层为硬木板。普通条木板（单层）的板材常选用松、杉等软木树材，硬木条板多选用水曲柳、柞木、枫木、柚木、榆木等硬质木材。条木地板材质要求耐磨、不易腐蚀、不易变形开裂。地板宽度一般不大于120mm，板厚为20~30mm。条木拼缝处加工成企口或错口，直接铺钉在木龙骨上，端头接缝要相互错开。条木地板铺设完工后，应经过一段时间，待木材变形稳定后再进行刨光、清扫及涂刷油漆。条木地板有素板和漆板之分。素板是用户安装完毕后再上油漆，而漆板是指生产商在木地板生产过程中就涂上了漆。目前，市场上比较流行无需上漆的一次成型实木地板（简称实木漆板），它以明显高于安装后手工油漆质量及相对简便的安装过程，迅速引起了消费者的注意，但价格大大高于同级未上油漆的实木地板。条木地板脚感舒适，有自然暖感，但受潮后易发生虫蛀湿胀，导致木地板翘曲变形，结构腐朽，且日常维护保养较麻烦，常需上光、打蜡，否则日久发黑，易失去光泽。其价位较高，适用于档次较高的家庭及公共场所使用。

2. 拼花木地板

拼花木地板是一种高级的室内地面装饰材料，分单层和双层两种，二者面层均为拼花硬木板层，双层者下层为毛板层。面层拼花板材多选用水曲柳、柞木、核桃木、栎木、榆木、槐木、柳桉等质地优良、不易腐朽开裂的硬质木材。拼花板材的尺寸一般为长250~300mm，宽40~60mm，厚20~25mm，木条均带有企口。双层拼木地板的固定方法，是将面层小板条用暗钉钉在毛板上，单层拼木地板是采用适宜的黏结材料，将硬木面板条直接粘贴在混凝土地面上。拼花木地板通过小木板条不同方向的组合，可拼造出多种图案花纹，经抛光、油漆、打蜡后木纹清晰美观，给人以自然、高雅之感。

3. 实木门窗

实木门窗由实木加工制作而成，表面与内芯相同，是木门窗中的精品，给人以稳重、高雅之感，但由于天然木材含水率的问题，质量不稳定，易出现变形、翘曲等现象。

4. 木装饰线条

木装饰线条（又称木线条）通常采用材质较好的木材加工而成，线条有多种断面形状，种类丰富，主要适用于建筑物室内墙面的墙腰饰线、门框装饰线、顶棚装饰角线、门窗镶边、家具镶边、楼梯栏杆扶手等。使用时应注意色泽一致，厚薄均匀，表面光滑无坑洞、疤裂、枯朽等部分。

10.4 木材的处理

10.4.1 木材的干燥

树木在生长过程中，不断地吸收水分，被伐倒的树木虽然经过运输、存储，水分有所减少，但体内仍有很多的水分没有排出。如果采用这种含水量大的木材制成产品，将会由于水分蒸发，木材干缩导致制品开裂、翘曲变形等问题。时间久了，也易产生腐朽、虫蛀等现象，所以板、方材都必须经过木材的干燥处理，将木材含水率降到一定的允许范围内，再加工使用。

木材的干燥方法分为天然干燥法和人工干燥法两种。天然干燥法是指在自然条件下进行木材干燥，天然干燥不需要什么设备，只要将木材合理堆放在阳光充足和空气流通的地方，经过一定时间就可使木材干燥，达到所要求的含水率，这种方法成本低，但受气候条件的影响较大；人工干燥法是指把木材放在保暖性和气密性都完好的特制容器或建筑物内，利用加温加热设备人工控制介质的温湿度以及气流循环速度，使木材在一定时间内干燥到指定含水率的一种干燥方法。

10.4.2 木材的防腐及防虫

1. 木材的腐朽

木材的腐朽为真菌侵害所致。真菌分霉菌、变色菌和腐朽菌三种，其中前两种真菌对木材质量影响较小，但腐朽菌对木材的质量影响很大。腐朽菌寄生在木材的细胞壁中，它能分泌出一种酵素，把细胞壁物质分解成简单的养分，供自身摄取生存，从而导致木材腐朽，但真菌在木材中生存和繁殖必须具备三个条件，即：

(1) 水分。真菌繁殖生存时适宜的木材含水率是35%～50%，亦即木材含水率在纤维饱和点以上时易产生腐朽，而对含水率在20%以下的木材不会发生腐朽。

(2) 温度。真菌繁殖的适宜温度为25～35℃，温度低于5℃时，真菌停止繁殖，而高于60℃时，真菌则死亡。

(3) 空气。真菌繁殖和生存需要一定氧气存在，通过隔离氧气的方法可使真菌因缺氧而死亡，如完全浸入水中的木材，因缺氧而不易腐朽。

2. 木材的防腐措施

(1) 破坏真菌的生存条件。破坏真菌的生存条件最常用的办法是：使木结构、木制品和储存的木材处于经常保持通风干燥的环境中，并对木结构和木制品表面进行油漆处理，油漆涂层使木材隔绝了空气，又隔绝了水分。

(2) 把木材变成有毒的物质。将化学防腐剂注入木材中，使真菌无法寄生。木材防腐剂种类很多，一般分水溶性防腐剂、油质防腐剂和膏状防腐剂三类。水溶性防腐剂常用品种有氯化锌、氟化钠、硅氟酸钠、硼铬合剂、硼酚合剂、铜铬合剂、氟砷铬合剂等。水溶性防腐剂多用于室内木结构的防腐处理。油质防腐剂常用的有煤焦油、混合防腐油、强化防腐油等。油质防腐剂色深，有恶臭，常用于室外木构件的防腐。膏状防腐剂由粉状防腐剂、油质防腐剂、填料和胶结料（煤沥青、水玻璃等)按一定比例配制而成,用于室外木结构防腐。

木材注入防腐剂的方法很多，通常有表面涂刷或喷涂法和常压浸渍法、冷热槽浸透法、压力渗透法等。其中表面涂刷或喷涂法简单易行，但防腐剂不能深入木材内部，故防腐效果较差。常压浸渍法是将木材浸入防腐剂中一定时间后取出使用，使防腐剂渗入木材内一定深度，以提高木材的防腐能力。冷热槽浸透法是将木材先浸入热防腐剂中（>90℃）数小时，再迅速移入冷防腐剂中，以获得更好的防腐效果。压力渗透法是将木材放入密闭罐中，抽部分真空，再将防腐剂加压充满罐中，经一定时间后，则防腐剂充满木材内部，防腐效果更好，但所需设备较多。

10.5 人造板材

天然木材由于生长条件和加工过程等方面的原因，不可避免地存在这样或那样的缺陷，同时木材加工过程中也会产生大量的边角废料，为了保护有限的森林资源不被浪费，提高木材的利用率，人造板材应运而生并且得到了广泛的推广和应用。人造板材通常指以木材为主要原料或以木材加工过程中剩下的边角废料进行加工处理而制成的板材。种类主要有胶合板、密度板、细木工板、刨花板、木丝板和木屑板等。

1. 胶合板（又称层压板）

胶合板是用经过蒸煮的椴、桦、松、水曲柳等原木旋切成大张薄片（厚度1~4.5mm），然后将各张木纤维方向按纹理垂直交错，以消除各向异性，得到均匀的强度，通过脲醛等合成树脂黏合、热压、干燥、锯边，表面整修而成。根据国家标准 GB 9846·1~GB 9846·12—88 的规定，胶合板层数为奇数，一般为3，5，7，…，15，最多为 15 层。层数不同，名称也不同，常见的有三夹板、五夹板、九夹板、十三夹板等（市场俗称三合板、五合板、九厘板、十二厘板等)。我国目前胶合板主要采用水曲柳、桦木、柳桉木、马尾松及部分进口原木制成，根据旋切原木树种的不同，胶合板可分为针叶木胶合板和阔叶木胶合板两大类，二者在性能上无太大差异，只是装饰效果有所不同。按耐水程度的不同，胶合板可分为以下四类：

Ⅰ类（NQF）——耐气候、耐沸水胶合板

Ⅱ类（NS）——耐水胶合板

Ⅲ类（NC）——耐潮胶合板

Ⅳ类（BNC）——不耐潮胶合板

胶合板幅面大，平整易加工，材质均匀，收缩性小，是建筑装饰中广泛使用的人造板材。胶合板的幅面尺寸，见表 10-2，常用的为 1220mm×2440mm。

表 10-2 胶合板的幅面尺寸

宽 度/mm	长 度/mm				
	915	1220	1830	2135	2440
915	915	1220	1830	2135	—
1220	—	1220	1830	2135	2440

2. 纤维板

纤维板是以植物纤维为主要原料，经破碎、浸泡、研磨成木浆，使其植物纤维结构重组，再经热压成型、干燥处理而制成的一种人造板材。可供制作纤维板的原料非常丰富，如木材采伐加工过程中的板皮、刨花、树枝等边角废料，稻草、玉米秆、麦秸、芦苇以及一些速生灌木，都可以作为纤维板的原料，因此纤维板按照其生产原料的不同，可分为木质纤维板和非木质纤维板，按照板材的密实程度和弯曲能力的不同，纤维板可分为硬质、半硬质和软质三种。表观密度在 0.8g/cm^3 以上的称为硬质纤维板，表观密度为 0.4～0.8g/cm^3 的称为半硬质纤维板，表观密度在 0.4g/cm^3 以下的称为软质纤维板，装饰工程中通常使用硬质纤维板，其物理力学性能见表 10-3。生产纤维板可使木材的利用率达到 90% 以上，可以充分利用木材，并能使木材材质构造均匀，各向强度一致，抗弯强度提高，耐磨、绝热性能增强，不易发生胀缩翘曲变形，克服木材腐朽，木节虫眼等缺陷，适用于建筑装饰和板式家具的基材。

表 10-3 硬质纤维板的物理力学性能

指标项目		单位	特级	一级	二级	三级
密度	>	g/cm^3	0.80			
静曲强度	≥	MPa	49.0	39.0	29.0	20.0
吸水率	≤	%	15.0	20.0	30.0	35.0
含水率		%	3.0～10.0			

3. 其他木质复合材料

(1) 细木工板

细木工板由芯板和上下两层面层单板构成，芯板用木板拼接而成，在施胶拼接之前，应充分干燥，防止翘曲变形。面层板材料一般采用胶合板贴面，板芯与两层面层单板拼合施胶后，在加压加热条件下，热压黏合而成，具有轻质、防虫、不腐、隔声性能较好，幅面大，不易变形等特点。表面可根据需要，进行不同材料的贴面，适用于中高档次的家具制作、室内装修、隔墙等。

按国家标准 GB/T 5—849—1999 细木工板的尺寸规格、技术性能见表 10-4。

表 10-4　细木工板的尺寸规格、技术性能

长	度/mm				宽度/mm	厚度/mm	技术性能
915	—	1830	2135	—	915	12 14 16 19 22 25	含水率：6% ~ 14% 静曲强度（MPa） 厚度为 16mm，不低于 15 厚度 < 16mm，不低于 12 胶层剪切强度不低于 1MPa
—	1220	1830	2135	2440	1220		

注：芯条胶拼的细木工板，其横向静曲强度规定值上各增加 10MPa。

(2) 刨花板、木丝板、木屑板

刨花板、木丝板、木屑板是利用刨花渣、短小废料为原料，经干燥、拌入胶料、热压而制成的板材，这类板材一般强度较低，受潮后翘曲变形较大，但可用作吸声，绝热材料，表层贴面后，可使表面具有装饰性，同时增加板材强度。

(3) 强化复合木地板

①强化木地板的基本组成及性能。强化木地板学名为“浸渍纸饰面层压木质地板”，属木材衍生材料，其基本组成为表面耐磨层、装饰图案层、基材层、防潮底层，见图 10-4。

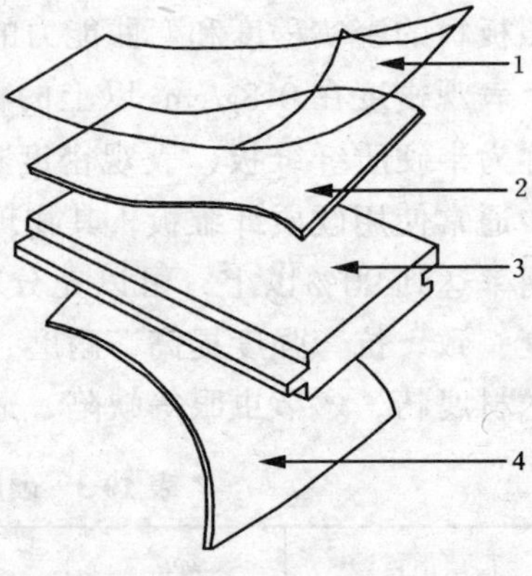

图10-4　强化复合木地板结构图

1—耐磨层；2—装饰图案层；

3—基材层；4—防潮层

A. 耐磨层。它是最表层的透明层，是在木地板表面均匀压制一层三氧化二铝(Al_2O_3)的耐磨剂，其中三氧化二铝的含量决定了耐磨的转数，而耐磨转数又决定了木地板的使用寿命，如每平方米含 Al_2O_3 30g 左右，耐磨转数约为 4000 转，含 Al_2O_3 38g 左右，耐磨转数约为 5000 转。

B. 装饰图案层。将印有特定图案（以仿真纹理为主）的特殊纸板放入三聚氰胺溶液中浸泡后，经过化学处理，利用三聚氰胺加热反应后化学性质稳定，不再发生化学反应的特性，使其成为一种美观耐用的装饰层。

C. 基材层。一般由中密度纤维板或高密度纤维板构成。

D. 防潮层。由聚酯材料制成，胶合于基材底面，起到稳定和防潮作用。

强化复合木地板具有抗冲击、耐刻划、不易变形、阻燃、防潮、抗静电、防虫蛀、防生霉等特点，其耐磨度是实木地板的 30 倍以上，日常维护保养十分方便，无需上光、上漆、打蜡，安装快捷，省时省工，但由于其整体厚度只有 0.8mm，表面耐磨层为三氧化二铝耐磨颗粒，造成强化木地板发硬发脆，脚感不如实木地板，价位较低，适用于一般家庭及人流量大的公共场所使用。

②强化复合木地板的技术性能要求

A. 表面耐磨度。耐磨指标一般都以耐磨转数为单位，耐磨转数的高低决定了地面使用寿命的长短，耐磨转数越高，它的抗冲击力和重压能力就越强，越不易划伤表面，耐磨层质量不以厚度为衡量，而以每平方米三氧化二铝的含量来说明。

B. 甲醛释放量。指地板中游离甲醛的释放量，这是一个环保指标，强化复合地板甲醛释放量的国家标准，在报批标准中合格为 30mg/100g，最佳为 9mg/100g，如果甲醛释放量超标，会对人体造成极大伤害。

C. 表面耐冲击性。指在相同条件下被测地板承受钢球冲击后留下痕迹的直径大小，这一数值越小，说明该产品的抗冲击性能越强。

D. 吸水厚度膨胀率。强化复合木地板与原木地板相比，最明显的优点是耐磨和不变形，而吸水厚度膨胀率的高低正是决定强化木地板受潮后是否变形以及变形大小的重要指标，吸水厚度膨胀率高，地板防潮性能就差，受潮后变形就大，反之越小。

E. 静曲强度。这是检测强化复合木地板抗弯曲变形能力的一项指标，该指标数值越高，其抗弯曲变形能力就越强。

除此之外，还有如防火保色性能、榫槽咬合强度、表面耐香烟灼烧程度等技术指标。

4. 塑料贴面板

塑料贴面板是以纸为基层的、层压塑料板为面层、与胶合板或其他人造板材，通过高强胶粘剂胶贴而成的一种贴面装饰材料。塑料贴面板的图案，色调丰富，仿真性强，耐磨、耐烫、耐一般酸、碱、油脂等溶剂的侵蚀，平整光滑，易清洗，装饰效果好，适用于建筑室内墙面、台面、桌面等的表面装饰。

5. 软木

软木指栓皮栎之类树皮的木栓层，栓皮栎的树皮生长得松软而有韧性，能够每 9 年采剥一次，而不会影响树木的生长。采剥下来的树皮即为软木材料。葡萄牙是生产软木最主要的产地和产品国，并将其视为国宝。

软木中的主要成分软木纤维一般由 14 面多面体形状的软木细胞组成，软木细胞呈蜂窝状结构，中间密封空气约占 70%，在显微镜下，每立方厘米的软木含有约 4000 万个细胞，在受到外来压力时，细胞会收缩变小，细胞内压力升高，当压力失去时，细胞内的空气压力又会将细胞恢复到原来状态，这种内在结构使软木具有了温暖、柔韧、绝缘、隔声、隔热等性能，表面经耐磨树脂层处理后，用来制作地板、墙板，具有安静、温暖、舒适、耐磨等特点。

6. 旋切微薄木

旋切微薄木采用精密设备将珍贵树种（如山毛榉、樱桃木、柚木、花梨木）经水煮软化后旋切成0.1~0.3mm左右的微薄木片，通过高强黏结剂与坚韧的薄纸胶合而成，多做为卷材，与普通胶合板胶贴可构成微薄木饰面胶合板，是居室和公共建筑装饰装修中一种普遍使用的饰面材料。

复习思考题

1. 填空题

(1) 根据树叶的不同，木材可分为________和________两大类。

(2) 木材在装饰方面以美丽的________给人以淳朴、亲切的质感，表现出________的传统________，从而获得独特的装饰效果。

(3) 从宏观上看，木材由________、________、________三部分组成；从微观上看，木材是由无数________结合而成的。

(4) 木材在同一年轮中由________和________组成。

(5) 人造板材主要有：________、________、________、________、________和________等。

2. 解释下列名词

(1) 原木；(2) 板方材；(3) 年轮；(4) 纤维饱和点

3. 选择题

(1) 胶合板的层数为（　）。

A. 奇数　B. 偶数　C. 自然数　D. 平方数

(2) 木材强度的大小与（　）有关。

A. 木材构造　B. 受力方向　C. 含水率　D. 木材缺陷

(3) 木材的燃点为（　）。

A.140℃　B.180℃　C.220℃　D.300℃

(4) 木材湿胀干缩时，变形最大的方向是（　）。

A. 弦向　B. 径向　C. 纵向　D. 不定

(5) 在木结构设计使用中，木材不能长期处在（　）的温度中使用。

A.50℃以上　B.60℃以上　C.65℃以上　D.0℃以上

4. 判断题

(1) 在树木中，靠近髓心的部分称为心材，其材质最好。（　）

(2) 春材较硬，夏材较软。（　）

(3) 为使木材使用不会产生裂缝或曲变形，木材在使用前应进行干燥处理。（　）

(4) 人造板材可以节约木材，提高木材的利用率。（　）

5. 问答题

（1）木材如何分类？它有哪些特性？

（2）胶合板有何特点？它是怎样分类的？

（3）木材腐朽的原因及防腐措施有哪些？

第11章 防水材料

防水材料是能防水、防潮、防漏、防渗，避免水和盐分对建筑材料的侵蚀，保护建筑构件的材料。常用的防水材料主要是：沥青、橡胶和膨胀水泥及其制品。

近年来，新型防水材料不断开发与应用，它不仅在建筑中与密封、保温要求相结合，也在舒适、节能和环保等各个方面提出更新的标准和更高的要求。应用范围已扩展到铁路、高速公路、水利、桥梁等各个领域。

防水材料总体可分为柔性防水材料、刚性防水材料和块状防水材料。依据防水材料的外观形态,防水材料一般分为:防水卷材、防水涂料、密封材料和防水剂四大类,这四大类材料根据其组成不同又可划分为上千个品种。本章就沥青以及以上四类防水材料及其常见品种的组成、性能特点及应用作主要介绍。

11.1 沥青

沥青是一种有机胶凝材料，具有良好的黏结性、塑性、不透水性和不导电性，能抵抗一般酸、碱及盐类的侵蚀。

在建筑工程中，沥青主要作为防水、防潮、防腐蚀材料，用于屋面或地下室防水工程、防腐蚀工程以及铺筑车间的地面及道路等。目前常用的是石油沥青和煤沥青。

11.1.1 石油沥青

石油沥青是石油原油（或石油衍生物）分馏出汽油、煤油、柴油及润滑油后的残留物，再经过氧化处理而得到的产品。

11.1.1.1 *石油沥青的组成*

1. 油分

油分为淡黄色至红褐色的油状液体，有莹光，密度为 0.60～1.00g/cm^3，分子量为 100～500，是沥青中分子量最小和密度最小的组分，能溶于大多数有机溶剂，但不溶于酒精。在石油沥青中，油分的含量为 40%～60%。油分赋予沥青以流动性。

2. 树脂（又称“沥青脂胶”）

为红褐色至黑色的黏稠半固体，密度为 1.00～1.10g/cm^3，分子量为 650～1000，熔点低于 100℃，沥青脂胶中绝大部分属于中性树脂，其含量增加，沥青的品质就好。在石油沥青中，沥青脂胶的含量为15%～30%，它使石油沥青具有良好的塑性和黏结性。

3．地沥青质

为深褐色至黑色的硬脆的无定形不溶性固体，密度为1.10～1.15g/cm³，分子量为2000～6000。除不溶于酒精、石油醚和汽油外，易溶于大多数有机溶剂。它是决定石油沥青温度敏感性和黏性的重要组分。沥青中地沥青质含量在10%～30%。其含量愈多，则软化点较高，黏性愈大，也愈硬脆。

11.1.1.2 *石油沥青的技术性质*

1．黏性

指石油沥青在外力作用下抵抗变形的性能。

当地沥青含量较高，有适量树脂，但油分含量较少时，则黏性较大，在一定温度范围内，当温度升高时，黏性随之降低，反之则增大。

黏稠石油沥青的黏性用针入度值来表示。其测定方法是：在规定的温度（25℃），用重100g的标准针，经5s插入沥青试样的深度（以1/10mm为1度），即为针入度，如图11-1所示。针入度值愈小，表示沥青愈硬，黏性愈大。液体沥青的稠度用黏滞度表示。

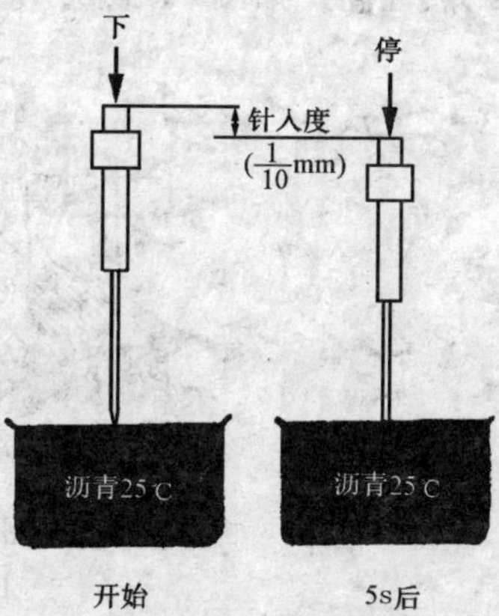

图11-1 针入度测定示意图

2．塑性

指石油沥青在外力作用时产生变形而不被破坏的性能。

沥青的塑性用延度表示。将沥青熔融后浇入8字形模内，中间最狭处为1cm²，浸在25℃的水中，以5cm/min的速度拉至断裂，所拉长的厘米数即为沥青的延伸度。延伸度一般在1～100cm之间。延伸度大，表示其塑性好，如图11-2所示。

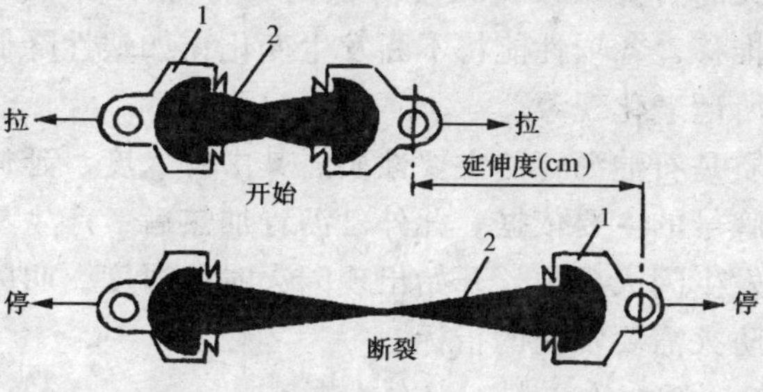

图11-2 延伸度测定示意图

1—沥青试模；2—沥青试样

3. 温度敏感性

是指石油沥青的黏滞性和塑性，随温度升降而变化的性能。

当温度升高时，沥青由固态、半固态逐渐软化至液态；当温度降低时，又逐渐由液态凝固成固态。但在相同的温度变化间隔内，各种沥青的黏性变化幅度是不相同的，随温度变化而产生的黏滞性变化幅度较小的沥青，其温度敏感性小。

温度敏感性以软化点指标表示。软化点就是固态沥青受热后，转变为一定流动状态时的温度，一般用环球法测定：把沥青试样装入直径 15.88mm，高 6mm 的铜环内，试样上放置直径为 9.53mm，质量为 3.5g 的标准钢球，浸入水中，以每分钟升高 5℃的速度升温。当沥青软化下垂至 25.4mm 时的温度，即为软化点（以℃计）。沥青的软化点一般在 25 ~ 100℃之间，软化点高，表示其耐热性高，如图 11-3 所示。

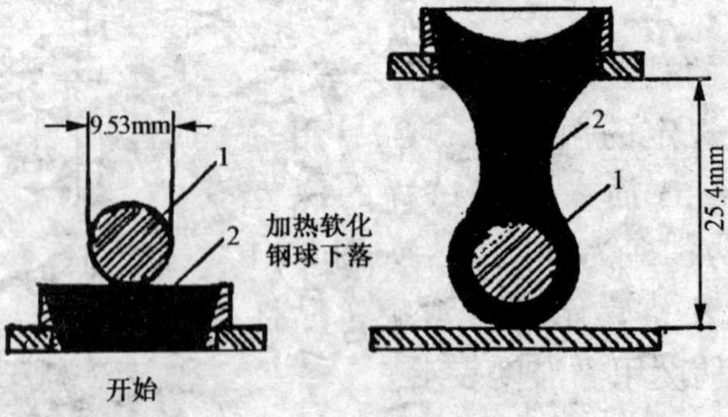

图11-3　软化点测定示意图

1—标准钢球；2—沥青试样

4. 大气稳定性

石油沥青在大气因素作用下，不易变质的性质称为大气稳定性。通常用蒸发减量试验及残渣针入度试验来评定，即将沥青试样加热到 160℃，经 5h 蒸发后，用其重量损失的百分数及针入度降低的百分数来表示。沥青在大气作用下，随着时间的推移，各项性能将不断发生变化，如塑性降低，脆性增加，黏结力减低等，即所谓老化现象。

上述四种性质是石油沥青的主要性质。其中针入度、延伸度和软化点三项指标是决定沥青牌号的主要依据。此外，沥青加热后，产生易燃气体，与空气混合后，遇火即发生闪火现象，开始出现闪火时的温度，叫闪火点。这是在加热沥青时，为了防火需要掌握的指标。

11.1.1.3　石油沥青的分类、标准及选用

1. 石油沥青的分类与标准

根据我国现行石油沥青标准，分为道路石油沥青、建筑石油沥青、防水防潮石油沥青和普通石油沥青，各牌号的主要质量指标见表 11-1。

表 11-1　各品种石油沥青的技术标准

质量指标	道路石油沥青 SH0522—1992							建筑石油沥青 GB 494—1998		防水防潮石油沥青 (SH 0002—1990)				普通石油沥青 (SY1665-77) (1988 年确认)转		
	200	180	104	100 甲	100 乙	60 甲	60 乙	30	10	3 号	4 号	5 号	6 号	75	65	55
针入度(25℃,100g,1/10mm)	201~300	161~200	121~160	91~120	81~120	51~80	41~80	25~40	10~25	25~45	20~40	20~40	30~50	75	65	55
延伸度(25℃)/cm ≥	—	100	100	90	60	70	40	1.5	—	—	—	—	—	2	1.5	1
软化点(环球法)/℃	30~45	35~45	38~48	42~52	42~52	45~55	45~55	≮70	≮95	≮85	≮90	≮100	≮95	≮60	≮80	≮100
针入度指数 ≥	—	—	—	—	—	—	—	—	—	3	4	5	6	—	—	—
溶解度(三氯乙烯,三氯甲烷或苯)(%) ≥	99.0	99.0	99.0	99.0	99.0	99.0	99.0	99.5	99.5	98	98	95	92	98	98	98
蒸发损失(163℃,5h),(%) ≤	1	1	1	1	1	1	1	1	1	1	1	1	1	—	—	—
蒸发后针入度比,(%) ≥	50	60	60	65	65	70	70	65	65	—	—	—	—	—	—	—
闪点(开口)/℃ ≥	180	200	230	230	230	230	230	320	320	250	270	270	270	230	230	230
脆点/℃ ≤	—	—	—	—	—	—	—	报告	报告	-5	-10	-15	-20	—	—	—

从表 11-1 可以看出，道路石油沥青、建筑石油沥青和普通石油沥青，都是按针入度指标划分牌号的。在同一品种石油沥青材料中，牌号愈小，沥青愈硬；牌号愈大，沥青愈软。同时，随着牌号的增加，沥青的黏性减少（针入度增加），塑性增加（延度增大），而温度敏感性增大（软化点降低）。

防水防潮石油沥青，按针入度指数来划分牌号，它除保证针入度、软化点、溶解度、蒸发损失、闪点等指标外，还特别增加了保证低温变形性能的脆点指标。随牌号增大，其针入度指数增大，温度敏感性减小，脆点降低，应用温度范围变宽。这种沥青的质量优于建筑石油沥青。

2. 石油沥青的选用

沥青在使用时，应根据当地的气候条件、工程性质、使用部位及施工方法，具体选用沥青的品种和牌号。对一般温暖地区，受日晒或经常受热的部位，为防止过分软化，应选择牌号较小的沥青；对寒冷地区，夏季曝晒，冬季冷的部位，不仅要考虑受热软化，还要考虑低温脆裂，应选用中等牌号的沥青；对一些不易受温度影响的部位，可选用牌号较大的沥青。当缺乏所需牌号的沥青时，可用不同牌号的沥青进行掺配。

道路石油沥青主要用于道路路面和车间地面，建筑石油沥青多用于屋面和地下水、防腐等，也用于制作油毡、油纸、防水涂料及胶粘剂等。普通石油沥青又称多蜡沥青，含有害成分较多，温度稳定性较差，常与建筑石油沥青掺配使用。

11.1.2 煤沥青

煤沥青是炼焦或制造煤气时的副产品。干馏烟煤可得煤焦油，煤焦油蒸馏制取轻油、中油、重油、蒽油之后，所得残渣为煤沥青。按蒸馏程度不同，煤沥青分低温沥青、中温沥青、高温沥青三种，建筑上多采用低温煤沥青。煤沥青的有关技术指标，可参阅国家标准 GB/T 2290-1994 的规定。煤沥青的主要组分为油分、软树脂、硬树脂、游离碳和少量酸、碱物质等。它的组分与石油沥青不同，故性能也不同，主要表现在下列各点：

(1) 因煤沥青中的硬树脂化学稳定性差，油分中所含的蒽油在常温下易升华，故大气稳定性差。

(2) 所含软树脂为可溶性树脂，受热易软化，故温度稳定性差。

(3) 煤沥青含有较多的游离碳，使用时易因变形而开裂，所以塑性较差。

(4) 煤沥青中的酸、碱物质都是表面活性物质，与矿物材料的黏结较好。

(5) 煤沥青的密度比石油沥青大，约为 $1.00 \sim 1.25 g/cm^3$。

(6) 煤沥青中含有酚、蒽等有毒物质，防腐蚀能力较好，适用于木材的防腐处理。煤沥青中的酚，易溶于水，故防水性不及石油沥青。

作为防水材料，煤沥青的性能不如石油沥青，在使用中较易受大气作用而老化，所以目前已较少应用。煤沥青在贮存和施工中要遵守有关操作和劳保规定，以防中毒。

煤沥青与石油沥青在外观上有些相似，如不加以认真鉴别，易将它们混存或混用，造成防水材料的品质变坏，鉴别方法见表 11-2。

表 11-2 煤沥青与石油沥青的简易鉴别法

鉴别方法	煤沥青	石油沥青
密度/$g \cdot cm^{-3}$	约 1.25	接近于 1.0
锤击	韧性差（性脆）声音清脆	韧性较好，有弹性感，声哑
燃烧	烟呈黄色，有刺激性臭味	烟无色，无刺激性臭味
溶液颜色	用 30～50 倍汽油或煤油溶化，用玻璃棒沾一沾滴于滤纸上，斑点内棕外黑	用 30～50 倍汽油或煤油溶化，用玻璃棒沾一沾滴于滤纸上，斑点呈棕色

11.2 防水卷材

防水卷材是工程防水材料的重要品种之一，在防水材料的应用中处于主导地位，在建筑防水工程的实践中起着重要作用，是一种面广量大的防水材料。常用的防水卷材按照材料的组成不同，一般可分为沥青防水卷材、高聚物改性沥青防水卷材和合成高分子防水卷材三大类。

11.2.1 沥青防水卷材

沥青防水卷材是指以各种石油沥青或煤焦油、煤沥青为防水基材，以原纸、织物、纤维毡等为胎基，用不同矿物材料粒料或合成高分子薄膜、金属膜作为隔离材料研制成的可卷曲的片状防水材料。普通沥青防水卷材具有原材料广、价格低，施工技术成熟等特点，可以满足建筑物的一般防水要求，目前用量接近防水材料总量的95%以上。沥青防水卷材的主要品种有：石油沥青纸胎油毡、玻璃布沥青油毡、玻纤毡沥青油毡、带孔油毡、石油沥青铝箔油毡、麻布胎油毡和聚乙烯膜沥青油毡等等。

1. 石油沥青纸胎油毡、油纸

沥青防水卷材最具代表性的是石油沥青纸胎油毡，简称油毡，是防水卷材中历史最早的品种。它是用低软化点的石油沥青浸渍原纸，再用高软化点的石油沥青涂盖油纸的两面，并涂撒隔离材料制成的一种防水卷材。表面撒石料作为隔离材料的油毡称为粉毡，撒云母作为隔离材料的称为片毡。

石油沥青纸胎油毡的防水性能较差，耐久年限低，一般只能用作叠层防水，其中500号粉毡用于“三毡四油”的面层，350号粉毡用于里层和下层，也可用于“二毡三油”的简易做法来做非永久性建筑的防水层，200号油毡也适用于简易防水、临时性建筑防水、建筑防潮及包装等。油纸适用于建筑防潮和包装，也可用于多叠层防水层的下层或刚性防水层的隔离层。

2. 石油沥青玻璃布油毡

石油沥青玻璃布油毡是采用石油沥青涂盖材料浸涂玻璃纤维织布的两面，再涂以隔离材料所制成的一种以无机材料为胎体的沥青防水卷材。该类卷材的抗拉强度高于500号纸胎沥青油毡，柔韧性较好，耐磨，耐腐蚀性较强，吸水率低，耐热性也比低胎石油沥青油毡提高一倍以上，适用于地下防水层、防腐层、屋面防水层及金属管道（热管道除外）的防腐保护等。

3. 石油沥青麻布油毡

石油沥青麻布油毡采用麻织品为底胎，先浸渍低软化点石油沥青，然后涂以含有矿物质填充料的高软化点石油沥青，再撒布一层矿物质石粉而制成。该卷材抗拉强度高，抗酸碱性强，柔韧性好，但耐热度较低。适用于要求比较严格的防水层及地下防水工程。尤其适用于要求具有高强度的多层防水层及基层结构有变形和结构复杂的防水工程和工业管道包扎等。

4. 铝箔面油毡

铝箔面油毡采用玻纤毡为胎基，浸涂氧化沥青，在其表面用压纹铝箔贴面，底面撒以细颗粒矿物料或覆盖聚乙烯膜所制成的一种具有热反射或装饰功能的防水卷材，铝箔面油毡用于单层或多层防水工程的面层。

5. 带孔油毡

带孔油毡是采用按照规定的孔径和孔距打了孔的胎基制成的一种特殊用途的防水卷材或直接在油毡上按照规定打上孔的沥青防水卷材。带孔油毡适用于屋面叠层防水工程的底层，在防水层与屋面基层之间形成点黏结状态，使潮湿基材中的水分在变成水蒸气时通过屋面预留的排气通道逸出，避免了防水层的起鼓和开裂。

11.2.2 高聚物改性沥青防水卷材

高聚物改性沥青防水卷材常简称改性沥青防水卷材，迄今为止，它是新型防水材料中使用比例最高的一类。

我国有着丰富的沥青资源，沥青是极其复杂的碳氢化合物，其中含有低分子的油类和天然高分子化合物。在沥青中掺混聚合物后，可改变沥青的胶体分散结构，也改变了分散成分，聚合物分子彼此之间相互分开，生成网状结构，而沥青则填充到网状高分子化合物中，冷却后，沥青仍然停留在那个位置上，人为增加聚合物分子链的移动性、弹性和塑性。

在沥青中所掺入的高分子聚合物，与沥青之间必须有较好的相容性，高分子中含有分支结构，即使加入较少的量，也可生成网状的弹性结构，具有较大范围的高聚性状态，这样才可显示出温度上升时，能有一定的机械强度，在低温下又具有弹性和塑性以弥补黏结性差之不足。

通过高分子聚合物对沥青的改性作用，提高沥青软化点，增加低温下的流动性，使感温性能得到明显改善；增加弹性，使沥青具有可逆变形的能力，改善耐老化性和耐硬化性，使聚合物沥青具有良好使用功能，即高温不流淌、低温不脆裂，刚性、机械强度、低温延伸性有所提高，增大负温下柔韧性，延长使用寿命，从而使改性沥青防水卷材能够满足建筑工程防水应用的功能。

在石油沥青中常用改性材料有天然橡胶、氯丁胶、丁苯橡胶、丁基橡胶、乙丙橡胶、再生胶、SBS、APP、APO、APAO、IPP等高分子聚合物。

1.SBS改性沥青防水卷材

SBS改性沥青防水卷材是在石油沥青中加入SBS进行改性的卷材。

SBS是由丁二烯和苯乙烯两种原料聚合而成的嵌段共聚物，是一种热塑性弹性体，它在受热的条件下呈现树脂特性，即受热可熔融成黏稠液态，可以和沥青共混，兼有热缩性塑料和硫化橡胶的性能，因此SBS也称热缩性丁苯橡胶，它不需要硫化，并且具有弹性高、抗拉强度高、不易变形、低温性能好等优点。在石油沥青中加入适量的SBS而制得的改性沥青具有冷不脆、低温性好、塑性好、稳定性高、使用寿命长等优良性能，可大大改善石油沥青的低温屈挠性和高温抗流动性能。彻底改变石油沥青冷脆裂的弱点，并保持了沥青的优良憎水性和黏结性。

将改性的石油沥青以聚酯胎、玻纤胎、聚乙烯膜胎、复合胎等为胎基的材料，浸渍SBS改性石油沥青为涂盖材料，也可用在涂盖材料的上表面以细砂、板岩塑料薄膜等为面层，制成不同胎基、不同面层、不同厚度的各种规格的系列防水卷材。

(1) 特点

SBS是国际上广泛采用的沥青改性剂，并经多年的应用，SBS改性沥青防水卷材在实践中得到可靠证实。

①可溶物含量高，可制成厚度大的产品，具有塑料和橡胶特性。

②聚酯胎基有很高的延伸率、拉力、耐穿刺能力和耐撕裂能力；玻纤胎成本低，尺寸稳定性好，但拉力和延伸率低。

③具有良好耐高温和耐低温性能，能适应建筑物因变形等产生的应力，抵抗防水层断裂。

④优良耐水性，由于改性沥青防水卷材采用的胎基以聚酯毡、玻纤胎为主，吸水性很小，涂盖料延伸率高、厚度大，可以承受较高水的压力，因而耐水性好。

⑤具有优良的耐老化性和耐久性，耐酸、碱及微生物腐蚀。

⑥施工方便，可以选用冷黏结、热黏结、自黏结，可以叠层施工。厚度大于4mm的可以单层施工，厚度大于3mm的可以热熔施工。

⑦可选择性、配套性强，生产厚度范围在1.5～5mm之间，不同涂盖料、不同的胎基和覆面料，具有不同特点和功能，可根据需要进行合理选择与搭配。

⑧卷材表面可撒布彩砂、板岩、反光铝膜等，既增加抗紫外线的耐老化性又美化环境。

(2) 适用范围

广泛适用于工业建筑与民用建筑。例如，保温建筑的屋面和不保温建筑屋面、屋顶花园；地下室、卫生间、桥梁、公路、涵洞、停车场、游泳池、蓄水池等建筑工程防水，尤其适用于较低气温环境和结构变形复杂的建筑防水工程。

2.APP改性沥青防水卷材

APP改性沥青防水卷材，系指采用APP塑性材料作为沥青的改性材料。

聚丙烯可分为无规聚丙烯、等规聚丙烯和间规聚丙烯三种。在改性沥青防水卷材中应用的多为廉价的无规聚丙烯（APP），它是生产等规聚丙烯的副产品，是改性沥青用树脂与沥青共混性最好的品种之一，有良好的化学稳定性，无明显熔化点，在165～176℃之间呈黏稠状态，随温度升高黏度下降，在200℃左右流动性最好。APP材料的最大特点是分子中极性碳原子少，因而单键结构不易分解，掺入石油沥青后，可明显提高其软化点、延伸率和黏结性能。软化点随APP的掺入比例增加而增高，因此，能够提高卷材耐紫外线照射性能，具有耐老化性优良的特点。

（1）特点

①高性能。对于静态和动态撞击以及撕裂具有非凡的抵抗能力（如聚酯胎基），在弹性沥青配合下，聚酯胎基可使防水卷材承受支撑物的重复性运动不产生永久变形。

②耐老化性。材料以塑性为主，对恶劣气候和老化作用具备强有效的抵抗力，确保在各种气候下工程质量的永久性。

③美观性。除抵御外界破坏（紫外线污染）的保护作用外，可生产各种颜色的产品，能够完美地与周围环境融于一体。

（2）应用范围

该材料具有多功能性，适用于新建、改造工程；腐植质土下防水层；碎石下防水层；地下墙防水等。广泛用于工业与民用建筑的屋面和地下防水工程，以及道路、桥梁建筑的防水工程，尤其适用于较高气温环境和高湿地区建筑工程防水。

11.2.3　合成高分子防水卷材

以合成橡胶、合成树脂或它们两者的共混体系为基料，加入适量的化学助剂和填充料等，经过橡胶或塑料加工工艺，如经塑炼、混炼或挤出成型、硫化、定型等工序加工，制成的无胎加筋的或不加筋的弹性或塑性的卷材（片材），统称为合成高分子防水卷材。

我国合成高分子防水卷材在整个防水材料当中处于发展、上升阶段，仅次于改性沥青防水卷材，其生产工艺、产品品种、生产装备、应用技术和应用领域处在不断提高和完善之中。

目前，合成高分子防水卷材主要分为合成橡胶（硫化橡胶和非硫化橡胶）、合成树脂、纤维增强几大类。其主要品种有三元乙丙橡胶、聚氯乙烯、氯化聚乙烯，还有橡塑共混，以及聚乙烯丙纶、土工膜类等。

1. 三元乙丙橡胶防水卷材

三元乙丙橡胶是由乙烯、丙烯和任何一种非共轭二烯烃（如双环戊二烯）共聚合成的高分子聚合物，由于它主链具有饱和结构的特点，因此呈现了高度的化学稳定性。

掺入适量的丁基橡胶、硫化剂、促进剂、活化剂、补强填充剂（如炭黑）、软化剂（增塑剂）等助剂，经密炼（开炼）、滤胶、切胶、压延、挤出、硫化等工序而制成的防水卷材。

（1）特点

①耐老化性好，使用寿命长。三元乙丙橡胶分子结构中的主链上没有双键，分子内没有极性取代基，基本属于饱和的高分子化合物，当三元乙丙橡胶受到臭氧、紫外线、湿热等作用时，主链上不易发生断裂，这是它耐老化性强于主链上含有双键的橡胶的根本原因。有关资料显示，三元乙丙橡胶防水卷材使用寿命可达50年以上。

②耐化学性。当用于化学工业区的外露屋面和污水处理池的防水卷材时，对于多种极性化学药品和酸、碱、盐有良好的抗耐性。

③具有优异的耐绝缘性能。三元乙丙橡胶的绝缘性能，超过电绝缘性能优良的丁基橡胶。尤其是耐电晕性突出。因三元乙丙橡胶吸水性小，所以在浸水后的抗电性能仍然良好。

④拉伸强度高，伸长率大。对伸缩或开裂变形的基层适应性强，能适应防水基层伸缩或开裂、变形的需要。

⑤具有优异的耐低温和耐高温性能。在低温下，仍然具有很好的弹性、伸缩性和柔韧性。保持优异耐候性和耐老化性，可在严寒和酷热的环境中长期使用。

⑥施工方便。可采用单层防水施工法，冷施工，不仅操作方便、安全，而且不污染环境，不受施工环境条件限制。

（2）适用范围

①广泛适用于各种工业建筑与民用建筑屋面的单层外露防水层，是重要级防水工程的首选材料。尤其适用于受振动、易变形建筑工程防水，如体育馆、火车站、港口、机场等。

②各种地下工程的防水工程，如地下贮藏室、地下铁路、桥梁、隧道，也可用于有刚性保护层或倒置式屋面以及水渠、蓄水池、隧道等土木建筑工程防水。

③蓄水池、污水处理池、电站、水库、水渠防水等防水工程。

2. 聚氯乙烯防水卷材

聚氯乙烯防水卷材是以聚氯乙烯树脂为主体材料，加入适量的增塑剂、改性剂、填充剂、抗氧化剂、紫外线吸收剂和其他加工助剂，如润滑剂、着色剂等，经过捏合、高速混合、造粒、塑料挤出和压延牵引等工艺而制成。

（1）特点

①拉伸强度高，伸长率好，热尺寸变化率低。

②抗撕裂强度高，能提高防水层的抗裂性能。

③低温柔性好。

④耐渗透，耐化学腐蚀，耐老化，延长防水层使用寿命。

⑤良好的水汽扩散性，冷凝物易排释，留在基层的湿气易排出。

⑥可焊接性好，即使经数年风化，也可焊接，在卷材中正常使用范围内，焊缝牢固可靠。

⑦施工操作简便、安全、清洁、快速。

⑧原料丰富，防水卷材价格合理，易于选用。

(2) 适用范围

适用于各种工业、民用新建或翻修建筑物、构筑物屋面外露或保护层的工程防水，以及地下室、隧道、水库、水池、堤坝等土木建筑工程防水。

11.3 防水涂料

建筑防水涂料是一种稠状、匀质液体，涂刷在建筑物表面，经溶剂或水分的挥发，或两种组分间化学反应，形成一层致密的薄膜，使建筑物表面与水隔绝，从而达到建筑物防水的作用。

近年来，由于我国建筑事业的高速发展，以及科研、设计、生产单位紧密联合与共同努力，使防水涂料基本上形成了不同档次的系列化产品。已不局限在旧房维修和低等级建筑上应用，完全可以满足其他各类建筑工程防水，从产品质量到应用技术都有很大提高。在保证产品质量的前提下，防水涂料具有施工方便、环保、有装饰功能等作用。防水涂料由溶剂型向水乳型发展；薄质型向厚质型发展；煤焦油基（包括古马隆树脂、苯乙烯焦油基）聚氨酯防水涂料向沥青基聚氨酯防水涂料过渡发展；双组分聚氨酯防水涂料向单组分发展；只能应用于隐蔽防水工程涂料向外露、彩色、抗老化方向发展。

特别是近几年来，聚合物水泥防水涂料（JS 复合防水涂料）、聚合物乳液建筑防水涂料发展较快，得到广泛应用。

1. 聚氨酯防水涂料

聚氨酯防水涂料有双组分反应固化形和单组分湿固化形。双组分聚氨酯防水涂料又分为沥青基聚氨酯防水涂料（适用于隐蔽防水工程）和纯聚氨酯防水涂料（一般为彩色，侧重外露防水工程），为了区别于煤焦油基聚氨酯防水涂料，也常将这类涂料统称为非焦油基聚氨酯防水涂料。单组分有沥青基的、溶剂形纯聚氨酯的、纯聚氨酯以水为稀释剂的等。煤焦油基的双组分和单组分产品都已被淘汰。

目前，双组分聚氨酯防水涂料应用比较普遍，单组分聚氨酯防水涂料通过引进国外技术，现已批量生产，投入市场。

在双组分聚氨酯防水涂料中，甲组分（或称 A 料）是经异氰酸酯与复合聚醚的聚合反应，成为端基带有异氰酸根（-NCO）的预聚体，乙组分是含有多羟基的固化剂、交联剂、催化剂、增塑剂、填料和稀释剂等配制而成，经甲、乙组分混合固化后，即形成均匀的、富有弹性的防水涂膜。

单组分聚氨酯防水涂料生产技术要求比较严格，其中一种生产方法是将甲、乙组分混合后，在成品中保留部分异氰酸根，当施工于基面时，使物料中异氰酸根与大气中湿气固化成为防水涂膜。

(1) 特点

①聚氨酯防水涂料防水膜具有橡胶状弹性，因此延伸性好。抗拉强度和撕裂强度高，耐酸、耐碱、耐腐蚀、防霉，可以制成阻燃型防水涂料，适用温度范围广。

②施工时操作简便，对于大面积施工部位或复杂结构，可实现整体防水涂层。

③同混凝土等多种材质黏结力强。

(2) 适用范围

①屋面、地下室、卫生间、浴池等防水工程。

②铁路、桥梁、公路、隧道、涵洞防水工程。

③贮水池、游泳池、屋顶花园、屋顶养鱼池等防水工程。

2. 聚合物水泥防水涂料

聚合物水泥防水涂料 JS 复合防水涂料，是近年来发展较快、应用广泛的新型建筑防水涂料。由有机液体料（如聚丙烯酸酯、聚醋酸乙烯乳液及各种添加剂组成）和无机粉料（如高铝高铁水泥、石英粉及各种添加剂组成）复合而成的双组分防水涂料，是一种具有有机材料弹性高又有无机材料耐久性好等优点的新型防水材料，涂覆后可形成高强坚韧的防水涂膜，并可根据需要配制成各种彩色涂层。另外，由中国建筑材料科学研究院研制的 PMC 弹性水泥防水材料是一种聚合物的改性水泥，既防水又透气，刚柔并进，是一种功能性防水材料，是建设部目前重点推广的防水材料之一。

(1) 主要特点

①可在潮湿的多种材质的基面上直接施工，抗紫外线性能、耐候性能、抗老化性能良好，可做外露式屋面防水。

②涂层坚韧高强，耐水性、耐久性优异。

③掺加颜料，可形成彩色涂层。

④无毒、无味、无污染，施工简便、工期短，可用于饮水工程。

⑤在立面、斜面和顶面上施工不流淌，适用于有饰面材料的外墙、斜屋面

防水，表面不玷污。

⑥调整组分配合比例，能与基面及饰面砖、屋面瓦、水泥砂浆等各种材料牢固黏结。

(2) 适用范围

①可在潮湿或干燥的各种基面上直接施工，例如：砖石、砂浆、混凝土金属、木材、泡沫板、沥青、橡胶等。

②用于各种新旧建筑物及构筑物防水工程，如屋面、外墙、地下工程、隧道、桥梁、水库、引水渠、水池等。

③调整液料与粉料比例为腻子状，也可作为黏结、密封材料，用于粘贴马赛克、瓷砖等。

3. 硅橡胶防水涂料

硅橡胶防水涂料是以硅橡胶乳液及其他乳液的复合物为主要基料，掺入无机填料（如碳酸钙、滑石粉等）及各种助剂（如酯类增塑剂、消泡剂等）配制而成的乳液型防水涂料。该涂料兼有涂膜防水和浸透性防水材料两者的优良性能，具有良好的防水性、渗透性、成膜、弹性、黏结性和耐高低温性等优点。

(1) 特点

①适应基层的变形能力强，能渗入基层与基底黏结牢固。

②冷施工，施工方便，可以涂刷或喷涂。

③成膜速度快，可在潮湿基层上施工。

④产品无毒、无味、阻燃、应用安全可靠。

⑤可以配成各种色泽鲜艳的涂料，美化环境。

⑥修补方便，凡在施工遗漏或出现被损伤处可直接涂刷。

(2) 适用范围

适用于地下室、卫生间、屋面及各类贮水、输水构筑物的防水、防渗及渗漏工程修补。

11.4 建筑密封膏

建筑密封膏主要用于建筑物上人为设置的伸缩缝、沉降缝、建筑结构节点、接头以及门窗的接缝等，对建筑物上的各种缝需进行密封处理，起着防水、防尘、隔声、保温等功能作用，否则会诱发结构的破坏，或影响人们正常生活。为保证建筑物的安全使用，对所有的接缝需用密封材料进行嵌缝密封。因此密封材料成为各类建筑物不可缺少的功能材料。建筑密封材料品种繁多，主要品种有 PVC 油膏、PVC 胶泥、沥青油膏、丙烯酸、氯丁、丁基密封腻子、氯磺化聚乙烯、聚硫、硅酮、聚氨酯等。特别是近年来，我国建筑密封膏发展较快，曾经以沥青为基料的塑料油膏和胶泥为代表的密封材料，只能用于水平缝起防水作用，从功能、环保要求已不适应现代建筑的要求。目前密封膏已具备不同档次，而且功能齐全。

密封膏依据能承受接缝位移的能力大小分为低、中、高档三类。低位移能力的包括有聚丁烯、油性和沥青基嵌缝膏；中位移能力包括丁基橡胶丙烯酸、氯丁胶等类型的密封膏；高位移弹性密封膏有聚硫橡胶、聚氨酯、硅酮型以及各种相应改性聚合物为基础的密封膏。

在建设部1998年发文推荐的新型防水材料中，密封材料有丙烯酸建筑密封膏、聚硫建筑密封膏、硅酮建筑密封膏和聚氨酯建筑密封膏。

1. 建筑防水沥青嵌缝膏

建筑防水沥青嵌缝膏是以石油沥青为基料，加入改性材料（如树脂、橡胶等高分子聚合物）、填料、稀释剂等助剂配制而成的黑色膏状嵌缝密封材料。

由于该类产品合成工艺简单，加之原料丰富，成品价格低廉，通过不断提高合成技术水平，使该产品具有较好的防水性能，尽管与高档密封膏材料在外观、物理性能上还有一定差距，但在建筑上仍广泛应用。

(1) 特点

①冷施工，操作方便，施工安全。

②优良的黏结性和防水、密封性能。

③有较好耐老化性。

④价格低廉。

⑤按耐热性和低温柔性可分为不同型号产品，可按不同施工要求灵活选择。

(2) 适用范围

广泛用于一般建筑物上水平面的密封。

2. 硅酮建筑密封膏

近年来，硅酮密封膏生产量的增长速度居聚合物基密封膏之首。硅酮建筑密封膏按其产品用途分为脱酸型、脱醇型、脱酮肟型和光学透明型等多种类型。现已生产有酸性、中性、防霉和结构密封膏等品种，是现代建筑行业和其他行业必须的黏结密封材料。

(1) 特点

①单组分，施工方便，产品无毒，为环保型产品。

②工艺性良好，相容性好。

③具有优良的耐候性、耐高低温、抗紫外线辐射、抗臭氧、防霉变。

④对建筑材料无任何腐蚀作用，施工时间长，具有较高的接口变位能力。

⑤可以制成多种颜色。

⑥具有高模量、高抗拉张力，有良好的伸长和压缩恢复能力等。

(2) 适用范围

①广泛用于玻璃、混凝土、砖石、木材、陶瓷以及铝材、钢材等金属材料的黏结和密封。

②玻璃窗、橱窗、集装箱、冷库房接缝密封。

③广泛用于宾馆、室内装修黏结密封。

④高湿度房间的接缝密封、卫生间的接缝密封、厨房用品及组合式家具元件之间密封。

⑤冷库房、预制构件、户外装置建筑接缝的防水密封等。

3. 聚氨酯建筑密封膏

聚氨酯密封膏是以聚氨基甲酸酯为主要成分的非定型密封材料。是由异氰酸酯与聚醚通过加聚反应制成预聚体后，加入交联剂、催化剂、填充剂、助剂等在常温下交联固化成的高弹建筑用密封膏。

(1) 特点

①优良的耐磨性。

②耐低温，低温柔性好。

③具有模量低，延伸率大。

④弹性高。

⑤黏结性好。

⑥耐水、耐油、耐酸碱。

⑦耐候性好、抗疲劳、使用年限长等。

(2) 适用范围

①广泛用于混凝土建筑物、预制件沉降缝、施工缝、伸缩缝、屋面板、外墙板密封。

②阳台、窗框、卫生间等部位的接缝防水密封。

③游泳池、蓄水池、浴室、排水管道密封。

④道路、桥梁、飞机跑道、地下隧道、地铁等工程的接缝与修补密封。

⑤地下煤气管道等接头、电缆接头密封。

⑥冷藏车、冷库保温层及低温容器的黏结密封。

⑦各种车风挡玻璃及其他部件的密封与装配等。

防水剂在第7章已经作了详细介绍，本章不再叙述。

复习思考题

1. 填空题

(1) 防水材料总体上可分为__________防水材料、__________防水材料和__________防水材料。

(2) 在石油沥青中，油分的含量为__________。

(3) 沥青加热后，产生__________，与空气混合后，遇火即发生闪火现象，开始出现闪火时的温度，叫__________。

(4) 在同一品种石油沥青材料中，牌号愈小，沥青愈__________；牌号愈大__________，沥青愈__________。

2. 选择题

(1) 石油沥青牌号划分的主要依据是（　　）。

a. 针入度；b. 溶解度；c. 延度；d. 软化点

A. a、b、c　　B. a、b、d　　C. a、c、d　　D. b、c、d

(2) 施工中用石油沥青制备冷底子油时，应采用下列材料中（　　）作为稀释剂。

A. 重油　　B. 蒽油　　C. 汽油　　D. 苯

(3) 下列哪一种材料不宜用作高级宾馆的屋面防水材料（　　）。

A. SBS 高聚物改性沥青防水卷材　　B. 聚氨酯合成高分子涂料

C. 细石防水混凝土　　D. 三毡四油

(4) 屋面防水卷材是使用（　　）粘贴的。

A. 石油沥青　　B. 热沥青　　C. 沥青玛琋脂　　D. 冷底子油

3. 问答题

(1) 简述沥青针入度的测定方法。

(2) 沥青的延伸度是怎样测定的？

(3) 怎样区别煤沥青和石油沥青？

(4) 聚合物水泥防水涂料的主要特点是什么？有哪些应用？

第12章 建筑塑料

塑料是以合成树脂（高分子聚合物或预聚物）为主要成分，加入其他添加剂，经一定温度、压力塑制成型，且在常温下保持产品形状不变的黏弹性材料。塑料与传统材料相比具有以下特性：

(1) 使用面广。塑料制品可以在各个领域中得到应用。它可以利用各种加工手段制成各种形状的产品，如薄膜、薄板、管材、异型材，尤其是断面形状复杂的异型材和复杂的模制品，都能机械化大规模生产。例如使用一套双螺杆挤出机组生产塑料门、窗，生产一扇成品窗只需26min，门只需20min。

(2) 具有多种功能。塑料的种类很多，通过改变配方又能改变某一种塑料的性能，因此用塑料可以加工出具有各种特殊性能要求的建筑工程材料。同一种制品可以兼备多种性能，如既有装饰性又能隔热保温、隔声等。

(3) 密度小，比强度高。塑料密度一般在0.9~2.2g/cm³之间，平均约为铝的1/2，钢的1/5，混凝土的1/3，而比强度（单位质量的强度）则高于钢材和混凝土，这正符合现代高层建筑的要求。表12-1列出了几种材料的密度和比强度。

表12-1 一些金属及塑料的强度

材料	密度/g·cm^{-3}	抗拉强度/MPa	比强度（抗拉强度/密度）
高级钢材	8.0	1280	160
铸铁	8.0	150	19
杜拉铝	2.8	390	140
酚醛布质层压板	1.4	150	110
酚醛木质层压板	1.4	350	250
玻璃布层压板	1.8	300~700	170~400
定向聚偏二氯乙烯	1.7	700	400

(4) 耐化学腐蚀性优良。一般塑料对酸、碱、盐的侵蚀有较好的抵抗能力，这对装修材料是十分重要的。

（5）可燃性差别很大。如聚苯乙烯，一点火即刻燃烧，而聚氯乙烯只有放在火焰中才会燃烧，当移去火焰时自动熄灭（自熄性）。在塑料制品中加入阻燃剂、石棉填料，可以明显降低其可燃性。

（6）许多塑料具有优良的光学性能。如有机玻璃是无色、高度透明的材料，但可加入有机或无机染料而带有各种颜色，这不仅具有装饰效果，而且有机玻璃本身可以通过73%左右的紫外线，远优于普通玻璃。

（7）导热系数小。如泡沫塑料的导热系数只有0.02～0.046W/（m·K），约为金属的1/1500，混凝土的1/40，砖的1/20，是理想的绝热材料。

（8）电绝缘性好。可与陶瓷橡胶媲美。

（9）出色的装饰功能。塑料制品不仅可以着色，而且色彩鲜艳耐久，并可通过照像制板印刷，模仿天然材料的纹理（如木纹、花岗石、大理石纹等），达到以假乱真的程度。还可电镀、热压、烫金，制成各种图案和花型，使其表面具有立体感和金属的质感。通过电镀技术处理，还可以使塑料具有导电、耐磨和对电磁波的屏障作用等功能。

（10）塑料生产消耗的能源少。塑料生产消耗的能源与生产其他材料消耗的能源比较，塑料生产消耗的能源为63～87kJ/m^3，而钢材为316kJ/m^3，为塑料的5倍。如再考虑塑料使用过程中以及维修少所节约的能源，经济效益就更为显著了。

塑料的主要缺点是刚度差、易老化、易燃烧。但这些缺点可通过改善或改变配方而得到改善。事实上，塑料建材在世界各国的迅速发展以及三十几年的应用实践已经充分表明它是一种应用前景十分广阔的建筑装修材料。

12.1 塑料的组成和分类

12.1.1 塑料的组成

建筑上常用的塑料制品绝大多数都是以合成树脂为基本材料，再按一定比例加入填充料、增塑剂、着色剂、稳定剂、助剂等材料，经混炼、塑化，并在一定温度、压力下制成的塑料制品。

合成树脂是单成分塑料。改变填充料及其他添加剂的品种，塑料的性质也随之改变。

1. 树脂

树脂是塑料中最主要的成分，起着胶粘剂的作用，能将塑料的其他组成胶结成一个整体。虽然加入各类添加剂可以改变塑料的性质，但树脂是决定塑料类型、性能和用途的根本因素。

单一组分塑料中含有树脂几乎达100%（如有机玻璃），在多组分塑料中，树脂的含量约在30%～70%之间。

树脂分天然树脂和人工合成树脂。在塑料中几乎都采用合成树脂。合成树脂是以石油、煤、盐等为基本原料，先加工制得分子量较大的有机高分子单体，然后将这些单体经聚合反应或缩聚反应制得分子量更大的有机高分子化合物，又称高聚物。

建筑塑料中常用的树脂有：聚乙烯（PE）、聚氯乙烯（PVC）、聚苯乙烯（PS）、酚醛（PF）、脲醛（UF）、环氧（EP）、聚酯（PR）、聚氨酯（PUR）、聚甲基丙烯酸甲酯（PMMA）、有机硅（SI）等。

按照受热时所发生的变化不同，合成树脂又可分为热塑性树脂和热固性树脂两种。热塑性树脂具有受热软化、冷却硬化的性能，而且不起化学反应，不论加热或冷却重复进行多次，均能保持这种性能。凡具有热塑性的树脂其分子结构都属线型结构，它包含全部聚合树脂和部分缩合树脂。热塑性树脂的优点是加工成型简便，具有较高的机械性能，缺点是耐热性和刚性较差。热固性树脂一旦加热即软化，然后产生化学反应，相邻的分子互相连接（交联）而逐渐硬化成型，再受热也不软化，也不能溶解。热固性树脂其分子结构为体型结构，它包括大部分的缩合树脂。热固性树脂的优点是耐热性高，受热不易变形，缺点是机械性能较差。

2. 填充料

填充料或称填料，是塑料中另一个重要组成部分，能增强塑料的性能。如纤维、布类填充的加入，可提高塑料的机械强度；石棉填料的加入，可增加塑料的耐热性能；云母填料的加入，增强塑料的电绝缘性能；石墨、二硫化钼填料的加入，可改善塑料的摩擦、磨耗性能等。填充料的加入还能降低塑料的成本。用做填料的种类很多，常用的有机填料有木粉、棉花、纸张和木材单片；常用的无机填料有滑石粉、石墨粉、二硫化钼、云母、碳黑、玻璃纤维布等。多成分塑料中填充料的含量为40%～70%。

3. 增塑剂

增塑剂是具有低蒸气压的低分子量固体或液体有机化合物，主要为酯类或酮类，与树脂混合加工，不发生化学反应，仅能提高混合物的弹性、黏性、可塑性、延伸率、改进低温脆化性和增加柔性、抗振性等。如聚氯乙烯若不加增塑剂，只可以制成硬质聚氯乙烯塑料，在其组分中加入适量的邻苯二甲酸二丁酯增塑剂以后，就可以制成软质聚氯乙烯薄膜、人造革等。

增塑剂的缺点是降低塑料制品的机械性能和耐热性等。所以选择增塑剂的种类和加入量，应根据塑料的使用性能来决定。

4. 着色剂

作为装饰用的塑料，要求具有一定的色泽，故着色剂的选择颇为重要，着色剂一般分为有机染料和无机颜料。

对着色剂的要求是：色泽鲜明、着色力强、分散性好、耐热耐晒、与塑料结合牢靠，在成型加工温度下不变色，不起化学反应，不因加入着色剂而降低塑料性能等。

5. 稳定剂

许多塑料在成型加工和制品使用过程中，由于受热、光或氧的作用，过早地发生降解、氧化断链、交链等现象，而使材料性能变坏，所以为了稳定塑料制品性能，延长使用寿命，通常在其组分中加入稳定剂。在聚丙烯（PP）的成型加工中，加入碳黑作为紫外线吸收剂，能显著改善（PP）塑料制品的耐候性。另外，包装食品的塑料制品必须选用无毒稳定剂。

6. 润滑剂

塑料在加工时，为了脱模和塑料制品的表面光洁，需用润滑剂。根据润滑剂的作用，一般分为内润滑剂和外润滑剂两种。内润滑剂相溶于塑料内，降低塑料的熔融黏度，在加工时减少内摩擦，增加流动性。外润滑剂在加工过程中，易从塑料内部析出至表面，形成一层很薄的润滑膜，以减少塑料熔融物与金属模之间的摩擦和黏附，使成型易于进行。

常用的润滑剂有高级脂肪酸及其盐类，如硬脂酸钙和硬脂酸镁等。塑料中润滑剂一般用量为0.5%～1.5%。

7. 固化剂

固化剂又称硬化剂。其作用是在聚合物中生成横跨键，使分子交联，由受热可塑线型结构，变成体型的热稳定结构。如环氧、聚酯等树脂。在成型前加入固化剂，才能成为坚硬的塑料制品。

固化剂的种类很多，通常随着塑料的品种及加工条件不同而异。作酚醛树脂的固化剂有六次甲基四胺；作环氧树脂的固化剂有胺类、酸酐类化合物；作聚酯树脂固化剂的有过氧化物等。

8. 抗静电剂

塑料制品的特点是电气特性优良，但其缺点是在加工和使用过程中由于摩擦而容易带有静电。在现代建筑的内装修中所应用的塑料地板和塑料地毯，由于静电的集尘作用常使尘埃附着于制品上而降低制品的使用价值。常用的聚苯乙烯、甲基丙烯酸甲酯以及聚乙烯、聚氯乙烯等塑料制品都有这些缺点。为了消除此种现象需掺抗静电剂。其根本作用是给予导电性，即在塑料表面上排列，形成连续相，以提高表面导电度，使带电塑料迅速放电，防止静电的积累。应当注意，要求电绝缘的塑料制品，不应进行防静电处理。

9. 其他添加剂

树脂本身是电绝缘体，在塑料里加入适量的银、铜等金属粉末就可制成导电塑料。在组分中加进一些磁铁末，就可制成磁性塑料。加入特殊化学发泡剂就可制成泡沫塑料。在普通塑料中掺进一些放射性物质与发光材料可以制成一种能射出浅绿、淡蓝色柔和冷光的发光塑料。加入香酯类物品，即可制得经久发出香味的塑料制品。为了阻止塑料制品的燃烧并具有自熄性，可加入阻燃剂等等。塑料是一种极为复杂的合成材料，性质取决于其组分结构方式和加入添加剂分量的相对比例。塑料的最大优点是能根据使用要求，合理地选择添加剂，配制成各种特异性能的塑料制品。

12.1.2 塑料的分类

塑料按其热性能可分为热塑性塑料和热固性塑料两种。热塑性塑料的主要成分为热塑性高聚物，热固性塑料的主要成分为热固性高聚物。

热塑性塑料的典型品种有聚乙烯、聚丙烯、聚苯乙烯、ABS 塑料（丙烯腈、丁二烯和苯乙烯的共聚物)、聚酰胺、聚甲醛、聚碳酸酯等。其优点是加工成型简便，具有较高的机械性能，缺点是耐热性和刚性较差。

热固性塑料的典型品种有酚醛、环氧、氨基、不饱和聚酯以及聚硅醚树脂等制成的塑料制品。它们具有耐热性高，受压不易变形等优点，缺点是机械强度一般不好。

按塑料使用性能又可分为通用塑料和工程塑料两种。通用塑料产量大，用途多，价格低廉。所谓工程塑料，即具有较高强度和其他特殊性能的聚合物，在工业上，主要作为工程结构、机械部位和化工设备等的材料。

12.2 常用建筑塑料制品

用于建筑的塑料制品很多，几乎遍及建筑物的各个部位，最常见的有用于地面装饰的各类塑料地板或铺地卷材、塑料涂料地面、塑料地毯；用于墙面装饰的各类塑料贴面板、塑料壁纸、彩印塑料贴面薄膜；塑料门窗；塑料贴面吸声板，以及用于上下水的塑料管材等。

12.2.1 塑料地板

1. 概述

塑料地板是建筑塑料制品之一，是发展最早的塑料类装修材料。我国研制塑料地板始于 20 世纪 50 年代，塑料地板真正突飞猛进的发展是在 1983 年之后。据悉，1983 年以来我国从前联邦德国、日本、意大利、法国、荷兰等国引进塑料地板生产线 40 余条，总设计生产能力为 1.28 亿 m^3，其中 25 条生产卷材塑料地板 1.12 亿 m^2，15 条生产半硬质块状地板 1600 万 m^2。目前，塑料地板的生产能力已远远超出了市场的需求量，但高档的塑料地板和橡胶地板还有很大的市场。

地面装饰对人的工作、生活环境起着重要的作用，一方面装饰美化环境，还赋予步行以舒适的脚感，对减轻疲劳、调整心态有重要作用。

作为地面装饰材料，一般应满足四个基本要求：

（1）足够的耐磨性。除花岗石、瓷质地砖以外，聚酯、聚氯乙烯塑料地板材料的耐磨性是较为理想的，优于橡胶卷材地面和水泥砂浆地面。

（2）回弹性。当减轻步行的疲劳感，其坚固性和柔软度要适当。这一点对塑料地面材料来说，只要设计得当，是容易达到的。

（3）脚感舒适。脚感舒适这一指标很难定量，国内外研究认为，除与地面材料的回弹性有关外，人足踏在地面上时以温度下降1℃以内的较为舒适，而塑料类复合地板大体上都可以达到这一舒适的温度范围。

（4）装饰功能。这一方面塑料地板具有其他各类材料无可比拟的优点。它可以通过彩色照像制版印刷出各种色彩丰富的图案，各种仿花岗石、大理石、天然木纹、锦缎等花纹，甚至可以以假乱真，从而改变传统水泥砂浆地面的灰、冷、硬、暗的缺点。

除以上地板材料的一般要求外，塑料地板还具有耐水洗、耐冲刷；遇水不变形的尺寸稳定性；贴铺或摊铺方便，维修及重复使用好；以及价格较低等特点。

塑料地板具有上述许多优点，所以得到广泛的应用。在美国，绝大多数的公用建筑，如办公楼、商店、学校等都采用PVC地板，住宅则用塑料地毯，几乎完全取代了传统的地面材料。

2. 塑料地板的结构与分类

（1）塑料地板的结构一般为3～4层复合而成。如图12-1所示为PVC印花发泡卷材地板的结构。

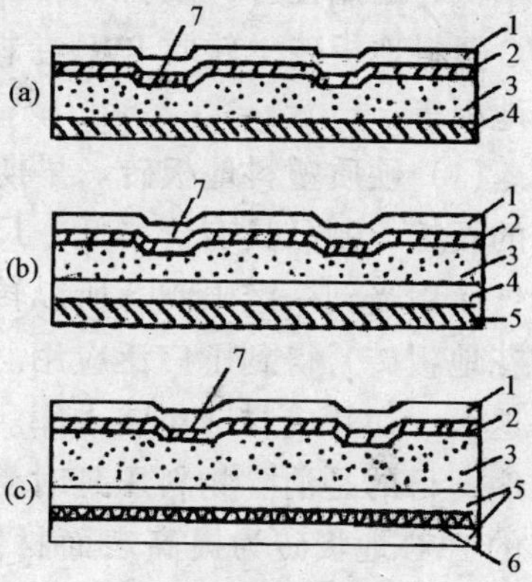

图12-1　印花发泡卷材地板的结构
1—PVC透明面层；2—印刷油墨；3—发泡PVC层；4—底层；5—PVC打底层；6—玻璃纤维毡；7—加抑制剂的油墨

图12-1a为采用两步法生产，即在底衬材料上直接涂布发泡PVC浆，要求所有底衬材料平整，渗漏性小，常用于一般家庭地面的装修。

图12-1b为采用三步法生产，所用底衬材料表面不平整，有渗漏性，所以应在底衬材料下面加上一层PVC底层，使表面平整，便于印刷。

图12-1c为用玻璃纤维毡作底衬时，上下均加一层PVC底层，提高平整度，也为防止玻璃纤维外露。

图12-1b、c结构的地板性能优于图12-1a结构地板，可用于要求较高的民用住宅地面和公共建筑的室内地面装铺。

（2）塑料地板的分类

①按使用树脂分类有：

A. 聚氯乙烯塑料地板；

B. 聚乙烯-醋酸乙烯塑料地板；

C. 聚乙烯、聚丙烯塑料地板。

目前，绝大多数塑料地板属A、B、C类塑料地板很少。

②按生产工艺分类有压延法、热压法和注射法。我国塑料地板的生产大多数采用压延法，热压法较少，注射法更少。

③按地板外形分类可分为块状地板和卷材地板。

④从材性上分类可分为硬质、半硬质、软质和弹性塑料地板。硬质地板所用填料多，不加增塑剂；软质地板则掺较多的增塑剂，填料较少，多为卷材；半硬质地板多为块材。

3.PVC塑料地板类型及生产工艺

目前塑料地板的生产大多采用PVC树脂，其优点是易清扫保养、耐磨、成本低、耐燃性好，烟头不会破坏表面，仅略有发黄。PVC地板类型有：硬质PVC塑料地板砖、软质PVC卷材、印花发泡塑料地板和覆膜彩印PVC塑料卷材地板等。

（1）硬质塑料地板砖。早期产品较多为PVC石棉地板砖。其中添加1～3倍的石棉，制品具有价格低、尺寸稳定、耐磨耐燃等优点。但因石棉对人体有害，使用受到一定限制。所以转为生产添加碳酸钙为主的PVC地板砖（压花、印花地板砖）得到了广泛应用。压延法的工艺流程为配料→捏和→密炼→压延→退火→切片成材→包装入库。其中退火工艺是压延法生产塑料地板砖必要的工序，目的是消除物料压延时受拉作用产生的内应力，以免产品过分的收缩。有的PVC地板砖为提高表面材性及装饰功能，还要在进入退火箱前，先在表面上蜡，涂聚氨酯及进行压花印花等工艺。这样经退火后的片材冷却后即可冲切成规定尺寸的地板砖。

（2）软质塑料地面卷材。生产方法一般亦用压延法，通过四辊压延法压延出薄片，再用鼓式复合装置将0.5～1.0mm的三层薄片复合起来，必要时表面进行压花和印花的装饰处理。软质塑料地面卷材的配料特点，主要是少加填料以及增加增塑剂的成分，其PVC树脂与填料的比约为1:1左右，增塑剂与PVC树脂的比为1:2左右。这样的卷材质地柔软，有弹性，脚感好，但表面耐热性较差。

（3）印花发泡塑料地板。多为一种半硬质的塑料地板，主要原料也是用PVC树脂，与上述塑料地板不同的是除表面层印花装饰外，中间层为加有2%AC发泡剂的PVC糊，在压延加热时形成PVC泡沫层，以提高地板的弹性和隔声、隔热性。基层用石棉纸、无纺布或玻璃纤维布等。

为增加表面印花图案的立体效果，采用化学压花。它是在某一种颜料的印刷油墨中加入一种发泡抑制剂，印刷后向可发泡性 PVC 糊内渗透，这样在发泡时由于抑制作用，使一部分不发泡而凹下去，而发泡的凸出来，使图案或花形富有立体感。

为增加地板表面的耐磨性，在印刷层上还涂上一层不含颜料、填料的透明 PVC 糊。

(4) 覆膜彩印 PVC 地板。为改善塑料地板的防滑性能，在表面彩印层上涂覆透明 PVC 糊层后再进行压花处理，形成的塑料地板制品如图 12-1b 所示。

(5) 其他

①抗静电 PVC 地板。系在生产配料时，选用适当的填料，并掺用抗静电剂及其他附加剂使地板具有抗静电功能，适用于邮电、实验室、计算机房、精密仪表控制车间等的地面铺设。

②防尘地板。是以 PVC 树脂为基料，非金属无机材料为填料，内掺有吸湿防尘添加剂制成。铺地后具有防尘作用，适用于纺织车间和要求空气净化的防尘仪表车间等。

4. 塑料地板的选用

国内生产塑料地板的厂家众多，有花色品种繁多的各类地板，这就为合理地选用提供了广泛的余地。地板选择应遵循的原则是：要首先依据建筑物的等级和使用功能选用。对国家级和省、市级重要建筑物，可选用档次较高经久耐用的硬质、半硬质多层复合地板；而一般建筑物及民用住宅，可选用半硬质或软质的地板卷材。在花色、图案上要参照建筑物的性质，或富丽堂皇、或高贵肃穆、或淡雅宁静等。总之，地板品种及图案花色的选择，要与建筑物的整体建筑设计相协调，做到既经久耐用，又对建筑物产生恰如其分的装饰效果。对有特殊要求的办公用房，如计算机室、控制车间，要注意静电对仪表的干扰，选用抗静电塑料地板；对某些要求空气净化的防尘车间，要选用防尘塑料地板等。

5. 胶粘剂的选用

合理选用胶粘剂也是重要的一步，要根据工程的实际情况，如基层情况、气候环境、使用要求，并考虑到胶粘剂的性能、价格、施工要求等，合理地选用胶粘剂。

国内生产的塑料地板专用胶粘剂很多，常用的有：溶剂型氯丁橡胶胶粘剂、202 双组分氯丁橡胶胶粘剂、JY-7 型双组分橡胶胶粘剂、聚醋酸乙烯胶粘剂、405 聚氨酯胶粘剂、环氧树脂胶粘剂等。

另外还有环氧类及其他高分子树脂配制而成的胶粘剂。值得注意的是对潮湿环境或有接触水的塑料地板黏结，应选择溶剂型双组分胶粘剂为好。

6. 塑料地板保养

一般注意以下几点：

(1) 新铺贴的塑料地面24h内不得上人走动，7~10d内应保持室内温湿度的稳定、通风、防止温度剧烈变化和过堂风劲吹。

(2) 定期打蜡，一般1~2个月打一次。

(3) 避免大量的水（水拖），特别是热水、碱水与塑料地板接触。

(4) 尖锐的金属工具，如炊具、刀、剪等应避免跌落在塑料地板上，以免损坏其表面。

(5) 塑料地板玷污的墨水、食品、油腻等，应先擦去脏物，然后用布和稀肥皂水擦洗痕迹，如仍洗不干净，可用少量溶剂（汽油）轻轻擦试，直至痕迹消失为止。

(6) 不要在塑料地板上放置60℃以上的热物及踩灭烟头，以免引起地板变形和焦痕。

(7) 在静荷载集中部位，如家具脚，最好垫上一些面积大于家具脚2倍的垫块。

(8) 在受阳光照射的地方，可能会出现局部褪色，最好加窗帘遮阳。

(9) 严重损坏的塑料地板应及时更换，最好备用少量的塑料地板，以免更换的塑料地板与原来的颜色不一致，地板存放时要平放，不能侧立，以免造成铺贴不良，对于脱胶部位，消除干净后，用原来的黏结剂或市售白胶水重新粘贴，过24h后方可正常使用。

12.2.2 塑料壁纸

塑料壁纸是以一定材料为基材，表面进行涂塑后，再经过印花、压花或发泡处理等多种工艺而制成的一种墙面装饰材料。

塑料壁纸与传统的墙纸及织物饰面材料相比，具有以下特点：

(1) 装饰效果好。由于壁纸表面可进行印花、压花及发泡处理，能仿天然石材、木纹及锦缎，达到以假乱真的地步，并通过精心设计，印刷适合各种环境的花纹图案，几乎不受限制。色彩也可任意调配，做到自然流畅，清淡高雅。

(2) 性能优越。根据需要可加工成难燃、隔热、吸声、防霉性，且不易结露，不怕水洗，不易受机械损伤的产品。

(3) 适合大规模生产。塑料的加工性能良好，可进行工业化连续生产。

(4) 黏结方便。纸基的塑料壁纸，可用普通108胶或白乳胶即可粘贴，且透气好，可在尚未完全干燥的墙面粘贴，而不致造成起鼓、剥落。

(5) 使用寿命长，易维修保养。表面可清洗，对酸碱有较强的抵抗能力。北京饭店新楼使用的印花涂塑壁纸经人工老化500h，壁纸无异常。

塑料壁纸是目前国内外使用最广泛的一种室内墙面装饰材料，也可用做顶棚、梁柱以及车辆、船舶、飞机的表面装饰。

20世纪70年代我国试制成功乳液涂布壁纸和纸基涂塑、彩色套印壁纸，1973年在北京饭店客房中首次大面积应用，取得了较好的技术经济效果。1980年北京引进了压延法塑料壁纸生产线，并相继在全国各地得到很大发展。近几年来各类壁纸的应用也得到了普遍推广，上海、北京、广州等地壁纸的产量以每年递增25%的速度发展。

12.2.2.1　塑料壁纸的分类

目前在国内外市场上，塑料壁纸大致可分为三类：普通塑料壁纸、发泡塑料壁纸、特种塑料壁纸。每种塑料壁纸又有3~4个品种，几十种乃至上百种花色，如图12-2（a）所示。图12-2（b）为塑料壁纸断面结构。

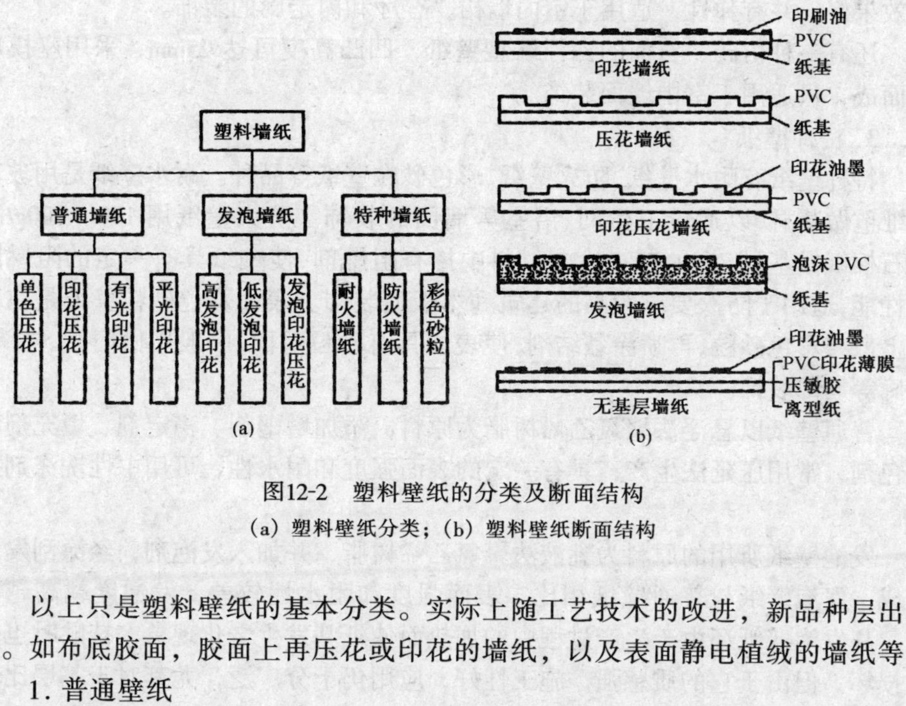

图12-2　塑料壁纸的分类及断面结构

（a）塑料壁纸分类；（b）塑料壁纸断面结构

以上只是塑料壁纸的基本分类。实际上随工艺技术的改进，新品种层出不穷。如布底胶面，胶面上再压花或印花的墙纸，以及表面静电植绒的墙纸等。

1. 普通壁纸

普通壁纸是以80~100g/m² 的纸做基材，涂塑100g/m² 左右的聚氯乙烯糊状树脂，经印花、压花而成。这种壁纸花色品种多，适用面广，价格低，是民用住宅和公共建筑墙面装饰最普遍应用的一种壁纸。

（1）单色压花壁纸。经凸版轮转热轧花机加工，可制成仿丝绸、织锦缎等多种花色。

（2）印花压花壁纸。经多套色凹版轮转印刷机印花后再轧花，可制成印有各种色彩图案，并压有布纹、隐条凹凸花等双重花纹，叫做艺术装饰壁纸。

(3) 有光印花和平光印花壁纸。前者是在抛光辊轧光的面上印花，表面光洁明亮；后者是在消光辊轧平的面上印花，表面平整柔和，以适应用户的不同要求。

2. 发泡壁纸

发泡壁纸是以 100g/m^2 的纸做基材，涂塑 300 ~ 400g/m^2 掺有发泡剂的 PVC 糊状料，印花后，再加热发泡而成，这种壁纸有高发泡印花、低发泡印花、低发泡印花压花等品种。高发泡壁纸发泡倍率大，表面呈富有弹性的凹凸花纹，是一种装饰、吸声多功能壁纸，常用住房顶棚等装饰。低发泡印花壁纸是在发泡平面印有图案的品种。低发泡印花压花壁纸（化学压花）是用有不同抑制发泡作用的油墨印花后再发泡，使表面形成具有不同色彩的凹凸花纹图案，也叫化学浮雕。该品种还有仿木纹、拼花、仿瓷砖等花色。图样真、立体感强、装饰效果好，并有弹性，适用于室内墙裙、客厅和内走廊的装饰。

还有一种仿砖、石面的深浮雕型壁纸，凹凸高度可达 25mm，采用座模压制而成，只适用于室内墙面装饰。

3. 特种壁纸

特种壁纸有耐水壁纸、防火壁纸、彩色砂粒壁纸等品种。耐水壁纸是用玻璃纤维毡做基材，以适应卫生间、浴室等墙面的装饰。防火壁纸用 100 ~ 200g/m^2 的石棉纸做基材，并在 PVC 涂塑材料中掺有阻燃剂，使壁纸具有一定的阻燃防火性能，适用于防火要求较高的建筑和木板面装饰。表面彩色砂粒壁纸是在基材上散布彩色砂粒，再喷涂黏结剂，使表面具有砂粒毛面，一般用做门厅、柱头、走廊等局部装饰。

普通壁纸以悬浮法聚氯乙烯树脂为原料，添加增塑剂、稳定剂、填充剂和着色剂，常用压延法生产，具有一定的表面强度和耐水性，可用中性洗涤剂擦洗。

发泡壁纸所用的原料为乳液法聚氯乙烯树脂，并加入发泡剂，经涂刮发泡制成，发泡壁纸与普通壁纸相比，表面强度和耐水性较差，发泡度越高越明显。高发泡壁纸还由于生产过程中的加热而使纸基发生老化现象，裱贴时也较易损坏。但由于它的质感强，施工性好，应用仍十分广泛，尤其对于基层比较粗糙的墙面，更为适宜。

12.2.2.2　壁纸的规格

一般有以下三种：

(1) 幅宽 530 ~ 600mm，长 10 ~ 12m，每卷为 5 ~ 6m^2 的窄幅小卷。

(2) 幅宽 760 ~ 900m，长 25 ~ 50m，每卷为 20 ~ 45m^2 的中幅中卷。

(3) 幅宽 920 ~ 1200mm，长 50m，每卷为 46 ~ 90m^2 的宽幅大卷。

小卷壁纸是生产最多的一种规格，它施工方便，选购数量和花色灵活，比较适合民用，一般用户可自行粘贴，中卷、大卷粘贴工效高，接缝少，适合公共建筑，由专业人员粘贴。

12.2.3 塑料装饰板材

建筑用塑料装饰板材主要用做护墙板、屋面板和平顶板，此外有夹芯层的夹心板可做非承重的墙体和隔断。

塑料装饰板材质量轻，能减轻建筑物的自重。塑料护墙体可以具有各种形状的断面和立面，并任意着色，用它装饰的外墙面富有立体感，具有独特的建筑效果。从施工安装方面来看，塑料护墙板或屋面板是干法施工的，轻便灵活，减少了现场的湿作业（抹灰、涂装、粘贴等）。它们保养也很方便，甚至可以说是无需保养的材料。

塑料装饰板材是以树脂材料为浸渍材料或以树脂为基材，经一定工艺制成的具有装饰功能的板材。

塑料装饰板材按其原材料的有塑料金属板、GRP（玻璃钢）板、硬质 PVC 建筑板材、三聚氰胺装饰层压板、聚乙烯低发泡钙塑板、有机玻璃板、复合夹层板（硬质聚氨酯泡沫夹层板）。

按外形分，塑料建筑板材有以下几种形式：

（1）波形板。包括具有各种圆弧或梯形断面的波形长，它们被用做屋面板和护墙板。

（2）异型板材。它们是具有异型断面的长条板材，也被称为波迭或侧迭，它主要用做外墙护墙板。

（3）格子板。格子板是具有立体图案的方形或矩形塑料板材，用来装饰平顶和外墙。

（4）夹层墙板。这种板材有中间芯层，一般为泡沫塑料或矿棉等无机隔热材料。它们具备墙体所应有的基本性能。

12.2.4 塑料门、窗和异型材

异型材是指断面形状比较复杂的长条制品。它的种类很多，广泛用做建筑装饰装修材料。

（1）闭合中空异型材。它的断面是完全闭合的，中间有单孔或多孔。

（2）开放中空异型材。它也是单孔或多孔的异型材，但有开放的部位。

（3）开放异型材。它没有中空室，是薄壁异型材。

（4）复合异型材。复合异型材用两种不同的塑料或不同颜色的同种塑料共挤出而成。

（5）嵌件异型材。它是用塑料包在金属、木材的外面共挤出，挤出时用十字机头。

塑料异型材的断面尽管十分复杂，但利用塑料易于加工成型的优点，使它的制造方法很简单，加工费用低，能稳定高效率地生产。

建筑中的塑料异型材料质量轻、耐水、耐腐蚀，可以任意着色，因而是代钢代木的理想材料。

许多建筑装饰材料都可以用塑料异型材制作。目前它主要用来生产塑料门、窗、装修线材，如挂镜线、踢脚板、楼梯扶手、异型护墙板等。

1. 塑料窗

(1) 塑料窗的特点

窗在建筑中起采光和通风的作用，同时它又是建筑物的主要开口部分，是造成热量损失的原因之一，与传统的木窗和钢窗相比，塑料窗有如下优点：

①耐水和耐腐蚀。它可以应用于多雨湿热地区，地下建筑和有腐蚀气体的工业建筑。

②隔热性能好。表 12-2 为几种门、窗隔热性能比较。虽然 PVC 本身的导热系数与木材接近，但由于塑料窗是由中空异型材拼装而成的，中空室内的空气隔热性好，所以 PVC 整窗的隔热性比钢、木窗好得多。由于从窗散失的热量占建筑全部散失热量的 30% 左右，因此改善窗的隔热性对于节省能源的作用很大。根据德国诺贝尔公司的统计，如用 PVC 窗换下旧的钢窗，窗面积为 $30m^2$，每年可节省燃油 2500L。

表 12-2 几种门窗隔热性能比较

材料导热系数/$W\cdot m^{-1}\cdot k^{-1}$					整窗的传热性/$W\cdot m^{-1}\cdot k^{-1}$		
铝	钢	松、杉木	PVC	空气	铝窗	木窗	PVC 窗
174.45	58.15	0.17～0.35	0.13～0.29	0.047	5.95	1.72	0.44
(150)	(50)	(0.15～0.30)	(0.11～0.25)	(0.04)	(5.120)	(1.479)	(0.378)

注：括号内的数字单位为 kcal/（$m^2\cdot h\cdot ℃$）。

③气密性好和水密性好。PVC 窗异型材在设计时就考虑到气密和水密的要求，在窗扇和窗框之间有密封条，因此密封性能好。在内外压差为 300Pa，雨水量为 2L/（$min\cdot m^2$）的条件下，10min 不进水。在风速为 40km/h 时，用 ASTM-283 标准的方法测定，空气泄漏量仅为 $0.283m^3/min$。

④隔声性好。按隔声性能实验（DIN4109），隔声达 30dB，而普通窗的隔声只有 25dB。

⑤装饰性好。PVC 窗可以着色，目前较多是白色。PVC 窗的造型新颖大

方，线条明快，清晰挺拔，外表平整美观，对建筑物起美化装饰作用。最近已研制成功用双色共挤出工艺生产具有多种色彩变化的塑料窗。窗的室外一侧为彩色的聚丙烯层，而室内一侧则为白色的 PVC 层，从而较好地解决了装饰及耐老化要求之间的矛盾。另外，近年国内通过技术引进，开发了表面进行木纹压印装饰的 PVC 窗。

⑥保养方便

PVC 窗不锈不蚀，不需要经常涂装保养，其表面光洁，清扫方便。

从价格方面看，目前国内 PVC 窗比钢、木窗高，与铝合金窗相当，而在国外某些国家如德国，PVC 窗已接近或低于木窗的价格。从发展的趋势来看，PVC 窗的价格与钢、木窗的价格会逐渐接近，成为有竞争力的产品。

塑料的老化是人们普通关心的问题。PVC 窗的耐老化性相当好。在德国塑料窗已使用 30 余年，除光泽稍有变化外，性能无明显变化，估计可使用 50 年以上。

塑料窗自 20 世纪 60 年代开始在西欧国家使用，主要是从节省能源的角度，政府鼓励和支持塑料窗的使用，因而生产量和使用量增长很快，目前已占全部窗的 40%以上。我国建设部和各省节能办也力推使用塑料窗，以减少能耗。

（2）塑料窗的种类

90%以上的塑料窗是硬质 PVC 窗。PVC 树脂价格低，具有自熄性，耐候性较好。它的抗冲击性可以通过与氯化聚乙烯等树脂共混得以提高。

聚氨酯硬质 PVC 隔热性优良，质量轻，是制造窗的理想材料。它的强度不够高，因此通常与其他材料复合。例如用型钢做芯材，外面包覆聚氨酯硬质 PVC 的窗在我国已有生产。

共挤出双色窗是用耐老化性更好的丙烯酸类树脂与硬 PVC 共挤出制成的。彩色的丙烯酸树脂形成窗的外表面，硬 PVC 形成内表面。这种窗耐候性更好，外表面有各种色彩，美化了建筑物。

PVC 窗的结构形式很多，大致可分为固定窗、开启窗（分侧开、上开、下开和同时可侧开上开的）、翻窗、滑窗（推拉窗，分垂直式和水平式两种）。

（3）硬 PVC 窗的结构

PVC 窗在结构上有如下特点：

①窗玻璃较大，中间横挡较少，一般一扇窗一块玻璃，这样加工拼装比较简便，当然随之而产生的问题是窗玻璃耐压强度要求提高，厚度增大。

②窗框和窗扇在关闭时有密封条密封，起隔声、隔热和气密作用。

③干法安装玻璃，不用油灰。

PVC 侧开窗由下列异型材料构成：

①窗框异型材

目前国内生产的窗框异型材主要是L型。L型的一臂用于安装固定铁与墙体连接固定，另一臂用于安装密封条和玻璃，或用于与窗扇异型材相联。根据具体断面形式上的差异，窗框异型材可分为：

A. 固定窗框异型材。该异型材用以构成固定窗。在安装玻璃一侧的臂是一个中空肋，中空肋的末端有一凹槽，用来安装固定玻璃密封条。在中空肋的对侧也有一个凹槽，用来安装玻璃压条，即压玻璃异型材。

B. 凹入式窗框异型材。该异型材用于开启窗，所构成的开启窗的窗扇与窗框的外侧在同一平面上。另外，在这种异型材上有一突起部位，以便与窗扇能够密接。

C.T型窗框异型材。该异型材主要用于双扇窗的中间框。根据断面上的一些细部差异，可用于固定窗、凹入式开启窗、外平式开启窗和一侧固定一侧开启窗等不同的形式。

②窗扇异型材

窗扇异型材一般多为Z型，Z型材的两条臂均为带有一个嵌固凹槽的中间肋。其中一条臂用于安装玻璃，另一条臂则通过嵌入凹槽内的密封条与窗框异型材相密接。和窗框异型材一样，窗扇异型材因凹入式开启窗和外平式开启窗的差异，在细部结构上也有一些不同，具体地说，在外平式开启窗异型材的中部对应窗框异型材突出的地方，有一突出的带有装密封条凹槽的实腹小肋，用于与窗框异型材实现密接。

③辅助异型材

塑料窗用辅助异型材主要包括玻璃压条和各种密封条。此外，也包括只在某种类型窗中使用的特殊辅助部件，如在凹入窗扇上所常用的泄水异型材等。

玻璃压条泛指各种类型的固定玻璃的异型材，一般也用PVC制作，密封条是为保证塑料窗的气密、水密、隔声等性能而使用的，通常包括扇间密封条、玻璃密封条和框扇间隙密封条等。目前国内的塑料窗密封材料大多以软质PVC加入增塑剂及橡胶等改性剂制成，用于室内尚可，用于室外窗则耐老化性能欠佳。有条件时，应尽可能用耐老化的橡胶型密封条。

④金属增强型材

由于PVC的刚性不及钢、木，对于大面积的窗或风压较大的高层建筑，为保证窗的刚性，必须加大异型材的断面和壁厚，但一般不采用增大断面的办法，而是采用在异型材内插入金属（钢或铝合金）型材增强的办法。

(4) PVC整窗的性能

许多国家制定了PVC窗的质量标准,最早是德国的DIN7748。我国也已制定标准(PVC塑料窗 JG/T 3018—1994)。表12-3为DIN7748 343型PVC窗的标准。

表 12-3 PVC 窗质量标准

项　　目	试验方法	数　　值
气密性（a 值）/$m^3 \cdot m^{-1} \cdot h^{-1}$	DIN 18055	<1.0
风雨密闭性	DIN 18055	最高等级
整窗传热系数（K 值）/$W \cdot m^{-2} \cdot k^{-1}$（$kcal/m^2 \cdot h \cdot ℃$）	DIN 4108	2.33～2.79（2.0～2.4）
挠　度	DIN 18056	<1/300×L
落球冲击试验	1kg 钢球，高 1m	不破坏
加热变形（%）	100℃，1h	<1.5

风雨密封性表示在大雨大风情况下雨水渗水的情况。DIN18055 规定一定风压一定量的水冲击窗面，经规定时间测定渗水量，密封性分为 A、B、C、D 四个等级。

此外尚有隔声性能试验（DIN4109）。按隔声性好坏将 PVC 窗分为四级：

Ⅰ级：用于较安静的地区，隔声 25dB；

Ⅱ级：用于交通噪声一般的地区，隔声 30dB；

Ⅲ级：用于靠近交通频繁的道路和地区，隔声 35dB；

Ⅳ级：用于隔声要求特别高的地区，隔声 40dB。

2. 塑料门

塑料门与塑料窗一样具有装饰性好、保养简单、耐水耐腐蚀性好等优点。按塑料门的结构的不同它们有以下几种：

(1) 镶板门

这种门的门扇由带企口槽（燕尾槽）的中空薄壁异型材镶嵌而成，四周包上边框。门框用多孔异型材拼成。

镶板门结构简单，材料耗用少，但比较单薄，一般作为内门。

(2) 框板门

这种门的结构与窗基本相同。门扇由门扇框和门心板组成。门扇框与窗扇框相近，但型材的断面较大。门心板用玻璃做成玻璃门，也可用中空薄壁异型材拼成。门心板的固定方法基本与窗玻璃干法安装相同。

框板门的刚性好，可具有较好的水密和气密性，因此可以作为外门。

(3) 折叠门

折叠门的结构简单，用硬 PVC 异型材拼装而成。它有多种形式，如双折门、多折门。这种门轻巧灵活，耗料省，价格低。它在开启时占地较少。由于它的密闭性较差，强度也较小，适用于作为厨房、卫生间的门，也可以作为内门以及分隔房间之用。

(4) 整体门

这种门由正反两片整体门结合而成。它用大型注射机一次注塑而成。它的整体性好，外形变化多，表面可以有复杂的立体图案，十分美观，类似高级的木门。

(5) 轻质塑料透明门

它适用于工业建筑，如在铲车通行的仓库出入口，可以看清出入的车辆，又能自行开闭，塑料门大多用 PVC 制成。

12.2.5 建筑用塑料管材

1. 概述

塑料管材在国外是使用最多的一种塑料建材，几乎占全部塑料建材制品的40%。我国在20世纪60年代开始使用塑料管材，最早用于化工、化纤等工业部门输送腐蚀液体，少量在民用建筑的给排水系统中试用。70年代开始用于农用喷灌管道。80年代初，塑料管道的给排水系统正式为建筑部门所接受，并制定出完整的设计、施工规范和方法。目前已广泛用于房屋建筑的给、排水工程，排气和排污的卫生管，地下排水系统，农用灌溉水管。

各种塑料管道在建筑工程中所以得到广泛应用，是由于它们与传统的铸铁、石棉水泥管及钢管相比有下述优点：

(1) 重量轻。塑料管的密度只有钢、铁管材的1/7，铝的1/2。由于质量轻、施工时劳动强度大大减小。

(2) 安装方便。塑料的连接方法简单，如用溶剂黏结、承插连接方法、焊接法等，故安装简便快速。

(3) 液体的阻力小。塑料管内壁光滑，不易结垢和生苔，在同样压力下塑料管的流量比铸铁管高30%，且不易阻塞。

(4) 耐腐蚀性好，塑料管道可用来输送各种腐蚀性液体，如在硝酸吸收塔中使用硬质 PVC 管20多年无损坏迹象。

(5) 维修费用省。塑料管不锈不蚀，无需油漆，破损也易修补。

(6) 装饰效果好。塑料可以着色，外表光洁，不易玷污，装饰效果好。

当然，塑料管道也有它的缺点，由于所用的塑料大部分为热塑性塑料，如PVC、PE、PP等塑料的耐热性较差，因此不能用做热水供水管道，否则会造成管道变形、泄灌等问题。

塑料管的冷热变形较大，因此，在管道系统设计中必须考虑这一点。

有些塑料管如硬质 PVC 的抗冲击性能等机械性能也不及铸铁管。因此，在安装使用中要尽量避免撞击或挂搭重物。

2. 常用塑料管种类

目前，我国生产的塑料管按材质划分主要有 PVC、PE、PP 等通用热塑性树脂和 PF、EP 等热固性树脂制成的玻璃钢管，以及石棉酚醛树脂（PF）制成某些化工工业使用的管道等。

在各类管道中，以 PVC 管的产量最大，使用最为普遍，约占整个塑料管材的 80%。

（1）聚氯乙烯（PVC）塑料管

它是以 PVC 树脂为原料，加入稳定剂、润滑剂、填料等经捏和、滚压塑化、切粒、挤出成型加工而成。

与其他热塑性塑料管如 PE、PP 等相比，PVC 管机械性能、抗老化性较好。在给排水工程中主要用硬质 PVC 管，硬质 PVC 管的加工性差和抗冲击性能差的问题，可在配方中加入丙烯酸酯和甲基丙烯甲酯、丁二烯、苯乙烯三元共聚物改性，使其性能得到很大改善。

PVC 塑料管用于排水（污）和给水（饮用水）所用的管材是有区别的，分别按不同标准生产和供货。它们的配方基本相同，惟在配方中对给水管选用低毒或无毒性无锡系稳定剂、低铅性稳定剂。例如采用辛基硫醇锡 0.4% ~ 0.8% 和钙皂 0.6% ~ 1.0% 等复合稳定剂，以保证对人体的安全。

硬质 PVC 塑料管的规格及技术性能按 GB/T 5836—91 和 GB/T 5836.2—92 生产，管径的外径和壁厚分轻型和重型两种，管长一般为 4m 或 6m。

硬 PVC 管常温使用压力，轻型不得超过 0.6MPa，重型不得超过 1.0MPa，管材使用温度范围为 0 ~ 60℃，可根据使用场合，合理选用管材的直径和类型。

PVC 管除硬质管外，还有软质管。产品为透明或不透明，质地比较柔软。主要用做输送流体管、电器套管等。管长一般不小于 10m。击穿电压 > 20kV/mm，拉伸强度 > 15.0MPa，断裂延伸率 > 200%，20℃时的体积电阻率 $> 1 \times 10^{11}\ \Omega\cdot cm$，可用于 -10℃以上的寒冷地区，直径有内径 1.0 ~ 40.0mm，颜色有白、黄、红、蓝、黑等。

（2）聚乙烯（PE）塑料管

PE 塑料管分为低密度聚乙烯（LDPE）管和高密度聚乙烯（HDPE）管两种。与 PVC 管相比，PE 管的密度小，柔性较好，耐腐蚀、耐溶剂性也优于 PVC 管，可用来输送大多数溶剂和腐蚀性液体。但对动植物油有一定的溶胀性。LDPE 管的柔性、弹性较好，用做给水管道时，冬季不易冻裂，安装时可承受不大于管径 12 倍的弯曲。PE 管的使用温度也是 60℃，但耐低温性优于 PVC 管。

PE 管可用于工业与民用建筑的上、下水或输送液、气体等。

PE 管的管长一般为 4m，外径由 5 ~ 63mm，常温使用压力 HDPE 管为

0.6MPa，LDPE 管为 0.4MPa，拉伸强度 > 0.8MPa，断裂伸长率 > 200%，颜色一般为本色和黑色。

(3) 聚丙烯（PP）管

PP 塑料管是由 PP 树脂，加入适当助剂，经挤出加工制成。

PP 管的密度比 PE 还轻，耐热性比 PVC、PE 要好得多，可在 100 ~ 200℃ 的温度下，仍保持一定的机械强度。因此，可用做热水管，压力较小时耐热温度可达 120℃，但压力较大时，耐热温度不高于 60℃。

(4) 耐酸酚醛树脂（PF）管

以热固性 PF 树脂为胶结剂，耐酸石棉（或石墨）为填料，经捏合、液压、金属压模热压制成。

PF 树脂管的特点：质轻、耐酸、强度高、抗冲击等，适用于基本化学工业、冶金、有机染料、合成橡胶、人造纤维、医药、造纸、石油化工、纺织等工业输送液体（或气体）腐蚀性介质，如各种浓度的盐酸、硫酸及氯气、二氧化硫气体等。

以上介绍的塑料管道，为正常使用，配有相应的弯头、三通、四通及法兰活套接头等管件，以便布置管线时连接。塑料管的连接除使用不同的管线外，还可以采用相应的黏结剂，结合和焊接等方式。如硬质 PVC 塑料管胶接黏合，大多是用 PVC 塑料粉在四氢呋喃或已酮等溶剂溶解而成的黏结剂。连接时除去插口和承口的毛刺、灰尘，用溶剂擦净润湿，然后在插口外和承口内涂上黏结剂，将管子插入承口，转动几次，使黏结剂全部充满间隙即可。

对 PE 和 PP 管，因为没有合适的溶剂，常采用焊接方法。

复习思考题

1. 填空题

(1) 塑料密度一般在 0.9 ~ 2.2g/cm^3 之间，平均约为铝的 1/2，钢的________，混凝土的________，而比强度则高于钢材和混凝土。

(2) 塑料中润滑剂一般用量为________。

(3) 单一组分塑料中含有树脂几乎达到________；在多组分塑料中，树脂的含量约在________之间。

(4) 多成分塑料中填充料含量为________。

2. 选择题

(1) 在塑料中最主要组成材料是（　　）。

A. 滑石粉　　B. 阻燃剂　　C. 合成树脂　　D. 二丁酯

(2) 硬质聚氯乙烯使用温度应（　　）。

A. 低于 120℃　　B. 低于 150℃　　C. 低于 80℃　　D. 低于 100℃

（3）下述聚合物中不属于热塑性的是（　　）。

A. 聚氯乙烯　　B. 环氧树脂　　C. 聚丙烯　　D. 聚苯乙烯

（4）常见的地面装饰塑料制品主要使用（　　）塑料制作。

A. 聚氯乙烯　　B. 聚丙烯　　C. 聚乙烯　　D. 尼龙

3. 问答题

（1）试述塑料的特性。

（2）试述塑料的组成。塑料如何分类？

（3）塑料地板的结构与分类？

（4）塑料壁纸如何分类？各有什么特点？

（5）塑料板材有哪些种类？各有什么特点？

（6）塑料门窗有哪些特点？

第13章 建筑涂料

13.1 建筑涂料

13.1.1 涂料与建筑涂料

涂敷于物体表面，能与基体材料很好黏结，并形成完整而坚韧保护膜的物料称为涂料。涂料具有防护、装饰、防腐、防水或其他特殊功能。

由于早期的涂料生产采用的主要原料是油和漆，因此，在很长一段时间，涂料被称为油漆，由这类涂料在物体表面形成的涂膜，也就被称为漆膜。

用油漆作为建筑物的表面装饰，在我国已有几千年的历史。但是由于天然树脂和油料的资源有限，建筑涂料的发展受到资源的限制。20世纪50年代以来，由于石油工业的发展，各种合成树脂和溶剂、助剂相继出现，并大规模生产，作为涂料生产的原料，再也不仅是依靠天然树脂和油脂了。60年代开始，我国研制出以合成树脂和各种人工合成有机稀释剂为主，甚至以水为稀释剂的乳液型涂料。所以油漆一词已不能代表涂料的确切含义，故改称为“涂料”。但人们习惯上仍把溶剂型涂料俗称油漆，而把乳液型涂料俗称为乳胶漆。不过值得提醒的是，现在人们所说的“漆”已和传统的漆有了很大的不同。

涂料的用途很广，不同类型的涂料功能各异，可以用于飞机、船舶、车辆及各种机械设备等表面的防护、装饰。用于建筑物表面起防护、装饰及其他功能的涂料，称建筑涂料。建筑物的保护和装饰虽有多种途径，但采用涂料是最简便、最经济且维修更新方便的方法，建筑涂料不仅可以使建筑物的内外整齐美观，而且有保护被涂覆的建筑材料，延长其使用寿命和改善建筑物室内外使用效果的功能。建筑涂料的色彩丰富、质感逼真、施工效率高，在国内外建筑装饰中的应用十分广泛。

13.1.2 涂料的组成

涂料的种类繁多,功能各异,不同的涂料组成各不相同。按涂料中各组分所起的作用,可分为主要成膜物质、次要成膜物质和辅助成膜物质,见图13-1。

13.1.2.1 主要成膜物质

主要成膜物质也称胶粘剂或固着剂。它的作用是将涂料中的其他组分黏结成一整体，并能牢固附着在被涂基层表面，形成连续均匀、坚韧的保护膜。主要成膜物质对形成涂膜的性质起决定性的影响。涂膜的干燥方式是常温干燥或是固化剂固化干燥，也是主要成膜物质决定的。主要成膜物质应具有：较好的耐碱性；能常温固化成膜；较好的耐水性；良好的耐候性以及要求材料来源广、资源丰富、价格便宜等特点，才能满足配制性能优良的建筑涂料的需要。

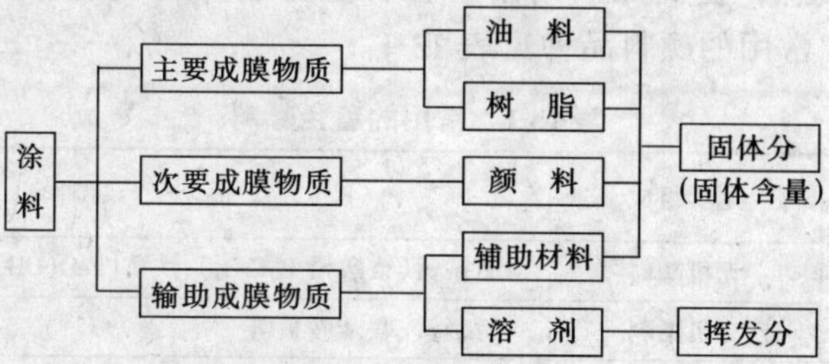

图 13-1 涂料的组成

目前我国建筑涂料所用的成膜物质主要以合成树脂为主，主要有：聚乙烯醇系缩聚物；聚醋酸乙烯及其共聚物；丙烯酸及其共聚物；氯乙烯—偏氯乙烯共聚物；环氧树脂；聚氨酯树脂；氯磺化聚乙烯等。此外，还有氯化橡胶、水玻璃、硅溶胶等无机胶结材料。

在油基漆和某些清漆中，还使用某些植物油作为主要成膜物质，如桐油、亚麻子油、梓油、苏子油（干性油）和豆油、向日葵油（半干性油）以及蓖麻油、椰子油、花生油（不干性油）等。干性油涂于物体表面，受到空气的氧化作用和自身的聚合作用，经一段时间（一周以内）能形成坚硬的油膜，耐水而富于弹性。半干性油干燥时间较长（一周以上），油膜较软且有发黏现象。不干性油在正常条件下不能自行干燥形成油膜，不能直接用于制造涂料。

13.1.2.2 *次要成膜物质*

次要成膜物质也是构成涂膜的重要组成部分，但它不能离开主要成膜物质单独构成涂膜，这种成分就是涂料中使用的颜料。在涂料中加入颜料，不仅能使涂膜性能得到改进，并且使涂料品种有所增多。

颜料是一种不溶于水、溶剂和漆基的粉状物质，但能扩散到介质中形成均匀的悬浮体。颜料在涂膜中不仅能遮盖被涂面和赋予涂膜以绚丽多彩的外观，而且还能增加涂膜的机械强度，阻止紫外线穿透，提高涂膜的耐久性和抵抗大气的老化作用。有些特殊颜料能使涂膜具有抑制金属腐蚀、耐高温等特殊效果。

颜料的品种很多。按它们的化学组成，可分为有机颜料和无机颜料两类；按它们的来源可分为天然颜料和人造颜料两类；按它们所起的主要作用的不同，分为着色颜料、防锈颜料和体质颜料三类。

着色颜料的主要作用是着色和遮盖物面，是颜料中品种最多的一种。着色颜料按它们在涂料使用时所显示的色彩可分为红、黄、蓝、白、黑及金色光泽等。防锈颜料是防止金属生锈，品种有红丹、锌铬黄、氧化铁红、偏硼酸钡、铝粉等。体质颜料又称填充颜料，它不起着色作用，主要作用是增加涂膜厚度，加强涂膜质感，提高涂膜的耐磨性，主要品种有硫酸钡、碳酸钡、碳酸钙、滑石粉等。常用的颜料品种见表 13-1。

表 13-1 常用的着色颜料

颜　色	化学组成	品　种
黄色颜料	无机颜料	铅铬黄(铬酸铅 $PbCrO_4$)、铁黄[$FeO(OH)\cdot nH_2O$]
	有机染料	耐晒黄、联苯胺黄等
红色颜料	无机颜料	铁红(Fe_2O_3)、银朱(HgS)
	有机染料	甲苯胺红、立索尔红等
蓝色颜料	无机颜料	铁蓝、钴蓝($CoO\cdot Al_2O_3$)、群青
	有机染料	酞菁蓝[$Fe(NH_4)Fe(CN)_5$]等
黑色颜料	无机颜料	碳黑(C)、石黑(C)、铁黑(Fe_3O_4)等
	有机染料	苯胺黑等
绿色颜料	无机颜料	铬绿、锌绿等
	有机染料	酞菁绿等
白色颜料	无机颜料	钛白粉(TiO_2),氧化锌(ZnO),立德粉($ZnO+BaSO_4$)
金属颜料		铝粉(Al),铜粉(Cu)等

13.1.2.3　辅助成膜物质

辅助成膜物质不能构成涂膜或不是构成涂膜的主体，但对涂料的成膜过程（施工过程）有很大影响，或对涂膜的性质起一些辅助作用。辅助成膜物质主要包括溶剂和辅助材料两大类。

1. 溶剂

溶剂又称稀释剂，它是溶剂型涂料的一个重要组成部分，是一种能挥发的液体，具有溶解成膜物质的能力，可降低涂料的黏度，并达到施工的要求，但它能影响涂膜的形成质量和涂料的成本。但是过多地掺用溶剂会降低涂膜的强度和耐久性。

常用的溶剂有：松香水、酒精、200 号溶剂汽油、苯、二甲苯、丙酮等。对乳液型涂料，是借助具有表面活性的乳化剂，以水为稀释剂，而不采用有机溶剂。

除了氧化烃类外，有机溶剂几乎都是易燃液体，其蒸气与空气混合如果浓度适合可具有爆炸性，因此在选择使用溶剂时必须注意。

有些溶剂的蒸气吸入后能伤害人体，如氯化烃类的蒸气有麻醉作用，苯蒸气能破坏血球等。工业上使用溶剂时，溶剂在空气中最大的允许量，国家都有规定。一般来说，松香水和松节油无任何毒性。

2. 辅助材料

有了成膜物质、颜料和溶剂就构成涂料，但为了改善涂膜性能，诸如涂膜的结膜干燥时间、柔韧性、抗氧化、抗紫外线作用、耐老化性能等，还常用一些辅助材料。辅助材料又称助剂，它们的用量很少，但种类很多，各有所长，且作用显著，是改善涂料性能不可忽视的重要材料。常用的辅助材料有：增塑剂、催干剂、固化剂、抗氧化剂、紫外线吸收剂、防霉剂、乳化剂以及特种涂料中使用的阻燃剂、杀虫剂等等。

13.2 涂料产品分类和命名

涂料的品种很多，使用范围很广，分类方法也不尽相同，一般油漆类涂料是按国家标准《涂料产品分类和命名》（GB/T 2705—2003）分类的，但建筑涂料是近十几年才发展形成的一类专用涂料，至今国家尚未制定详细标准。因此，有关建筑涂料的分类与命名，主要是依据习惯方法。

13.2.1 分类

1. 分类方法 1

主要是以涂料产品的用途为主线，并辅以主要成膜物的分类方法。将涂料产品划分为三个主要类别：建筑涂料、工业涂料和通用涂料及辅助材料。见表13-2。

表 13-2 分类方法 1

主要产品类型			主要成膜物类型
建筑涂料	墙面涂料	合成树脂乳液内墙涂料 合成树脂乳液外墙涂料 溶剂型外墙涂料 其他墙面涂料	丙烯酸酯类及其改性共聚乳液；醋酸乙烯及其改性共聚乳液；聚氨酯、氟碳等树脂；无机黏合剂等
	防水涂料	溶剂型树脂防水涂料 聚合物乳液防水涂料 其他防水涂料	EVA、丙烯酸酯类乳液；聚氨酯、沥青、PVC胶泥或油膏、聚丁二烯等树脂
	地坪涂料	水泥基等非木质地面用涂料	聚氨酯、环氧等树脂
	功能性建筑涂料	防火涂料 防霉（藻）涂料 保温隔热涂料 其他功能性建筑涂料	聚氨酯、环氧、丙烯酸酯类、乙烯类、氟碳等树脂

续表

	主要产品类型		主要成膜物类型
工业涂料	汽车涂料（含摩托车涂料）	汽车底漆（电泳漆） 汽车中涂漆 汽车面漆 汽车罩光漆 汽车修补漆 其他汽车专用漆	丙烯酸酯类、聚酯、聚氨酯、醇酸、环氧、氨基　硝基、PVC等树脂
	木器涂料	溶剂型木器涂料 水性木器涂料 光固化木器涂料 其他木器涂料	聚酯、聚氨酯、丙烯酸酯类、醇酸、硝基、氨基、酚醛、虫胶等树脂
	铁路、公路涂料	铁路车辆涂料 道路标志涂料 其他铁路、公路设施用涂料	丙烯酸酯类、聚氨酯、环氧、醇酸、乙烯类等树脂
	轻工涂料	自行车涂料 家用电器涂料 仪器、仪表涂料 塑料涂料 纸张涂料 其他轻工专用涂料	聚氨酯、聚酯、醇酸、丙烯酸酯类、环氧、酚醛、氨基、乙烯类等树脂
	船舶涂料	船壳及上层建筑物漆 船底防锈漆 船底防污漆 水线漆 甲板漆 其他船舶漆	聚氨酯、醇酸、丙烯酸酯类、环氧、乙烯类、酚醛、氯化橡胶、沥青等树脂
工业涂料	防腐涂料	桥梁涂料 集装箱涂料 专用埋地管道及设施涂料 耐高温涂料 其他防腐涂料	聚氨酯、丙烯酸酯类、环氧、醇酸、酚醛、氯化橡胶、乙烯类、沥青、有机硅、氟碳等树脂
	其他专用涂料	卷材涂料 绝缘涂料 机床、农机、工程机械等涂料 航空、航天涂料 军用器械涂料 电子元器件涂料 以上未涵盖的其他专用涂料	聚酯、聚氨酯、环氧、丙烯酸酯类、醇酸、乙烯类、氨基、有机硅、氟碳、酚醛、硝基等树脂

续表

主要产品类型			主要成膜物类型
通用涂料及辅助材料	调合漆 清漆 磁漆 底漆 腻子 稀释剂 防潮剂 催干剂 脱漆剂 固化剂 其他通用涂料及辅助材料	以上未涵盖的无明确应用领域的涂料产品	改性油脂；天然树脂；酚醛、沥青、醇酸等树脂

注：主要成膜物类型中树脂类型包括水性、溶剂型、无溶剂型、固体粉末等。

2. 分类方法 2

除建筑涂料外，主要以涂料产品的主要成膜物为主线，并适当辅以产品主要用途的分类方法。将涂料产品划分为两个主要类别：建筑涂料、其他涂料及辅助材料。见表 13-3、表 13-4、表 13-5。

表 13-3 建筑涂料

主要产品类型			主要成膜物类型
建筑涂料	墙面涂料	合成树脂乳液内墙涂料 合成树脂乳液外墙涂料 溶剂型外墙涂料 其他墙面涂料	丙烯酸酯类及其改性共聚乳液；醋酸乙烯及其改性共聚乳液；聚氨酯、氟碳等树脂；无机黏合剂等
	防水涂料	溶剂型树脂防水涂料 聚合物乳液防水涂料 其他防水涂料	EVA、丙烯酸酯类乳液；聚氨酯、沥青、PVC 胶泥或油膏、聚丁二烯等树脂
	地坪涂料	水泥基等非木质地面用涂料	聚氨酯、环氧等树脂
	功能性建筑涂料	防火涂料 防霉（藻）涂料 保温隔热涂料 其他功能性建筑涂料	聚氨酯、环氧、丙烯酸酯类、乙烯类、氟碳等树脂

注：主要成膜物类型中树脂类型包括水性、溶剂型、无溶剂型等。

表 13-4 其他涂料

主要成膜物类型		主要产品类型
油脂漆类	天然植物油、动物油(脂)、合成油等	清油、厚漆、调合漆、防锈漆、其他油脂漆
天然树脂[①]漆类	松香、虫胶、乳酪素、动物胶及其衍生物等	清漆、调合漆、磁漆、底漆、绝缘漆、生漆、其他天然树脂漆
酚醛树脂漆类	酚醛树脂、改性酚醛树脂等	清漆、调合漆、磁漆、底漆、绝缘漆、船舶漆、防锈漆、耐热漆、黑板漆、防腐漆、其他酚醛树脂漆
沥青漆类	天然沥青、(煤)焦油沥青、石油沥青等	清漆、磁漆、底漆、绝缘漆、防污漆、船舶漆、耐酸漆、防腐漆、锅炉漆、其他沥青漆
醇酸树脂漆类	甘油醇酸树脂、季戊四醇醇酸树脂、其他醇类的醇酸树脂、改性醇酸树脂等	清漆、调合漆、磁漆、底漆、绝缘漆、船舶漆、防锈漆、汽车漆、木器漆、其他醇酸树脂漆
氨基树脂漆类	三聚氰胺甲醛树脂、脲(甲)醛树脂及其改性树脂等	清漆、磁漆、绝缘漆、美术漆、闪光漆、汽车漆、其他氨基树脂漆
硝基漆类	硝基纤维素(酯)等	清漆、磁漆、铅笔漆、木器漆、汽车修补漆、其他硝基漆
过氯乙烯树脂漆类	过氯乙烯树脂等	清漆、磁漆、机床漆、防腐漆、可剥漆、胶液、其他过氯乙烯树脂漆
烯类树脂漆类	聚二乙烯乙炔树脂、聚多烯树脂、氯乙烯醋酸乙烯共聚物、聚乙烯醇缩醛树脂、聚苯乙烯树脂、含氟树脂、氯化聚丙烯树脂、石油树脂等	聚乙烯醇缩醛树脂漆、氯化聚烯烃树脂漆、其他烯类树脂漆
丙烯酸酯类树脂漆类	热塑性丙烯酸酯类树脂、热固性丙烯酸酯类树脂等	清漆、透明漆、磁漆、汽车漆、工程机械漆、摩托车漆、家电漆、塑料漆、标志漆、电泳漆、乳胶漆、木器漆、汽车修补漆、粉末涂料、船舶漆、绝缘漆、其他丙烯酸酯类树脂漆
聚酯树脂漆类	饱和聚酯树脂、不饱和聚酯树脂等	粉末涂料、卷材涂料、木器漆、防锈漆、绝缘漆、其他聚酯树脂漆
环氧树脂漆类	环氧树脂、环氧酯、改性环氧树脂等	底漆、电泳漆、光固化漆、船舶漆、绝缘漆、画线漆、罐头漆、粉末涂料、其他环氧树脂漆
聚氨酯树脂漆类	聚氨(基甲酸)酯树脂等	清漆、磁漆、木器漆、汽车漆、防腐漆、飞机蒙皮漆、车皮漆、船舶漆、绝缘漆、其他聚氨酯树脂漆
元素有机漆类	有机硅、氟碳树脂等	耐热漆、绝缘漆、电阻漆、防腐漆、其他元素有机漆

续表

主要成膜物类型		主要产品类型
橡胶漆类	氯化橡胶、环化橡胶、氯丁橡胶、氯化氯丁橡胶、丁苯橡胶、氯磺化聚乙烯橡胶等	清漆、磁漆、底漆、船舶漆、防腐漆、防火漆、画线漆、可剥漆、其他橡胶漆
其他成膜物类涂料	无机高分子材料、聚酰亚胺树脂、二甲苯树脂等以上未包括的主要成膜材料	

注：主要成膜物类型中树脂类型包括水性、溶剂型、无溶剂型、固体粉末等。

①包括直接来自天然资源的物质及基经过加工处理后的物质。

13.2.2　命名

1. 命名原则

涂料全名一般是由颜色或颜料名称加上成膜物质名称，再加上基本名称（特性或专业用途）而组成。对于不含颜料的清漆，其全名一般是由成膜物质名称加上基本名称而组成。

表 13-5　辅助材料

主　要　品　种	
稀释剂	脱漆剂
防潮剂	固化剂
催干剂	其他辅助材料

2. 颜色名称通常由红、黄、蓝、白、黑、绿、紫、棕、灰等颜色，有时再加上深、中、浅（淡）等词构成。若颜料对漆膜性能起显著作用，则可用颜料的名称代替颜色的名称，例如铁红、锌黄、红丹等。

3. 成膜物质名称可做适当简化，例如聚氨基甲酸酯简化成聚氨酯；环氧树脂简化成环氧；硝酸纤维素（酯）简化为硝基等。漆基中含有多种成膜物质时，选取起主要作用的一种成膜物质命名。必要时也可选取两或三种成膜物质命名，主要成膜物质名称在前，次要成膜物质名称在后，例如红环氧硝基磁漆。成膜物名称可参见表 13-4。

4. 基本名称表示涂料的基本品种、特性和专业用途，例如清漆、磁漆、底漆、锤纹漆、罐头漆、甲板漆、汽车修补漆等，涂料基本名称可参见表 13-6。

5. 在成膜物质名称和基本名称之间，必要时可插入适当词语来标明专业用途和特性等，例如白硝基球台磁漆、绿硝基外用磁漆、红过氯乙烯静电磁漆等。

6. 需烘烤干燥的漆，名称中（成膜物质名称和基本名称之间）应有“烘干”字样，例如银灰氨基烘干磁漆、铁红环氧聚酯酚醛烘干绝缘漆。如名称中无“烘干”词，则表明该漆是自然干燥、烘烤干燥均可。

7. 凡双（多）组分的涂料，在名称后应增加“（双组分）”或“（三组分）”等字样，例如聚氨酯木器漆（双组分）。

除稀释剂外，混合后产生化学反应或不产生化学反应的独立包装的产品，都可认为是涂料组分之一。

表 13-6　涂料基本名称

基　本　名　称	基　本　名　称
清油	铅笔漆
清漆	罐头漆
厚漆	木器漆
调合漆	家用电器涂料
磁漆	自行车涂料
粉末涂料	玩具涂料
底漆	塑料涂料
腻子	（浸渍）绝缘漆
大漆	（覆盖）绝缘漆
电泳漆	抗弧（磁）漆、互感器漆
乳胶漆	（黏合）绝缘漆
水溶（性）漆	漆包线漆
透明漆	硅钢片漆
斑纹漆、裂纹漆、桔纹漆	电容器漆
锤纹漆	电阻漆、电位器漆
皱纹漆	半导体漆
金属漆、闪光漆	电缆漆
防污漆	可剥漆
水线漆	卷材涂料
甲板漆、甲板防滑漆	光固化涂料
船壳漆	保温隔热涂料
船底防锈漆	机床漆
饮水舱漆	工程机械用漆
油舱漆	农机用漆
压载舱漆	发电、输配电设备用漆
化学品舱漆	内墙涂料
车间（预涂）底漆	外墙涂料
耐酸漆、耐碱漆	防水涂料
防腐漆	地板漆、地坪漆
防锈漆	锅炉漆
耐油漆	烟囱漆
耐水漆	黑板漆
防火涂料	标志漆、路标漆、马路画线漆
防霉（藻）涂料	汽车底漆、汽车中涂漆、汽车面漆、汽车罩光漆
耐热（高温）涂料	汽车修补漆
示温涂料	集装箱涂料
涂布漆	铁路车辆涂料
桥梁漆、输电塔漆及其他（大型露天）钢结构漆	胶液
航空、航天用漆	其他未列出的基本名称

13.2.3 建筑涂料的基本类型

建筑涂料的分类目前没有国家标准，一般按习惯称呼分类。按分类的依据不同，可以有各种分类方法。

13.2.3.1 按主要成膜物质的化学成分分类

按构成涂膜主要成膜物质的化学成分，可将建筑涂料分为有机涂料、无机涂料、无机和有机复合涂料三类。

1. 有机涂料

有机涂料常用的有三种类型：

(1) 溶剂型涂料

溶剂型涂料是以高分子合成树脂为主要成膜物质，有机溶剂为稀释剂，加入适量的颜料、填料（体质颜料）及辅助材料，经研磨而成的涂料。

溶剂型涂料形成的涂膜细腻光洁而坚韧，有较好的硬度、光泽和耐久性，气密性好，耐酸碱，对建筑物有较强的保护性，使用温度可低于0℃。它的主要缺点是：易燃，溶剂挥发对人体有害，施工时要求基层干燥，涂膜透气性差，而且价格较贵。

(2) 水溶性涂料

水溶性涂料是以水溶性合成树脂为主要成膜物质，以水为稀释剂，加入适量的颜料、填料及辅助材料，经研磨而成的涂料。

这类涂料的水溶性树脂，可直接溶于水，与水形成单相的溶液。它的耐水性较差，耐候性不强，耐洗刷性差，一般只用于内墙涂料。

(3) 乳胶涂料

乳胶涂料又称乳胶漆，它是由合成树脂借助乳化剂的作用，以 0.1～0.5μm 的极细微粒子分散于水中构成的乳液，并以乳液为主要成膜物质，加入适量的颜料、填料、辅助材料经研磨而成的涂料。

这种涂料由于省去价格较贵的有机溶剂，以水为稀释剂，价格较便宜，无毒、不燃，对人体无害，有一定透气性，涂布时不需要基层很干燥，涂膜固化后的耐水、耐擦洗性较好，可作为内外墙建筑涂料，但施工温度一般在 10℃以上，用于潮湿的部位，易发霉，需加防霉剂。

乳胶型涂料研制于 20 世纪 60 年代，在 70 年代后迅速发展，是今后建筑涂料发展的主流。

2. 无机涂料

无机涂料是最早出现的一类涂料，传统的石灰水、大白粉、可赛银就是以生石灰、碳酸钙、滑石粉等为主要原料加适量动植物胶配制而成的内墙涂刷材料。客观上讲，它的耐水性差，涂膜质地疏松，易起粉，早已被以合成树脂为基料配制的各种涂料所取代。但硅溶胶、水玻璃的出现，又赋予它新的生命力。20 世纪

80年代末我国开始生产以硅酸钾为主要胶结剂的JH 80—1和以硅溶胶为主要胶结剂的JG 80—2系列无机涂料,已成功地用于内外墙的建筑装饰。

无机涂料的特点:

(1) 资源丰富,生产工艺简单,价格便宜,节约能源,减少环境污染。

(2) 黏结力较强,对基层处理要求不很严。

(3) 材料的耐久性好,遮盖力强,装饰效果好。

(4) 温度适应性好,碱金属硅酸盐系列的涂料可在较低的温度下施工,双组分固化成膜,受气温影响较小。

(5) 颜色均匀,保色性好。

(6) 有良好的耐热性,且遇火不燃,无毒等。

3. 无机-有机复合涂料

有机涂料或无机涂料虽然有上述很多优点,但在单独使用时,总有这样或那样的不足。为取长补短,发挥各自优势,就出现了无机、有机相结合的复合涂料。如早已有的聚乙烯醇水玻璃内墙涂料,就比单纯使用聚乙烯醇涂料的耐水性有所提高。另外以硅溶胶、丙烯酸系列复合的外墙涂料在涂膜的柔韧性及耐候性方面能更适应大气温度差的变化。总之,无机、有机,或无机-有机复合建筑涂料的研制,对降低成本、改善建筑涂料的性能、适应建筑装饰的要求等方面给人们提供了一条途径。

13.2.3.2 按构成涂膜的主要成膜物质分类

按构成涂膜的主要成膜物质,建筑涂料可分为聚乙烯醇系建筑涂料、丙烯酸系建筑涂料、氯化橡胶外墙涂料、聚氨酯建筑涂料和水玻璃及硅溶胶建筑涂料等。

13.2.3.3 按建筑物的使用部位分类

按建筑物的使用部位,可将建筑涂料分为外墙涂料、内墙涂料、顶棚涂料、地面涂料和屋面防水涂料等。由于它们涂刷于建筑物的部位不同,所以对涂料性能的要求,亦各有不同的侧重。

13.2.3.4 其他分类

按建筑涂料形成的涂膜的质感分为薄质涂料、厚质涂料、砂壁状涂料(彩砂涂料)。

按建筑涂料的功能可分为装饰性涂料、防火涂料、保温涂料、防腐涂料、防水涂料等。

13.3 内墙涂料

内墙涂料也可以用做顶棚涂料,它的主要功能是装饰及保护内墙面及顶棚,使其整洁美观。内墙涂料应具有以下特点:

(1) 色彩丰富、细腻、协调。内墙涂料的色彩一般应浅淡、明亮，由于居住者对色调的喜好不同，因此要求色彩丰富多样。内墙与人的目视距离也最近，因之要求内墙涂料应质地平滑、细腻、色调柔和。

(2) 耐碱、耐水性好，且不易粉化。由于墙面多带有碱性，屋内湿度也较大，同时为保持内墙洁净，有时需要洗刷，为此必须有一定的耐水、耐洗刷性。而内墙涂料的脱粉，更是给居住者带来极大的不快。

(3) 好的透气性、吸湿排湿性。否则，墙面会因湿度变化而结露。

(4) 涂刷方便，重涂性好。为保持居室的优雅，内墙可能多次涂刷翻修，因此，要求施工方便，重涂性好。

常用的内墙涂料有以下几种。

13.3.1 改性聚乙烯醇系内墙涂料

聚乙烯醇水玻璃或聚乙烯醇缩甲醛涂料,在耐水性、耐擦洗性上有所差别,但总的来说,作为内墙涂料,其耐水洗刷性仍显得不高,难以满足内墙装饰的功能要求。为此,近年来各地进行了大量的改性研究工作,取得了明显的效果。改性后的聚乙烯醇系内墙涂料,其耐擦洗性提高到500~1000次以上,除可以用于内墙涂料外,尚可用于外墙装饰。其改性途径归纳起来有以下几种。

1. 提高基料的耐水性

(1) 提高聚乙烯醇缩醛胶的缩合度，尽量减少羟基的含量，从而通过提高缩醛胶的耐水性来提高涂料的耐擦洗性。

(2) 用乙二醛或丁醛部分代替或全部代替甲醛做聚乙烯醇的交联剂，其耐水洗刷性可提高到1000次以上，其他性能也有所改善。

(3) 选用硼酸、硼砂等物质，可将聚乙烯醇系胶结材料，配制成耐水性优良的双组分成膜物质。

(4) 对聚乙烯醇水玻璃系内墙涂料，可以采用水玻璃固化剂缩合磷酸铝或氟硅酸钠等，通过提高水玻璃固化后的耐水性来提高涂料的耐水性。

(5) 在聚乙烯醇内墙涂料中加入10%~20%的其他合成树脂的乳液，也可使聚乙烯醇系涂料获得满意的耐水、耐擦洗效果。

2. 采用活性填料提高涂膜的耐水洗性

在配制聚乙烯醇内墙涂料时加入某些活性填料，亦能提高其耐水洗刷性。如用偶联剂处理的轻质碳酸钙、凹凸棒土等填料，也能使耐水洗刷性得到明显提高。

13.3.2 聚醋酸乙烯乳液内墙涂料

它是以聚醋酸乙烯乳液为主要成膜物质，加入适量的填料，少量的颜料以及其他助剂经加工而成的水乳型涂料。

它具有无味、无毒、不燃,易于施工,干燥快,透气性好,附着力强,耐水性较好，颜色鲜艳，施工方便，装饰效果明快的优点，是一种中档的内墙涂料。

这种乳液型涂料（又称乳胶漆）在生产工艺上与聚乙烯醇水玻璃内墙涂料相比，除乳液聚合较为复杂外，其混合、搅拌研磨、过滤工艺过程基本相同，只是在生产与配料时更讲究，乳液的固体含量较高，约为50%，用量约为涂料重量的30%～60%，并以聚乙烯醇或甲基纤维素等为增稠剂，以乙二醇、甘油等为防冻剂。另外，由于增稠剂中使用了纤维素，其贮存或涂膜在潮湿环境中易发霉，要求加入防霉剂。常用的防霉剂有醛酸苯汞、三丁基锡或五氯酸钠等，用量约为涂料重量的0.05%～0.2%，其他还加有防锈剂等。

聚醋酸乙烯乳液涂料的主要技术指标见表13-7。

表13-7　聚醋酸乙烯乳胶漆主要技术性能

项　　目	技术性能指标
涂膜颜色与外观	符合标准样本及色差范围，平整无光
黏度（涂4－黏度计，20±1℃）/s	30～40
固体含量（%）	≥45
干燥时间（25℃，相对湿度65±5%）/h	实干，≤2
遮盖力/$g \cdot m^{-2}$	白色及浅色，≤170
耐热性（80℃，6h）	无变化
耐水性	96h漆膜无变化
附着力（划格法）（%）	100
抗冲击功/$N \cdot m^{-1}$	>4
硬度（刷于玻璃板干后，48h摆杆法）	>0.3

13.3.3　乙—丙有光乳胶漆

乙—丙有光乳胶漆是以聚醋酸乙烯与丙烯酸酯共聚乳液为主要成膜物质，掺入适量的填料及少量的颜料及助剂经过研磨、分散后配制成的半光或有光的内墙涂料，用于建筑内墙装饰，其耐碱性、耐水性、耐久性都优于聚醋酸乙烯乳胶漆，并具有光泽，是一种中高档的内墙涂料。其主要技术特点见表13-8。

表13-8　乙—丙乳胶涂料主要技术性能

项　　目	技术性能指标
黏度（涂4－黏度计25℃）/s	20～50
光泽（%）	<20
固含量（%）	>45
韧性/mm	1
冲击功/$N \cdot m^{-1}$	>4
耐水性（浸水96h，板面破坏）（%）	不超过5
最低成膜温度/℃	>5
遮盖力/$g \cdot m^{-2}$	<170

13.3.4 苯—丙乳胶漆内墙涂料

苯—丙乳胶漆涂料是由苯乙烯、丙烯酸酯、甲基丙烯酸等三元共聚乳液为主要成膜物质。掺入适当的填料，少量的颜料和助剂经研磨、分散配制成的各色无光内墙涂料。用于内墙装饰，其耐碱、耐水、耐擦性及耐久性都优于上述各类内墙涂料，是一种高档内墙涂料，同时也是外墙涂料中较好的一种。苯—丙乳胶漆涂料的主要技术性能见表 13-9。

表 13-9 苯—丙胶型涂料主要技术性能

项目	技术性能指标
黏度（涂－4）/s	≥20
光泽（%）	≤10
固含量（%）	≥51±2
遮盖力/$g \cdot m^{-2}$	白色及浅色：≥130　其他色：≥110
最低成膜温度（%）	＞3
冻融循环（－15～15℃，5次）	通过，无变化
耐水性（96h）	无变化
耐擦洗性	可耐擦洗 2000 次以上

13.4 外墙涂料

外墙涂料的功能主要是装饰和保护建筑物的外墙面，使外墙面美观悦目，起到美化环境的目的，同时也增强外墙的耐久性，延长使用寿命。外墙涂料应具有以下特点：

(1) 装饰效果好。色彩丰富多样，且保色性好，原有色彩不应因天气、阳光作用而过早变色。

(2) 耐水性好。外墙面直接暴露在大气中，经常受雨水的冲刷，因而应有较好的耐水性。

(3) 耐候性要好。涂层暴露在大气中，要经受日光、雨水、风沙、冷热等作用。要求涂层在规定的年限，不应因上述作用而开裂、剥落、变色或起粉。

(4) 耐污染性要求。大气中的尘埃及其他物质玷污涂层以后，要易于清洗。

(5) 施工及维修容易，价格合理。

我国常用的外墙涂料有以下几种。

13.4.1 过氯乙烯外墙涂料

过氯乙烯外墙涂料是我国将合成树脂用做外墙装饰涂料最早的一种。它是以过氯乙烯树脂为主，掺用少量的其他改性树脂共同组成主要成膜物质，添加一定量的增塑剂、填料、颜料和助剂等，经混炼、切片、溶解、过滤等工艺制成的一种溶剂型外墙涂料。它也可用于内墙装饰。

该涂料的色彩丰富、涂膜平滑、干燥快，在常温下2h可全干，冬季晴天可全天施工；且具有良好的耐候性及化学稳定性，耐水性很好。但其热分散温度低，一般应使用在60℃以下的环境；涂膜的表干很快，全干较慢，完全固化前对基面的黏附较差，基层含水率不宜大于8%，施工中应予以注意。过氯乙烯涂料的主要技术性能见表13-10。

表13-10 过氯乙烯涂料技术性能

项　　目	技术性能指标
色泽外观	稍有光亮，涂膜平整无刷痕，无粗粒
黏度（涂－4黏度计）/s	70～150
干燥时间（20±2℃）	表干＜45　　实干＜90
流平性	无刷痕
遮盖力/$g \cdot m^{-2}$	＜250
附着力（1mm划格法）（%）	100
抗冲击功/$N \cdot m^{-1}$	1.5～5
耐水性（浸泡24h）	无变化

13.4.2 氯化橡胶外墙涂料

氯化橡胶外墙涂料是由氯化橡胶、溶剂、增塑剂、颜料、填料和助剂配制而成的一种溶剂型外墙涂料。

氯化橡胶涂料是靠溶剂挥发而结膜干燥，在25℃以上的环境中2h可表干，8h可刷第二道，允许在20～50℃的高温环境中施工，随气温降低，干燥速度减慢；涂料对水泥混凝土和钢铁表面具有良好的附着力；耐水、耐碱、耐酸及耐候性好；且涂料的维修重涂性好，是一种较理想的溶剂型外墙涂料。施工中需注意防火和劳动保护。

13.4.3 丙烯酸酯外墙涂料

丙烯酸酯外墙涂料是以热塑性丙烯酸酯合成的树脂为主要成膜物质，加入溶剂、填料、助剂等，经研磨而制成的一种溶剂型外墙涂料。靠溶剂挥发而使结膜干燥，有很好的耐久性，使用寿命估计可达10年以上，是目前外墙涂料中较为优良的品种之一，与丙稀酸酯系的乳液如丙苯乳液涂料同时得到广泛应用，是我国目前高层建筑外墙装饰涂料应用较多的品种之一。

丙烯酸酯外墙涂料的特点：

（1）涂料的耐候性良好，在长期光照、日晒雨淋环境中，不易变色、粉化或脱落。

（2）耐碱性好，且对墙面有较好的渗透作用，黏结牢固。

（3）使用不受限制，即使是在0℃以下的严寒季节，也能干燥成膜。

（4）施工方便，可刷、可滚、可喷，也可根据工程需要配制成各种颜色。

13.4.4 聚氨酯系外墙涂料

聚氨酯系外墙涂料是以聚氨酯或与其他合成树脂复合为主要成膜物质，添加颜料、填料、助剂而制成的一种双组分固化型的优质外墙涂料。

聚氨酯涂料的特点是固体含量高，不是靠溶剂挥发，而是双组分按比例混合固化成膜；涂膜相当柔软，弹性变形能力大，与混凝土、金属、木材等黏结牢固，可以随基层的变形而延伸，即使在基层裂缝宽度0.3mm以上时，也不至于将涂膜撕裂。耐化学药品的浸蚀性好；耐候性优良，经1000h的加速耐候试验，其伸长率、硬度、抗拉强度等性能几乎没有降低，且5000次以上的伸缩疲劳试验而不断裂，而丙烯酸系的厚质涂料经500次伸缩疲劳试验就发生断裂；表面光洁极好，呈瓷质状，耐玷污性好，因此它是一种有发展前途的高档外墙涂料。

聚氨酯系外墙涂料可以做成各种颜色，施工时要求在现场按比例混合均匀，要求基层含水率不大于8%；涂料中溶剂挥发应注意防火及劳动保护；已在现场搅拌好的涂料，一般应在4～6h内用完。

13.4.5 水溶型氯磺化聚乙烯涂料

以氯磺化聚乙烯为基料，加入适量的活性剂、分散剂、增韧剂、防老化剂、填料、颜料等，经研磨而成。氯磺化聚乙烯涂料的突出特点是具有优异的黏结性、耐老化性、耐天候、耐污染、耐碱、耐水、耐5%的皂液洗刷可达8000次不露底，抗裂及低温成膜性能好。它是近年来新开发的一种性能较好的外墙涂料，适用于高层建筑的外墙装饰。

13.4.6 乙—丙乳液涂料

乙—丙乳液外墙涂料是由醋酸乙烯和一种或几种丙烯酸酯类单体、乳化剂、引发剂，通过乳液聚合反应制得的一种乙—丙共聚乳液为主要成膜物质，并掺入颜料、填料和助剂、防霉剂，经分散、混合配制而成的一种乳液型外墙涂料。通常称为乙—丙乳胶漆。

该涂料以水为稀释剂，安全无毒，施工方便，干燥快，耐候性、保色性好。是一种常用的建筑外墙涂料。

13.4.7 氯—醋—丙三元共聚乳液涂料

氯—醋—丙三元共聚乳液涂料是一种以氯乙烯、醋酸乙烯、丙烯酸丁酯三元共聚乳液为基料，加入一定量的中和剂、分散剂、增稠剂、颜料、填料，经混合、分散、研磨制成的外墙涂料。

该涂料的特点：

(1) 涂膜的耐水性、耐碱性都优于聚醋酸乙烯类乳液，在日光照射下泛黄性也优于氯—偏共聚乳液涂料。

(2) 涂料表面的微粉化，可在雨水冲洗下自涤，适用于城市污染严重的外墙装饰。

(3) 国内原料资源丰富，价格适中，是一种较有前途的中档涂料。

该涂料在上海文化广场建筑外墙上试用，已达6年以上，除表面有少量粉化外，仍保持良好的装饰效果。

13.4.8 丙烯酸酯乳液涂料

丙烯酸酯乳液涂料是由甲基丙烯酸甲酯、丙烯酸丁酯、丙烯酸乙酯等丙烯酸系单体经乳液共聚而制得的纯丙烯酸酯系乳液为主要成膜物质，加入填料、颜料及其他助剂而制得的一种优质乳液型外墙涂料。

该涂料的特点是较其他乳液型涂料的涂膜光泽柔和、耐候性与保光性、保色性优异，耐久性可达10年以上，但价格较贵。

施工温度应在4℃以上，涂刷第一道涂料后应干燥2～6h，第二道需干燥24h，每kg可涂4～5m^2。

13.4.9 砂壁状外墙涂料

砂壁状外墙涂料又称彩砂涂料，国标JG/T 24—2000统一命名为合成树脂乳液砂壁状建筑涂料。它是以丙烯酸酯或其他合成树脂乳液为主要成膜物质，以彩砂为集料，外加增稠剂、填料及助剂配制而成的一种外墙砂壁状涂料。

这种涂料的特点是：无毒、无溶剂污染；快干、不燃、耐强光、不褪色；利用集料的不同组成和颜色的搭配，可以使涂料色彩形成不同的层次，取得类似天然石材的质感和装饰效果。是外墙涂料中颇具特色的一种装饰材料。

13.4.10 JH80—1无机外墙涂料

JH80—1无机外墙涂料是以硅酸钾为主要黏结剂，加入填料、颜料及其他助剂（六偏磷酸钠）等，经混合、搅拌、研磨而成的一种无机外墙涂料。

JH80－1无机外墙涂料是一种双组分固化型涂料，它需要用缩合磷酸铝或氟硅酸钠作为固化剂，经充分搅拌后使用。

无机涂料因不含有机高分子合成树脂，因此它耐老化、耐紫外线辐射；成膜温度低，色泽丰富，有48种颜色；不用有机稀释剂，价格便宜，施工安全；无毒、不燃，可刷、可滚、可喷、弹涂，工效高。

适用于工业与民用建筑外墙和内墙饰面工程，也可用于水泥预制板、水泥石棉板、石膏板、面砖等基层的墙面与顶棚装饰。

13.4.11 JH80－2 无机外墙涂料

是以硅溶胶（胶态的二氧化硅）为主要胶结料，掺入助剂、填料、颜料、表面活性剂等均匀混合、研磨而制成的一种新型涂料。

这种涂料的特点是：耐水、耐酸、耐碱、耐冻融、耐老化、耐擦洗，涂膜细腻、颜色均匀明快，装饰效果好；涂膜致密坚硬，可以打磨抛光，且涂膜不产生静电，不易吸尘，耐污染性好，遮盖力强，涂刷面积大，对基层渗透力强，附着力好；以水为分散介质，施工方便、安全、易涂刷，也可滚涂或喷涂等。

涂料颜色可按要求配制，有 48 种颜色可供选择。可用做工业和民用建筑的外墙或内墙饰面。适用于水泥砂浆墙面、水泥石棉板、砖墙、石膏板等多种基层的装饰。

13.4.12 KS－2 无机高分子外墙涂料

KS－2 无机高分子外墙涂料是以硅溶胶为基料，以丙稀酸酯类乳液为改性材料共同组成主要成膜物质，加入填料、颜料及助剂经混合搅拌、研磨过滤而成的一种新型无机高分子涂料。

这种涂料的特点是：涂膜透气性好，密度高，不产生静电，耐候性、耐污染、耐水性好，与基层黏结牢固，浑然一体，耐碱性很好，无“白花”，成膜温度低至 2℃，无毒，不燃。可作为混凝土、水泥木丝板、石棉水泥板、石膏板、顶棚、砖墙等基层的饰面。

13.4.13 薄抹涂料

薄抹涂料是一种复合性的涂料，它是由优质的陶土制成大小只有 3～5mm 的各色小薄片为集料，以塑料袋包装。使用前先将乳液胶粘剂按 1:30 的比例用水稀释，然后再将薄抹碎片加入黏结剂，用小铲轻轻拌匀，不宜用搅拌机搅拌，以免打碎薄抹碎片，常用的乳液有苯—丙乳液或氯磺化聚乙烯乳液等。

涂料厚约 1mm，用 2kg 薄抹碎片可覆盖 3m^2 左右的墙面。

薄抹碎片具有多种色彩可供选择，而且正反两面颜色不同，装饰效果类似天然花岗石，涂层薄，重量轻，黏结牢固，耐久性好。可用于建筑物的外墙装饰。

13.5 特种涂料

由于高层建筑的迅速发展，在建筑装修中木制品的使用和有机材料的大量应用，使功能性建筑涂料显得日益重要起来。功能性涂料不仅对建筑业十分重要，在冶金工业、电力工业、军工及食品等行业也有广泛的应用。

13.5.1 防霉涂料

污染建筑物内墙(尤其是地下等潮湿环境中内墙面)的霉菌有：黄曲霉、木霉、芽枝霉、黑曲霉、青霉、白曲霉等20余种。这些霉菌生长繁殖的条件为：适宜的温度（20～40℃）、水分、丰富的营养基（如多种有机物）以及 pH＝4～8 的环境条件。

1. 防霉涂料应具备的性能特点

(1) 具有高效、广泛、持久的防霉效果。对各类霉菌、细菌和酵母菌有杀灭或抑制生长的能力，对人体无害。

(2) 具有良好的耐洗刷性。使用时间较长的涂料，可以洗刷掉涂层上少量霉点、斑迹，延长使用寿命。因此，防霉涂料应具有外墙涂料所具有的耐水、耐洗刷性能。

(3) 具有良好的防腐蚀能力。防霉涂料除用于一般建筑内墙外，还广泛用于食品工业的厂房和仓库等内墙，这些地方有时会遇到一定化学物质的侵蚀。

(4) 具有良好的装饰性。

2. 防霉涂料的组成

(1) 成膜物质。对防霉涂料成膜物质的基本要求是不含或少含可供霉菌生活的营养基，并具有良好的耐水性、耐洗刷性。实践证明：硅酸钾水玻璃等无机涂料以及氯乙烯—偏氯乙烯共聚乳液的防霉性能明显优于聚醋酸乙烯乳液、乙丙乳液、聚氨酯、环氧及氯化橡胶类的防霉性能。

(2) 防霉剂。防霉剂是防霉涂料的最重要成分。表 13-11 列出国内外部分防霉剂的产品。实际应用中，往往采取“复配”的办法，即将两种以上的防霉剂按一定比例复合使用，以取得最佳防霉效果。

表 13-11　部分防霉剂产品

名称	分子式	物化性质	杀菌作用	LD50 /mg·kg^{-1}	参考用量 (%)
多菌灵 (BCM)	$C_8H_9O_2N_3$ 苯并咪唑氨基甲酸甲酯	白色粉末，不溶于水及有机溶剂，耐热、耐碱性很强	是杀死霉菌能力最佳的药剂之一，对细菌、酵母菌无效	5000	0.1
百菌清 (TPN)	$C_8Cl_4N_2$ 四氯间苯二甲腈	白色结晶，对酸碱溶液及对紫外线均稳定，难溶于水	有广泛杀菌作用，尤其对细菌有效	10000	0.2～0.3
福美双 (TMTD)	$C_6H_{12}N_2S_4$ 四甲基三硫化秋蓝姆	白色无味结晶，遇酸分解，对碱稳定	杀细菌效力强，杀霉菌效力一般	865	1～2
涕泌录 (TBZ)	$C_6H_7N_3S$ 2－(4－噻唑基)苯并咪唑	在酸碱情况下不会分解，耐热性为 300℃，化学性质稳定	浓度很低时，也能抑制绝大多数霉菌生长	3100～3800	0.2

续表

名称	分子式	物化性质	杀菌作用	LD50 /$mg \cdot kg^{-1}$	参考用量（%）
道维希尔 S_{18}（DS_{18}）	$C_6NCl_4SO_2CH_3$ 2,3,5,6,－四氯－4－磺酰甲基吡啶	挥发性低，难溶于水，可溶于苯、丙酮等	对霉菌和细菌有杀菌作用		0.3～0.5
抑菌灵（防霉剂 A_4）	$C_9H_{11}Cl_2FN_2O_2S_2$ N，N—二甲基—N—苯基—N—（二氯氟甲硫基）硫酰胺	浅灰白色粉末，不挥发，难溶于水	在极低浓度时，对细菌、霉菌和酵母菌都有抑制效果	2500	
凡托希尔（IB）	聚已二醇酯和双胍的盐酸盐	阳离子型水溶性杀菌剂	杀死细菌、酵母菌作用显效	4000	
比比汀（其盐酸盐亦称已烷氨盐酸）	对（—对—氯酚二胍）已烷盐酸盐	白色粉末，难溶于水	对细菌、霉菌有杀菌作用	3000	
防霉剂 A_3	N（氟二氯甲硫基）酞酰亚氨）	白色粉末，难溶于水，耐热性好	对细菌、霉菌有杀菌作用	2900	
抗它塞朴托		原液 pH＝6.12，可溶于水	对细菌、霉菌和酵母菌均有杀菌作用	8300	
邻—苯酚（OPP）	$C_{12}H_{10}O$	白色结晶、无臭、难溶于水、易溶于丙酮、乙醇等	对细菌、霉菌有杀菌作用	2480	
敌抗—51DL	成分：烷基二氨基乙基甘氨酸的盐酸盐	易溶于水，具有表面活性剂的性质，兼备洗涤和杀菌作用	对细菌、霉菌有杀菌作用	30000（10%溶液）	0.3～0.5
敌抗—15DL	成分：烷基丙烯二氨基醋酸盐 烷基二乙基三氨酸醋酸盐	淡黄色透明液体 pH＝7.5～9，易溶于水	有广谱杀菌作用，且不产生抗性菌，即使蛋白质存在时杀菌力也不减退	2500	
敌抗—103G		黄褐色液体，1%水溶液的 pH＝6.5～8.5	对细菌、霉菌和癣菌有杀菌作用	5110～8250	0.1
维尼净 SB—1	10,10—氧代二酚噁嗪	黄褐色透明小颗粒，热稳定性与持久性都好	阻止菌的代谢，杀死细菌和孢子	1750	

续表

名称	分子式	物化性质	杀菌作用	LD50 /mg·kg^{-1}	参考用量（%）
苯甲酸	C_6H_5COOH	白色结晶，酸性条件下易挥发，略溶于热水，易溶于乙醇乙醚等	属酸性防腐剂、抑菌的最适范围 pH = 2.5 ~ 4.0	2000（狗）	0.1
苯甲酸钠	$C_7H_5O_2Na$	白色颗粒或粉末，味微甜，在空气中稳定，易溶于水	同苯甲酸	2700	0.1 ~ 0.2
布罗波尔	$C_3H_6O_4NBr$	白色粉末，无臭无味，溶于水，油中溶解度很低	广谱抗菌剂		0.01 ~ 0.02

注：表中 LD50 为动物急性口服的半致死量，应大于 500mg/kg，最好为 5000 ~ 15000mg/kg。

(3) 颜填料。除使用一般颜料外，应优先选用可增加涂膜防霉性能的氧化锌和偏硼酸钡。

(4) 助剂。选用助剂的原则是所用助剂中不应含有易霉变且作用霉菌营养基的成分，如含有聚乙烯醇，羧甲基纤维素的增稠剂就不能使用。表 13-12 为江苏省建筑材料工业研究所研制的防霉涂料配方实例。

表 13-12　无机防霉涂料配合比（重量比）

成分	掺量	性能要求
钾水玻璃	100	黏度（T－4，s）：10 ~ 12；pH：13 ~ 14；SiO_2：18.2% ~ 29.7%；K_2O：7% ~ 9%；$n = 2.68 \sim 3.40$；密度：1.23 ~ 1.42g/cm^3
CKC 乳液	20 ~ 50	黏度：250CP；pH：8 ~ 9；含固量：45 ± 2%；表面张力：0.04 ~ 0.05N/m
颜填料	30 ~ 60	
防霉剂	3 ~ 8	用百菌清和美双美等四种防霉剂复配而成
分散剂	0.3 ~ 0.6	六偏磷酸钠
消泡剂	0.2 ~ 0.4	磷酸三丁酯
成膜助剂	1 ~ 3	乙二醇丁醚、乙二醇或丙二醇
色浆	适量	

3. 微生物对涂层侵蚀的历程

霉菌侵蚀涂层，常生长于涂层的底部、表面和中间，在涂膜表面生成斑点或凸起，严重时产生穿孔与针眼。涂层底部生长霉菌的危害最大，它消耗涂料中的营养基，使涂层全部穿孔。其大致历程为：霉菌吸附于涂层底部，分泌代谢产物，从而使涂层变色、破坏甚至变成粉末状，与此同时，涂层与基层黏结力下降，使涂层的使用功能逐步丧失。

4. 防霉涂料的施工要点

（1）防霉涂料可施涂于清洁、干燥的混凝土、抹灰和清水砖墙墙面，不能用于纸筋灰或大白纤维素抹面的基层（含有霉菌所需的营养基），对于油性涂料等旧墙面，必须清除干净并批嵌 108 胶腻子。

（2）基层表面不得有霉迹，如有应铲除，并用 7% ~ 10%磷酸三钠水溶液涂刷 1 ~ 2 遍，进行杀菌处理。

（3）可喷涂、刷涂、滚涂和弹涂。

13.5.2 防静电涂料

在电子计算机房、精密仪器车间以及要求洁净的厂房等处所用的地面涂料，不仅要求涂料具有一定的装饰效果，而且还要求涂料能消除静电作用。目前多采用防静电涂料。

常用的一种防静电地面涂料是以聚乙烯缩甲醛为基料，掺入防静电剂，再加各种助剂经加工而成。具有质轻、层薄、耐磨、不燃、附着力强、有一定弹性、施工工艺简单等优点。

13.5.3 发光涂料

发光涂料是指在夜间能起指示标志作用的一类涂料。发光涂料一般有两种，蓄光性发光涂料和自发性发光涂料。

蓄光性发光涂料是由成膜物质、填充料和荧光颜料等组成。蓄光性发光涂料之所以能发光，是因为含有荧光颜料的缘故。当荧光颜料（主要是硫化锌等无机颜料）的分子受光的照射后而被激发，释放能量，夜间或白昼都能发光，明显可见。

自发性发光涂料除了蓄光性发光涂料的组成外，还加有极少量的放射性元素。当荧光颜料的蓄光消失后，因放射性物质放出的射线的刺激，涂料会继续发光。自发性发光涂料加入的放射性元素可以是镭或钍，它们能放射出 α 射线。

发光涂料常用在桥梁、礼堂、机场、隧道的太平门标志、广告招牌以及交通道路指示器、门窗把手、钥匙孔、电灯开关等需要发出彩色的明亮反光的场合。

复习思考题

1. 填空题

（1）大漆：采用天然漆树的__________制成的漆。

（2）油料类成膜剂可分为干性油、__________、__________三类。

2. 选择题

(1) 室内空气中有酸碱成分的室内墙面，应使用（　　）。

A. 调和漆　　B. 清漆　　C. 过氯乙烯漆　　D. 乳胶漆

(2) 古建筑油漆彩画常用的油漆，下列（　　）为最好。

A. 调和漆　　B. 大漆　　C. 磁漆　　D. 过氯乙烯漆

(3) 给出的四种外墙涂料中，不属于溶剂的涂料是（　　）。

A. 苯乙烯焦油涂料　　B、丙烯酸乳液涂料

C. 过氯乙烯醇系涂料　　D、聚乙烯醇缩丁醛涂料

(4) 下列涂料中（　　）只宜用于室内使用。

A. 苯—丙涂料　　B. 聚乙烯醇系涂料

C. 过氯乙烯涂料　　D. 乙—丙涂料

(5) 下列涂料中（　　）对基层要求干燥。

A. 溶剂型涂料　B. 水溶性涂料　C. 乳胶涂料　D. 以上答案都不对

3. 问答题

(1) 简述涂料的组成。

(2) 油漆涂料如何分类和命名？

(3) 建筑涂料怎样分类？

(4) 列举常用内墙涂料 3 ~ 4 例，并叙述它们的主要性能及应用。

(5) 列举常用外墙涂料 3 ~ 4 例，并叙述它们的主要性能及应用。

第 14 章　建筑装饰织物

建筑装饰织物在室内装饰中起着重要的作用，被称为“软材料”。合理地选用装饰织物，不仅给人们生活带来柔软舒适感，还能给人在视觉、心理、触觉上以温暖感，起到柔化空间，美化环境的作用。

建筑装饰织物主要包括地毯、挂毯、墙布、窗帘等。

14.1　地　　毯

地毯是一种有着悠久历史的高级地面装饰材料，它不仅具有隔热、吸声、吸尘、弹性好、保温性能好等特点，还具有典雅高贵、华丽美观的装饰效果，所以经久不衰，被广泛应用于高级宾馆、会议大厅、办公室和家庭的地面装饰。

14.1.1　地毯的品种及分类

1. 按图案类型分

(1) 京式地毯。为北京式传统地毯，讲究构图的格律性，有主调图案，图案工整对称，色调典雅，图案花纹具有中国特色的寓意和象征性，最典型的京式地毯以米字格为基本骨格，正中心部位有较大体量的主调图案，四角分别用次于中间体量的装饰角纹构成，这种布局方式俗称“四菜一汤”。

(2) 美术式地毯。突出美术图案，寻求构图上的均衡，体现活泼、奔放的风格特征。

(3) 仿古式地毯。主要以古代的古纹图案、风景、花鸟为创作题材，给人以古香古色的感觉。

(4) 彩花式地毯。以黑色作主调，配以小花图案，浮现百花齐放的情趣。

(5) 素凸式地毯。色调较清淡，图案为单色凸花织作，通过剪片后能使纹样具有浮雕感，富有幽静雅致的情趣。

2. 按材质分类

(1) 纯毛地毯。纯毛地毯即羊毛地毯，采用粗绵羊毛为主要原料编织而成。纯毛地毯具有弹性大，拉力强，光泽好等优点，为高档地面装饰材料。

(2) 混纺地毯。混纺地毯是以羊毛纤维和合成纤维按比例混纺后编织而成的地毯。由于合成纤维的掺入，地毯的耐磨性能得到了显著改善，如在羊毛纤维中加入 20% 的尼龙纤维，地毯的耐磨性可提高 5 倍，装饰性却不降低，且价格低于纯毛地毯。

(3) 化纤地毯。化纤地毯又叫合成纤维地毯，采用合成纤维为原料制作而成。常用的合成纤维有丙纶、腈纶、涤纶等。其外观和触感酷似羊毛，耐磨性增强且较富有弹性，为目前用量最大的中、低档地毯品种。

(4) 塑料地毯。采用聚氯乙烯树脂为基料加入填料、增塑剂等多种辅助材料和添加剂，经均匀混炼，通过地毯模具塑制而成的一种新型轻质地毯。它质地柔软，色彩丰富，自熄不燃，污染后可用水清洗，经久耐用。为一般公共建筑和住宅的地面铺装材料。

(5) 剑麻地毯。采用植物纤维剑麻（西沙尔麻）为原料，经纺纱、编织、涂胶、硫化等工序加工而成，产品分为染色和素色两类，有罗纹、斜纹、鱼骨纹、帆布平纹、多米诺纹等多种花色。剑麻地毯具有耐酸碱、耐磨、无静电等特点，但弹性较差，手感十分粗糙。

近几年，在地毯市场上又出现了一些非主流材质的地毯类型，如碎布地毯、绒毛地毯，大多是纯棉制品，非常柔软，有的是用边角碎料编制成的，价格便宜，具有独特的装饰效果，既环保又节约资源。

3. 按编织工艺分

(1) 手工编织地毯。手工编织工艺专用于纯毛地毯，采用双经双纬，通过人工打结栽绒，将绒毛面层与基底层一起织作而成，做工精细、图案丰富、高雅华贵，是地毯中的高档产品。但手工编织地毯由于采用人工编织，故工效低、成本高、价格昂贵，一般作为高级宾馆、会议厅等重要场所的地面装饰材料。

(2) 簇绒地毯。簇绒地毯又称栽绒地毯。这种编织工艺是目前各国生产化纤地毯普遍采用的编织方式。它是把毛纺纱通过带有一排往复式穿针的纺机，穿入初级背衬织布，并在其面上将毛纺纱穿插成毛圈而背面拉紧，背面刷胶使之固定而成，这种地毯称为圈绒地毯。如将毛圈顶部割开，经修剪，则成为平绒地毯，也称为割绒地毯或切绒地毯。

圈绒地毯绒毛高度一般为 5～10mm，平绒地毯绒毛的高度为 7～10mm。绒毛纤维密度大，因而弹性好，脚感舒适，且在地毯上可印染各种图案花纹。

(3) 无纺地毯。无纺地毯是指无经纬编织的短毛地毯，它是将绒毛线用特殊的勾针扎刺在合成纤维网布底衬上，然后在其背面涂胶，黏牢而成，故又称针刺地毯、针扎地毯或黏和地毯。这种地毯因生产工艺简单，故成本低廉，但弹性和耐久性均较差。通过在毯底加缝或粘贴一层麻布底衬，或加贴一层海绵底衬可提高其强度和弹性。无纺生产方式不仅用于化纤地毯生产，也可用于羊毛地毯生产。

4. 按规格尺寸分

(1) 块状地毯。多为方形和长方形地毯，也有异形地毯，如三角形、圆形、椭圆形地毯。地毯的厚度视质量等级有所不同。

①方块地毯。方块地毯的尺寸规格较多，用户可根据房间的面积大小或铺装面积的尺寸来选定所购方块地毯的规格，方块地毯适宜铺装在经过装饰装修的地面上，覆盖部分应是室内经常使用的较宽敞的区域，家具下面和不常涉及的地方不必铺装，以便经济有效地发挥方块地毯的使用价值。方块地毯构图精美，色调丰富，极富装饰品味，并且清洁方便，铺设灵活，可定期调换使用方位，使经常摩擦及受损的部位得到调整，延长使用寿命。

②椭圆形和圆形地毯。椭圆形和圆形地毯常与铺设面积较大而又色彩单一的地面或地毯配合使用。它铺设的位置常会见于客厅区域、单体沙发前、活动区域中央、床前踏脚等显著位置。这种地毯一般多采用纯毛材料织成，而且花式突出、复杂，极富观赏价值。

(2) 卷材地毯。机织的化纤地毯通常加工成宽幅的成卷包装的地毯，其幅宽有1~4m等多种，每卷长度约为20~25m不等，图案呈连续性，以便铺设中图案衔接，适合于大空间、大面积的满铺，家庭居室也可使用，但缺陷是局部出现损坏后不易更换。

此外，地毯还可根据使用场所的不同分为六级，见表14-1。

表14-1 地毯的等级

序号	等　　级	所　用　场　所
1	轻度家用级	铺设在不常使用的房间或部位
2	中度家用级（或轻度专业使用级）	用于主卧室或家庭餐厅等
3	一般家用级（或中度专业使用级）	用于起居室及楼梯、走廊等行走频繁的部位
4	重度家用级（或一般专业使用级）	用于家中重度磨损的场所
5	重度专业使用级	用于特殊要求场合
6	豪　华　级	地毯品质好、绒毛纤维长、豪华、气派，用于高级装饰的场合

14.1.2 纯毛地毯

纯毛地毯即羊毛地毯，分手工编织地毯和机织地毯两种，前者是采用传统手工工艺生产的纯毛地毯产品，后者是近代发展起来的采用机器化生产的纯毛地毯产品。

1. 手工编织的纯毛地毯

手工编织的纯毛地毯是采用优质绵羊毛纺纱，用现代染色技术进行染色，由编织工人依据设计图稿手工编织而成，再以专用机械平整毯面或剪凹花地周边，最后用化学方法洗出丝光。手工编织地毯在我国新疆、内蒙、青海、宁夏等地有悠久历史，国外如伊朗、印度、巴基斯坦、土耳其、澳大利亚等国也有生产。由于地域文化的不同，因而在地毯的花纹、色彩、样式上形成了各自不同的地域性风格。

手工编织地毯是自上而下垒织栽绒打结而制成的，每垒织打结完一层称一道，通常以 1ft（0.3048m）高的毯面上垒织的道数多少来表示地毯的栽绒密度。道数越多，栽绒密度越大，地毯质量越好，价格也越昂贵。地毯的档次与道数成正比关系，一般家用地毯为 90～150 道，高级装饰工程用地毯为 200 道以上，个别可达 400 道。手工编织纯毛地毯由于采用人工织作，故售价高。一般用于国际性、国家级的宾馆、会堂、住宅等场所使用，作为一种高档地面铺设装饰材料。

2. 机织纯毛地毯

机织纯毛地毯，由于采用机器化生产，提高了工效，节省了人力，故价格低于手工编织地毯，但其性能与手工编织纯毛地毯相似，是介于手工编织纯毛地毯与化纤地毯之间的一种中高档地毯，适用于宾馆、饭店的客房，会议室、宴会厅，住宅等使用。

近年来，我国还发展生产了纯羊毛无纺地毯，它不采用纺织或编织方法织作，工艺简单，故价格低廉，但其弹性和耐久性较差。

14.1.3 化纤地毯

化纤地毯是以化学合成纤维为原料加工成面层织物，与背衬材料胶合而成。按所用的化学纤维不同，分为丙纶化纤地毯、腈纶化纤地毯、锦纶化纤地毯、涤纶化纤地毯等。按编织方法还可分为簇绒化纤地毯、针扎化纤地毯、机织化纤地毯及印刷化纤地毯等。

1. 化纤地毯具有如下特点

(1) 具有良好的装饰性。其色彩绚丽，图案多样，质感丰富，立体感强，给人以温暖、舒适、宁静、柔和的感觉，装饰效果不亚于纯毛地毯。

(2) 能调节室内环境。化纤地毯由于具有较好的吸声性和绝热性，能保持室内环境的安静和温暖。

(3) 耐污及藏污性较好。主要对于尘土砂粒等固体污染物有很好的藏污性。对于液体污染物，特别是有色液体，化纤地毯较易被玷污和着色，给清洗及保养带来麻烦。

(4) 弹性较好。地毯面层纤维的弹性性能主要取决于纤维的高度、密度及性质。化纤地毯弹性较好，脚感舒适。

(5) 耐磨性较好。由于化纤的耐磨性比羊毛好，所以化纤地毯使用寿命较长。

（6）耐燃性差。由于化纤产品一般是易燃的，且燃烧时放出刺激性气味，故耐燃烧性较差，可通过加入阻燃剂，达到自熄或阻燃的效果。

（7）易产生静电。由于化纤地毯有摩擦产生静电及放电特性，所以极易吸收灰尘，放电时对某些场合易造成危害，一般采用加入抗静电剂的方法处理。

2. 化纤地毯的构造

化纤地毯由面层、防松涂层和背衬三部分组成。

（1）面层。化纤地毯的面层是以聚丙烯纤维（丙纶）、聚丙烯腈纤维（腈纶）、聚酯纤维（涤纶）、尼龙纤维（锦纶）等化学纤维为原料，采用机织和簇绒等方法加工成面层织物，并进行耐污染和抗静电等处理。化纤地毯的面层纤维密度较大，毯面平整性好，但工序较多，故成本较高。面层的绒毛可以是长绒、中长绒、短绒、起圈绒、卷曲绒、高低圈绒、平绒圈绒组合等多种，一般多采用中长绒，它不易脱落和起球，使用寿命长。

（2）防松涂层。防松涂层是指涂刷在面层织物背面初级背衬上的涂层。这种涂层材料是以氯乙烯-偏氯乙烯共聚乳液为基料，掺入增塑剂、增稠剂及填料等配制而成为一种水溶性涂料，将其涂于面层织物背面，可以增加地毯绒面纤维与初级背衬的固牢度，使绒毛纤维不易脱落。待涂层经热风烘道干燥成膜后，再用胶粘贴次级背衬，能起到防止胶粘剂渗透到绒毛纤维面层而使面层硬化污染的作用。

（3）背衬。化纤地毯的背衬材料通常用麻布，采用胶结力很强的丁苯胶乳、天然乳胶等水溶性橡胶作胶粘剂。将麻布与已经过防松涂层处理过的初级背衬相黏合，形成次级背衬，然后经加热、加压、烘干等工序，成为地毯卷材成品。次级背衬的加入，不仅保护了面层织物背面的针码，增强了地毯背面的耐磨性，同时也加强了地毯的厚实程度，使地毯更具有柔软舒适之感。

3. 化纤地毯的技术性能要求

化纤地毯的技术性能是衡量其质量的标准，也是挑选地毯的重要依据。

（1）剥离强度。剥离强度是指地毯面层与背衬间复合强度的大小，通常以背衬剥离强力表示，即采用一定的仪器设备，在规定速度下，将50mm宽的地毯试样，使面层与背衬剥离至50mm长时所需的最大力。通常要求化纤簇绒地毯剥离强力≥25N。

（2）绒毛黏合力。绒毛黏合力是指地毯绒毛固着于背衬上的牢固程度，化纤簇绒地毯的黏合力以簇绒拔出力来表示，要求平绒毯簇绒拔出力≥12N，圈绒毯簇绒拔出力≥20N。

（3）耐磨性。地毯耐磨性是地毯使用耐久性的重要指标，通常是以地毯在固定压力下，磨至露出背衬时所需的耐磨次数来表示，耐磨次数愈多，表示耐磨性越好。地毯的耐磨性优劣与所用面层材质、绒毛长度有关。

(4) 弹性。弹性是指地毯受压力后，其厚度产生压缩变形的程度以及压力消除后绒毛恢复到原始状态的程度，这是控制地毯脚感是否舒适的重要性能。地毯的弹性通常用规定次数下动态荷载撞击后地毯厚度减少值、中等静荷载压负地毯后厚度减少值来表示。实践证明，化纤地毯弹性一般不如纯毛地毯。

(5) 抗静电性。抗静电性是指地毯抗带电和抗放电的性能。化纤地毯未经抗静电处理时，其导电性能较差，本身易产生静电，容易吸尘，给除尘工作带来了困难，为此，在生产合成纤维时，常掺入一定量的抗静电剂，国外还采用增加导电性处理等措施，以此提高化纤地毯的抗静电性能。

化纤地毯的静电大小，通常以其表面电阻和静电压来表示，目前国产化纤地毯的静电值较大，尚需改善其抗静电能力。

(6) 抗老化性。化学纤维是有机高分子化合物，当长期处于大气作用下，会逐渐产生老化现象。化纤地毯的抗老化性是指长时间在光照和空气等因素作用下，经过一定时间后，毯面发生化学纤维老化现象，导致地毯性能指标下降的程度。化纤地毯老化后，受撞击和摩擦时会产生粉末现象。在生产化学纤维时，加入一定的抗老化剂，可提高化纤地毯的抗老化性能。

化纤地毯的抗老化性通常是用经过一定时间的紫外线照射后，以地毯的耐磨次数、弹性及色泽等变化程度来评定的。

(7) 耐燃性。耐燃性是指化纤地毯遇到火种时，在一定时间内燃烧的程度。由于化学纤维一般易燃，且放出有毒的刺激性气体，故常在生产化学纤维时加入一定量的阻燃剂，使地毯具有一定的自熄性或阻燃性。当化纤地毯在燃烧 12min 的时间内，其燃烧面积的直径不大于 17.96cm 时，则认为耐燃性合格。

(8) 抗菌性。地毯作为地面铺设材料，在使用过程中较易被虫、菌等侵蚀而引起霉变，因此，应做好地毯防霉抗菌等处理。通常规定，凡能经受 8 种常见霉菌和 5 种常见细菌的侵蚀而不长菌和霉变时，则认为地毯抗菌性合格。

14.1.4 挂毯

挂毯又名艺术壁毯，是一种供人们欣赏的室内墙挂艺术品。挂毯题材风格多样，花色精美，常用纯羊毛、蚕丝、麻布等材料，通过手工或机织方式织作而成，适合于不同风格空间的墙面装饰使用。

14.2 墙面装饰织物

墙面装饰织物是指以棉、麻、丝、毛等为原料，采用纺织形式织成的壁纸或墙布，其独特的柔软质地，起到柔化空间、美化空间的作用。目前我国生产的主要品种有织物壁纸、玻璃纤维印花贴墙布、无纺贴墙布、化纤装饰贴墙布、棉纺装饰墙布以及锦缎、丝绒、呢料等高级墙面装饰织物、皮革与人造革等。

14.2.1 织物壁纸

织物壁纸现有纸基织物壁纸和麻草壁纸两种。

1. 纸基织物壁纸

纸基织物壁纸是壁纸中的贵族，它采用棉、麻、丝、毛织成面层，用纱面或纸作为基层，二者黏合而成。这种壁纸面层的装饰效果，主要通过各色纺线的排列来达到，有的带有荧光效果，有的在线中夹入金、银丝，使壁纸呈现金光闪闪的效果，还可通过机器压制成浮雕绒面效果。纸基织物壁纸色彩柔和典雅，墙面立体感强，吸声效果好，耐日晒，不褪色，无毒无害，无静电，不反光，而且具有良好的透气性和调温性，适用于宾馆、饭店、会议厅、住宅等室内的墙面装饰。

2. 麻草壁纸

麻草壁纸是以纸为基层，以编织的麻草为面层，经复合加工而成的墙面装饰材料，具有吸声，阻燃，散潮气，不吸尘，不变形等特点，给人古朴、自然之美感，适用于饭店、会议室、影剧院、宾馆客房的墙面装饰。

14.2.2 玻璃纤维印花贴墙布

玻璃纤维印花贴墙布是以中碱玻璃纤维织成的布为基材，表面涂敷耐磨树脂，并印上彩色图案而制成，使玻璃布本身具有了布纹质感，不褪色，不老化，尤其防火性和防水性良好，耐湿性强，但如果表面树脂层磨损了，将会散溢出少量玻璃纤维，皮肤接触后会产生刺激感觉，如皮肤发红，发痒等。

14.2.3 无纺贴墙布

无纺贴墙布是采用棉、麻等天然纤维或涤、腈等合成纤维，经过无纺成型、上树脂、印刷彩色花纹等工序制成。无纺贴墙布具有挺括、富有弹性、不易折断，纤维不老化、不散失，对皮肤无刺激作用等特点。同时，墙布色彩鲜艳、图案雅致，具有一定的透气性和防潮性，可擦洗而不褪色，且粘贴施工方便。适用于各种建筑物的室内墙面装饰，尤其是涤纶棉无纺墙布，除具有麻质无纺墙布的所有性能外，还具有质地细洁、光滑等特点，特别适用于高级宾馆、高级住宅等建筑物的室内墙面装饰。

14.2.4 化纤装饰贴墙布

化纤装饰贴墙布是以人造化学纤维织成的布（单纶或多纶）为基材，经一定处理后印花而成。化学纤维种类繁多，各具不同性质，常用的纤维有粘胶纤维、醋酸纤维、聚丙烯纤维、聚丙烯腈纤维、锦纶纤维、聚酯纤维等。所谓“多纶”是指多种化纤与棉纱混纺制成的贴墙布。

化纤装饰贴墙布具有无毒、无味、透气、防潮、耐磨、无分层等优点。适用于饭店、办公室、会议室和居民住宅等室内墙面装饰。

14.2.5 棉纺装饰墙布

棉纺装饰墙布是用纯棉平布经过处理、印花、涂布耐磨树脂制作而成。具有强度大、静电小、蠕变性小、无光、吸声、无毒、无味，花型色泽美观大方等特点，适用于宾馆、饭店、公共建筑和较高级的民用建筑中墙面装饰。

14.2.6 高级墙面装饰织物

高级墙面装饰织物是指锦缎、丝绒、呢料等织物，这些织物由于纤维材料、织造方法、处理工艺的不同，所产生的质感和装饰效果也不同。

锦缎是一种丝织品，它具有纹理细腻、柔软华丽、古朴精致、高雅华贵的特点，其价格昂贵，用于档次较高的墙面装饰，但因锦缎很柔软，容易变形，施工要求高，且不耐水，稍受潮湿或水渍，就会留下斑迹或发生霉变，使用时应予注意。

丝绒质感厚实温暖，格调高雅，适用于室内窗帘、软隔断，显示富贵、豪华的特色。

粗毛呢料或仿毛化纤织物和麻类织物，质感粗实厚重，具有温暖感，吸声性能好，适用于公共建筑中厅堂柱面的装饰。

14.2.7 皮革与人造革

在诸多材料中，皮革是独具原始味道及功能性的奢侈材料，现代皮革材料已突破了旧有的单调色调，如棕色、黑色，出现了许多亮色调皮革，从而扩展了皮革的使用范围。最高档的皮革是真羊皮，通常采用的是仿羊皮等纹理的人造革。人造革色彩花纹多样，仿真性强，装饰效果不亚于真实皮革。用皮革和人造革装饰的墙面具有柔软、消声、温暖、耐磨等特点，显示高雅华贵的装饰效果。适用于健身房、幼儿园等要求防止碰撞的房间墙面，也可用于录音室、练声房等声学要求较高的房间。

复习思考题

1. 填空题

(1) 根据材质的不同，地毯可分为______、______、______、______、______。

(2) 根据编织工艺的不同，地毯可分为______、______和______三类。

(3) 纯毛地毯可分为______和______两种。

2. 问答题

(1) 化纤地毯具有哪些特点?

(2) 化纤地毯的构造如何?

(3) 化纤地毯的技术性能要求有哪些?

(4) 谈谈你见过的墙面布艺。

第 15 章　吸声材料及保温材料

15.1　吸声材料

人们经常看到影剧院、礼堂、会议室以及某些工厂车间的墙面或顶面有如穿孔铝合金板、木丝板、穿孔胶合板及玻璃棉软包等材料。这些材料具有能够把入射在它上面的声能吸收掉的特性，所以称为吸声材料。吸声材料是处理建筑装修中声学问题的主要物质手段之一。建筑中吸声材料的应用是十分广泛的。正确地使用吸声材料可以达到改善厅堂音质，消除回声、颤动回声以及控制和降低噪声干扰等目的。所以建筑装饰设计工作者必须掌握吸声材料的吸声原理，了解吸声材料的吸声特性，才能正确地选择和合理地使用吸声材料。

15.1.1　吸声材料概述

1. 材料的吸声系数

吸声材料的吸声性能以吸声系数表示。当声波入射到建筑构件（如墙、板等）时，声能的一部分被反射，一部分透过构件，还有一部分由于材料的振动或声音在其中传播时与材料介质摩擦、热传导而被损耗，我们通常说它被材料所吸收（图 15-1）。

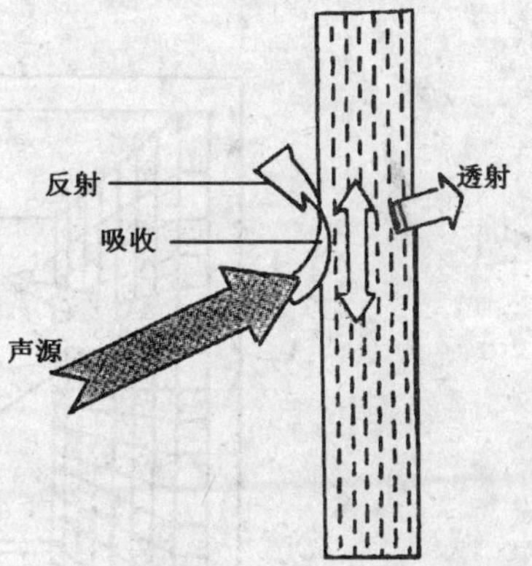

图 15-1　声能的反射、透射与吸收

根据能量守恒定律，若单位时间内入射到构件上的总声能为 E_o，反射的声能为 E_r，构件吸收的声能为 E_d，透过构件的声能为 E_τ，则有如下关系：

$$E_o = E_r + E_d + E_\tau \tag{15-1}$$

公式两边同时除以 E_o 得

$$1 = \frac{E_r}{E_o} + \frac{E_d}{E_o} + \frac{E_\tau}{E_o} \tag{15-2}$$

我们把透射声能与入射声能之比称为透射系数，记作 τ；反射声能与入射声能之比称为反射系数，记作 r，吸收声能与入射声能之比称为损耗系数，记作 d，即

$$\tau = \frac{E_\tau}{E_o} \tag{15-3}$$

$$r = \frac{E_r}{E_o} \tag{15-4}$$

$$d = \frac{E_d}{E_o} \tag{15-5}$$

人们常把 τ 值小的材料称为隔声材料，把 r 值小的材料称为吸声材料。实际上构件吸收的声能只是 E_d，但从入射波和反射波所在的空间考虑问题，常用下式来定义材料的吸声系数 α：

$$\alpha = 1 - r = 1 - \frac{E_r}{E_o} = \tau + d = \frac{E_\tau + E_d}{E_o} \tag{15-6}$$

上式说明，材料的吸声系数等于其透射系数和损耗系数之和。

在进行室内音质设计或噪声控制时，必须了解各种材料的隔声、吸声特性，从而合理地选用材料。

假如在一个空间中入射声能的 65% 被吸收，其余 35% 被反射，则材料的吸声系数就等于 0.65。当入射声能 100% 被吸收，无反射时，吸声系数等于 1。当门窗开启时，吸声系数相当于 1。当空中悬挂有吸声体，由于有效吸声面积大于计算面积可获得吸声系数大于 1 的情况，声能被吸收的情形如图 15-2 所示。

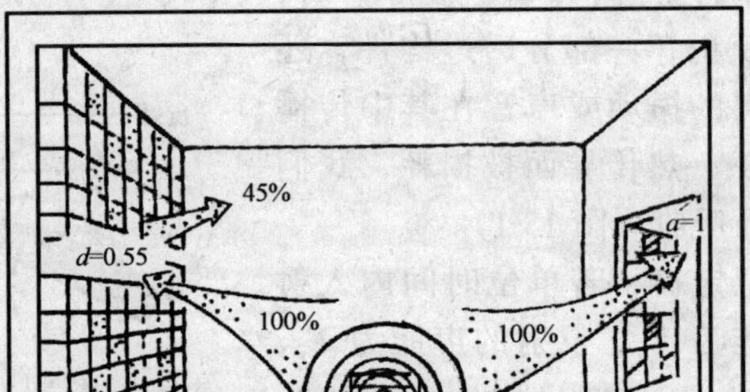

图 15-2　声的吸收和反射

2. 材料的吸声特性与声波频率的关系

材料的吸声特性不但与声波的方向有关，还与声波的频率有很大关系，同一材料对于高、中、低不同频率的吸声系数不同。为了全面反映材料的吸声特性，通常取125Hz、250Hz、500Hz、1000Hz、2000Hz、4000Hz等六个频率的吸声系数来表示材料吸声的频率特性。凡六个频率的平均吸声系数大于0.2的材料，可称为吸声材料。材料的吸声系数越高，吸声效果越好。如果是音乐演出，还要考虑63Hz和8000Hz两个频率。

吸声材料按其结构状况，可分为多孔吸声材料、共振吸声结构和特殊吸声结构等三大类。它们都应考虑防火、防潮、防腐、防蚀等问题。尽可能选用吸声系数较高的材料，以便使用较少的材料达到较好的吸声效果。

15.1.2 吸声材料的类型及其结构形式

1. 多孔吸声材料

多孔吸声材料是主要的吸声材料，它具有良好的高频吸声性能。

多孔吸声材料具有大量内外连通的微小间隙和连续气泡，因而具有一定的通气性，当声波入射到材料表面时，声波很快地顺着微孔进入材料内部，引起空隙间的空气振动，由于摩擦、空气黏滞阻力和空隙间空气与纤维之间的热传导作用，使相当一部分声能转化为热能而被吸收掉。所以多孔材料吸声的先决条件是声波能很容易地进入微孔内，因此不仅材料内部，而且在材料表面上也应当多孔，如果多孔材料的微孔被灰尘污垢或抹灰油漆等封闭时，会对材料的吸声性能产生不利影响。它与保温隔热材料要求有封闭的微孔是不一样的。

多孔材料的吸声性能与材料的表观密度和内部构造有关。在实际装修中，多孔材料的厚度、表观密度、材料背后是否有空气层以及材料表面的装饰处理等，都对它的吸声性能有影响。

（1）材料厚度的影响。多孔材料的吸声系数，一般随着厚度的增加而提高其低频的吸声效果，而高频影响不显著。但材料厚度增加到一定程度后，吸声效果的提高就不明显了。所以为了提高材料的吸声性能而无限制地增加厚度是不适宜的。

（2）材料表观密度的影响。改变材料的表观密度可以间接控制材料内部微孔尺寸。一般来说，多孔材料表观密度的适当增加，意味着微孔的减少（即孔隙率的减少），能使低频吸声效果有所提高，但高频吸声性能却可能下降。

（3）背后空气层的影响。当多孔吸声材料背后留有空气层时，与该空气层用同样的材料填满的效果近似，所以可利用空气层，既提高吸声系数又节省吸声材料。

（4）材料表面装饰处理的影响。在建筑装修中为了改善材料吸声性能的要求，常常要进行表面装饰处理，如表面钻孔、开槽；粉刷、油漆；利用其他材料护面。吸声材料表面的空洞和开口孔隙，对吸声也是有利的。当材料吸湿或表面喷涂油漆，孔口充水或堵塞，会大大降低吸声材料的吸声效果。

常用的多孔吸声材料有玻璃棉、矿渣棉、泡沫塑料，各种软质纤维板、木丝板、微孔吸声砖、吸声粉刷，目前又有压铸铝纤维吸声板，这是一种绿色、防火、防潮的吸声材料。

2. 板状（或薄膜）吸声体

不穿孔的板状或薄膜吸声体是第二类吸声材料。任何一种不透气的材料装在墙壁上并保持一定的空气层，就成为板状吸声构造，当声波撞击板面时便发生振动。板的挠曲振动将吸收部分入射声能，并把这种声能转变为热能。

这是一种很有效的低频吸声构造。因为室内空间和多孔材料对中频和高频吸收都较大，如果选择适当，薄板吸声构造可起平衡作用。因此，使用薄板吸声构造能在音频范围起到均匀的混响特性。图 15-3 为 6mm 厚的胶合板，与墙面相距 75mm 的空气层内填充或不填充多孔材料时的吸声频率特性。在空气层内填充多孔吸声材料能增加低频的吸收，或展宽吸收的频带。

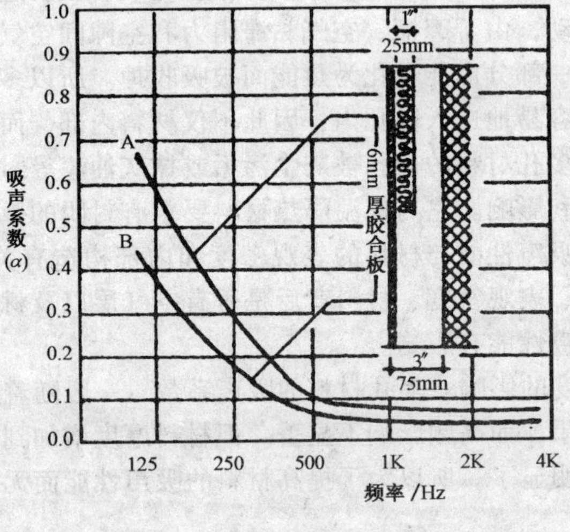

图 15-3　6mm 厚胶合板与墙面构成的空气层为 75mm 时，在空气层内填充或不填充吸声毡的吸声系数

在厅堂内表面的装饰构造中，下列的薄板吸声能有效地吸收低频：木板和硬纸板、石膏板、悬吊式抹灰顶、硬塑料板、拉毛干灰板、窗、门、玻璃、木地板、木讲台、金属板散热器等。为了使吸声构造耐磨经用，很多非穿孔的薄板吸声构造都设在墙壁的较低部分作为墙裙的装饰。

皮革、人造革、塑料薄膜等材料具有透气、柔软、受张拉时有弹性等特性。这些薄膜材料与其背后的封闭空气层形成共振系统，用以吸收共振频率附近的入射声能。薄膜吸声结构频率通常在 200～1000Hz 范围，最大吸声系数约为 0.3～0.4，一般把它作为中频范围的吸声材料。

3. 空腔共振器

空腔共振器，是第三类吸声体。它是一个内部为硬表面的封闭体，连接一条颈状的狭窄通道，以便声波通过狭窄通道进入封闭体内。

空腔共振器可分为：单个吸声体、穿孔板共振器、狭缝共振器。

(1) 单个空腔共振器。单个空腔共振器可以是规格不一的空的陶土容器，中世纪有些国家的教堂已经采用。它们的有效吸声范围为100～400Hz。

按一定的级配搅拌的混凝土制造的带狭窄槽空腔的标准砌块，称为吸声砌块。这种砌块就是一种空腔共振器。由于砌块不需要作吸声处理，所以是一种控制混响或噪声的经济方法。低频时，砌块的吸声量最大，高频时减少。砌块表面可以涂油漆，不影响它们的吸声效果，这种砌块的最大优点是坚固耐久，适用于体育馆、游泳池、工业厂房、交通运输终点站和比地面低的公路等。

(2) 穿孔板共振器。把穿孔板与墙壁隔开一定距离安装，实际上是充分利用空腔共振器的吸声原理。穿孔板构造有很多种，它的作用如同一排空腔共振器。穿孔板厚度、穿孔率、孔径、孔距、背后空气层厚度以及是否填充多孔吸声材料等，都直接影响吸声结构的吸声性能。

市场上已有穿孔吸声板为穿孔铝合金板、胶合板、硬质纤维板、石膏板、石棉水泥板、薄钢板等。将周边固定在龙骨上并在背后设置空气层或填充多孔材料而构成。这种吸声结构在现代装饰工程中普遍使用。它对某些频率进行有选择的吸收。

(3) 窄缝共振器。用木、金属或硬塑料做成的条板，用带有开口缝隙或外露槽口的空心砌块来装饰墙面，后面填充毛毡等多孔吸声材料，构成一种窄缝共振吸声构造。它的作用与穿孔板共振器很相似，颈状窄缝在后面构成空腔。所有的缝隙起透声作用，它的面积最少应占总面积的35%。这种吸声构造由于处理手法灵活多变，有利于空间造型处理，所以设计人员经常采用。如市场上出现的双面交叉开槽密肋缝吸声板。

4. 空间吸声体

当一座厅堂内的墙面和顶棚没有足够的或适当的表面作普通的声学处理时，可采用空间吸声体悬吊在顶棚下面。由于声波可以撞击在吸声体的各个表面，它们的吸声效果远比普通的吸声材料要好。

空间吸声体用穿孔板材（钢、铝、硬纸板条等）做成各种形状，如板形、棱柱体形、立方体形、球形、圆柱体形、单锥和双锥壳体形等，通常填充或衬贴玻璃棉、矿棉等吸声材料。特别适用于噪声很大的工业厂房。

5. 帘幕吸声体

帘幕吸声体是用具有通气性能的纺织品，安装在离墙面或窗洞一定距离处，背后设置空气层。这种吸声体对中、高频都有一定的吸声效果。帘幕吸声体安装、拆卸方便，兼具装饰作用，应用价值较高。

15.2 保温隔热材料

用于防止建筑物和设备的热量散失，或隔绝外界热量传入室内的建筑材料叫保温材料，又称隔热材料。通常所指的保温隔热材料是指导热系数小于0.15W/（m·K）的材料。保温材料的特点是表观密度小，导热性低。表观密度通常小于500kg/m^3。由于建筑构造和施工安装的需要，也要求保温材料具有一定的强度。

15.2.1 保温隔热材料的分类

1. 按材料来源和性质分

(1) 有机保温隔热材料。如稻草、稻壳、软木、刨花板、聚苯乙泡沫塑料、脲醛泡沫塑料、聚氨脂泡沫塑料、聚氯乙烯泡沫塑料等。这类材料表观密度小，来源广，价格低，但吸湿性大，受潮后易腐烂，高温下易分解或燃烧。

(2) 无机保温隔热材料。矿物类有矿渣棉、岩棉、玻璃棉、膨胀珍珠岩、多孔混凝土等。这类材料不腐烂，耐高温性能好，部分吸湿性大，不燃烧。

2. 按材料形状分

(1) 松散保温隔热材料。矿物棉、玻璃棉、炉渣、膨胀蛭石、膨胀珍珠岩、锯末和稻壳等。这些材料不宜直接用于受振动的围护结构。

(2) 板状保温隔热材料。一般为松散保温材料的制品或化学合成聚酯与合成橡胶类材料，如矿棉板、玻璃棉板、蛭石板、泡沫塑料板、软木板、木丝板、刨花板、稻壳板和甘蔗板等。另外还有泡沫混凝土板等，保持原松散材料的一些性能，加工简单，施工方便。

(3) 整体保温隔热材料。一般用松散隔热保温材料作集料，浇注式喷涂而成，如蛭石混凝土、膨胀珍珠岩混凝土、炉渣混凝土等。这类材料仍具有原松散材料的一些性能，整体性好，施工方便。

(4) 金属类保温隔热材料。主要是铝及其制品，如铝板、铝箔、铝箔复合轻板等。这类材料不吸收热量，本身的辐射能力也很小，但热反射能力很强，隔热性较好，其货源较少，价格高。

15.2.2 影响保温隔热材料性能的主要因素

导热系数 λ 是保温隔热材料的一个主要热物理指标，表示材料传递热量的能力。导热系数等于：当材料层单位厚度内的温差为1℃时，在1h内通过1m^2 表面积的热量。导热系数主要与材料的成分、密度和分子结构等有关。另外，材料所处环境的温度和湿度对导热系数也有一定的影响，特别是材料的湿度，对导热系数的影响较大。

1. 导热系数与材料表观密度的关系

绝大多数建筑材料内部都有一定的孔隙，材料的表观密度与孔隙有关。当材料固体物质的相对密度一定时，孔隙率越大，表观密度也越小。在一般情况下，表观密度小的材料，其导热系数也比较小；材料越密实，导热系数越大。但对于松散的纤维材料，导热系数与压实情况有密切关系。当表观密度低于某个极限时，导热系数反而增大。这是由于孔隙过大甚至互相串通，对流换热加剧的缘故。这类材料存在一个最佳表观密度，在最佳表观密度下，导热系数最小，当表观密度大于或小于此值时，导热系数将增大。

2. 导热系数与材料内部构造的关系

当成分、表观密度、平均温度和含水量等条件完全相同时，多孔材料的导热系数，随其单位体积中气孔数量的多少而不同，气孔数量越多，导热系数越小。对于各向异性的材料，如木材等纤维质材料，当热流平行于纤维延伸方向时，热流受到阻力小，而热流垂直于纤维方向时，热流受到阻力大。

3. 导热系数与温、湿度的关系

材料受潮后，其导热系数增大，在多孔材料中最为明显。这是由于在材料的孔隙中有了水分后，除孔隙中剩余的空气分子的导热、对流外、部分孔壁结成冰，导热系数将更大。

材料的导热系数随温度增高而增大。温度升高时,材料固体分子的热运动增强,同时材料孔隙中空气的导热和孔壁间的辐射作用也增强。当温度在 0～50℃时这种影响并不显著,只有处于高温或低温下的材料,才考虑这种温度影响。

在以上各项因素中，材料的表观密度和湿度的影响为最大。

15.2.3 常用保温隔热材料

1. 玻璃棉及其制品

玻璃棉是玻璃纤维的一种，具有表观密度小，导热系数小，耐温性高等特点。玻璃纤维一般分为长纤维和短纤维。连续的长纤维一般是将玻璃原料熔化后用滚筒拉制；短纤维一般由喷吹法或离心法制得。短纤维由于相互纵横交错在一起，构成了多孔结构的玻璃棉。玻璃纤维制品的表观密度在 10kg/m^3 到 120kg/m^3 之间，常见的玻璃棉性能指标见表 15-1。

玻璃纤维制品的最高使用温度：一般有碱纤维为 350℃，无碱纤维为 600℃。玻璃纤维在 -50℃的低温下长期使用性能稳定，故常被用做保冷材料。以玻璃纤维为主要原料的保温隔热制品主要有：沥青玻璃棉毡和酚醛玻璃棉板，以及各种玻璃毡、玻璃毯等。通常用于房屋建筑屋面和墙体的保温、吸声等。

2. 岩棉及制品

岩棉属于矿物棉，系由玄武岩、火山岩或其他镁质矿物在冲天炉或电炉中熔化后，用压缩空气喷吹法或离心法制成。岩棉使用温度不超过 700℃。岩棉主要被用来制作多种岩棉纤维制品：纤维带、纤维毡、纤维纸、纤维板和纤维筒。岩棉还可以制成粒状棉用作填充料，也可与沥青、合成树脂、水玻璃等胶结材料配合制成多种保温隔热制品，如：沥青岩棉毡、板，水玻璃岩棉板、壳等。

表 15-1　常见的玻璃棉性能指标

名称		纤维直径 /μm	渣球含量（%）	产品体积质量 /kg·m^{-3}	常温热导率 /W·m^{-1}·K^{-1}
短棉	沥青玻璃棉毡 沥青玻璃棉缝毡	≤13	≤4	≤80 ≤85	0.041
短棉	酚醛玻璃棉板 酚醛玻璃棉管	≤15	≤5	120~150	0.041
超细棉	酚醛超细玻璃棉毡	3~4	0.4	<20	0.035
超细棉	酚醛超细玻璃棉管	≤6	≤1	≤60	0.035
超细棉	酚醛超细玻璃棉板	≤6	≤1	≤60	0.035
超细棉	大碱超细玻璃棉毡	≤4	—	≤60	0.33
超细棉	高硅氧超细玻璃棉毡	≤4	—	≤95	0.0754~0.1020 （262~415℃）

名称		黏结剂含量（%）	使用温度 /℃	吸湿率（%）	吸声系数（厚度 50mm）	
					100~1000Hz	1000Hz 以上
短棉	沥青玻璃棉毡 沥青玻璃棉缝毡	2~5	≤250	≤0.5	平均 0.60	0.90
短棉	酚醛玻璃棉板 酚醛玻璃棉管	3~8	≤300	≤1	平均 0.65	0.90
超细棉	酚醛超细玻璃棉毡	≤2	≤400	≤1	—	—
超细棉	酚醛超细玻璃棉管	3~5	≤300	≤1	—	—
超细棉	酚醛超细玻璃棉板	3~5	≤300	≤1	平均 0.65	0.80
超细棉	大碱超细玻璃棉毡	—	≤600	—	—	—
超细棉	高硅氧超细玻璃棉毡	≤5	≤1000	—	—	—

3. 石棉及其制品

石棉为常见的保温隔热材料，是一类纤维状无机结晶材料。按矿物组成，可把石棉分为两大类：纤维状蛇纹石石棉和角闪石石棉。纤维状蛇纹石石棉又称温石棉、白石棉，角闪石石棉包括青石棉和铁石棉。温石棉白色纤维长度一般为1~20cm，最长可达2m，具有良好的绝热保温和电绝缘性能，耐碱不耐酸。青石棉呈蓝色或青灰色，纤维长20cm左右。铁石棉纤维较长，但比较粗，不能分解成很细的纤维。青石棉与铁石棉的耐酸、耐碱性能较好。松散石棉的表观密度约103kg/m^3，导热系数为0.049W/（m·K）。通常以石棉为主要原料生产的保温隔热制品有：石棉涂料、石棉板、石棉筒和白云石石棉制品等。

4. 矿渣棉及其制品

矿渣棉是以高炉矿渣为主要原料，经熔化，用喷吹法或离心法而制成的纤维材料。具有质轻、导热系数小、不燃、防蛀、耐腐蚀、吸声性好等特点。但矿渣棉直接用做保温隔热材料时，会给施工和使用带来困难，如对人体有刺痒皮肤等缺点。因而通常添加适量黏结剂并经固化定型，制成板、毡、管壳等矿渣棉制品。主要用于建构筑物、冷热设备及管道工程。

矿棉制品的种类很多，有粒状棉、矿棉沥青毡、矿棉半硬板、矿棉保温管、矿棉装饰吸声板等。

5. 膨胀蛭石及其制品

蛭石是一种非金属矿物，成因复杂，一般认为是由金云母或黑云母变质而成，是一种复杂的镁、铁含水硅酸盐矿物。具有层状结构，层间有结晶水。将天然蛭石经晾干、破碎、筛选、燃烧后而得到膨胀蛭石。蛭石在850~1000℃燃烧时，其内部结晶水变成气体，可使单片体积膨胀20~30倍，蛭石总体积膨胀5~7倍。膨胀后的蛭石薄片间形成空气夹层，其中充满无数细小孔隙，表观密度降至80~200kg/m^3，导热系数$\lambda=0.047\sim0.07$W/（m·K），最高使用温度1000~1100℃，是一种良好的无机保温材料，既可直接作为松散填料用于建筑，也可用水泥、水玻璃、沥青、树脂等做胶结材，制成膨胀蛭石制品。

膨胀蛭石制品的种类很多，常见的有水泥蛭石制品、水玻璃蛭石制品、热（冷）压沥青蛭石板、蛭石石棉制品、蛭石矿渣棉制品等。

6. 膨胀珍珠岩及其制品

珍珠岩是一种天然的火山熔岩，由于具有珍珠光泽而得名。将珍珠岩原矿破碎、筛分后快速通过煅烧带，可使其体积膨胀20倍。它是一种表观密度很小的白色颗粒物质，具有轻质、绝热、吸声、无毒、无味、不燃、熔点高于1050℃等特点，在建筑保温隔热工程中得到广泛应用。

膨胀珍珠岩产品物理性能分类见表15-2。

表 15-2　膨胀珍珠岩产品性能

指标名称		产品分类			
		散料	一级	二级	三级
密度/$kg \cdot m^{-3}$		<	<	80~150	150~250
热导率 $\lambda/W \cdot m^{-1} \cdot K^{-1}$	高温下	0.058~0.15	0.058~0.076	—	—
	常温下（25±30℃）	0.0164	<0.025	0.052~0.064	0.064~0.076
	低温下（300~77K）	常压下 0.024	0.0014	—	—
耐火度/℃		1000	1280~1360	—	—
吸水率（%）		<2	<2	<2	<2
使用温度/℃		-250~800	-200~800	—	—
吸湿度（%）		0.2	1.1	—	—

常见的膨胀珍珠岩制品有膨胀珍珠岩保温混凝土、沥青膨胀珍珠岩制品、水玻璃膨胀珍珠岩制品和磷酸盐膨胀珍珠岩制品等。

7. 有机保温隔热材料

有机保温隔热材料由于其防火性能差，不被大量使用，有时只用于某些建筑物的表面装饰。其产品有泡沫塑料、软木板、木丝板、软质纤维板、毛毡、轻质钙塑板和蜂窝板等。

复习思考题

1. 填空题

（1）材料的吸声系数等于其________和________之和。

（2）为了全面反映材料的吸声特性，通常把 125Hz、500Hz、1000Hz、2000Hz、4000Hz 等六个频率的平均吸声系数大于________的材料，称为吸声材料。

（3）通常所指的保温隔热材料是指导热系数小于________的材料。

（4）某些松散的纤维保温材料存在一个最佳表观密度，在最佳表观密度下，导热系数________，当表观密度大于或小于此值时，导热系数将________。

2. 选择题

（1）对多孔吸声材料的吸声效果有影响的因素是（　　）。

A. 材料的密度　　B. 材料的微观结构

C. 材料的化学组成　　D. 材料的孔隙特征

（2）下列叙述，（　　）有错。

A. 同一材料，对不同频率的声音吸声系数不同。

B. 吸声材料开放并相互连通的孔越多，其吸声性越好。

C. 吸声材料的孔结构与绝热材料的孔结构相同。

D. 吸声材料受潮，吸声系数将会减小。

（3）材料的吸声性能与以下因素有关（　　）。

a. 材料背后设置空气层；b. 材料厚度与表面特征；c. 材料的体积密度和构造状态；d. 材料的安装部位

A.a、b、c　B.a、b、d　C.a、c、d　D.b、c、d

（4）岩棉的导热系数［（W/m·K）］是（　　）。

A.≤0.041　B.0.158　C.0.081　D.0.105

（5）下列何种材料是绝热材料（　　）?

A. 松木　B. 玻璃棉板　C. 黏土砖　D. 石膏板

3. 问答题

（1）简述多孔材料的吸声机理？对它的吸声性能有哪些影响因素？

（2）导热系数的物理意义是什么？

（3）导热系数与温、湿度的关系怎样？

第16章　建筑防火材料

建筑防火材料，即使建筑物成为不燃性或难燃性的，以防止火灾发生和蔓延，或者即使发生火灾，在初期也能起到延缓燃烧，以争取防止延烧和避难所需的时间，为此目的而使用的材料。

建筑火灾是火造成的灾害,会危及人类安全和造成巨大经济损失。防火材料是火灾的隔断材料,它对于延长建筑物使用寿命和保障人民生命、财产的安全具有重要意义,所以建筑防火材料与人民的生命和财产安全息息相关。因此,现代建筑不仅要考虑它的美观,更重要的是要考虑防火安全。随着我国建筑防火规范的不断完善,在建筑设计和装饰工程中,对防火的要求也越来越高。

近年来，高层建筑大量涌现，高度高、层数多、人员集中；电梯井、楼梯井等竖井林立；由于各种电气设备的安装使用，各种可燃性装饰材料，如纺织品、塑料制品、木器家具等大量引入建筑中，给现代建筑带来了巨大的火灾隐患。高层建筑一旦发生火灾，其危害程度比低层建筑要严重得多。一些不符合防火规范的公共场所的装修，由于火灾造成的人民生命财产的巨大损失，令人触目惊心。因此，建筑防火是保障人民生命财产安全、维持社会稳定的一项十分重要的措施。

1. 建筑材料的防火性能

建筑材料的防火性能包括燃烧性能、耐火极限、燃烧时的毒性和发烟性。

(1) 建筑材料的燃烧性能。是指材料燃烧或遇火时所发生的一切物理、化学反应。其中着火的难易程度、火焰传播快慢以及燃烧时的发热量，均对火灾的发生和发展具有重要意义。

(2) 耐火极限。是指在标准耐火试验条件下，从建筑构件、配件或结构受到火的作用时起，到失去稳定性、完整性或隔热性的这段时间。建筑构件的耐火极限决定了建筑物在火灾中的稳定程度及火灾发展快慢。

(3) 燃烧时的毒性。包括建筑材料在火灾中受热发生热分解，释放出的热分解产物和燃烧产物对人体的毒害作用。

(4) 燃烧时的发烟性。是指建筑材料在燃烧或热分解作用下，所产生的悬浮在大气中的可见固体和液体微粒。固体微粒就是碳粒子，液体微粒主要是指一些焦油状的液滴。材料燃烧时发烟性的大小，直接影响能见度，从而给人从火场中的逃生带来困难，也影响消防人员的扑救工作。

2. 建筑材料按燃烧性能的分类

按照国家标准《建筑材料燃烧性能分级方法》(GB 8624—1997)的规定，建筑材料按燃烧性能分为：

(1) 不燃性建筑材料(A级)。是在发生火灾时不起火、不燃烧，即使烧红或熔融也不会发生燃烧现象的材料。如砖、玻璃、石材、钢材等。但是像玻璃、钢材等受火焰作用会发生明显的变形而失去使用功能，所以它们虽是不燃性材料，却是不耐火的。

(2) 难燃性建筑材料(B_1级)。是在火灾发生时，难起火、难燃烧、难碳化，可推迟发火时间或减小火灾蔓延，当火源移走后燃烧立即停止的材料。难燃材料有以无机质材料为主体在其中加入一定量有机质材料的复合材料，如石膏板、石棉板等；有以可燃性材料为基体用防火剂处理的复合材料，如难燃胶合板、纤维板、塑料板等。

(3) 可燃性建筑材料(B_2级)。是在火灾发生时，立即起火或微燃，如木材及大部分有机材料。

(4) 易燃性建筑材料(B_3级)。是在火灾发生时，立即起火，且火焰传播很快，如有机玻璃、赛璐珞等。

材料的燃烧性能，应按 GB 8624—1997 规定的标准试件方法，由国家专业检测机构检测，并确认其燃烧性能等级。

当建筑材料按照 GB 8624—1997 试验方法进行检验未通过时，即可判定为易燃性建筑材料。

上述标准中所述的建筑材料是指在建筑构件中所用的各种成型材料，如各类板材、成型保温材料、饰面材料及地面覆盖材料等。

根据我国现行有关规定，建筑物的耐火等级分为四级，耐火等级标准主要根据房屋的主要构件(如墙柱、梁、楼板、屋顶等)的燃烧性能和它的耐火极限来确定。见表 16-1。

表 16-1 建筑物的耐火等级及构造举例

构件名称	耐火等级			
	一级	二级	三级	四级
	建筑构造及耐火极限			
承重墙与楼梯间墙	砖石材料、混凝土、毛石混凝土、加气混凝土、钢筋混凝土，耐火极限不低于 3h	砖石材料、混凝土、毛石混凝土、加气混凝土、钢筋混凝土，耐火极限不低于 2.5h	砖石材料、混凝土、毛石混凝土、加气混凝土、钢筋混凝土，耐火极限不低于 2.5h	木骨架两面钉板条抹灰、苇箔抹灰、钢丝网抹灰、石棉水泥板，耐火极限不低于 0.5h

续表

构件名称	耐火等级			
	一　级	二　级	三　级	四　级
	建筑构造及耐火极限			
支承多层的柱	砖柱、钢筋混凝土柱或有保护层的金属柱，耐火极限不低于3h	砖柱、钢筋混凝土柱或有保护层的金属柱，耐火极限不低于2.5h	砖柱、钢筋混凝土柱或有保护层的金属柱，耐火极限不低于2.5h	有保护层的木柱，耐火极限不低于0.5h
支承单层的柱	砖柱、钢筋混凝土柱或有保护层的金属柱，耐火极限不低于2.5h	砖柱、钢筋混凝土柱或有保护层的金属柱，耐火极限不低于2h	砖柱、钢筋混凝土柱或有保护层的金属柱，耐火极限不低于2h	无保护层的木柱
梁	钢筋混凝土梁，耐火极限不低于2h	钢筋混凝土梁，耐火极限不低于1.5h	钢筋混凝土梁，耐火极限不低于1h	有保护层的木梁，耐火极限不低于0.5h
楼板	钢筋混凝土楼板，耐火极限不低于1.5h	钢筋混凝土楼板，耐火极限不低于1h	钢筋混凝土楼板，耐火极限不低于0.5h	木楼板下有难燃烧体的保护层，耐火极限不低于0.25h
吊顶	钢吊顶格栅下吊石棉水泥板、石膏板、石棉板或钢丝网抹灰，耐火极限不低于0.25h	木吊顶格栅下吊钢丝网抹灰、板条抹灰，耐火极限不低于0.25h	木吊顶格栅下吊石棉水泥板、石膏板、石棉板、钢丝网抹灰、板条抹灰、苇箔抹灰、水泥刨花板，耐火极限不低于0.15h	木吊顶格栅下吊板条、苇箔、纸板、纤维板、胶合板等可燃物
屋顶承重构件	钢筋混凝土结构、耐火极限不低于1.5h	钢筋混凝土结构，耐火极限不低于0.5h	无保护层的木梁	无保护层的木梁
楼梯	钢筋混凝土楼梯，耐火极限不低于1.5h	钢筋混凝土楼梯，耐火极限不低于1h	钢筋混凝土楼梯，耐火极限不低于1h	木楼梯
框架填充墙	砖、轻质混凝土砌块、硅酸盐砌块、石块、加气混凝土构件、钢筋混凝土板、耐火极限不低于1h	砖、轻质混凝土砌块、硅酸盐砌块、石块、加气混凝土构件、钢筋混凝土板、耐火极限不低于0.5h	砖、轻质混凝土砌块、硅酸盐砌块、石块、加气混凝土构件、钢筋混凝土板、耐火极限不低于0.5h	木骨架两面钉石棉水泥板、石膏板、水泥刨花板、钢丝网抹灰、苇箔抹灰、板条抹灰，耐火极限不低于0.25h

续表

构件名称	耐火等级			
	一级	二级	三级	四级
	建筑构造及耐火极限			
隔墙	砖、轻质混凝土砌块、硅酸盐砌块、石块、加气混凝土构件、钢筋混凝土板，耐火极限不低于1h	砖、轻质混凝土砌块、硅酸盐砌块、石块、加气混凝土构件、钢筋混凝土板，耐火极限不低于0.5h	木骨架两面钉石膏板、石板水泥板、钢丝网抹灰、板条抹灰、苇箔抹灰，耐火极限不低于0.5h	木骨架两面钉石板水泥板、石膏板、水泥刨花板、钢丝网抹灰、苇箔抹灰、板条抹灰，耐火极限不低于0.25h
防火墙	砖石材料、混凝土、加气混凝土、钢筋混凝土，耐火极限不低于4h	砖石材料、混凝土、加气混凝土、钢筋混凝土，耐火极限不低于4h	砖石材料、混凝土、加气混凝土、钢筋混凝土，耐火极限不低于4h	砖石材料、混凝土、加气混凝土、钢筋混凝土，耐火极限不低于4h

16.1 建筑材料的阻燃原理及方法

在种类繁多的建筑材料中，无机材料遇火后绝大多数不发生燃烧，仅引起物理力学性能降低，严重者丧失其承载能力；而有机高分子材料，如塑料、橡胶、合成纤维等，则因其分子中含有大量的碳氢化合物而使其燃点低，容易着火，燃烧时蔓延速度快。因此，建筑材料的阻燃，从某种意义上说，就是对有机高分子材料进行阻燃。

16.1.1 建筑材料的阻燃机理

任何物质的燃烧都是一种剧烈的发光发热的氧化反应过程。高分子材料化学成分复杂，因而，燃烧过程也比较复杂，它包括了一系列的物理变化和化学变化过程，这些理化反应过程如图 16-1 所示。

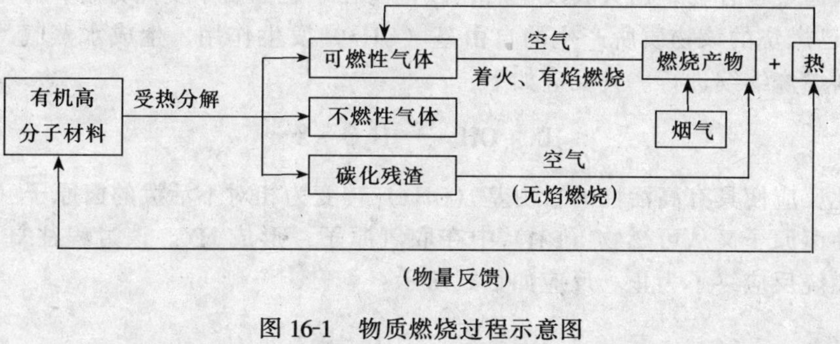

图 16-1 物质燃烧过程示意图

图16-1显示了建筑火灾中材料参与燃烧的过程是一个连续反应的过程，其中材料受热分解是最关键的一个过程。热分解进行的难易、快慢程度，与热源温度、可燃物组成及其燃烧特性和空气中的供氧浓度因素有关。所以，材料燃烧必须具备三个条件，即可燃物质、助燃剂（如空气、氧气、氧化剂等）和火源（如火焰或高温作用）。此三个条件同时存在并且互相接触才能发生燃烧。要使燃烧不能进行，就必须采取物理和化学的方法，控制材料热分解过程的发生和发展，从而有效地阻止材料的燃烧，防止火灾蔓延，更确切地说就是将燃烧的三个条件中的任意一个隔绝开来。

16.1.2 建筑材料的阻燃方法

通常采用下述隔热、降温和隔绝氧气等方法，以达到对易燃性、可燃性材料阻燃的目的。

1．减少材料中可燃物的含量

在易燃、可燃材料内，加入一定量的不燃材料（如水泥、玻璃纤维等），以降低易燃、可燃材料的发热量。常见的纸浆水泥板、水泥木质板就是用减少可燃物含量的方法来进行阻燃的。又如环氧、酚醛、聚酯等热固性树脂，加入了玻璃纤维后形成玻璃钢，其玻璃纤维的加入，大大地减少了可燃物（树脂）的含量，也达到了阻燃的效果，而且还降低了该材料的成本。

2．控制火灾时的热传递

在木材表面涂刷膨胀性防火涂料，使之在火灾作用下，涂料表面逐渐变成熔融膜，并构成均匀的泡沫碳化层，同时涂料中的碳化剂不断脱水，泡沫剂分解产生出不燃性的 NH_3、Cl_2、HCl 气体等。此时，犹如在木材与火源之间，设置了一道泡沫碳化层、水蒸气和不燃性气体所组成的防火屏障，使火焰不能与木材直接接触，从而达到了控制热传递的作用。

3．抑制材料燃烧时的气态反应

在合成材料中，加入具有抑制燃烧反应的物质，以捕捉燃烧时所析出的自由基（OH·），从而达到阻燃的目的。最常见的处理办法是在合成高分子材料中加入卤素化合物，当火灾发生后，卤化物在一定温度下受热分解，产生出的 HX 与已燃烧的该物质所产生的自由基（OH·）发生作用，生成水蒸气，抑制该材料燃烧继续进行。其反应如下：

$$HX + OH\cdot \longrightarrow H_2O + X\cdot$$

此反应使具有高活性的自由基（OH·）转变为相对不活泼的卤原子（X·），继而使卤原子又从可燃物（RH）中夺取氢原子，形成 HX。该过程往复不断，直到燃烧反应终了为止。反应如下式所示：

$$RH + X\cdot \longrightarrow HX + R\cdot$$

4. 采取隔绝氧气的办法

在易燃、可燃材料表面粘贴金属箔（如铝箔）等，一方面由于金属箔大量反射燃烧所生成的热量，使被覆盖的易燃、可燃材料吸热量减少，进而使材料的热分解速度变慢；另一方面又可以阻止被覆盖的材料，在受热分解时所释放出的可燃性气体，不直接与火焰接触，从而达到阻燃的目的。

总之，易燃、可燃材料的阻燃处理可用阻燃剂直接加到材料内，构成材料的一个组分，也可在材料表面涂覆防火涂料或粘贴不燃材料来达到阻燃的目的。实践证明，经过阻燃处理后的有机高分子材料，用作建筑装饰材料，能有效地减少重大火灾事故的发生。随着我国一系列建筑工程防火规范的颁行和完善，在建筑设计和装饰工程中，对防火的要求也越来越高，使建筑工程对防火材料的需求量越来越大。因此，越来越多的建筑防火材料经国家和各省市级公安消防监督机关鉴定投产，并在各类建筑工程中采用。

16.2 木材的阻燃处理及应用

木材是建筑工程和人民生活用品的重要材料之一。近年来，在建筑工程中，较多的木材用来作为地板、室内护墙板、木制门等。木材因含有90%纤维素、半纤维素、木质素和约10%的浸提物而具有可燃性，易引起火灾和使火蔓延。我国从3000多年前的商代有文字记载的火灾起到现在，人们都把木材视为引起火灾、使火灾蔓延的祸首。如今，随着工农业的发展及人口的剧增，火灾危害更是有增无减。

木材是易燃材料，在热作用下木材会发生热分解反应，随着温度的升高，热分解反应加快。当温度超过250℃时，木材就逐渐分解，放出可燃性气体并产生热量；温度再升高，分解速度、可燃气体和放热量都会增加；达到某一温度时，木材会着火而燃烧，木材的闪光点为220～250℃，发火点为330～470℃。木材燃烧时释放出大量可燃气体，这些可燃气体中有着大量高能量的活化基，活化基燃烧后继续释放出新的活化基，如此形成一种燃烧链反应，于是火焰在链状反应中得到迅速传播，使火越烧越旺，此时称气相燃烧。在温度达450℃以上时，木材形成固相燃烧。木材燃烧时的温度可达800～1300℃。

木材作为一种理想的装饰材料广泛用于建筑物表面。因此，木材的防火问题就显得尤为重要。

所谓木材的防火，是用某些阻燃剂或防火涂料对木材进行处理，使其成为难燃材料。以达到小火能自熄，遇大火能延缓或阻滞燃烧而赢得扑救的时间。为此可以通过以下途径来达到阻滞或延缓木材燃烧的目的。

16.2.1 木材阻燃处理方法

1. 抑制木材在高温下的热分解

实践证明，某些含磷化合物能降低木材的热稳定性，使其在较低温度下即发生分解，从而减少可燃气体的生成，抑制气相燃烧。

2. 阻滞热传递

通过实践发现，一些盐类，特别是含有结晶水的盐类，具有阻燃作用。例如含结晶水的硼化物、含水氧化铝和氢氧化镁等，遇热后吸收热量而放出水蒸气，从而减少了热量传递。磷酸盐遇热后缩聚成强酸，使木材迅速脱水炭化，而木炭的导热系数仅为木材的1/2～1/3，从而有效地抑制了热的传递。同时磷酸盐在高温下形成的玻璃状液体物质覆盖在木材表面，也起到隔热层的作用。

3. 稀释木材燃烧面周围空气中的氧气和热分解产生的可燃气体，增加隔氧作用

如采用含结晶水的硼化物和含水氧化铝等，遇热放出的水蒸气，能稀释氧气及可燃气体的浓度，从而抑制了木材的气相燃烧，而磷酸盐和硼化物等在高温下形成的玻璃状覆盖层，则阻滞了木材的固相燃烧。另外，卤化物遇热分解生成的卤化氢，能稀释可燃气体，卤化氢还可与活化基作用而切断燃烧链，终止气相燃烧。

木材的阻燃途径一般不单独使用,而是采用多种手段,亦即在配制木材阻燃剂时,通常选用两种以上的成分复合使用,使其相互补充,加强阻燃效果。以达到一种阻燃剂同时具有几种阻燃作用。当然,各种阻燃剂均有其各自的侧重。

木材常用的阻燃剂:

(1) 磷—氮系阻燃剂。有磷酸铵、磷酸二氢铵、磷酸氢二铵、聚磷酸铵、磷酸双氰铵、三聚氰铵、甲醛—磷酸树脂等。

(2) 硼系阻燃剂。有硼酸、硼酸锌、硼砂等。

(3) 卤系阻燃剂。有氯化铵、溴化铵、氯化石蜡等。

(4) 含铝、镁、锑等金属氧化物或氢氧化物阻燃剂。有含水氧化铝、氢氧化镁、三氧化二锑。

(5) 其他阻燃剂。有碳酸铵、硫酸铵、水玻璃等。

木材防火的处理方法有:

(1) 表面涂敷法。木材防火处理表面涂敷法就是在木材表面涂覆防火涂料，既起到防火，又具防腐和装饰作用。

木材防火涂料分溶剂型防火涂料和水乳型防火涂料两大类，其主要品种、特性和用途见表16-2。

(2) 溶液浸注法。木材防火溶液浸注法分为常压浸注和加压浸注两种，后者阻燃剂吸入量及透入深度均大大高于前者。浸注处理前，要求木材必须达到充分气干，并经初步加工成型，以免防火处理后再进行大量锯、刨加工，将会使木料中浸有阻燃剂的部分被除去。

表 16-2 木材防火涂料主要品种、特性及应用

品种		防火特性	应用
溶剂型防火材料	A60-1 型改性氨基膨胀防火涂料	遇火生成均匀致密的海绵状泡沫隔热层，防止初期火灾和减缓火灾蔓延扩大	高层建筑、商店、影剧院、地下工程等可燃部位防火
	A60-501 膨胀防火涂料	涂层遇火体积迅速膨胀 100 倍以上，形成连续蜂窝状隔热层，释放出阻燃气体，具优异的阻燃隔热效果	广泛用于木板、纤维板、胶合板等的防火保护
	A60-KG 型快干氨基膨胀防火涂料	遇火膨胀生成均匀致密的泡沫状碳质隔热层，有极其良好的隔热阻燃效果	公共建筑、高层建筑、地下建筑等有防火要求的场所
	AE60-1 膨胀型透明防火涂料	涂膜透明光亮，能显示基材原有纹理，遇火时涂膜膨胀发泡，形成防火隔热层。既有装饰性，又具防火性	广泛用于各种建筑室内的木质、纤维板、胶合板等结构构件及家具的防火保护和装饰
水乳型防火材料	B60-1 膨胀型丙烯酸水性防火涂料	在火焰和高温作用下，涂层受热分解放出大量灭火性气体，抑止燃烧。同时，涂层膨胀发泡，形成隔热覆盖层，阻止火势蔓延	公共建筑、高级宾馆、酒店、学校、医院、影剧院、商场等建筑物的木板、纤维板，胶合板结构构件及制品的表面防火保护
	B60-2 木结构防火涂料	遇火时涂层发生理化反应，构成绝热的炭化泡膜	建筑物木墙、木屋架、木吊顶以及纤维板、胶合板构件的表面防火阻燃处理
	B878 膨胀型丙烯酸乳胶防火涂料	涂膜遇火立即生成均匀致密的蜂窝状隔热层，延缓火焰的蔓延，无毒无臭，不污染环境	学校、影剧院、宾馆、商场等公共建筑和民用住宅等内部可燃性基材的防火保护及装饰

16.2.2 阻燃型木质人造板

木制人造板包括刨花板、纤维板和胶合板等，是建筑、家具、军工及其他部门普遍使用的建筑材料。由于人造板的原料是利用木材加工后的废料，采伐剩余物、小径木等，它们均同母材一样，都属可燃物质。为了保障建筑物和人民生命财产的安全，需要对木质人造板进行阻燃处理。特别是近年来对胶合板的防火性能提出越来越高的要求。易燃材料在现代建筑中的应用大大地受到限制，但完全防火的木质人造板是没有的，因为木材的可燃性是绝对的，所谓“防火”实质上是阻燃。以胶合板为例，阻燃型人造板在火灾发生时能起到阻燃和自熄的效果。而其他物理力学性能和外观质量均符合国家Ⅱ类胶合板的国家标准。其加工性能与普通胶合板相同，无论是锯、刨、砂均不受到影响。表

面经涂饰后，其漆膜的附着力，经上海涂料研究所测得均达95%以上，阻燃型胶合板与金属接触不会加速金属在大气中的腐蚀速度。由于采用的阻燃剂无毒、无臭、无污染，所以阻燃型胶合板对周围环境无任何不良影响。该板适用于有阻燃要求的公共和民用建筑内部顶棚和墙面装饰，也可制成阻燃家具或其他物品。其特点是在保留胶合板各种性能的前提下，赋予板材良好的阻燃效果。

技术性能指标：物理力学性能、外观质量、加工方面的要求等均应符合国家标准 GB 9846·1～9846·12—88 要求。

阻燃性能：在阻燃性能方面分为 A、B 两个等级，详见表 16-3。

表 16-3　滞燃性胶合板阻燃性能

项目名称		A级	B级
氧指数（OI）		≥30	≥35
倾斜燃烧试验	明燃/s	<10	<5
	阴燃/s	<40	<20
	炭化面积/cm^2	<80	<40

注：1. 明燃指火源熄灭后试件上有火焰产生的燃烧现象。

2. 阴燃是指火源熄灭后试件上无火焰产生，但有冒烟现象，或当试件上火焰熄灭后有冒烟现象。

3. 炭化面积是指试件被燃烧后，板面上留下的炭化了的黑色部分，受烟熏的黄褐色部分不计在炭化面积内。

16.2.3　阻燃木质制品

阻燃木质制品是将阻燃材料、阻燃木质人造板制成木质防火门和门框。木质防火门在火灾发生后，可手动或使用自动装置将门关闭，使火和烟限制在一定范围内，从而阻止火势蔓延，最大限度地减少火灾损失。木质防火门适用于高层建筑和大型公共建筑等场所，也可安装在工厂、仓库的楼道内做隔门，还可做宾馆、医院、办公楼的单元门、配电间房门、档案室门等。

16.3　沥青的阻燃

沥青在建筑上是防水、防潮、防腐、防锈、防渗漏的理想材料，但沥青及油毡容易燃烧，虽然燃烧性不如汽油、煤油、柴油，但是，只要一旦被火源引燃，其燃烧也和汽油火灾一样，难以扑灭。沥青燃烧时的现象有受热熔融、滴落、流淌、熔珠燃烧、熔珠滴落和流淌等。火势蔓延扩大，会形成熊熊大火和滚滚浓烟，如果扑救不力，甚至可把整个建筑物烧毁。沥青在燃烧过程中会分解出氢、甲烷、苯及烷烃类易燃气体，这些易燃气体又进一步加快了沥青的热分解。所以沥青火灾的特点是来势猛、扩展快、范围广，造成的损失大。解决沥青的阻燃，首先要解决沥青在受热时的不熔融、不滴落、不流淌的问题。在沥青中添加阻燃剂、不燃材料、难燃材料、吸附材料、增滞材料等，可提高沥青的熔点和分解温度，使它在较高温度下不熔融、不滴落、不分解，或即便在较高温度下出现分解，在分解气体中也是不燃气体的量多于可燃气体量，从而达到提高氧指数的目的。

16.3.1 沥青的阻燃处理

对沥青进行阻燃处理的阻燃剂包括阻燃剂和阻燃添加剂两大部分。阻燃剂有硼系阻燃剂、磷系阻燃剂、锑—卤阻燃剂、卤系阻燃剂、镁铝阻燃剂等。阻燃添加剂有难燃和不燃材料、吸附材料、增滞材料以及调整材料等。

沥青阻燃处理方法有：

1．热熔添加法

首先将沥青加热熔融，再把阻燃剂、吸附剂、增滞剂、不燃材料等粉状材料加到热熔沥青中，经搅拌混合均匀而成，然后涂覆在需要保护的建筑部位，这种方法适用于分解温度较高的惰性阻燃剂。

2．挤压嵌入法

先将沥青热熔后，制成卷材、块材，然后在120～150℃下把阻燃剂等撒布在上面，经双辊机挤压，使阻燃剂、添加剂等牢牢地嵌入沥青中。这种方法比较简单，适用于分解温度较低（200℃左右）的阻燃剂。

3．金属膜保护法

先将阻燃剂加到热熔沥青中制成阻燃沥青，涂覆在需要保护的建筑部分，然后在其上再加一金属膜片（铝片或锌片），再涂一层阻燃沥青，此法也适用于分解温度高的阻燃处理法。这种金属保护法一般适用于屋面防水工程。

4．冷法

首先将沥青溶入溶剂中制成膏状，然后将阻燃剂、吸附剂、增滞剂等加入膏状沥青中，经搅拌均匀，即制成阻燃液态沥青，再用涂覆、辊压等方式施于被保护的基材上。这种方法既不损害沥青原有物化性能，也不降低阻燃剂的效力，因而阻燃效果特别好，应用范围较广。对被保护基材无任何影响，适用于油毡的阻燃处理。

在沥青中加入阻燃剂后，当沥青温度升达500℃，也未见猛烈燃烧现象，仅有缓慢炭化和热分解发生，油分挥发减慢，表现出热释放强度减弱，即沥青升温速度减慢，所以经阻燃处理后的沥青，在燃烧过程中不熔滴、不流淌、不延燃和能离火自熄，杜绝了火灾蔓延扩大的危险。但经阻燃处理的沥青，其软化点较未处理前有所降低。

16.3.2 沥青防火油毡

沥青防火油毡主要在对沥青和基胎首先进行阻燃处理，其余生产工艺与普通油毡相同。

生产油毡的基胎一般有纸胎、化纤胎、玻璃纤维胎等。对纸胎和化纤胎必须进行阻燃处理。纸胎的阻燃处理是将纸胎浸入阻燃液中后取出，挤压去除水分，再烘干即成阻燃纸胎。化纤胎的阻燃处理，同纺织品阻燃处理，见 16.5.1 节。

将经过阻燃处理的沥青用刮涂或辊压方法冷涂于已经阻燃处理的基胎上烘干，并在油毡两面均匀撒上防黏剂（如滑石粉、烧结灰粉、云母粉等），再辊压即成防火油毡。

油毡经过沥青和基胎的阻燃处理后，其氧化指数大大提高。

16.4 建筑塑料的阻燃

我国目前使用的塑料建筑制品主要是塑料管材和装饰装修材料，如塑料壁纸、塑料地板、化纤地毯、塑料门窗、塑料吊顶材料、塑料卫生洁具、塑料灯具、楼梯扶手等。

目前大多数塑料制品是可燃的，其氧指数（OI）均在 17%～19%。由泡沫塑料、电线包皮、塑料壁纸等引起的火灾不胜枚举，给国家财产和人民生活造成严重损害。因此，赋予塑料制品以阻燃性，对防止火灾蔓延和扩大将有重要意义。现在塑料的阻燃已普遍受到人们重视，许多国家已制定了各种阻燃标准和行政法规，规定达不到阻燃标准的塑料制品不准出售和使用，这无疑将对防火管理和预防火灾发生起到积极作用。

当前对塑料阻燃的主要手段和技术是添加各种阻燃剂，现在应用于塑料中的阻燃剂分有机型和无机型两大类。

(1) 有机型阻燃剂。如：氯化石蜡、六溴苯酚、十溴联苯醚、三（2，3—二溴丙基）异氰酸酯（简称 TBC）、四溴双酚 A、四溴苯酚、六溴十二烷等。

(2) 无机型阻燃剂。如：三氧化二锑（Sb_2O_3）、三水合氧化铝（$Al_2O_3 \cdot 3H_2O$）、硼酸锌（$B_2O_3 \cdot ZnO \cdot 5H_2O$）、氢氧化镁［$Mg(OH)_2$］等。

16.4.1 阻燃聚氯乙烯（PVC）

聚氯乙烯是建筑中应用量最大的一种塑料，可制成各种地砖、地板、卷材、墙纸、门窗、管道等。它的化学稳定性好，当温度大于 100℃会引起分解、变质，进而破坏，故通常都是在 60～80℃使用。聚氯乙烯是一种多功能材料，通过改变配方，可以是硬质的，也可以是软质的。硬质的聚氯乙烯基本不含增塑剂或增塑剂含量小于 10%，它的机械性能好，电绝缘性能优良，对酸碱抵抗力极强，但抗冲击性较差，低温尤甚，呈现脆性。软质聚氯乙烯制品的增塑剂含量一般在 40%以上，故材性变化范围较大。

不含任何添加剂的聚氯乙烯，其含氯量达56%，氧指数（OI）>45%，是一种自熄性聚合物。在生产过程中，为了改善聚氯乙烯的性能，添加了一定量的增塑剂等各种添加剂，故使聚氯乙烯的总含氯量降至30%左右，制品的OI降低至20%左右，达不到阻燃要求。为了改善增塑后的聚氯乙烯的阻燃性，需添加阻燃剂或将可燃性增塑剂的一部分换成难燃性增塑剂，以提高聚氯乙烯制品的阻燃性。

在聚氯乙烯中加入 Sb_2O_3 可使其具有难燃性。原因是聚氯乙烯在初期燃烧时会放出 HCl 气体，此时，HCl 与 Sb_2O_3 反应生成氯氧化梯（Sb_2OCl），氯氧化锑会继续受热分解，最后生成三氯化锑（$SbCl_3$）。整个反应为吸热反应，它能除去燃烧过程中所产生的一部分热量，且燃烧时生成的 $SbCl_3$ 密度较大，覆盖在聚氯乙烯表面，使其受热分解而生成的可燃性气体难于逸出，从而起到隔绝空气的作用。

由于 Sb_2O_3 来源有限，而使用硼酸锌部分代替 Sb_2O_3 可降低成本，起到吸热脱水、降温、阻燃作用，且两种阻燃剂并用，比单用 Sb_2O_3 效果好。

16.4.2 阻燃聚乙烯（PE）

PE极易着火，燃烧时呈浅蓝色火焰，并发生滴落，造成火灾蔓延，特别是用于吊顶的PE钙塑泡沫装饰板易引起火灾，为此，在建筑物内使用时，必须采用它的阻燃制品。

聚乙烯的阻燃大多采用添加卤阻燃剂的方法（如用氯化石蜡、溴类或溴氯阻燃剂等，并与 Sb_2O_3 配合使用），也可添加三水合氧化铝、聚磷酸铵（APP）等。

阻燃PE泡沫塑料是PE树脂为主要原料加阻燃剂和其他助剂经交联、发泡等工艺而成的一种轻质、隔热、隔声板材。有低发泡PE塑料（发泡比率2~3倍），中发泡PE塑料（发泡比率4~5倍），高发泡PE塑料（发泡比率>6倍）。按添加阻燃剂、填充剂类型不同，又可得发泡PE钙塑材料、发泡PE铝塑材料和发泡PE镁塑材料等，其性能随发泡比率和阻燃剂的不同而变化。见表16-4。

表16-4 性能随发泡比率和阻燃剂的变化

物理性能	低发泡PE钙塑	中发泡PE钙塑	高发泡PE泡沫塑料		
			高发泡PE钙塑	高发泡PE铝塑	高发泡PE镁塑
表观密度/$g \cdot cm^{-3}$	≥0.8	0.5	0.15~0.18	0.15~0.3	0.15~0.25
热导率/$W \cdot m^{-1} \cdot K^{-1}$	0.081	0.073	0.051	0.071	0.071
抗拉强度/MPa	2.02	1.52	0.076	0.687	0.736
氧指数（%）	28	27	≥25	≥30	≥32

阻燃聚乙烯泡沫塑料的性质与PE钙塑泡沫装饰板性能基本相同，均具有轻质、隔热、抗震、防潮等特点，故在建筑上常作为墙面板、吊顶材料、保温材料；在管道工程中，常用为管道的包衬材料、保温隔热垫；在人防工程中，既可作为防潮材料，又可作轻质防火吊顶材料。

阻燃和未经阻燃的钙塑泡沫装饰板材，外观上无显著区别，在物资管理中应将产品标签随货物同行，切不可将两种标签调位，否则将未经阻燃的钙塑板用到工程上，容易着火成灾。

16.4.3 阻燃聚丙烯（PP）

PP的燃烧与PE接近，OI为18%～18.5%，着火后会发生滴落，引起火灾蔓延，所以必须对PP进行阻燃处理。用含卤阻燃剂与Sb_2O_3并用，此外，聚磷酸铵、$Al(OH)_3$对PP也有明显的阻燃效果。用上述配方制得阻燃PP，不仅容易加工成所需制品的形状，而且制品表面光滑平整、颜色均匀。

16.4.4 阻燃聚苯乙烯（PS）

阻燃PS主要是用添加阻燃剂的方法制成，常用阻燃剂为卤系和磷系。阻燃PS在建筑上可用来制作预制层压板、墙板、绝热隔声板材和吊顶板用。泰柏板的填料用的就是阻燃PS。

16.5 其他阻燃制品

16.5.1 阻燃纺织品

美、英、日等工业发达国家曾做过社会调查，从火灾原因来看，发现由纺织品引起的火灾约占火灾总数的一半。鉴于纺织品的诱燃比例和由此造成的火灾伤亡率不断增加，一些国家和地区对某些纺织品要求具有阻燃性能，并相应地制定了检测标准及测试方法，同时以法律的形式确定下来。我国已制定了纺织品燃烧性能试验氧指数法，见GB/T 5454—1997。

我国于1995年10月11日开始实施的《建筑内部装修设计防火规范》（GB 50222—1995）中规定，高层建筑的装饰织物，如窗帘、帷幕、床罩、家具包布等，以及普通公共建筑中窗帘、帷幕，要根据建筑物的高度与重要性，分别采用B_1级和B_2级阻燃织物。

1．织物整理阻燃机理

纤维材料的燃烧与其他有机材料的燃烧过程一样，当加热到一定温度时开始热分解生成可燃气体、不燃气体、液体、固体和烟雾，其中可燃气体和液体又继续燃烧发热加剧了基材的迅速燃烧。

织物在经过阻燃处理后，要求被整理的织物具有阻碍火焰的蔓延及燃烧的性能，同时要求具有耐久的洗涤性、可用性，并能体现织物的风格特征，符合卫生要求。

织物整理阻燃原理是利用阻燃剂在高温条件下分解成磷与氮，磷与空气中氧气反应形成 P_2O_5，它具有强烈的脱水作用，将棉纤维中的 H_2O 夺去而形成聚磷醛基聚合物，由于纤维部分形成了炭，而 CO_2 又被覆盖在表面隔绝空气中的氧气，而无法燃烧，织物经炭化后能保持纤维的一定形状，以隔绝、防护火焰直接烧损人体。

纯棉织物的阻燃，就是破坏棉纤维的燃烧过程，使燃烧终止。或者说，欲使织物达到阻燃目的，只要破坏燃烧过程中任何一个过程即可。

纺织品用阻燃剂按耐久程度分为永久性整理剂、半永久性整理剂和非永久性整理剂。永久性阻燃整理的产品一般能耐水洗 50 次以上，而且能耐皂洗，它主要用于消防服、劳保服、睡衣、床单等。半永久性阻燃整理产品能耐 1～15 次中性皂洗涤，但不耐高温皂水洗涤，一般用于沙发套、电热毯、门帘、窗帘、床垫等。非永久性阻燃整理产品有一定阻燃性能，但不耐水洗，一般用于墙面软包用布等。

2. 常用的阻燃织品

(1) 棉、麻、黏胶纤维的阻燃

纤维的阻燃是在焙烘过程中，阻燃剂依靠交联剂与纤维结合，使之具有阻燃效果。产品耐水洗，手感舒适，但织物的强度、不吸湿性明显下降，主要用于窗帘、室内装饰织物等。国内阻燃黏胶纤维主要与羊毛、棉花等混纺，制成服装和装饰织物。这些阻燃黏胶纤维在热源和火焰中不熔融、不收缩，燃烧时分解产物毒性小，对人体安全无害，具有良好透气性和不易产生静电的性能，其 OI 为 27%～29%。

(2) 尼龙织物的阻燃

尼龙又称锦纶。尼龙织物是聚酰胺纤维的总称，其产品颇多，如尼龙 66、尼龙 6、尼龙 1010 等。据研究，大部分阻燃剂对尼龙虽有阻燃效果，但都存在一些缺点，如硫脲及其他硫化物阻燃剂的加入，虽然提高了氧指数，但却降低了尼龙的熔点和尼龙熔断后的黏度，使熔融和燃烧的尼龙很快下滴，目前尚未找到尼龙织物的理想阻燃剂。

(3) 涤纶织物的阻燃

涤纶又称的确良，在合成纤维中量大面广。涤纶经阻燃处理后，其纤维的自熄性好，燃烧时无毒，不会因熔结而烫伤皮肤。

阻燃涤纶可作为室内装饰织物用，可作窗帘、淋浴室帘布、地毯、沙发布、座椅套，还可作被褥、床单、毛毯等床上所有用品，以及消防服、军服等。

(4) 腈纶织物的阻燃

腈纶织物的 OI 仅 18%～18.5%，为易燃纤维。普通腈纶经用 Cl 和 Cl－Sb

体系阻燃剂进行阻燃处理后，其 OI 可达 27%左右，且燃烧时纤维不熔融、不延燃，火源撤离后，立即自灭。

阻燃腈纶不怕虫蛀，可用来制作装饰织物，如窗帘、门帘、家具用布及壁毯，能满足医院、旅馆及影剧院、餐厅等公共建筑的使用要求，但阻燃腈纶中含 Cl 量高，因此纤维有较大的静电。

(5) 混纺织物和阻燃整理

混纺织物由两种或两种以上的纤维相互混合，再经纺纱织布而成。在各种混纺制品中，以涤棉为多。对混纺织物的阻燃，有用各种纤维和难燃纤维混纺，可以不加整理和略加整理解决织物的阻燃性能，也可将混纺织物经阻燃整理后来提高阻燃性能，在现阶段，除涤棉外，利用前者来解决混纺织物的阻燃整理居多。

(6) 阻燃地毯

化纤地毯的阻燃主要在于毯面纤维的处理。毯面纤维阻燃方法同纺织品的阻燃，以在化纤制造过程中加入阻燃剂为好。一般市售化纤地毯的 OI 为 19%~21%，经严格阻燃处理后的化纤地毯 OI 在 26%以上。

16.5.2 阻燃墙纸

墙纸是目前国内广泛使用的墙面装饰材料，阻燃墙纸是用 100~200g/m^2 的石棉纸作为基材，并在聚氯乙烯涂塑材料中掺有阻燃剂，使墙纸具有一定的防火阻燃性能，适用于防火要求的建筑室内墙面、顶棚的装饰。

阻燃墙纸主要用于高级宾馆、饭店、酒吧、机场、剧院、住宅等建筑的墙面和顶棚等。

阻燃墙纸的施工，一般分两步：

(1) 第一步是基层处理。墙面要具有一定的强度，不疏松掉砂，抹灰表面有麻点、凹坑、裂缝时，需用底灰修补填平，做到没有飞刺、砂粒、凸包、麻坑。阴阳角要垂直方正，墙面基本干燥，含水率不高于 5%，以防墙纸粘贴后变色发霉。

(2) 第二步墙纸粘贴。粘贴前先将纸裁好，然后纸背刷水，使纸充分吸湿，促胀，然后刷浆，胶要刷得薄而均匀，不裹边，静置 5min 后上墙，墙面上需同时刮一层薄而均匀的胶，要求花纹对贴完整，纸面清洁，无死褶，不空鼓，无气泡，不离缝，不搭缝，阴阳角处不甩缝，在距离 1.5m 处看不见接缝，斜视无胶迹。

16.5.3 防火涂料

防火涂料实质上是阻燃涂料的习惯称呼。防火涂料是指施用于可燃性基材表面，用以降低材料表面燃烧特性，阻滞火灾迅速蔓延，或是施用于建筑构件上，用以提高构件的耐火极限的特种涂料。

防火涂料属结构防护材料，它的作用是预防结构在火灾中发生过大变形导致垮塌。防火涂料本身为不燃材料，且能改善被涂饰部位耐燃、阻热等性能，延缓结构构件温度升高至临界屈服或破坏温度的时间，提高结构的耐火极限和建筑物的防火等级或减少热损失、节约能源等。

16.5.3.1　防火涂料的组成

防火涂料一般由黏结剂、防火剂、防火隔热填充料及其他添加剂组成。

(1) 催化剂。主要作用是涂料遇热时促进涂层脱水、碳化，形成碳化层。常用的催化剂有磷酸二氢铵、磷酸氢二铵、焦磷酸铵、多聚磷酸铵以及有机磷酸酯等。

(2) 碳化剂。涂料受热后形成多孔结构碳化层。使用较多的有淀粉、糊精、季戊四醇、二季四醇等。

(3) 发泡剂。涂料受热时，释放出不燃性气体，如氨、二氧化碳、水蒸气、卤化氢等。常用的发泡剂有三聚氰胺、氯化石蜡、碳酸盐、磷酸铵盐等。

(4) 阻燃剂。用于防火涂料中的阻燃剂种类很多，常用含磷、卤素的有机阻燃剂，如磷酸酯、三（二溴丙基）磷酸酯、三（二氯丙基）磷酸酯等。常用无机阻燃剂有氢氧化铝、硼砂、氢氧化镁等。

(5) 无机隔热材料。主要有膨胀蛭石、膨胀珍珠岩等，它们在钢结构、混凝土隔热防火涂料中使用很多。钢结构、混凝土本身是不燃性材料，涂覆涂料的目的不是起阻燃作用，而是起隔热作用。

16.5.3.2　防火涂料的分类

(1) 按基本组成可分为无机防火涂料和有机防火涂料。无机防火涂料用无机盐作基料，有机防火涂料用合成树脂作基料。

(2) 按分散介质可分为水溶性防火涂料和溶剂性防火涂料。无机防火涂料和乳胶防火涂料用水作分散介质，而有机防火涂料一般用有机溶剂作分散介质。

(3) 按防火涂料的保护对象可分为钢结构防火涂料、预应力混凝土防火涂料和饰面型防火涂料。饰面型防火涂料可涂覆在木材、石膏板、电缆等表面，是一种多用途型防火涂料。

(4) 按涂层厚度可分为厚涂型、薄涂型、超薄涂型。钢结构建筑物采用这三种类型的防火涂料，而混凝土采用厚涂型防火涂料。

(5) 按应用环境可分为室内、室外用防火涂料。

(6) 按防火机理可分为非膨胀型防火涂料和膨胀型防火涂料。

防火涂料产品分类见表 16-5。

16.5.3.3　防火涂料的防火原理

按照防火原理，防火涂料大体可分为非膨胀型和膨胀型两类。

表 16-5 防火涂料分类

分类依据	类型	基本特征
分散介质	水溶性	以水为溶剂和分散介质，节约能源，无环境污染，生产、施工、储运安全
	溶剂性	以汽油、二甲苯作溶剂，施工温、湿度范围大，利于改善涂层的耐水性、装饰性
基　　料	无机类	以磷酸盐、硅酸盐或水泥作黏结剂，涂层不易燃，原材料丰富
	有机类	以合成树脂或水乳胶作黏结剂，利于构成膨胀涂料，有较好的理化性能
防火机理	膨胀类	涂层遇火膨胀隔热，并有较好的理化机械性能和装饰效果
	非膨胀类	涂层较厚，遇火后不膨胀，密度较小，自身有较好的防火隔热效果
涂层厚度	厚涂型（H）	涂层厚 8～50mm，耐火极限 0.5～3h
	薄涂型（B）	涂层厚 3～7mm，遇火膨胀隔热，耐火极限 0.5～1.5h
	超薄型（C）	涂层不超过 3mm，遇火膨胀隔热，耐火极限 0.5～1.5h
应用环境	室　内	应用于建筑物室内，包括薄涂型和超薄型
	室　外	应用于石化企业等露天钢结构，耐水、耐候、耐化学性满足室外使用要求
保护对象	钢结构、混凝土结构	遇火膨胀或不膨胀、耐火极限高
	木材、可燃性材料	遇火膨胀、涂层薄、耐火极限低
	电　缆	遇火膨胀、涂层薄

(1) 非膨胀型防火涂料的防火原理

非膨胀型防火涂料主要是通过以下途径发挥防火作用。其一是涂层自身的难燃性或不燃性；其二是在火焰或高温作用下分解释放出不燃性气体（如水蒸气、氨气、氯化氰、二氧化碳等），冲淡氧和可燃性气体，抑制燃烧的产生；其三是在火焰或高温条件下形成不燃性的无机“釉膜层”，该釉膜层结构致密，能有效地隔断氧化，并在一定时间内有一定的隔热作用。

非膨胀型防火涂料按照成膜物质的不同，可分为非膨胀有机和非膨胀无机两种类型。

(2) 膨胀型防火涂料的防火原理

膨胀型防火涂料成膜后，常温下与普通漆膜无异。但在火焰或高温作用下，涂层剧烈发泡炭化，形成一个比原膜厚几十倍甚至几百倍的难燃的海绵状炭质层。它可以隔断外界火源对底材的直接加热，从而起到阻燃的作用。

16.5.3.4　防火涂料的选用

施涂防火涂料，要根据《建筑防火设计规范》GBJ 16—87（97）和《建筑内部装饰设计防火规范》（GB 50222—1995）的规定，针对不同的施涂物体对象选用相应的防火涂料。

各类建筑物内部各部位装饰材料的燃烧性能等级分别见表 16-6～表 16-9。

表 16-6　地下民用建筑内部各部位装修材料燃烧性能等级

建筑物及场所	装修材料燃烧性能等级						
	顶棚	墙面	地面	隔断	固定家具	装饰织物	其他装饰材料
休息室和办公室等 旅馆的客房及公共活动用房等	A	B_1	B_1	B_1	B_1	B_1	B_2
娱乐场所、旱冰场等 舞厅、展览厅等 医院的病房、医疗用房等	A	A	B_1	B_1	B_1	B_1	B_2
电影院的观众厅 商场的营业厅	A	A	A	B_1	B_1	B_1	B_2
停车库、人行通道 图书资料库、档案库	A	A	A	A	B_1		

注：A 级—不燃性；B_1 级—难燃性；B_2 级—可燃性。

表 16-7　高层民用建筑内部各部位装修材料燃烧性能等级

建筑物	建筑规模、性质	装修材料燃烧性能等级									
		顶棚	墙面	地面	隔断	固定家具	装饰织物				其他装饰材料
							窗帘	帷幕	床罩	家具包布	
高级旅馆	>800 座位的观众厅会议厅、顶层餐厅	A	B_1	B_1	B_1	B_1	B_1	B_1		B_1	B_1
	>800 座位的观众厅、会议厅	A	B_1	B_1	B_1	B_2	B_1	B_1		B_2	B_1
	其他部位	A	B_1	B_1	B_2	B_2	B_1	B_2	B_1	B_2	B_1
商业楼、展览楼、综合楼、商住楼、医院病房楼	一类建筑	A	B_1	B_1	B_1	B_2	B_1	B_1		B_2	B_1
	二类建筑	B_1	B_1	B_2	B_2	B_2	B_2	B_2		B_2	B_2

续表

建筑物	建筑规模、性质	装修材料燃烧性能等级									
		顶棚	墙面	地面	隔断	固定家具	装饰织物				其他装饰材料
							窗帘	帷幕	床罩	家具包布	
电信楼、财贸金融楼、邮政楼、广播电视楼、电力调度楼、防灾指挥调度楼	一类建筑	A	A	B_1	B_1	B_1	B_1	B_1		B_2	B_1
	二类建筑	B_1	B_1	B_2	B_2	B_2	B_1	B_2		B_2	B_2
教学楼、办公楼、科研楼、档案楼、图书馆	一类建筑	A	B_1	B_1	B_1	B_2	B_1	B_1		B_1	B_1
	二类建筑	B_1	B_1	B_2	B_1	B_2	B_1	B_2		B_2	B_2
住宅、普通旅馆	一类普通旅馆 高级住宅	A	B_1	B_2	B_1	B_2	B_1		B_1	B_2	B_1
	二类普通旅馆 普通住宅	B_1	B_1	B_2	B_2	B_2	B_2		B_2	B_2	B_2

表 16-8 工业厂房内部各部位装修材料燃烧性能等级

工业厂房分类	建筑规模	装修材料燃烧性能等级			
		顶棚	墙面	地面	隔断
甲、乙类厂房，有明火的丁类厂房		A	A	A	A
丙类厂房	地下厂房	A	A	A	B_1
	高层厂房	A	B_1	B_1	B_2
	高度＞24m 的单层厂房 高度≤24m 的单层、多层厂房	B_1	B_1	B_2	B_2
无明火的丁类厂房、戊类厂房	地下厂房	A	A	B_1	B_1
	高层厂房	B_1	B_1	B_2	B_2
	高度＞24m 的单层厂房 高度≤24m 的单层、多层厂房	B_1	B_2	B_2	B_2

表 16-9　公用建筑内部各部位装修材料燃烧性能等级

建筑物及场所	建筑规模、性质	装修材料燃烧性能等级							
		顶棚	墙面	地面	隔断	固定家具	装饰织物		其他装饰材料
							窗帘	帷幕	
候机楼的候机大厅、商店、餐厅、贵宾候机室、售票厅	建筑面积 > 10000m² 候机楼	A	A	B_1	B_1	B_1	B_1		B_1
	建筑面积 ≤ 10000 m² 候机楼	A	B_1	B_1	B_1	B_2	B_2		B_2
汽车站、火车站、轮船客运站的候车（船）室、餐厅、商场等	建筑面积 > 10000m² 车站、码头	A	A	B_1	B_1	B_2	B_2		B_1
	建筑面积 ≤ 10000 m² 车站、码头	B_1	B_1	B_1	B_2	B_2	B_2		B_2
影院、会堂、礼堂、剧院音乐会厅	> 800 座位	A	A	B_1	B_1	B_1	B_1	B_1	B_1
	≤ 800 座位	A	B_1	B_1	B_1	B_2	B_1	B_1	B_2
体育馆	> 3000 座位	A	A	B_1	B_1	B_1	B_1	B_1	B_2
	≤ 3000 座位	A	B_1	B_1	B_1	B_2	B_2	B_1	B_2
商场营业厅	每层建筑面积 > 3000m² 或总建筑面积 > 9000m² 的营业厅	A	B_1	A	A	B_1	B_1		B_2
	每层建筑面积 1000～3000m² 或总建筑面积 3000～9000m² 的营业厅	A	B_1	B_1	B_1	B_2	B_1		
	每层建筑面积 < 1000m² 或总建筑面积 < 3000m² 的营业厅	B_1	B_1	B_1	B_2	B_2	B_2		
饭店、旅馆的客房及公共活动用房等	设有中央空调系统的饭店、旅馆	A	B_1	B_1	B_1	B_2	B_2		B_2
	其他饭店、旅馆	B_1	B_1	B_2	B_2	B_2	B_2		
歌舞厅、餐馆等娱乐、餐厅建筑	营业面积 > 100m²	A	B_1	B_1	B_1	B_2	B_1		B_2
	营业面积 ≤ 100m²	B_1	B_1	B_1	B_2	B_2	B_2		B_2
幼儿园、托儿所、医院病房楼、疗养院、养老院		A	B_1	B_1	B_1	B_2	B_1		B_2
纪念馆、展览馆、博物馆、图书馆、档案馆、资料馆	国家级、省级	A	B_1	B_1	B_1	B_2	B_1		B_2
	省级以下	B_1	B_1	B_2	B_2	B_2	B_2		B_2

续表

建筑物及场所	建筑规模、性质	装修材料燃烧性能等级							
		顶棚	墙面	地面	隔断	固定家具	装饰织物		其他装饰材料
							窗帘	帷幕	
办公楼、综合楼	设有中央空调系统的办公楼、综合楼	A	B_1	B_1	B_1	B_2	B_2		B_2
	其他办公楼、综合楼	B_1	B_1	B_2	B_2	B_2			
住　　宅	高级住宅	B_1	B_1	B_1	B_1	B_2	B_2		B_2
	普通住宅	B_1	B_2	B_2	B_2	B_2			

当胶合板表面涂覆一级饰面型防火涂料时，可作为 B_1 级装修材料使用。

施涂于 A 级基材上的无机装饰材料，可作为 A 级装修材料使用。

施涂于 A 级基材上，湿涂覆比小于 $1.5kg/m^2$ 的有机装饰涂料，可作为 B_1 级装修材料使用。

涂料施涂于 B_1、B_2 级基材上时，应将涂料连同基材一起按规范GB50222—95 附录 A 的规定确定其燃烧性能等级。

16.5.3.5　常用的防火涂料

1. 钢结构用的防火涂料

(1) MC-10 防火涂料

MC-10 防火涂料具有良好防火、防水与装饰效果，且无毒、无味、附着力好、强度高。适用于各种钢结构的防火涂层。

(2) LG 防火隔热涂料

LG 防火隔热涂料是以改性碱金属盐无机黏结剂配以空心微珠及膨胀珍珠岩等吸热、隔热及增强材料和化学助剂制成的一种新型防火涂料。

该涂料主要用于钢承重结构的表面涂护。LG 防火涂料密度小，导热性低，与钢结构附着力强，防火隔热性能好，而且无毒无污染，可直接喷涂，施工方便，在高温作用下涂层不脱落。

(3) TN-LG 防火隔热涂料

该涂料是以改性无机高温黏结剂配以空心微珠、膨胀珍珠岩等吸热、隔热及增强材料和化学助剂合成的一种防火喷涂材料。适用于高层建筑、石油化工、电力、国防、轻纺工业、交通运输及库房等各类建筑物中的承重钢构件的防火保护。

(4) STI-A 型防火涂料

STI-A 型防火涂料具有表观密度轻、导热系数小、防火隔热性能优良等特点。用做钢结防火层。当涂层厚度为2.8mm时，其耐火极限为3h；涂层厚度为2.0~2.5cm时，即可满足建筑物一级耐火等级的要求。适用于各类建筑钢结构及钢筋混凝土梁、柱防火涂层。

（5）LB防火涂料

该涂料是以有机树脂、阻燃剂、无机耐火增强材料和化学助剂、颜料配制而成的薄型膨胀性防火涂料，具有防火与装饰的双重功能，适于做裸露钢结构的防火涂层，也可用于建筑物裂缝的涂覆。

（6）JG-276防火涂料

JG-276防火涂料是以无机高分子黏结剂、性能调节剂、数种助剂及多孔隔热材料配制而成的新型厚层防火涂料。

该涂料可作为各类钢结构建筑的防火层，如：高层建筑的承重钢架、娱乐场、影院场、体育场等的钢结构，也可在户外工程钢结构上起防火层作用。该产品除在火灾环境中有优异的防火能力外，在通常环境下具有绝热、保温、吸声、防结露等性能。

（7）ST-86防火涂料

ST-86防火涂料由无机盐和有机成膜剂、阻燃防火材料，颜料和填料等组成。当火灾发生时涂料发泡膨胀，形成隔热层，可以有效地阻止或延迟火灾的发生和蔓延，具有良好的防火性能和物理机械性能，附着力好，强度高，并有一定的装饰效果，是一种较为理想的新型防火涂料。可用于各类建筑中的钢结构和钢筋混凝土梁、柱、墙和楼板的防火阻挡层，可以提高建筑物耐火极限。

（8）SJ-I型高温防火隔热涂料

该涂料是以无机隔热材料为主要成分的一种新型防火涂料。具有防火隔热性能优良、强度高、耐潮耐老化，能经受长时间高温火焰冲击等优点。主要用于各种建筑钢筋混凝土壁面上，可防止持续高温的火焰对钢筋混凝土结构的破坏，以提高结构耐火性能。

SJ-I型涂料具有突出的耐高温特性，特别适用于烃类着火所引起的高温火灾环境中，除用于地下公路隧道以外，还适用于地铁、油库、石化厂房、汽车库以及防火要求较高的宾馆、饭店等。

2．饰面型防火涂料

涂于可燃基层（如木材、塑料、纸板、纤维板）表面，能形成具有防火阻燃保护和装饰作用涂膜的防火涂料，称为饰面型防火涂料。目前，国内饰面型防火涂料有溶剂型和乳液型两大类，建筑物的防火基本上都采用水乳型防火涂料。饰面型防火涂料集装饰性与防火性于一体，又称阻燃涂料，它的应用主要针对室内装修，在可燃基材（如木材）表面进行涂装。按装饰颜色可分为彩色与透明两类。

(1) YZL-858 发泡型防火涂料

该涂料是水溶性涂料，它是由无机高分子材料和有机高分子材料复合而成。具有优异的防火性、装饰性、良好的耐候性、方便的施工性。适于做饭店、展览馆、礼堂、学校等各类民用建筑的木结构防火涂层。

(2) B60-2 防火料

B60-2 木结构防火涂料是以水做溶剂，具有不燃不爆，无毒无污染，施工方便，干燥快的优点，防火阻燃效果突出，颜色多样，涂层可砂磨打光，具有良好的装饰效果，且耐候、耐油、耐火。适用于礼堂、宾馆、医院、科研、办公楼、供电等建筑物中可燃装修材料及围护结构上，如涂在木隔墙、木盖板、木屋架、胶合板顶棚及木龙骨表面，起装饰阻燃作用。

(3) 木质防火涂料

木质防火涂料系采用聚合物乳液做基料，以水为介质，添加防火组分、颜料、助剂等研磨而成。涂层在遇火时，生成厚而致密的海绵状碳质泡沫隔热层，有着显著的隔热防火效果，并有较好的防火抗潮性能。

该涂料适用于建筑物木质基材的防火处理，对防止初期火灾和减缓火灾的蔓延扩大，具有重要意义。

(4) YZ-196 发泡型防火涂料

它是水溶性涂料，是由无机高分子材料和有机高分子材料复合而成的。涂膜遇火膨胀发泡生成致密的蜂窝状隔热层，起隔热防火的效果。适用于室内木材，如木条、木板、木柱等基材。

(5) A60-01 透明防火涂料

A60-01 涂料是透明、饰面型防火涂料。它在高温烈焰作用下，迅速膨胀发泡，形成比原漆膜厚度高百倍以上的炭化隔热层，可有效地隔绝热量传播和阻止火势蔓延。

该产品涂层较薄（0.2～0.3mm），漆膜平整、光滑、透明、显纹性好，具有较好的装饰效果。适用于民用高档家具及各类宾馆、饭店、剧场、医院、计算机房内的木结构表面。

(6) A60-501 膨胀防火涂料

A60-501 是一种膨胀防火涂料，其主要成分为树脂黏结剂、喷气剂、膨胀剂、碳化剂等。它可涂覆在木板、塑料等易燃材料上，当涂层遇火后体积迅速膨胀 100 倍以上，形成连续的蜂窝状隔热层，并释放出阻燃气体。

该涂料涂层薄，可用于多种材料之上，一般涂覆 0.2～0.5mm 即可满足防火要求。阻燃隔热效果较好，具有较长的耐燃时间和最低的炭化指数。因涂料中含有水难溶性膨胀剂，可保证涂料长期涂覆在基材上，不失去膨胀剂，保持长久的耐火性能。由于采用有机黏结剂，故涂料具有优异的附着力，可直接涂于基材上，或涂于底漆上，也可以罩以面层，达到装饰的目的。

该涂料可用于木板、纤维板、胶合板、塑料板、海绵、玻璃板、水泥石棉板之上。

16.6 钢材的防火保护

16.6.1 钢结构的防火保护

钢材是不燃性材料，但是钢结构的钢材裸露在外，受火作用后会迅速变软，使结构整体失去稳定而破坏。钢材的耐火极限仅 0.25h，且破坏后的钢结构无法修复再用。为了克服钢结构耐火性能差的缺点，可采用以下方法加以保护。

(1) 根据不同耐火极限要求，选用不同的保护方法。如要求耐火极限为 1h，可用 13mm 石棉隔热板和 8mm 隔热板将钢结构各杆件包覆。当要求耐火极限更高时，其隔热板的厚度尚需相应增厚。

(2) 给钢柱加做箱形外套，在套内注水，火灾时，由于钢柱受水的保护而升温减慢。

(3) 用防火涂料涂刷在钢结构上，以提高其耐火极限。

近年来，多采用在钢结构上涂刷防火涂料的保护方法。防火涂料的选用可参阅 16.5.3.4 节。

16.6.2 钢筋的防火保护

钢筋混凝土结构是由混凝土和钢筋共同组成的梁、板、柱、屋架等受力构件。在构件中，钢筋虽然被混凝土包裹，但在火灾作用下，仍会使构件力学性能的丧失，导致结构破坏。

由于钢材的热导率较混凝土大，钢筋受热后，其热膨胀率是混凝土膨胀率的 1.5 倍，故受热钢筋的伸长变形比混凝土大。因此，在结构设计允许的范围内适当增加钢筋保护层厚度，可以延缓或减小钢筋的伸长变形和预应力损失。如结构设计不允许增厚保护层，可在受拉区混凝土表面涂刷防火涂料，从而使钢筋混凝土结构得到保护。

复习思考题

1. 填空题

(1) 按照国家标准，建筑材料按燃烧性能可分为：______、______、______和______等四级。

(2) 木材防火的处理方法有：______法和______法。

(3) 钢材的耐火极限仅为______ h。

2. 选择题

(1) 用于钢材的热导率较混凝土大，钢筋受热后，其热膨胀率是混凝土膨胀率的（   ）倍。

A.2   B.1.5   C.3   D.2.5

3. 问答题

（1）什么是材料的燃烧性能？

（2）什么是建筑材料的耐火极限？

（3）按燃烧性能分，建筑材料应分为哪些级别？

（4）可以采用哪些方法对建筑材料进行阻燃？

（5）防火涂料有哪些分类方法？

主要参考文献

1 西安建筑科技大学等五校合编．建筑材料．北京：中国建筑工业出版社，1997

2 赵方冉主编．装饰装修材料．北京：中国建材工业出版社，2002

3 张雄主编．建筑功能材料．北京：中国建材工业出版社，2000

4 L.L. 多勒著，吴伟中，叶恒健译．建筑环境声学．北京：中国建筑工业出版社，1985

5 姜在灵编．建筑材料．济南：山东科学技术出版社，1987

6 赵斌主编．建筑装饰材料．天津：天津科学技术出版社，2001

7 韩喜林编著．新型防水材料应用技术．北京：中国建材工业出版社，2003

8 李永盛，丁洁民主编．建筑装饰工程材料，上海：同济大学出版社，2000

9 广州大学等编．一级注册建筑师执业资料考试复习题集．北京：中国环境科学出版社，2003

10 高琼英主编．建筑材料（第二版）．武汉：武汉理工大学出版社，2000

11 符芳主编．建筑装饰材料．南京：东南大学出版社，2000

12 王福川，俞明英编著．现代建筑装修材料及其施工（第二版）．北京：中国建筑工业出版社，1992

13 葛勇主编．建筑装饰材料．北京：中国建材工业出版社，1998

14 房志勇．林川编著．建筑装饰——原理·材料·构造·工艺．北京：中国建筑工业出版社，1992

15 李业兰编．建筑材料．北京：中国建筑工业出版社，1998

16 毕万利，周明月主编．建筑材料．北京：高等教育出版社，2002

17 陈保胜编．建筑装饰材料．北京：中国建筑工业出版社，1995